第二次青藏高原综合科学考察研究丛书

国家出版基金项目
NATIONAL PUBLICATION FOUNDATION

祁连山生态系统变化
科学考察报告

勾晓华　侯扶江　李　育　等　著
赵长明　邹松兵　方向文

科学出版社
北　京

内 容 简 介

本书是"第二次青藏高原综合科学考察研究"之祁连山关键区科学考察的总结性成果，也是青藏高原祁连山区研究之大成，由工作在青藏高原一线的科研人员共同撰写。全书共8章，第1章主要介绍科考的背景、意义、目标及内容；第2章简述祁连山区基本概况；第3章～第7章分别介绍了森林生态系统、灌丛生态系统、草原生态系统、湖泊生态系统及生物多样性的变化情况；第8章针对祁连山生态系统变化问题及考察结果，提出祁连山生态系统的善治对策。

全书内容系统全面、资料严谨翔实、结构逻辑严密，为推动祁连山地区生态系统变化的深入研究提供了扎实资料。本书可供生态、气候、草业、地学等专业的科研、教学等相关人员参考使用。

审图号：GS(2022)333号

图书在版编目（CIP）数据

祁连山生态系统变化科学考察报告 / 勾晓华等著. —北京：科学出版社，2022.4

（第二次青藏高原综合科学考察研究丛书）

国家出版基金项目

ISBN 978-7-03-071984-3

Ⅰ.①祁… Ⅱ.①勾… Ⅲ.①祁连山–生态系–科学考察–考察报告 Ⅳ.①S759.992.42

中国版本图书馆CIP数据核字（2022）第048402号

责任编辑：朱 丽 郭允允 白 丹 / 责任校对：杨聪敏
责任印制：肖 兴 / 封面设计：吴霞暖

科学出版社 出版
北京东黄城根北街16号
邮政编码：100717
http://www.sciencep.com
北京汇瑞嘉合文化发展有限公司 印刷
科学出版社发行 各地新华书店经销

*

2022年4月第 一 版 开本：787×1092 1/16
2022年4月第一次印刷 印张：17 1/2
字数：420 000

定价：228.00元

（如有印装质量问题，我社负责调换）

"第二次青藏高原综合科学考察研究丛书"
编辑委员会

第二次青藏高原综合科学考察研究

祁连山科学考察分队人员名单

姓名	职务	工作单位
勾晓华	分队长	兰州大学
侯扶江	分队长	兰州大学
李 育	分队长	兰州大学
赵长明	分队长	兰州大学
邹松兵	执行分队长	兰州大学
李春杰	执行分队长	兰州大学
黄小忠	执行分队长	兰州大学
孙 杉	执行分队长	兰州大学
阿文仓	队员	中国科学院西北生态环境资源研究院
艾世伟	队员	兰州大学
包新康	队员	兰州大学
边 瑞	队员	兰州大学
曹宗英	队员	兰州大学
常生华	队员	兰州大学
陈 宁	队员	兰州大学
陈积红	队员	中国科学院近代物理研究所
陈永芝	队员	兰州大学
迟佳萌	队员	兰州大学
崔 霞	队员	兰州大学

邓　洋	队员	兰州大学
邓建明	队员	兰州大学
董晓雪	队员	兰州大学
杜嘉星	队员	中国科学院西北生态环境资源研究院
杜梦鸽	队员	中国科学院水利部水土保持研究所
杜苗苗	队员	兰州大学
樊　军	队员	中国科学院水利部水土保持研究所
樊庆山	队员	兰州大学
范浩文	队员	兰州大学
方向文	队员	兰州大学
房　舒	队员	中国科学院西北生态环境资源研究院
冯虎元	队员	兰州大学
冯琦胜	队员	兰州大学
高琳琳	队员	兰州大学
高小刚	队员	兰州大学
高雅灵	队员	兰州大学
龚　磊	队员	兰州大学
郭雅蓉	队员	兰州大学
郭正刚	队员	兰州大学
韩　春	队员	兰州大学
何志斌	队员	中国科学院西北生态环境资源研究院
贺泽宇	队员	兰州大学
黄德军	队员	兰州大学
黄永梅	队员	北京师范大学
籍常婷	队员	兰州大学

蒋志勇	队员	兰州大学
金 明	队员	兰州大学
金 沐	队员	中国科学院水利部水土保持研究所
金媛媛	队员	兰州大学
敬文茂	队员	甘肃省祁连山水源涵养林研究院
康宝天	队员	兰州大学
冷若琳	队员	兰州大学
李 渊	队员	中国科学院西北生态环境资源研究院
李秋霞	队员	兰州大学
李汝嫣	队员	兰州大学
李亚鸽	队员	兰州大学
李妍璐	队员	兰州大学
李泽卿	队员	北京师范大学
廖继承	队员	兰州大学
廖中强	队员	兰州大学
林慧龙	队员	兰州大学
刘 敬	队员	中国科学院近代物理研究所
刘建国	队员	兰州大学
刘兰娅	队员	兰州大学
刘润红	队员	兰州大学
刘文火	队员	兰州大学
刘贤德	队员	甘肃省祁连山水源涵养林研究院
刘章文	队员	中国科学院西北生态环境资源研究院
刘治平	队员	甘肃省林业调查规划院
卢康隆	队员	兰州大学
罗 飞	队员	兰州大学

马长辉	队员	兰州大学
马周文	队员	兰州大学
牟　静	队员	兰州大学
年雁云	队员	兰州大学
彭泽晨	队员	兰州大学
秦　彧	队员	中国科学院西北生态环境资源研究院
任亚桃	队员	兰州大学
石立媛	队员	兰州大学
苏　佳	队员	兰州大学
田行宜	队员	兰州大学
田全彦	队员	中国科学院西北生态环境资源研究院
万国宁	队员	中国科学院西北生态环境资源研究院
王　放	队员	兰州大学
王　佩	队员	北京师范大学
王　倩	队员	兰州大学
王丹妮	队员	兰州大学
王海鹏	队员	中国科学院西北生态环境资源研究院
王嘉乐	队员	兰州大学
王树林	队员	兰州大学
王小娜	队员	兰州大学
王晓云	队员	兰州大学
王谢军	队员	兰州大学
王延芳	队员	兰州大学
王迎新	队员	兰州大学
王玉芳	队员	兰州大学
王召锋	队员	兰州大学

魏学凯	队员	兰州大学
吴 渊	队员	兰州大学
吴廷美	队员	兰州大学
武秀荣	队员	甘肃省祁连山水源涵养林研究院
夏敬清	队员	兰州大学
向 响	队员	北京师范大学
徐 旻	队员	兰州大学
徐当会	队员	兰州大学
徐世健	队员	兰州大学
徐文兵	队员	兰州大学
严 理	队员	兰州大学
杨兴卓	队员	兰州大学
杨学亭	队员	中国科学院水利部水土保持研究所
姚广前	队员	兰州大学
俞斌华	队员	兰州大学
袁 聪	队员	兰州大学
袁建立	队员	兰州大学
袁明龙	队员	兰州大学
张 程	队员	兰州大学
张 芬	队员	兰州大学
张 辉	队员	甘肃省祁连山水源涵养林研究院
张 静	队员	兰州大学
张 军	队员	兰州大学
张 威	队员	中国科学院西北生态环境资源研究院
张 智	队员	中国科学院西北生态环境资源研究院
张灿坤	队员	兰州大学

张家武	队员	兰州大学
张军周	队员	兰州大学
张立勋	队员	兰州大学
张卫国	队员	兰州大学
张旭华	队员	甘肃省林业调查规划院
张瑶瑶	队员	兰州大学
赵晶忠	队员	甘肃省祁连山水源涵养林研究院
郑　颖	队员	兰州大学
朱　喜	队员	中国科学院西北生态环境资源研究院
朱天琦	队员	兰州大学
Saman Bowatte	队员	兰州大学

丛 书 序 一

　　青藏高原是地球上最年轻、海拔最高、面积最大的高原,西起帕米尔高原和兴都库什、东到横断山脉,北起昆仑山和祁连山、南至喜马拉雅山区,高原面海拔 4500 米上下,是地球上最独特的地质 – 地理单元,是开展地球演化、圈层相互作用及人地关系研究的天然实验室。

　　鉴于青藏高原区位的特殊性和重要性,新中国成立以来,在我国重大科技规划中,青藏高原持续被列为重点关注区域。《1956—1967 年科学技术发展远景规划》《1963—1972 年科学技术发展规划》《1978—1985 年全国科学技术发展规划纲要》等规划中都列入针对青藏高原的相关任务。1971 年,周恩来总理主持召开全国科学技术工作会议,制订了基础研究八年科技发展规划(1972—1980 年),青藏高原科学考察是五个核心内容之一,从而拉开了第一次大规模青藏高原综合科学考察研究的序幕。经过近 20 年的不懈努力,第一次青藏综合科考全面完成了 250 多万平方千米的考察,产出了近 100 部专著和论文集,成果荣获了 1987 年国家自然科学奖一等奖,在推动区域经济建设和社会发展、巩固国防边防和国家西部大开发战略的实施中发挥了不可替代的作用。

　　自第一次青藏综合科考开展以来的近 50 年,青藏高原自然与社会环境发生了重大变化,气候变暖幅度是同期全球平均值的两倍,青藏高原生态环境和水循环格局发生了显著变化,如冰川退缩、冻土退化、冰湖溃决、冰崩、草地退化、泥石流频发,严重影响了人类生存环境和经济社会的发展。青藏高原还是"一带一路"环境变化的核心驱动区,将对"一带一路"沿线 20 多个国家和 30 多亿人口的生存与发展带来影响。

　　2017 年 8 月 19 日,第二次青藏高原综合科学考察研究启动,习近平总书记发来贺信,指出"青藏高原是世界屋脊、亚洲水塔,是地球第三极,是我国重要的生态安全屏障、战略资源储备基地,是中华民族特色文化的重要保护地"，要求第二次青藏高原综合科学考察研究要"聚焦水、生态、人类活动，着力解决青藏高原资源环境承载力、灾害风险、绿色发展途径等方面的问题，为守护好世界上最后一方净土、建设美丽的青藏高原作出新贡献，让青藏高原各族群众生活更加幸福安康"。习近平总书记的贺信传达了党中央对青藏高原可持续发展和建设国家生态保护屏障的战略方针。

第二次青藏综合科考将围绕青藏高原地球系统变化及其影响这一关键科学问题，开展西风－季风协同作用及其影响、亚洲水塔动态变化与影响、生态系统与生态安全、生态安全屏障功能与优化体系、生物多样性保护与可持续利用、人类活动与生存环境安全、高原生长与演化、资源能源现状与远景评估、地质环境与灾害、区域绿色发展途径等 10 大科学问题的研究，以服务国家战略需求和区域可持续发展。

"第二次青藏高原综合科学考察研究丛书"将系统展示科考成果，从多角度综合反映过去 50 年来青藏高原环境变化的过程、机制及其对人类社会的影响。相信第二次青藏综合科考将继续发扬老一辈科学家艰苦奋斗、团结奋进、勇攀高峰的精神，不忘初心，砥砺前行，为守护好世界上最后一方净土、建设美丽的青藏高原作出新的更大贡献！

孙鸿烈

第一次青藏科考队队长

丛 书 序 二

青藏高原及其周边山地作为地球第三极矗立在北半球，同南极和北极一样既是全球变化的发动机，又是全球变化的放大器。2000年前人们就认识到青藏高原北缘昆仑山的重要性，公元18世纪人们就发现珠穆朗玛峰的存在，19世纪以来，人们对青藏高原的科考水平不断从一个高度推向另一个高度。随着人类远足能力的不断加强，逐梦三极的科考日益频繁。虽然青藏高原科考长期以来一直在通过不同的方式在不同的地区进行着，但对于整个青藏高原的综合科考迄今只有两次。第一次是20世纪70年代开始的第一次青藏科考。这次科考在地学与生物学等科学领域取得了一系列重大成果，奠定了青藏高原科学研究的基础，为推动社会发展、国防安全和西部大开发提供了重要科学依据。第二次是刚刚开始的第二次青藏科考。第二次青藏科考最初是从区域发展和国家需求层面提出来的，后来成为科学家的共同行动。中国科学院的A类先导专项率先支持启动了第二次青藏科考。刚刚启动的国家专项支持，使得第二次青藏科考有了广度和深度的提升。

习近平总书记高度关怀第二次青藏科考，在2017年8月19日第二次青藏科考启动之际，专门给科考队发来贺信，作出重要指示，以高屋建瓴的战略胸怀和俯瞰全球的国际视野，深刻阐述了青藏高原环境变化研究的重要性，要求第二次青藏科考队聚焦水、生态、人类活动，揭示青藏高原环境变化机理，为生态屏障优化和亚洲水塔安全、美丽青藏高原建设作出贡献。殷切期望广大科考人员发扬老一辈科学家艰苦奋斗、团结奋进、勇攀高峰的精神，为守护好世界上最后一方净土顽强拼搏。这充分体现了习近平总书记的生态文明建设理念和绿色发展思想，是第二次青藏科考的基本遵循。

第二次青藏科考的目标是阐明过去环境变化规律，预估未来变化与影响，服务区域经济社会高质量发展，引领国际青藏高原研究，促进全球生态环境保护。为此，第二次青藏科考组织了10大任务和 60 多个专题，在亚洲水塔区、喜马拉雅区、横断山高山峡谷区、祁连山 – 阿尔金区、天山 – 帕米尔区等 5 大综合考察研究区的 19 个关键区，开展综合科学考察研究，强化野外观测研究体系布局、科考数据集成、新技术融合和灾害预警体系建设，产出科学考察研究报告、国际科学前沿文章、服务国家需求评估和咨询报告、科学传播产品四大体系的科考成果。

两次青藏综合科考有其相同的地方。表现在两次科考都具有学科齐全的特点，两次科考都有全国不同部门科学家广泛参与，两次科考都是国家专项支持。两次青藏综合科考也有其不同的地方。第一，两次科考的目标不一样：第一次科考是以科学发现为目标；第二次科考是以摸清变化和影响为目标。第二，两次科考的基础不一样：第一次青藏科考时青藏高原交通整体落后、技术手段普遍缺乏；第二次青藏科考时青藏高原交通四通八达，新技术、新手段、新方法日新月异。第三，两次科考的理念不一样：第一次科考的理念是不同学科考察研究的平行推进；第二次科考的理念是实现多学科交叉与融合和地球系统多圈层作用考察研究新突破。

"第二次青藏高原综合科学考察研究丛书"是第二次青藏科考成果四大产出体系的重要组成部分，是系统阐述青藏高原环境变化过程与机理、评估环境变化影响、提出科学应对方案的综合文库。希望丛书的出版能全方位展示青藏高原科学考察研究的新成果和地球系统科学研究的新进展，能为推动青藏高原环境保护和可持续发展、推进国家生态文明建设、促进全球生态环境保护做出应有的贡献。

姚檀栋

第二次青藏科考队队长

前　言

　　祁连山地区是"丝绸之路经济带"和"泛第三极"的核心区之一,是我国西部重要的生态安全屏障,是中国与"丝绸之路经济带"沿线国家和地区基础设施互联互通的必经之路。过去十多年来,由于过度开发、超载放牧及全球气候变化的影响,祁连山地区生态环境持续恶化,生态系统结构、功能剧烈变化,系统稳定性、生产能力及系统多样性等方面的不确定性问题日益突出,湖泊退缩、水体理化性质变化及生态群落退化等特征明显。近年来,祁连山出现的生态环境问题引起了党和国家领导人、社会各界和当地政府的广泛关注和高度重视,祁连山生态环境的善治工作刻不容缓。基于此,开展祁连山生态系统变化考察研究是落实祁连山生态善治的科学途径,对祁连山生态环境保护、祁连山国家公园建设具有重要意义,也可为"丝绸之路经济带"沿线国家流域治理提供典范,为绿色护航"丝绸之路"建设及"一带一路"顺利实施提供重要保障。

　　祁连山生态系统变化考察旨在查明祁连山森林、灌丛、草地、湖泊等生态系统的结构、功能及生物多样性的变化特征,提出以"生态善治"的调控对策为总体目标,围绕总体目标,祁连山生态系统变化考察由4个专题科考分队组成。森林灌丛生态系统变化考察分队利用多尺度、多要素、多技术融合的方法,查明了祁连山森林灌丛生态系统林线、树木生长、群落结构、生物量变化,分析了森林灌丛生态系统的土壤、气候、水文等生境要素及其系统变化,为进一步保护祁连山森林灌丛生态系统和维持整个生态系统健康提供依据。草地生态系统变化考察分队以遥感、无人机、实地样方调查和牧户调查为手段,调查祁连山草地生产力与生物多样性时空变化格局、草地退化现状与草地生态修复样板、牧场生产与社会经济,明确草地生态系统服务功能、现状与变化趋势,分析草地退化的自然与人为影响因素,探寻草地生态评价的方法,提出草地健康管理的技术与政策建议。湖泊生态系统变化考察分队对祁连山中部高山-冰川-降水补给的哈拉湖、祁连山西段高山地下水补给的天鹅湖、共和盆地内部地下水补给的更尕海、柴达木盆地北缘冰雪融水补给的苏干湖进行了野外考察，结合关键带以无人机和高分卫星为主的多源遥感等监测方式，对湖泊、生态系统要素和整体变化进行系统的深入考察。生物多样性变化考察分队基于"个体—种群—群落—生态系统"多尺度和多角度体系框架，对祁连山多种类型生态系统的特征和脊椎动物、种子植物、土壤微生物、浮游生物等生物多样性现状开展科学考察与室内分析，对祁连山重点保护物种——雪豹（*Panthera uncia*）、黑颈鹤（*Grus nigricollis*）和裸果木（*Gymnocarpos przewalskii*）开展野外监测与调查，尝试摸清它们的分布范围及生境特征，结合历史文献资料，初步分析祁连山生物多样性的动态变化。这些成果为祁连山"山水林田湖草"系统优化配置和国家公园建设提供科学支撑。

祁连山森林灌丛生态系统变化、祁连山草地生态系统变化、祁连山湖泊生态系统变化、祁连山生物多样性变化考察得到第二次青藏高原综合科学考察研究、中国科学院战略性先导科技专项（A 类）"泛第三极环境变化与绿色丝绸之路建设"及国家重点研发计划"祁连山自然保护区生态环境评估、预警与监控关键技术研究"项目资助。在项目启动、阶段性工作汇报中，感谢姚檀栋院士、陈发虎院士、陈德亮院士等专家提出的宝贵修改意见。

本次科学考察得到了中国科学院青藏高原研究所、中国科学院西北生态环境资源研究院、中国科学院植物研究所、中国科学院生态环境研究中心、中国科学院成都生物研究所、中国科学院地理科学与资源研究所、甘肃省治沙研究所、甘肃省祁连山水源涵养林研究院、兰州大学、河西学院等科研院校及甘肃省生态环境厅、青海省生态环境厅、甘肃省林业和草原局、甘肃祁连山国家级自然保护区管理局、甘肃盐池湾国家级自然保护区管理局、甘肃民勤连古城国家级自然保护区管理局、甘肃民勤石羊河国家湿地公园管理局、甘肃张掖黑河湿地国家公园管理局、甘肃大小苏干湖省级自然保护区管理局、甘肃省生态环境监测监督管理局、甘肃安西极旱荒漠国家级自然保护区管理局、甘肃省小陇山林业实验局、青海湖国家级自然保护区管理局、青海省祁连山自然保护区管理局、酒泉市人民政府、张掖市人民政府、武威市人民政府、海北藏族自治州人民政府、青海省海西蒙古族藏族自治州人民政府等单位的大力支持。

科学考察团队的主要成员长期在祁连山及周边地区开展相关研究，有很好的工作基础，借助第二次青藏高原综合科学考察研究等项目契机，在撰写祁连山生态系统变化科学考察报告过程中充分汇总了各科学考察团队前期的研究成果，并借鉴了他人已发表的研究成果。第 1～2 章由勾晓华、邹松兵、侯扶江、李育、赵长明、曹宗英等撰写完成，第 3 章由勾晓华、邹松兵、何志斌、朱喜、高琳琳、张军周、张芬、曹宗英、刘建国、张卫国等撰写完成，第 4 章由方向文、徐当会、刘章文、敬文茂、姚广前、严理等撰写完成，第 5 章由侯扶江、彭泽晨、李春杰、林慧龙、郭正刚、樊军、袁明龙、俞斌华、冯琦胜、秦彧等撰写完成，第 6 章由李育、李渊、万国宁、黄小忠、袁聪、蒋志勇等撰写完成，第 7 章由赵长明、李亚鸽、孙杉、张立勋、冯虎元、刘敬、徐世健、张威、廖继承等撰写完成，第 8 章由勾晓华、邹松兵、侯扶江、李育、赵长明等撰写完成。

感谢第二次青藏高原综合科学考察研究中祁连山关键区科考团队与高原北部山地片区森林灌丛科考团队在科考方案设计、研究亮点凝练、报告反复修改完善中提供的帮助与支持，特别是李新研究员、王宁练研究员、盛煜研究员、金会军研究员、牛晓蕾副研究员、陈莹莹副研究员、郑东海副研究员，感谢报告中负责插图制作的王宏伟博士。

由于时间所限，书中难免有不妥和疏漏之处，恳请读者批评指正。

《祁连山生态系统变化科学考察报告》编写委员会

2019 年 10 月

摘　　要

祁连山是"丝绸之路经济带"和"泛第三极"的核心区之一，是我国西部重要的生态安全屏障，是中国与"丝绸之路经济带"沿线国家和地区基础设施互联互通的必经之路。过去十多年来，在过度开发、超载放牧及全球气候变化的影响下，祁连山地区生态环境持续恶化，生态系统结构、功能剧烈变化，系统稳定性、生产能力及系统多样性等方面的不确定性问题突出，湖泊退缩、水体理化性质变化及生态群落退化等特征明显。近年来，祁连山出现的生态环境问题引起了党和国家领导人、社会各界及当地政府的广泛关注和高度重视，祁连山生态环境的善治工作刻不容缓。基于此，开展祁连山生态系统变化考察研究是落实祁连山生态善治的科学途径，对于祁连山生态环境保护、祁连山国家公园建设具有重要意义，也可为"丝绸之路经济带"沿线国家流域治理提供典型示范，为绿色护航"丝绸之路"建设及"一带一路"顺利实施提供重要保障。

在第二次青藏高原综合科学考察研究的框架下开展的祁连山生态系统变化考察利用多尺度、多要素、多技术融合的方法，依靠野外调查、试验分析、遥感反演、雷达探测和数值模拟等手段，全面、系统地开展祁连山生态系统考察，以查明祁连山草地、森林、湖泊等生态系统的结构、功能及生物多样性的变化特征，提出了祁连山自然保护优先，不宜过多人为干扰的"生态管理"建议。这些研究成果对祁连山生态环境保护与管理及国家"一带一路"倡议具有重要意义。

亮　点

（1）近 15 年来，青海云杉生长加快，区域植被明显变好。水分是树木生长的限制因子，由东向西，青海云杉林生态系统中树木生长的气候敏感性增强。增温停滞、区域降水增多及生长季延长共同促进了树木生长，近 15 年青海云杉树木生长明显加快，区域植被变好。

（2）近百年来，祁连山上林线抬升明显，灌木林具有整体扩展态势。林线附近乔灌相互作用明显，灌木林结构特征与林线抬升速率具有一定关系。灌木林具有整体扩展态势，林缘区树木生长速度、碳密度、水源涵养等生态水文功能增强。

（3）祁连山草原总体稳定，但局部恶化尚未遏止。在气候有利条件下，草原生态系统恢复压力依然较大。祁连山草原面积约占区域总面积的 77.4%，加上荒漠，超过祁连山地区的 88.0%。自 1999 年国家实施一系列草原生态建设重大工程以来，草原面积呈逐年递增的趋势，2015 年比 1992 年约增加 3.3%。祁连山草原稳定区产草量的年际变化 <10 kg/km^2，占祁连山总面积的 69.47%，轻度变化区年际变化在 10 ～ 50 kg/km^2，其中轻度恢复区占 5.62%，轻度退化区占 2.26%；监测点草原生物多样性与产草量 20 年间变化不显著；但是，沿祁连山南坡，草原归一化植被指数（NDVI）呈零星下降趋势。可见，祁连山草原总体稳定，局部恶化的趋势尚未扭转，在气候有利的情况下生态恢复仍然面临较大压力。祁连山草地健康状况如图 1 所示。

（4）祁连山实施草原生态保护红线、放牧与生态补偿动态标准，载畜量标准为 0.85 羊单位①/t 干草，可维持草原生态功能的完整性。为了维持祁连山草原生态功能的完整性，祁连山草原载畜量标准控制在 0.85 羊单位 /t 干草，高寒草原载畜量约 0.8 羊单位 /hm^2，既维持家畜适宜生产水平、草原较高生产力和物种多样性，也将草原鼠虫病和毒害草控制在危害阈值以下。祁连山 74.1% 的区域载畜量标准低于 0.5 羊单位 /hm^2，10.5% 的区域载畜量标准高于 1.5 羊单位 /hm^2（图 2）。

---

① 羊单位，sheep unit，指草食家畜饲养量当量单位。1 个羊单位相当于 1 只体重 50kg、1 年内哺育 1 只断乳前羔羊的健康成年绵羊，日食量为 1.6kg 标准干草。

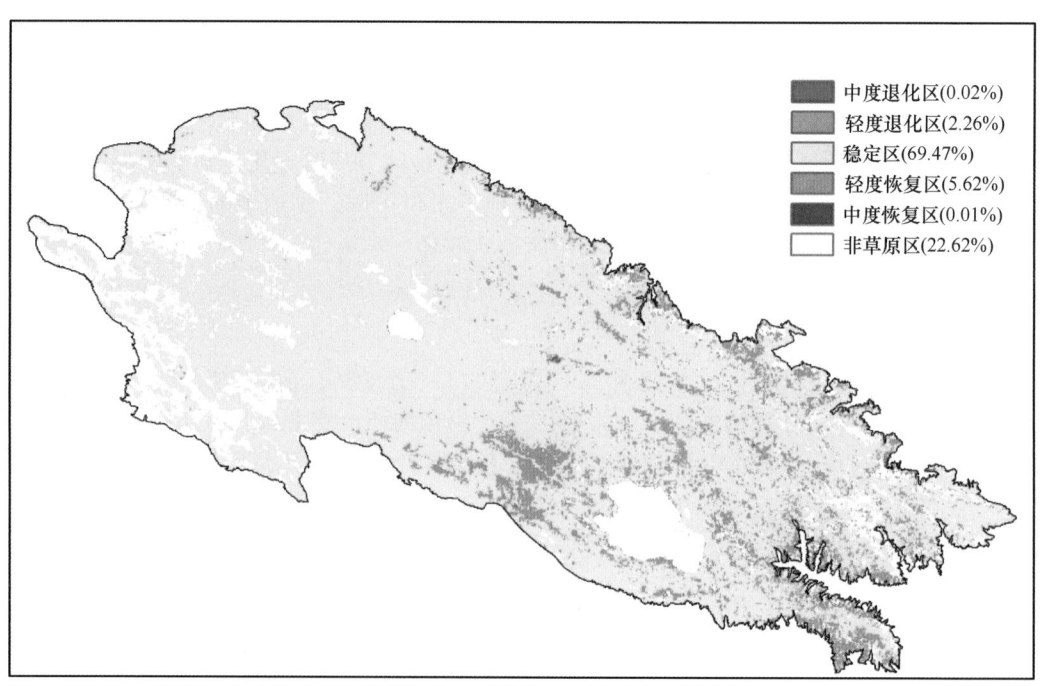

图 1 祁连山草地健康状况

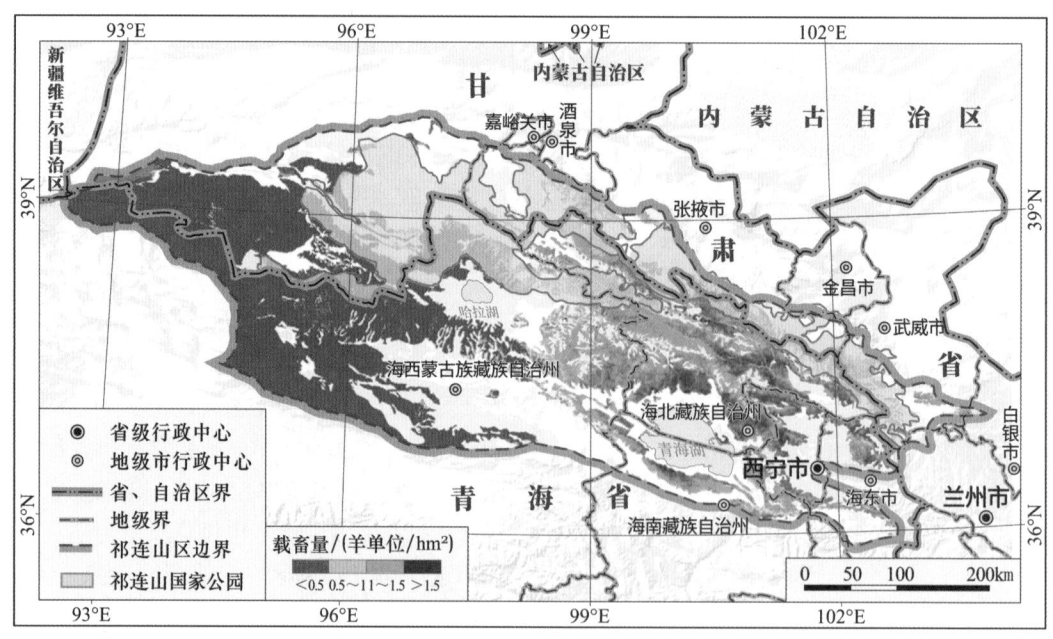

图 2 祁连山草原分区放牧标准

　　(5) 2000 年以来祁连山地区湖泊水位普遍上升，对西北气候暖湿化趋势表现出明显的响应（图 3）。祁连山地区湖泊水生生物种类较为单一，生态系统结构简单，抵抗力、稳定性较低，且哈拉湖和苏干湖镉超标严重，需要加强对区域湖泊生态系统的保护。近年来，祁连山地区湖泊整体呈扩张趋势，对西北地区气候暖湿化趋势有明显的响应，然而农耕灌溉对地下水的超采导致共和盆地地下水位下降，湖泊萎缩，需要加强管理区域水资源开发利用控制红线，合理利用区域水资源。

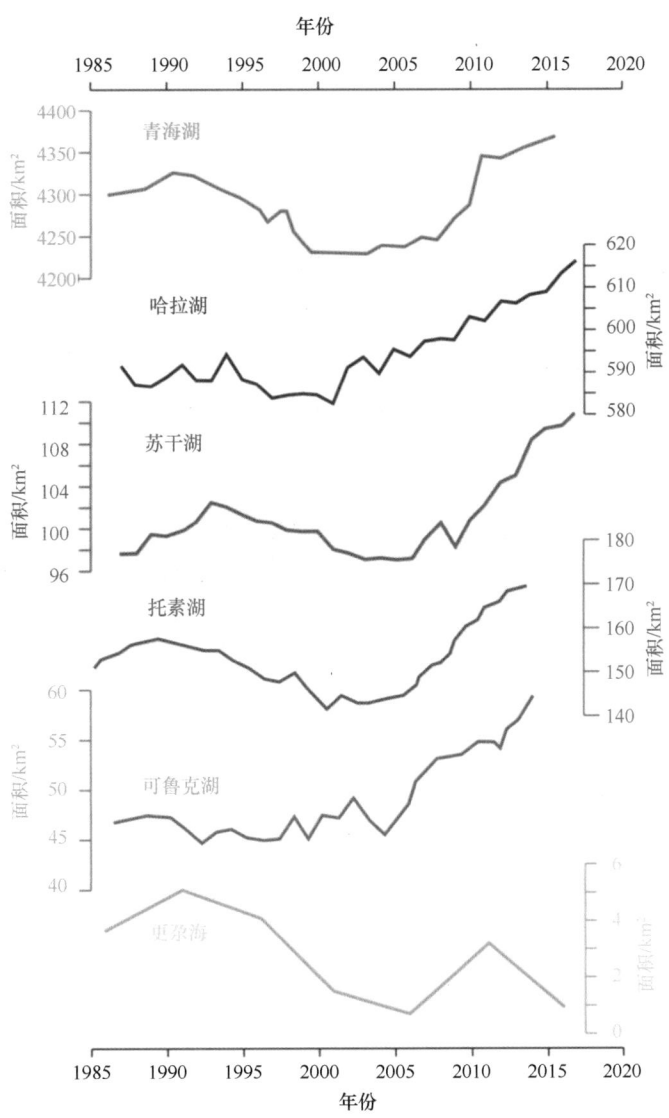

图 3　1986 ～ 2016 年青海湖、哈拉湖、苏干湖、托素湖、可鲁克湖和更尕海的面积变化

（6）旗舰珍稀物种——雪豹种群显著扩大，栖息地下移至针叶林（图4）。本次科考在多年野外实地调查的基础上，使用红外相机矩阵法记录到雪豹夏季在祁连山针叶林中的活动踪迹，获得了珍贵的影像资料，判断雪豹栖息地有向森林带扩张的趋势，深化了对雪豹活动区域的认识，有助于健全雪豹的保护方案。结合祁连山的历史研究与已有报告，初步判断了祁连山地区种群数量近50年的变化规律，判定雪豹在1960～1989年受到人类捕猎等的影响，种群数量减少，1990年至今，祁连山保护区建立后（1988年）加大了对雪豹的保护，雪豹的种群数量稳中有升，说明建立保护区与实施环境整改（关停矿山、生态移民）等措施减少了人类活动干扰，雪豹表现出活动范围增大、栖息地类型多元化现象。基于已有的研究结果并结合历史文献，基本确定了祁连山保护区雪豹的主要分布范围，为祁连山雪豹的保护与全域监测网络建设提供基础，同时为祁连山国家公园建设中生物多样性保护优先区的划定提供了参考。

图4　雪豹在针叶林中活动时的监测照片

目　　录

第 1 章

引　言

1.1 科考背景

祁连山是"泛第三极"地区的重要组成部分,是"山水林田湖草"系统复杂耦合的典型区,是我国生物多样性保护的优先区域,构成我国西部重要的生态安全屏障;同时也是黑河、石羊河和疏勒河等六大内陆河和黄河支流大通河的重要水源地,它涵养的水源是甘肃、内蒙古、青海部分地区 500 多万人赖以生存的生命线。祁连山在维护青藏高原生态平衡,阻止腾格里、巴丹吉林和库姆塔格三大沙漠南侵,保障河西走廊内陆河径流的补给等方面具有重要的功能和意义。

我国早在 1988 年就批准设立了甘肃祁连山国家级自然保护区,跨越张掖、武威、金昌三市。然而,近年来由于过度开发、超载放牧及全球气候变化的影响,祁连山地区生态环境持续恶化:局部植被破坏,水土流失和地质灾害频发,冰川日渐萎缩、冻土加速退化,地球天然固体水库——冰雪储量急剧减少。这严重影响了祁连山区的社会经济发展和工农业生产。2017 年 7 月 20 日,中共中央办公厅、国务院办公厅就甘肃祁连山国家级自然保护区生态环境问题发出通报。针对祁连山生态环境保护及资源环境的突出问题,党和国家领导人多次做出重要批示。祁连山生态环境的治理刻不容缓,亟须开展"山水林田湖草"系统优化配置研究。但祁连山生态破坏问题由来已久,近半个世纪尤为严重,目前局部地区的生态 – 水 – 环境问题仍十分突出。

据此,在第二次青藏高原综合科学考察研究的框架下开展的祁连山生态系统变化考察将利用多尺度、多要素、多技术融合的方法,依靠野外调查、试验分析、遥感反演、雷达探测和数值模拟等手段,全面、系统地开展祁连山生态系统考察,为祁连山"山水林田湖草"系统优化配置提供完整可靠的科学依据和对策支撑,服务于祁连山国家公园建设和可持续发展,推进"泛第三极"科学研究和"一带一路"倡议的顺利实施。

1.2 科考目标

祁连山生态系统变化考察的目标为查明祁连山草地、森林、湖泊等生态系统的结构、功能及生物多样性的变化特征,提出"生态善治"的调控对策。

查明祁连山森林灌丛生态系统林线、树木生长、群落结构、生物量变化;分析祁连山草地生产力格局、草地退化的历史和现状,定量草地退化的人为与自然因素,探索祁连山草地生态保护与修复样板;查明祁连山地区湖泊水体环境现状、水生生态系统的结构,分析在不同时间尺度上湖泊生态系统变化的速率、幅度、方向;对祁连山生物多样性变化开展科学考察,分析祁连山典型生态系统生物多样性变化特征及其影响因素,提出应对气候变化与人类活动背景下祁连山生态系统优化策略,为祁连山"山水林田湖草"系统优化配置和国家公园建设提供科学支撑。

1.3　分队设置

围绕总体目标，祁连山生态系统变化考察由 4 个专题科考分队组成。森林灌丛生态系统变化考察分队利用多尺度、多要素、多技术融合的方法，查明了祁连山森林灌丛生态系统林线、树木生长、群落结构、生物量变化，分析了森林灌丛生态系统的土壤、气候、水文等生境要素，为进一步保护祁连山森林灌丛生态系统和维持整个生态系统健康提供依据。草地生态系统变化考察分队以遥感、无人机、实地样方调查和牧户调查为手段，调查祁连山草地生产力与生物多样性时空变化格局、草地退化现状与草地生态修复样板、牧场生产与社会经济，明确草地生态系统服务功能、现状与变化趋势，分析草地退化的自然与人为影响因素，探寻草地生态评价的方法，提出草地健康管理的技术与政策建议。湖泊生态系统变化考察分队对祁连山中部高山 – 冰川 – 降水补给的哈拉湖、祁连山西段高山地下水补给的天鹅湖、共和盆地内部地下水补给的更尕海、柴达木盆地北缘冰雪融水补给的苏干湖进行了野外考察，结合关键带以无人机和高分卫星为主的多源遥感等监测方式，对湖泊生态系统要素的变化进行系统深入考察。生物多样性变化考察分队在“个体—种群—群落—生态系统”多尺度和多角度体系框架下，对祁连山生态系统多样性和种子植物、哺乳动物、鸟类、鱼类、土壤微生物、浮游生物等物种多样性现状开展科学考察，监测与调查祁连山重点保护物种雪豹、黑颈鹤和裸果木的分布范围与生境特征，结合已有历史与文献资料，初步分析祁连山生物多样性特征与动态变化。本次考察结果与发现将为祁连山“山水林田湖草”系统优化配置和国家公园建设提供科学支撑。

各分队分别围绕以下目标和内容开展考察工作。

1.3.1　森林灌丛生态系统变化考察分队

森林灌丛生态系统变化考察分队主要考察目标为查明祁连山森林灌丛生态系统林线、树木生长、群落结构、生物量变化，分析森林灌丛生态系统的土壤、气候、水文等生境要素，调查人类活动对祁连山森林灌丛生态系统的影响情况，定量分析人类活动与环境变化因素对祁连山森林灌丛生态系统演变的影响程度，为进一步保护祁连山森林灌丛生态系统和维持整个生态系统健康提供依据。

根据考察总体目标，祁连山森林灌丛生态系统变化考察拟解决的关键问题有：

(1) 获取祁连山地区森林灌丛生态系统的关键数据，摸清森林灌丛生态系统结构、功能和生物量现状和动态变化，定量分析森林灌丛生态系统对气候变化与人类活动响应的机制、速率、形式、幅度的差异；

(2) 辨析祁连山“森林灌丛”复合生态系统结构、功能和生物多样性的主导影响因素，服务于区域“山水林田湖草”优化配置、自然资源管理和生物多样性保育服务，为祁连山国家公园建设提供治理对策。

1.3.2 草地生态系统变化考察分队

　　草地生态系统变化考察分队主要考察目标为调查祁连山草地生产力时空格局，草地退化现状与恢复途径，牧区生态、生产与社会状况；评估草地生态系统服务价值；定量草地退化的自然与人为因素；探索草地生态修复与健康管理对策，提出退化草地治理的对策。为祁连山国家公园建设和祁连山地区经济社会可持续发展提供理论与技术支撑。

　　本次考察内容包括：点（关键区）、线（主要考察路线）考察相结合，以无人机、实地样方调查和牧户调查为手段，调查祁连山草地生产力与生物多样性时空变化格局、草地退化现状与草地生态修复样板、牧场生产与社会经济调查，明确草地生态系统服务功能、现状与变化趋势，分析草地退化的自然与人为影响因素，探寻草地生态评价的方法，提出草地健康管理的技术与政策建议。

1.3.3 湖泊生态系统变化考察分队

　　湖泊生态系统变化考察分队主要考察目标为查明祁连山地区湖泊水体环境现状、水生生态系统的结构，监测湖泊生态环境季节变化及其规律；分析湖泊生态系统近百年变化、时空规律及其影响因素；分析生态系统结构的变化；分析湖泊生态系统变化的速率、幅度、方向；在不同时间尺度上，发现湖泊水生生态系统与陆地生态系统的耦合关系、水生生态系统变化与气候变化及人类活动的耦合关系；提出适应气候变化的生态善治的调控对策，为祁连山"山水林田湖草"系统优化配置及祁连山国家公园建设提供可靠的科学依据。

　　针对上述目标，以湖泊生态环境考察为基础，分析湖泊生态系统变化的地域分异特征，对祁连山中部高山－冰川－降水补给的哈拉湖、祁连山西段高山地下水补给的天鹅湖、共和盆地内部地下水补给的更尕海、柴达木盆地北缘冰雪融水补给的苏干湖进行了野外考察，结合关键带以无人机和高分卫星为主的多源遥感等监测方式，对湖泊生态系统要素的变化进行深入考察。

1.3.4 生物多样性变化考察分队

　　生物多样性变化考察分队主要考察目标为调查祁连山地区的生态系统多样性、种子植物、哺乳动物、鸟类、鱼类、土壤微生物、浮游生物等物种多样性，以及重点保护物种分布范围，形成祁连山典型生态系统物种多样性、土壤理化性质、河流水体性质等数据集，明确森林、草地、灌丛、荒漠和河流生态系统主要特征，结合历史资料与文献，分析祁连山不同生态系统物种多样性差异与时空变化趋势，探究影响祁连山物种多样性变化、限制物种生存与分布的可能因素，补充和完善祁连山物种多样性资料，为祁连山生物多样性保护提供科学指导。

　　针对上述目标，生物多样性考察分队在系统调查祁连山生态系统多样性基础上，以石羊河流域为主，辐射黑河、疏勒河、湟水河等流域，通过野外实地踏查、样方样线调查、红外相机监测、定置网具捕获、化学元素分析、室内微生物培养、物种鉴定、高通量测序、历史文献资料梳理等方法，涵盖动物、植物、微生物等多方面，深入开展祁连山生物多样性考察工作。

祁连山生态系统变化考察累计参与人员约为 200 人，累计考察天数约为 160 天，累计考察行程超过 25000 km。祁连山生态系统变化考察研究 4 个专题科考分队的行程路线如图 1.1 和表 1.1 所示，各个分队的具体科考任务和内容详见以后章节。

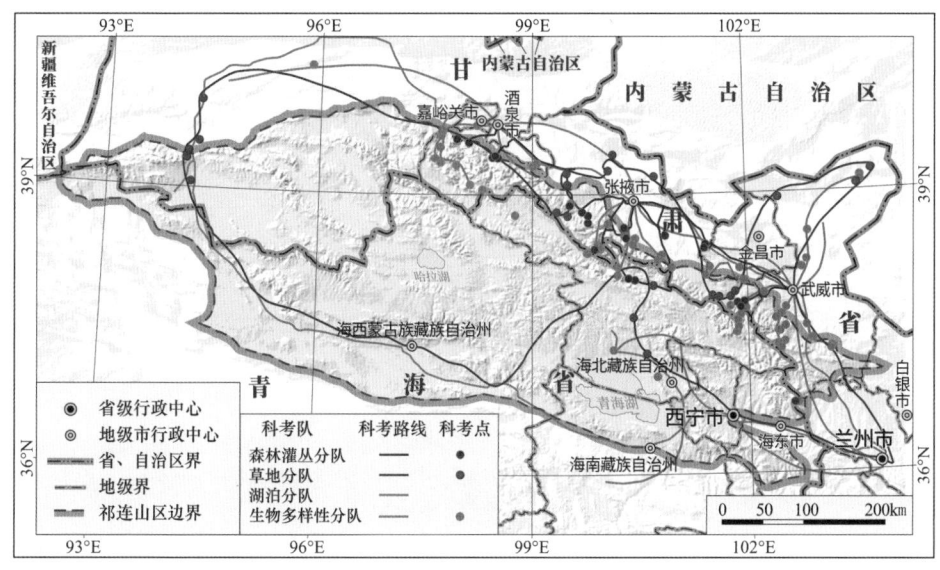

图 1.1 祁连山生态系统变化考察路线

表 1.1 祁连山生态系统变化考察人数、天数、路线和公里数统计表

科考分队		人数/人	天数/d	考察地点 / 路线	公里数/km
森林灌丛生态系统变化考察分队	森林考察组	25	29	自西向东，在肃南裕固族自治县（简称肃南县）瓷窑口村、肃南县隆畅河林场、张掖市寺大隆林场、山丹县大黄山、肃南县西营河林场及甘肃连城国家级自然保护区 6 个关键区设置森林样方并进行了考察	10000
	无人机调查组	4	9		
	灌丛考察组	12	18	张掖市（大口子、排露沟）、大野口流域、吐鲁沟、西营河	
草地生态系统变化考察分队		47	16	4 个关键区：祁连山东部肃南县皇城镇、祁连山中部肃南县大河乡、祁连山西段阿克塞哈萨克族自治县（简称阿克塞县）、青海湖北	4600
湖泊生态系统变化考察分队		14	9	兰州市—共和县—德令哈市—阿克塞县，完成对哈拉湖、天鹅湖、更尕海与苏干湖流域的采样调查	3700
生物多样性变化考察分队	植被－土壤调查组	27	24	石羊河流域：民勤县青土湖，民勤县，宁缠河段，宁县河段，西营水库，金塔河段，杂木河段，古浪河段，西大河段，东大河段，黄羊河段；黑河流域：民乐县，祁连县，野牛沟，肃南县，马蹄乡，寺大隆；疏勒河流域：张掖市祁丰乡，瓜州县，酒泉市，二只哈达坂	5200
	土壤微生物调查组	3	5	石羊河流域：民勤县青土湖，民勤县红崖山水库，西营水库，肃南县皇城镇铧尖，仙米林场，宁缠河段，乌鞘岭	1400
	动物多样性调查组	10	7	石羊河流域：民勤县青土湖，民勤县红崖山水库，武威市金塔乡、祁连乡，武威市西营河段，青海省门源回族自治县宁缠河段，肃南县皇城镇铧尖	1800
	青海湖流域调查组	3	7	青海湖流域：刚察县，青海湖沙柳河段、布哈河段（天峻县）	650

第 2 章

祁连山概况

2.1 地理位置

祁连山位于我国西北，是青藏高原东北部最大的边缘山系，地处青藏高原、蒙古高原和黄土高原的交汇地带，对阻挡巴丹吉林、腾格里、库姆塔格和柴达木盆地四大沙漠的侵袭发挥着重要作用，是我国西北乃至全国的重要生态安全屏障。行政上地跨甘肃、青海两省，东起甘肃的秦安清水，西到青海、甘肃的当金山（图2.1），北达甘肃景泰金塔的北山，南到青海的贵德、共和，南北宽约400 km，东西长约1200 km，总面积约224100 km²。甘肃范围内涉及酒泉、嘉峪关、张掖、武威、金昌和兰州6市，面积约76400 km²；青海范围内涉及海南藏族自治州、海北藏族自治州、海西蒙古族藏族自治州（简称海西州）、海东市和西宁市，总面积约147700 km²。祁连山实际上是由一系列西北—东南走向的近似平行山脉组成，由南向北主要包括柴达木盆地北缘的宗务隆山和柴达木山以及土尔根达坂山、党河南山、疏勒南山、野马南山、托勒南山、托勒山和最北缘的大雪山等。

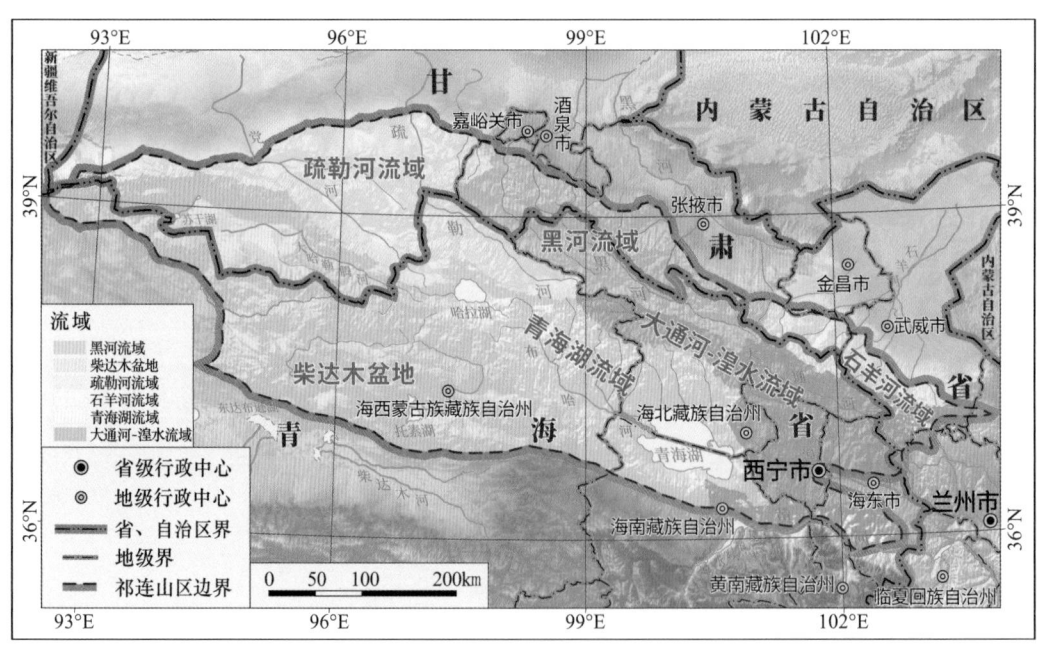

图 2.1 祁连山区及六大流域分布图

2.2　气候特征

　　祁连山深居内陆，是青藏高原、蒙新高原、黄土高原三大高原的交汇地带，同时又位于西风和东亚季风交汇区，还受到青藏高原对大气环流的影响，多种因素的叠加构成了祁连山区复杂的气候特征，即大陆性高寒半湿润山地气候。表现为冬季长而冷，夏季短而凉，由浅山地带向深山地带递进的过程中，气温递减，雨量递增。随着山区海拔的升高，各气候要素发生有规律的自下而上的变化，呈明显的山地垂直气候带。

　　祁连山年平均气温都在 4℃ 以下，随着海拔的升高气温逐渐降低，递减率为0.58℃ /100 m。山顶温度一般低于 0℃，常年都有积雪。其中 1 月最冷，平均气温低于−11℃，7 月最热，平均气温低于 15℃。祁连山气温最低中心常年位于西段海拔较高的托勒山附近，影响祁连山附近气温分布的主要因素是地形（即海拔），地理纬度的影响次之（沈静等，2006）。祁连山多年平均气温空间分布图如图 2.2 所示。祁连山的降水特征比气温更为复杂，降水的季节、年际变化都比较大，这主要是因为影响降水的因素复杂（海拔、经纬度、坡度、坡向）。降水主要集中在每年的 5～9 月，占年总降水量的 89.7%，在空间上表现为自东向西逐渐递减，随着海拔升高，降水日和降水量都有所增加（图 2.3）。此外，随着海拔升高，温度降低，蒸发量减少，相对湿度增大，绝对湿度下降，同时阴坡和阳坡降水增减率也有明显差异。祁连山多年平均降水量空间分布如图 2.3 所示。

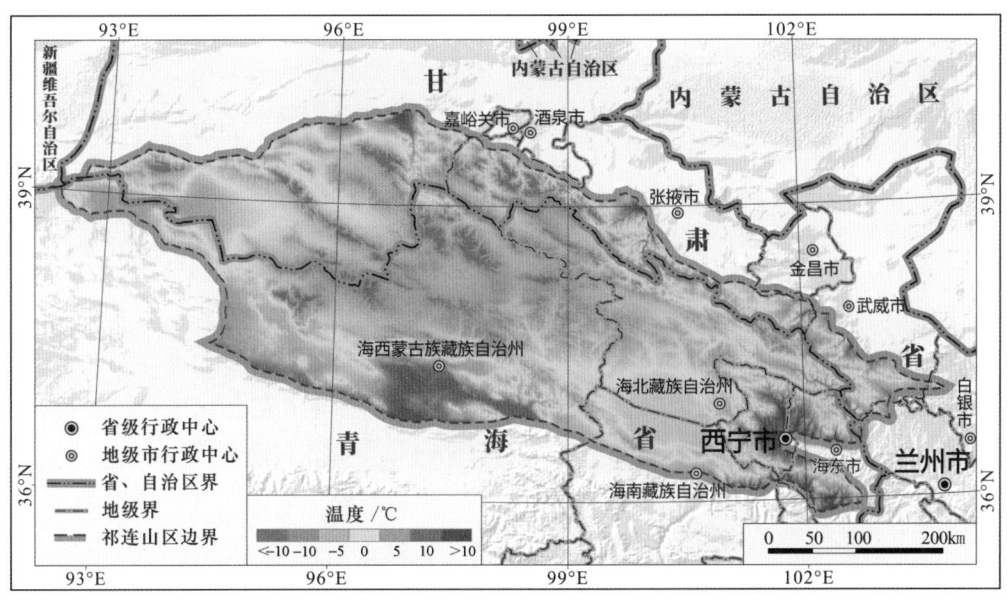

图 2.2　祁连山多年平均气温空间分布图

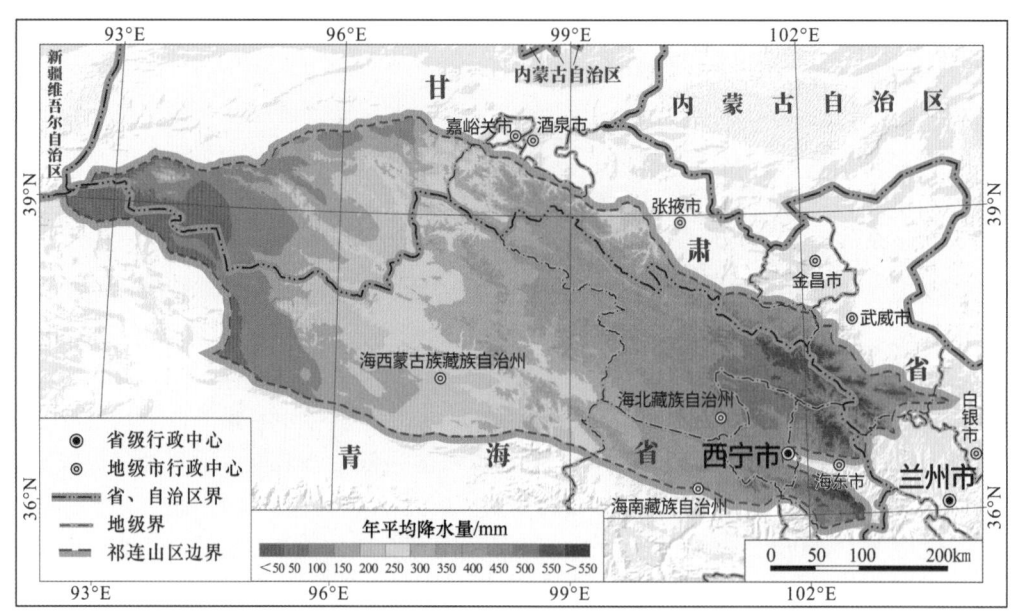

图 2.3　祁连山多年平均降水量空间分布图

2.3　植被土壤

祁连山随着青藏高原的强烈隆升表现为整体抬升，植被（图 2.4）具有明显的生态地理边缘效应特征和高原地带性规律。各类高寒植被占有绝对优势，表现出与青藏高原植被整体明显的相似性和广泛的一致性。受降水和温度影响，其植被类型可分为荒漠植被带、干性山地草原植被带、山地森林草原带、亚高山灌丛草甸植被带、高山寒漠草甸植被带（陈桂琛等，1994）。

森林主要分布于海拔 2300 ～ 3300 m 的阴坡、半阴坡，常以带状或块状与草原、沼泽、水域等交错分布，构成山地复合生态系统。主要森林类型为青海云杉林，还分布有大面积的灌木林和少量的祁连圆柏、桦木、山杨林等。

草原有草甸草原、典型草原、荒漠草原和高寒草原。草原、草甸植被是祁连山分布最广的植被类型。降水分配的东西差异造成了其草地植被覆盖呈东多西少的分布格局。整体来看，乌鞘岭、冷龙岭、大通山、达坂山、青海南山等地区为典型草原植被覆盖区；走廊南山、托勒山、托勒南山及青海湖西北等地区为高寒草甸草原、平原草原和典型草原覆盖区；其他区域为荒漠草原区。荒漠草原植被主要分布在祁连山北坡及河西走廊、柴达木盆地北部山地。

土壤与植被相对应，东段北坡：灰钙土带—山地栗钙土带—山地黑土（阳坡）和山地森林灰褐土（阴坡）带—高山草甸土（阳坡）和高山灌丛草甸土（阴坡）带—高山寒漠土带；南坡：灰钙土带—山地栗钙土（阳坡）和山地森林灰褐土（阴坡）带—高山草甸土（阳坡）和高山灌丛草甸土（阴坡）带—高山寒漠土带。西段北坡：棕荒

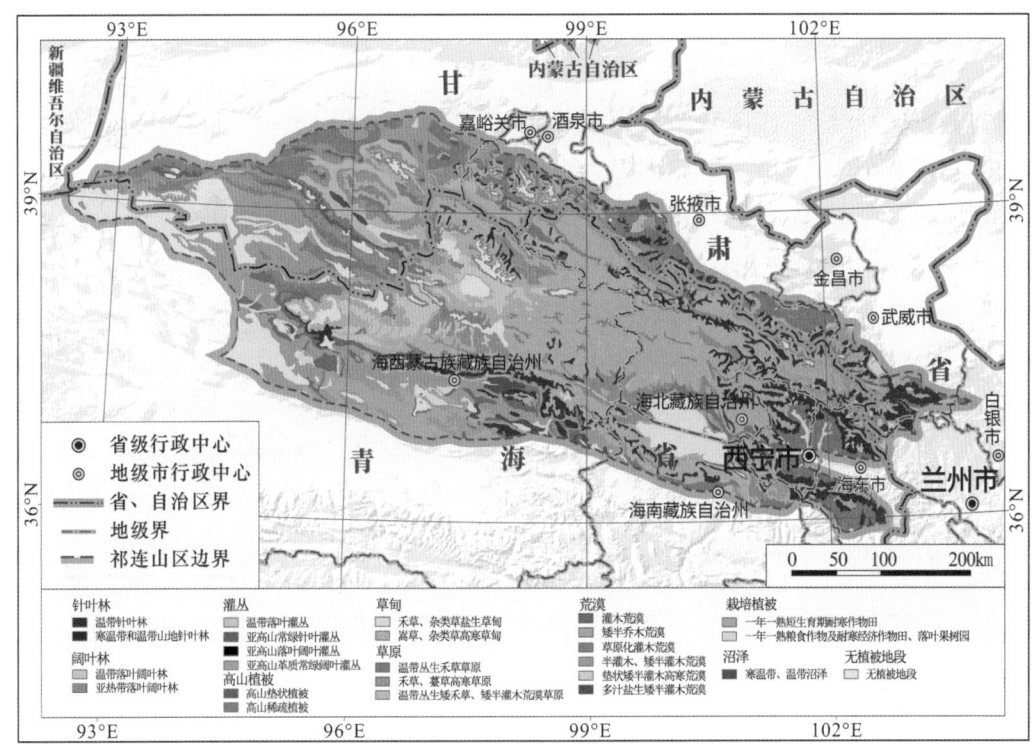

图 2.4　祁连山植被类型空间分布图

漠土带—山地灰钙土带—山地栗钙土带—高山寒漠土带；南坡：灰棕荒漠土带—高山棕钙土带—高山寒漠土带。

2.4　地质地貌

　　祁连山原为古生代的大地槽，后经加里东运动和华力西运动，形成褶皱带，是青藏高原向北东方向扩展生长的前缘地区之一，其地质构造是青藏高原的重要组成部分，活跃的地质构造和复杂的地貌演化特征形成了祁连山复杂的地质地貌构造景观。

　　在地质构造的大背景下，祁连山内部形成了一系列北西—南东走向的平行山脉和山间盆地（图 2.5）。山脉多为现代冰川发育的寒冻风化及冰川侵蚀作用强烈的剥蚀构造，山势挺拔，绵延千里。河流进一步侵蚀，又形成了众多深谷。因此，祁连山的主体地貌是高山、沟谷和盆地，且以山地为主。中部和东部山势较低。山地平均海拔为 4000 ~ 4500 m，相对高差在 1000 ~ 2000 m，许多山峰超过 5000 m。其中疏勒南山主峰团结峰是整个山系的最高峰。海拔 4000 m 以上受冰川作用，为冰川地貌。由河流侵蚀形成的沟谷多居山地内部，海拔通常在 3000 m 以上，宽 10 ~ 30 km，两侧多为连续的山麓洪积倾斜平原，谷底平坦，形成了祁连山广阔的草原。

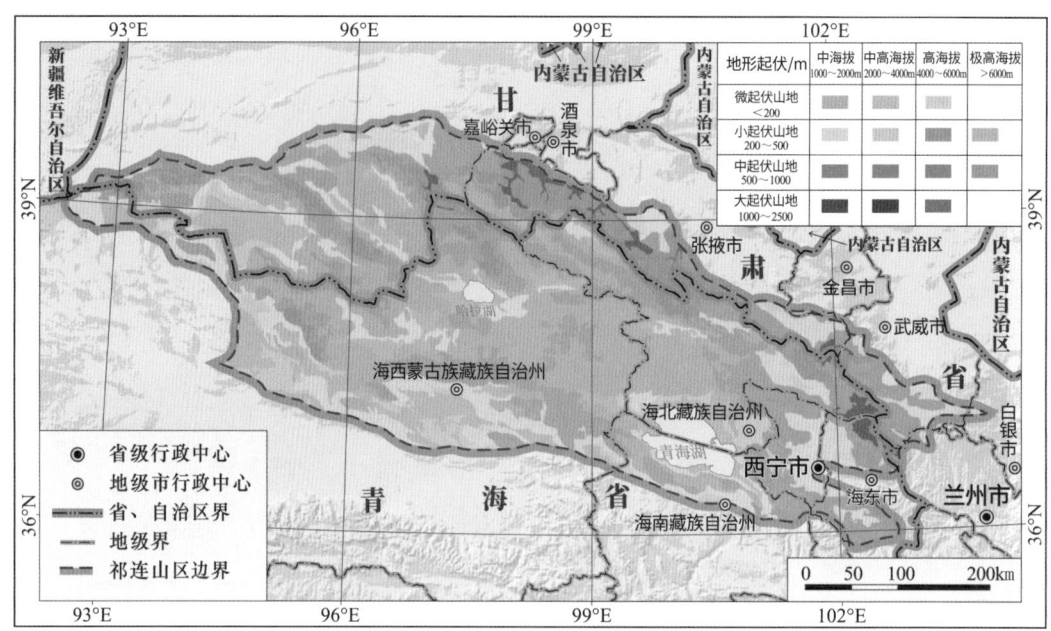

图 2.5 祁连山山地类型空间分布图

2.5 冰川冻土

祁连山是我国大陆冰川分布的主要地区之一。冰川是祁连山作为水塔的重要储存形式。现代冰川是高寒山区水资源存在的一种特殊形式，它是由降水转变成径流的中间滞留，通常比作"高山固体水库"。调查显示，2015 年祁连山共有冰川 2748 条（图 2.6），面积为 1539.30 ± 49.50 km^2。总体而言，祁连山的冰川分布呈现两大特点：一是流域分布不均，二是大小分布不均。

疏勒河流域冰川数量和面积最大，北大河流域冰川数量位居第二，不到疏勒河流域的一半。几乎所有流域面积小于 0.5 km^2 的冰川数量都超过 70%。冰川资源最少的流域是巴音郭勒河水系，仅有 10 条冰川，面积为 2.11 km^2。同时巴音郭勒河流域和黑河流域面积小于 1 km^2 的冰川占比最多，均超过 80%，表明这些流域中存在更多的小冰川。

祁连山是我国高海拔多年冻土分布的典型山区（图 2.7）。已有的调查数据显示，祁连山区域多年冻土分布的最低海拔（高山多年冻土下界）约为 3400 m。3400 m 以上地区，纬度影响、地势起伏、地形差异、地面状况不同、干湿条件不同等诸多因素，使得祁连山多年冻土分布比较复杂。

中部哈拉湖及周边地区是祁连山海拔相对较高的区域，也是多年冻土分布的核心区，以此为中心向周边扩展，随着海拔变低，逐渐过渡到季节冻土区。祁连山东部山地较破碎，峡谷深切，山脉高耸，多年冻土多发育在高山顶部，中西部河谷宽展，松散堆积层较厚，是多年冻土分布的主体区域。

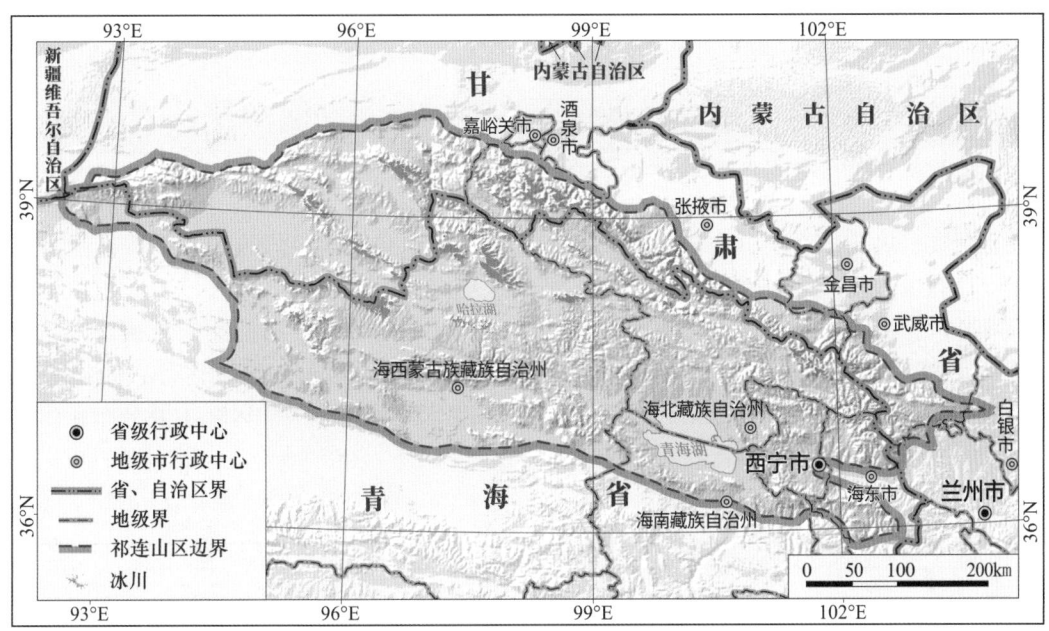

图 2.6　祁连山冰川空间分布图

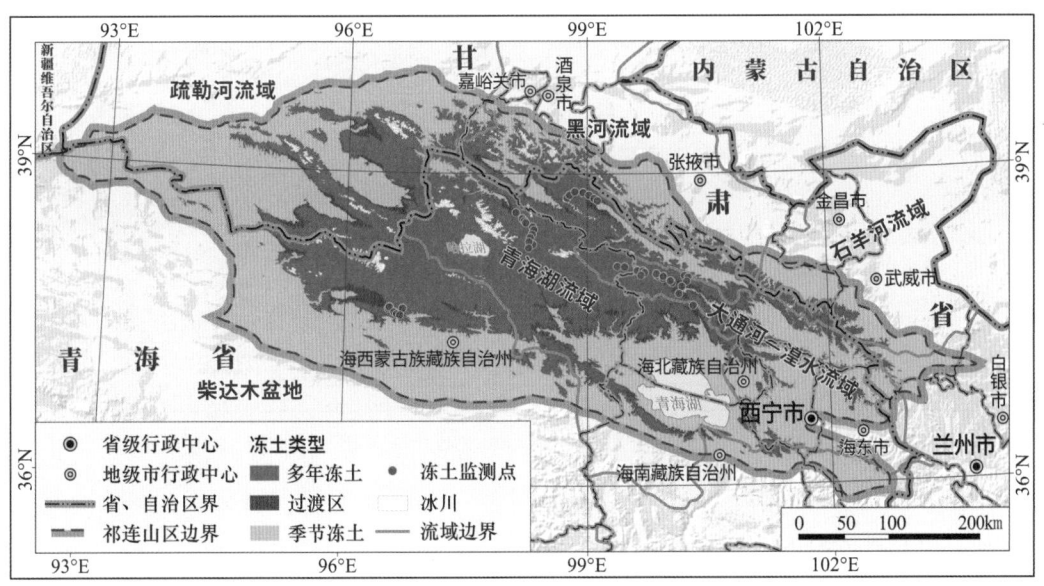

图 2.7　祁连山冻土空间分布图

从气候特征来看，东部降水丰沛，以灌丛、草甸植被为主，中部降水较少，植被以干旱草原为主，西部降水稀少，以荒漠为主。受东西干湿度差异的影响，多年冻土分布下界高度、活动层厚度均有增加趋势，东西部多年冻土基本特征存在明显差异。

2.6　人口民族

从古至今祁连山就是一个多民族聚集和融合的区域，截至目前，区内人口大约为390万，汉族、藏族、回族、土族、壮族、满族、撒拉族、东乡族、蒙古族、裕固族、哈萨克族等民族均有所分布。少数民族中，藏族人口最多，裕固族和东乡族是区内两个特有的少数民族。民族分布表现为大杂居、小聚居的居住模式。人口分布总体呈现东南多、北部少的分布特点，海拔较低的河谷和盆地是人口分布的集中区域。人口密度（图2.8）结果显示，全区大部分地区为无人区，0～50人/km²的区域占全区总面积的95.3%，而大于500人/km²的区域不足1%。人口密度较大的区域主要分布在西宁市及周边地区，人口密度最大为26602人/km²。

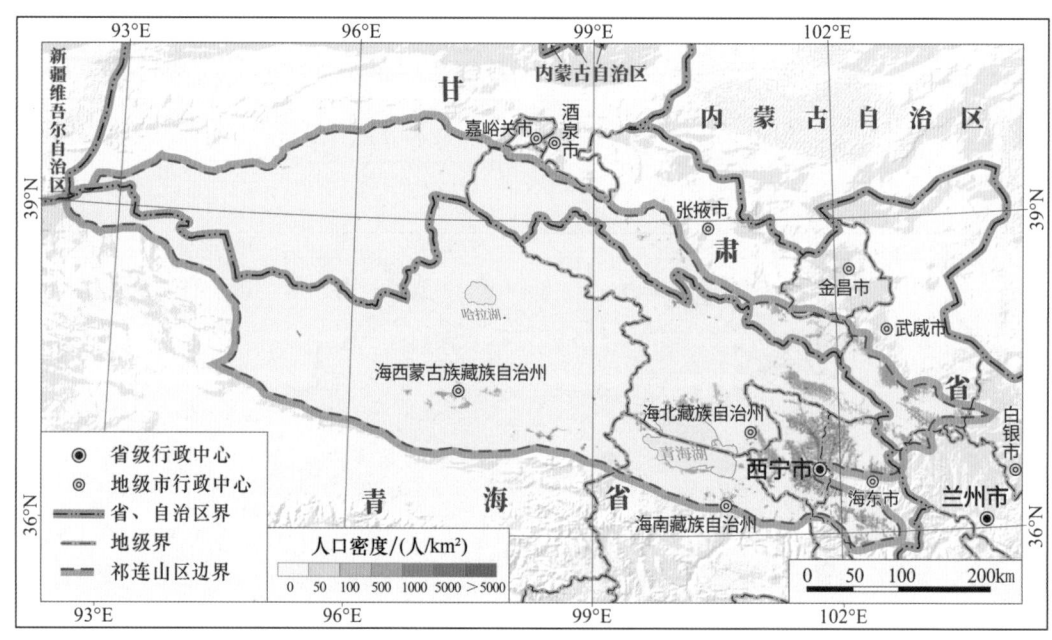

图 2.8　祁连山人口密度空间分布图

2.7　社会经济

祁连山素有"中国乌拉尔"之美誉，已发现矿藏40多种500余处，金、银、铜、铁、锡、铬、铝、镁、锰、煤、石棉、玉石等蕴藏量大、品质高，矿产资源十分丰富（刘晶，2015）。一直以来，祁连山的社会经济发展对自然资源依赖程度高，但受自然条件限制，又深居内陆，加之远离我国经济核心区域，致使地处祁连山的众多行政区经济相对落后。中华人民共和国成立初期，在大力发展工业的时代背景下，区内的矿产资源开发企业就已经开始出现。自 1947 年第一宗大型煤矿建立开始，区内的矿产资源开发产业就在逐步发展，而 1990 ～ 2000 年，为了拉动西部地区的经济增长，矿产资源开发产业得到迅速发展。

　　总体而言，祁连山以农牧业为主的第一产业对社会经济发展的贡献度较高。祁连山草原面积占祁连山区域总面积的 62.3%，牧业人口占农业总人口的 12.6%，畜牧业是祁连山地区最重要的产业之一，也是广大农牧民赖以生存的产业。近年来，特色种植业也得到了较大发展，祁连山现有耕地 60 多万亩①，适合在高寒地区种植油菜、蚕豆、青稞、草药、果蔬以及发展花卉等。为实现生态保护与经济社会的协调发展，近年来祁连山逐渐调整产业发展结构，适度降低了第二产业比重，加大对第三产业的扶持与发展。祁连山是一个集自然风光、民族风情、草原文化、宗教文化于一体的圣地，旅游业发展潜力巨大。因此，生态旅游业将会是推动区域经济社会发展的重要产业。更为重要的是，祁连山藏族、回族、土族等少数民族人口众多，均有传统的民族手工业生产技术，未来有较大的发展潜力。

参考文献

陈桂琛, 彭敏, 黄荣福, 等. 1994. 祁连山地区植被特征及其分布规律. 植物学报, 36(1): 63-72.

刘晶. 2015. 祁连山地区生态保护与经济协调发展的路径探索. 攀登(哲学社会科学版), 34(4): 103-109.

沈静, 刘永红, 康建国, 等. 2006. 祁连山气候分布特征研究. 兰州: 甘肃农业大学.

---

① 1 亩 ≈ 666.67 m²。

第3章

祁连山森林生态系统变化

祁连山是我国东部湿润区、西北干旱区和青藏高寒区的过渡带和边缘区，也是我国典型的寒旱地区，该区域孕育了丰富多样的森林植被类型，并承担着涵养水源、调蓄山区及周边地区降水与冰雪融水、灌溉河西走廊绿洲、维持生物多样性等多种生态功能，对祁连山发挥生态屏障作用具有重要的意义（何志斌等，2016）。在祁连山区开展大面域、不同类型的森林生态系统研究，有助于全面认识和理解区域森林生态系统的分布规律、机制，明确影响森林演替、个体生长的限制因子及其对全球气候变化的响应，从而为气候变化应对、维护国家生态安全、制定区域甚至全国的气候变化应对策略提供科学依据。

3.1 森林概况及历史变迁

3.1.1 森林资源分布概况

祁连山是我国重要的水源涵养生态功能区和生态安全屏障，发挥着涵养水源、调节气候、固碳释氧、保持水土、保护物种、改善环境等巨大的生态、经济和社会效益，维护祁连山森林生态系统健康是保证祁连山生态系统平衡的关键。

从森林分布来看，祁连山森林资源主要集中在祁连山东中段（黑河水系以东和乌鞘岭周围）海拔 2500 ～ 3300 m 处，多呈斑块状分布；然而在阴坡、半阴坡和半阳坡）隆畅河的西部及祁丰一带很少（邓振镛和徐金芳，1996）。祁连山东部分布着大面积的青扦（*Picea wilsonii*）和油松（*Pinus tabuliformis*）等针叶树种，以及红桦（*Betula albosinensis*）、白桦（*Betula platyphylla*）和山杨（*Populus davidiana*）等阔叶树种；祁连山中部地区广泛分布着祁连圆柏（*Juniperus przewalskii*）和青海云杉（*Picea crassifolia*）等针叶树种，其中青海云杉占绝对优势，其次是祁连圆柏片林。

祁连山森林的林分以中龄林为主，其面积和蓄积分别占全林分的 58.4% 和 52%；其次为近熟林，其面积和蓄积分别占 23.9% 和 28.3%；再次为成熟林，其面积和蓄积分别占 11.4% 和 16.6%。从森林的坡度及分布来看，祁连山林区地形破碎、急险坡地段居多，位于急险坡（36° 以上）地段的林分面积和蓄积分别占总林分的 53.9% 和 53.3%；位于陡坡（26° ～ 35°）地段的林分面积和蓄积分别占 35.7% 和 36.4%；位于斜坡（25° 以下）地段的林分面积和蓄积分别占 10.4% 和 10.3%。

3.1.2 森林资源历史变迁

祁连山森林分布与面积变化受自然环境变迁和人为干扰双重影响。在长时期和整体山系的大尺度范围内，森林变化主要受自然环境，特别是气候变化的制约。但是，在历史时期和局部区域，人为活动对森林的变化具有显著影响（汪有奎等，2014）。

西汉元狩二年（公元前 121 年）河西走廊及祁连山区被纳入中原王朝至 20 世纪末，人类生产生活对森林造成了极大的破坏，导致祁连山北坡森林面积逐步减少。汉朝至中华人民共和国成立以前，祁连山北坡森林遭到两汉至魏晋时期、唐代、明清时期和民国时期四次较大规模破坏，森林大面积消失。

中华人民共和国成立以后至 20 世纪 80 年代末，经过 1958～1960 年"大跃进"、20 世纪 60 年代末至 70 年代末的"文化大革命"时期、20 世纪 80 年代河西商品粮基地建设时期较大规模的林木砍伐和毁林开荒行动，祁连山北坡森林面积呈持续下降趋势。山区居民为了满足生存需要而大量砍伐木材和毁林开荒是导致历史时期祁连山北坡森林大面积缩减的主要原因。

20 世纪 90 年代以来，特别是 21 世纪以来，受益于国家天然林保护工程、退耕还林工程、国家级公益林生态效益补偿计划及国家林地统计标准的调整，祁连山森林资源得以全面保护，北坡森林面积呈逐步增加趋势。但是生态保护与资源开发的矛盾依然突出，局部区域森林质量降低，森林生态服务功能下降。因而，了解祁连山森林资源变化，对于制定森林保护政策法规、有效保护和合理利用祁连山森林资源具有重要意义。

3.2　森林树木径向生长变化

树木年轮是树木木质部细胞生长在年内进行有规律的变化，并在不同年份之间形成清晰的界限而产生的（Cuny et al.，2014；Fritts，1976）。树木年轮具有定年准确、分辨率高、空间覆盖广等独特优势，其指标在全球气候变化研究中得到了广泛应用。同时，树木年轮能够很好地记录树木径向生长的年内、年际变化及其对气候环境的响应，也是研究森林生态系统变化的良好载体。

祁连山区由于地处内陆干旱半干旱地区，且位于青藏高原的东北缘，复杂的地形地貌特征和气候系统造就了该地区独特的森林生态系统，还孕育了中国自然树龄最长的乔木树种——祁连圆柏，活树树龄可以超过 2000 年（Yang et al.，2014）。利用祁连山南坡和北坡的祁连圆柏树木年轮资料，我国学者恢复了青藏高原东北部过去 3500 年的降水变化历史，为深入理解寒旱区气候变化历史、特征和规律提供了重要资料证据（Yang et al.，2014；Shao et al.，2010）。此外，在祁连山地区开展大面积的树轮研究后发现，干旱是影响祁连山乃至整个青藏高原东北部大部分区域森林树木生长的主要限制因子（Gou et al.，2014）。连续干旱时期或极端干旱年份会导致树木径向生长缓慢、年轮整体较窄。相反，气候相对湿润的时期或年份对应树木径向生长较快、年轮较宽。在过去千年中，祁连山地区气候经历了多次干旱和相对湿润时期的转换与波动，主要的相对湿润时期及树木径向生长较高的阶段有 1090～1096 年、1358～1369 年、1564～1582 年、1755～1764 年、1891～1910 年等；而气候比较干旱、树木径向生长处于较低阶段的时期有 1139～1152 年、1446～1503 年、1708～1726 年、1926～1937 年等。研究还发现，小冰期时期祁连山地区气候出现了三次持续时间较长的大干旱：13 世纪 60 年代～14 世纪 40 年代、15 世纪 30 年代～16 世纪 40 年代、17 世纪 40 年代～18 世纪 40 年代，而这三次气候干旱期分别对应太阳活动的沃尔夫（Wolf）极小期、斯波勒（Spörer）极小期和蒙德（Maunder）极小期，说明该区域的干旱气候变化与太阳活动强度有密切关系（Gou et al.，2015a）。祁连山东部千年尺度的树轮记录还显示，近200年以来该区域气候逐渐趋于变湿，近期气候处于相对湿润的阶段、树木径向生长处于相对较高的阶段（Gou et al.，2015b）。

虽然祁连山地区是国内树轮学研究开展较早的区域之一，目前也有不少研究成果发表，但这些研究在空间分布上还相对比较集中，对祁连山区整体气候与森林树木生长变化的代表性比较有限。祁连山大部分树轮研究工作都集中在中部地区；东部地区由于受人类活动影响相对较大，有一些时间序列较短的树轮记录；祁连山西部地区的树轮记录仍比较少。由于青海云杉和祁连圆柏是祁连山地区的主要建群树种，因此大部分树轮研究工作都是基于这两个树种开展的，仅在祁连山东部和中部黑河下游地区有少量基于青扦、油松和胡杨的树轮研究工作。树轮宽度是目前祁连山地区绝大部分树轮研究工作所采用的指标，祁连山中部地区有少量基于树轮碳同位素（Liu et al.，2007）和树轮最大晚材密度（Chen et al.，2012）的研究工作开展。利用树轮资料开展气候重建及气候变化研究是目前祁连山地区树轮学研究的主要内容。祁连山东部、中部和西部地区都有基于树轮资料的气候重建工作开展，重建的气候要素包括降水、帕默尔干旱指数（PDSI）、温度、河流径流量、归一化植被指数（NDVI）、地下水位变化等。除了树轮气候学研究之外，也有少量利用树轮资料进行土壤侵蚀（Zhou et al.，2013）、树木径向生长监测（Wang et al.，2012）、形成层监测（Liang et al.，2009）及高山林线（Gou et al.，2012）等的研究。综上所述，祁连山区目前已开展了不少树轮研究工作，但研究的样点和区域还过于集中，不能够代表和反映整个祁连山区的气候与森林树木生长变化；研究的方法和手段还比较单一，需要一些树木年轮与遥感影像资料、模型模拟等相结合的研究来拓展研究方向，并加深对区域气候与森林在时间和空间上变化特征、规律和机制的认识。

2016～2018年在祁连山地区针对青海云杉（Picea crassifolia）这一区域优势树种开展了较大空间范围的、基于多样点数据（38个样点）和多元数据对比（树轮记录与遥感影像反演数据）的树木生长及其对气候变化响应的研究。研究主要基于森林样方调查、树木年轮数据及遥感影像反演的NDVI数据分析。考虑到祁连山南北坡气候、自然环境条件等差异较显著，此次对青海云杉的调查主要集中在甘肃境内的祁连山北坡地带进行，而位于青海省境内的祁连山南坡青海云杉林暂不作为本研究的重点（图3.1）。

分析近几十年（1961～2015年）祁连山地区气候变化的时间变化特征发现（图3.2），该区域与全球温度变化一致，都表现出了显著的温度升高和增暖现象，但不同时期温度变化的趋势存在差异。1961～1980年祁连山地区温度整体变化不大，显著和快速的温度升高主要发生在1980～2001年，这一时期的升温速率达0.68℃/10a。进入21世纪以来，祁连山地区的温度变化与近些年发现的北半球或全球"增温停滞"现象一致，表现出升温速率停滞、温度基本维持在一定范围之内波动。过去几十年，祁连山地区的降水变化幅度并不是很大，整体呈略微增加趋势但不显著，尤其是2000年以后区域降水仍呈增加趋势。SPEI所表征的区域干旱情况显示，1961～1980年祁连山地区呈变湿趋势，1980～2001年该区域气候呈干旱化趋势，2001年以后随着增

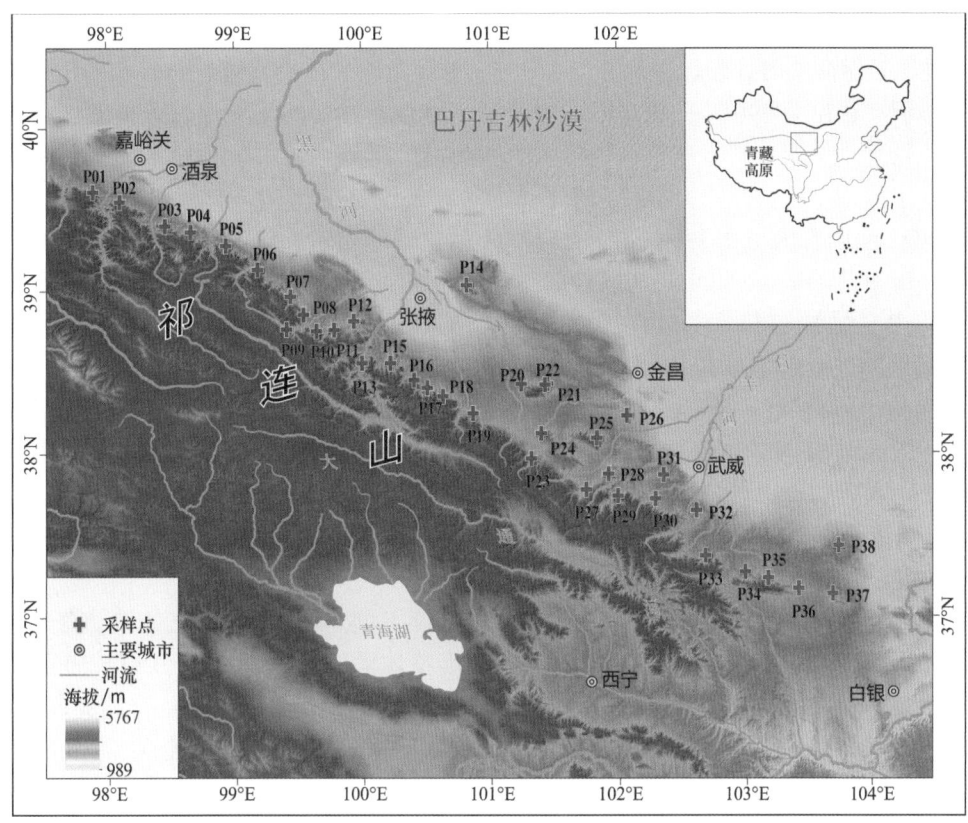

图 3.1　祁连山北坡 38 个青海云杉森林样方调查及树轮样品采集样点

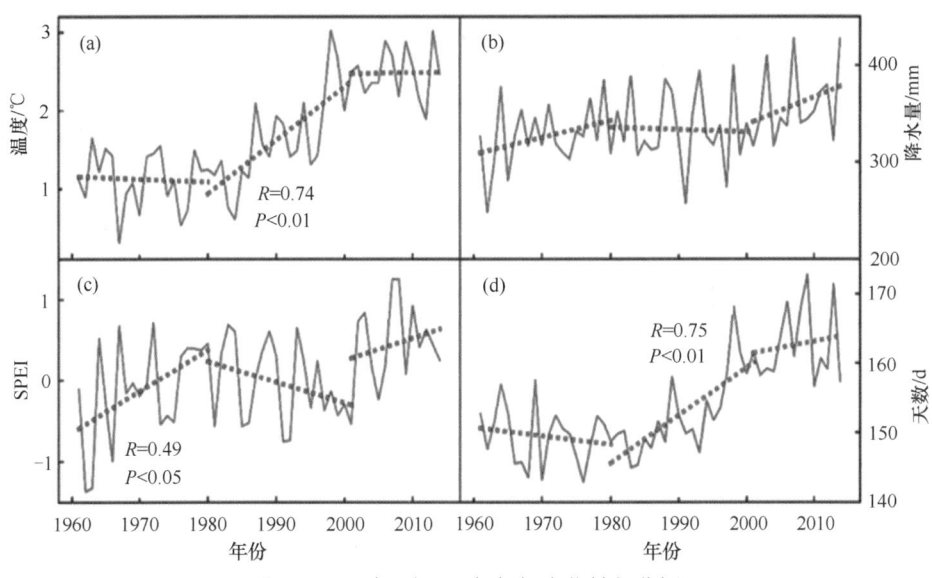

图 3.2　研究区近 60 年气候变化特征分析

(a) 年平均温度（1961 ～ 2015 年）；(b) 年总降水量（1961 ～ 2015 年）；(c) 12 个月尺度 SPEI 变化（1961 ～ 2015 年）；
(d) 日平均温度大于 5℃的天数（1961 ～ 2014 年）。红色虚线为各气候要素分别在 1961 ～ 1980 年、1980 ～ 2001 年及
2001 ～ 2014/2015 年的变化趋势拟合线

温停滞及降水增加，区域气候整体开始向湿润化方向发展，而且近期处于过去几十年中气候比较湿润的时期。日平均温度大于 5℃的天数所表征的青海云杉树木生长季长度变化显示，相比于 1961～1980 年这一时段，2000 年以后的平均生长季长度延长了近 10 天，这可能会对于树木生长产生较大的影响。

基于树木年轮数据的树木径向生长变化分析发现，在近 60 年时间尺度上，1961～1980 年该地区青海云杉树木径向生长整体呈上升趋势；1980～2001 年树木径向生长呈显著下降趋势；而 2000 年以后祁连山地区的青海云杉树木径向生长又开始出现明显的生长加快趋势（图 3.3）。1982～2015 年区域 NDVI 数据分析也发现，相比于 20 世纪 80 年代，90 年代祁连山地区整体的 NDVI 有所下降；但相比于 90 年代，21 世纪前 10 年祁连山地区的 NDVI 又开始上升，尤其是西北部地区的 NDVI 上升比较明显，区域东南部少数地区的 NDVI 仍呈下降趋势；2010 年以后，祁连山地区的 NDVI 整体呈显著上升趋势，表明近期该区域植被生长在变好（图 3.4）。整体而言，NDVI 变化显示 2000 年以来祁连山地区的植被呈变好趋势，这与该区域青海云杉树木年轮数据记录的结果一致。

青海云杉树木径向生长及 NDVI 的变化与祁连山地区近 60 年的气候波动有非常密切的关系。过去近 60 年，祁连山区年平均温度整体呈显著升高趋势（0.3℃/10 a），年总降水整体呈略微增加趋势。尤其是 1980～2001 年，祁连山地区经历了快速升温、气候变暖而降水又未明显增加的变化，高温导致的干旱加剧严重限制了青海云杉树木的生长，使这一时期的树木径向生长整体表现出明显的下降趋势；2000 年以后，与全球及北半球温度变化曲线出现的"增温停滞"现象一致，祁连山地区的温度升高也停止。同时，区域降水略有增加，干旱气候得到了缓和。这时期青海云杉树木的径向生长速率又开始明显加快。由此可见，区域树木径向生长对短时间尺度的气候变化波动

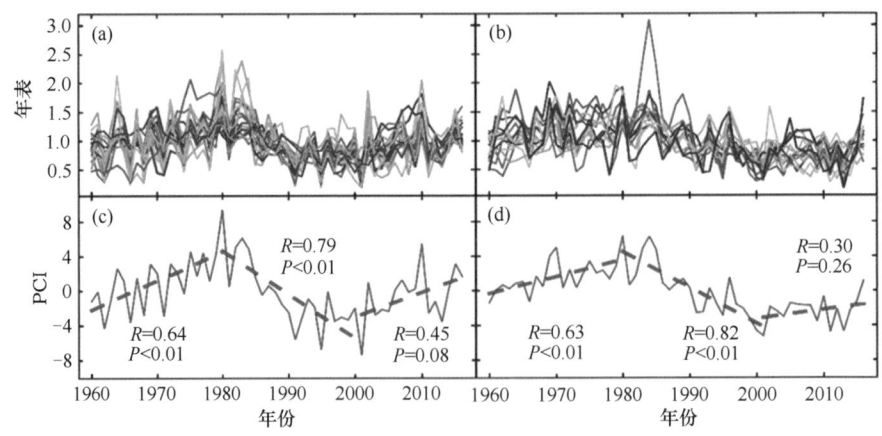

图 3.3　基于树轮年表的树木生长变化特征

树轮年表近期变化趋势确定的有共同变化特征的第一组年表 (a) 及第一组年表的第一主成分序列 (c)，第一主成分解释该组年表变化的 50%；第二组年表 (b) 及第二组年表的第一主成分序列 (d)，第一主成分解释该组年表变化的 42%。(c) 和 (d) 图中的红色虚线为两组年表第一主成分分别在 1961～1980 年、1980～2001 年、2001～2015 年的变化趋势拟合线

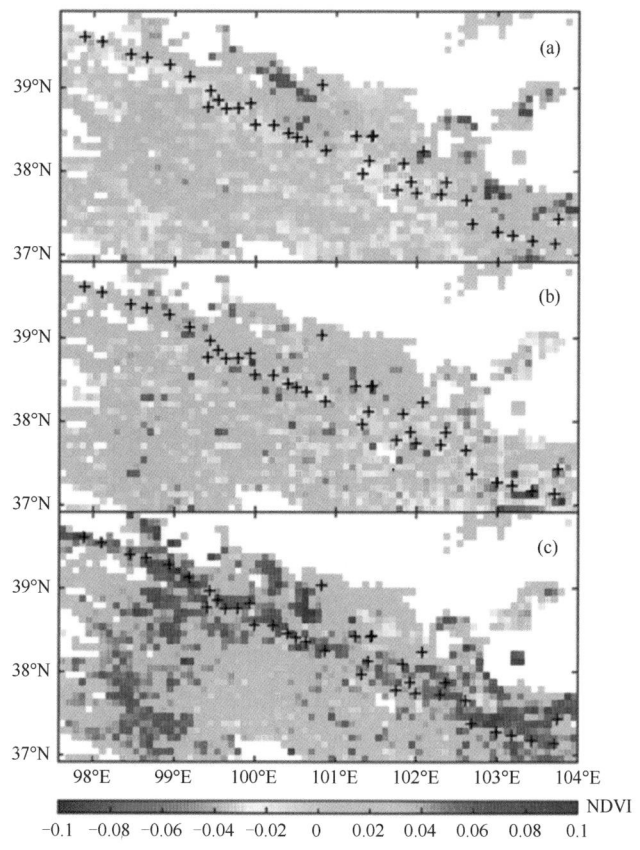

图 3.4 祁连山地区 1982 ～ 2015 年 NDVI 变化

(a) 20 世纪 90 年代与 80 年代相比，区域 NDVI 变化的差值；(b) 21 世纪前 10 年与 20 世纪 90 年代相比，区域 NDVI 变化的差值；
(c) 21 世纪前 10 年与 20 世纪前 10 年相比，区域 NDVI 变化的差值。NDVI 格点变化值为正值（蓝色），表示区域植被生长变好；
NDVI 格点变化值为负值（红色），表示区域植被生长下降。图中黑色 "+" 符号为青海云杉森林研究样点

也会表现出显著的响应。综上所述，树木年轮记录及 NDVI 数据所反映的祁连山地区近期植被变好应该与该区域的暖湿化气候变化趋势有很大关系，同时生长季延长对于树木或植被生长应该也有较大的促进作用（Gao et al.，2018）。

3.3 林线动态变化研究

20 世纪以来，气候变暖是全球气候变化的主要特征之一。到 21 世纪末，全球近地面大气平均温度将升高 0.3~4.8℃（IPCC，2013）。气候变暖对生态系统产生了深远影响（Scheffers et al.，2016），生态系统对气候变化的响应及其机制越来越受到科学家和社会公众的广泛关注。随着人们对全球变暖及其产生的生态后果的强烈关注，急需研究和分析对气候变化敏感的生物监测系统。林线作为郁闭森林和高山草甸之间的生态过渡地带，对自然环境变化和人类活动尤其敏感。

高山林线过渡带（alpine treeline ecotone）是指山地郁闭森林到树种线之间的生态过渡带（Körner and Paulsen，2004），因其特殊的结构、功能及对气候变化的高度敏感性，属于理想的生物监测系统，已成为全球气候变化研究的热点区域之一（Qi et al.，2015）。国外对林线的研究可追溯到 19 世纪末期。20 世纪 40 年代以前，林线研究主要涉及过渡带内植物区系的组成以及群落结构分布格局的描述。20 世纪中叶，林线研究主要侧重于植被与环境之间的相互关系。20 世纪 80 年代开始，林线研究逐渐与全球气候变化相联系。林线处树木的生长主要受生长季低温的限制，因此从理论上讲，高山林线在气候变暖的背景下，其位置逐渐向高海拔迁移。然而，全球林线调查数据显示，近百年来约 50% 的调查样点林线上升明显，其余调查样点林线位置基本保持静止状态（Kullman，1995；Liang et al.，2011），表明影响林线位置及其动态变化的环境因子很复杂，除了受气候因素控制，还受微地形、放牧和积雪厚度等的影响（Dalen and Hofgaard，2005）。目前关于林线形成的假说有温度控制、环境胁迫、生长受限、繁殖更新障碍、碳平衡失调等，这些假说虽然能解释一定区域的高山林线现象，却不能作为普适性的林线形成理论。因此，林线在气候变暖背景下动态变化及林线形成机制一直是科学家关注和研究的焦点。

祁连山是我国西北重要的生态安全屏障（Ma et al.，2018），生态系统脆弱且对气候变化高度敏感。该区森林资源丰富，主要树种有祁连圆柏、青海云杉、青扦、山杨和白桦等。祁连山的森林对于祁连山发挥其生态屏障作用具有重要意义。同时，区域内形成了典型的高山林线，其位置明确，是研究气候变化背景下高山林线位置动态变化及其形成机制的理想场所。

对祁连山林线变化的研究主要通过研究青海云杉和祁连圆柏种群结构、径向生长及林线位置对气候变化的响应，但其结果存在差异。祁连山林线处祁连圆柏树木径向生长主要受到前年生长季和当年生长季温度的影响，与夏季气温呈现正相关关系（Gou et al.，2012）。青海云杉林线一般位于高海拔山区的北坡，环境条件非常恶劣。在区域气候变暖的背景下，青海云杉林线幼龄个体数量偏多，林线种群密度增大，林线位置没有发生明显的变化（张立杰和刘鹄，2012）；祁连山东部的祁连圆柏林线在 1891 年以来也保持静止状况（Gou et al.，2012）。祁连山北部边缘两处林线分别上升了 52 m 和 80 m，而祁连山中南部的两处林线分别上升了 13 m 和 54 m（王亚锋等，2017）。近百年来，祁连山不同区域的林线上升幅度为 0~80 m，且全球尺度上的近百年来林线变化也具有这种空间异质性特征（王亚锋等，2017）。因此，研究祁连山区林线动态变化及其机制将为全球林线变化研究奠定基础。

祁连山区树木生长和更新主要受温度限制（Gou et al.，2012），预期气候变暖背景下，祁连山林线位置将会向高海拔迁移。祁连山区不同地点青海云杉林线树木更新在时间上具有同步性，而祁连圆柏林线树木更新在不同地点则不一致；且青海云杉群落更新速率比祁连圆柏快，表明祁连圆柏和青海云杉群落更新方式具有种间差异（王波，2015）。下文以祁连山东部的祁连圆柏和青海云杉林线研究为例，介绍祁连山东部不同树种林线动态变化研究。

3.3.1　祁连山东部林线变化研究

作者团队自 2008 年开始对祁连山的高山林线开展了研究工作（Gou et al.，2012），主要针对祁连山的优势树种祁连圆柏和青海云杉林线处树木的径向生长、树木更新以及时空位置变化研究祁连山高山林线动态变化，且三者的动态与气候变化紧密相关。林线位置处树木生长、更新和时空格局对气候变化的响应是揭示高山林线动态历史的重要基础。林线位置的明显变化在较长的时间尺度上才显现出来，而树木年轮是研究林线位置在长时间尺度变化的主要手段。在祁连山东部地区对祁连圆柏林线和青海云杉林线基于样方调查、树木年轮宽度数据展开林线动态变化研究。采样点分布如图 3.5 所示。

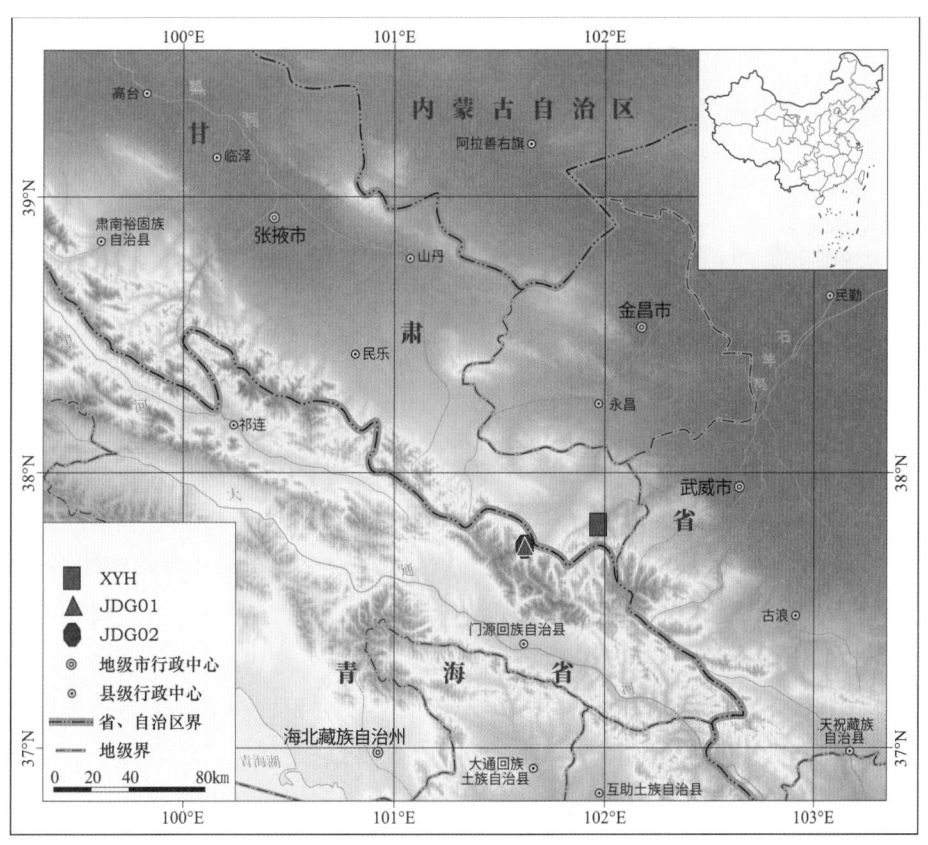

图 3.5　采样点分布图

祁连圆柏为柏科常绿乔木，是青藏高原东北部的主要森林树种，也是我国目前已知的树龄最长的树种，活树年龄能达 2000 年左右。祁连山区干旱 – 半干旱的气候使祁连圆柏生长极为缓慢，且对气候变化十分敏感。

　　基于林线处祁连圆柏树木径向对气候响应的分析发现林线处树木径向生长主要受到前年生长季和当年生长季温度的影响，且当年夏季温度是限制林线处树木生长的主要因素；同时林线处祁连圆柏树木径向生长与降水无显著相关关系，对降水的响应弱于温度（图 3.6），前人在祁连山高海拔的研究结果也显示了树木径向生长对温度较降水敏感（Liu et al.，2005）。

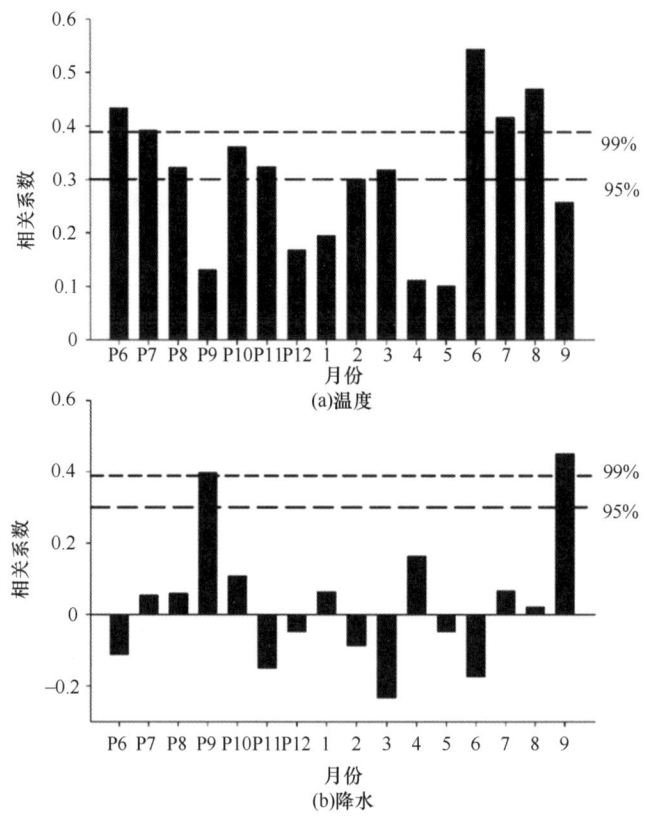

图 3.6　标准树轮年表指数与邻近武威气象站温度、降水从前一年 6 月到当年 9 月的相关分析结果
（1961 ～ 2004 年）
P 代表前一年，下同

　　Kullman（1991）提出根据样方内详细的年龄结构分析可以研究树木更新的空间动态变化情况。结合样方调查资料和树木年轮宽度数据分析了祁连山东部林线处两个样方内祁连圆柏的年龄结构如图 3.7 所示，在两个样方内祁连圆柏树木更新最早分别出现在 19 世纪和 16 世纪。然而，在接下来的几个世纪直到 19 世纪 90 年代，样地内几乎没有祁连圆柏树木更新；样方内没有发现死树。19 世纪 90 年代以来两个样方内祁连圆柏开始持续快速增长，在 20 世纪 30 年代和 50 年代更新最多。样方内树木的更新从 20 世纪 70 年代到现在下降，尽管我们的研究方法有一定的局限性，小于 20 年的树木没有包含进来，但可以认为这次树木更新是从 20 世纪 30 ～ 50 年代的更新高峰期后开始下降。

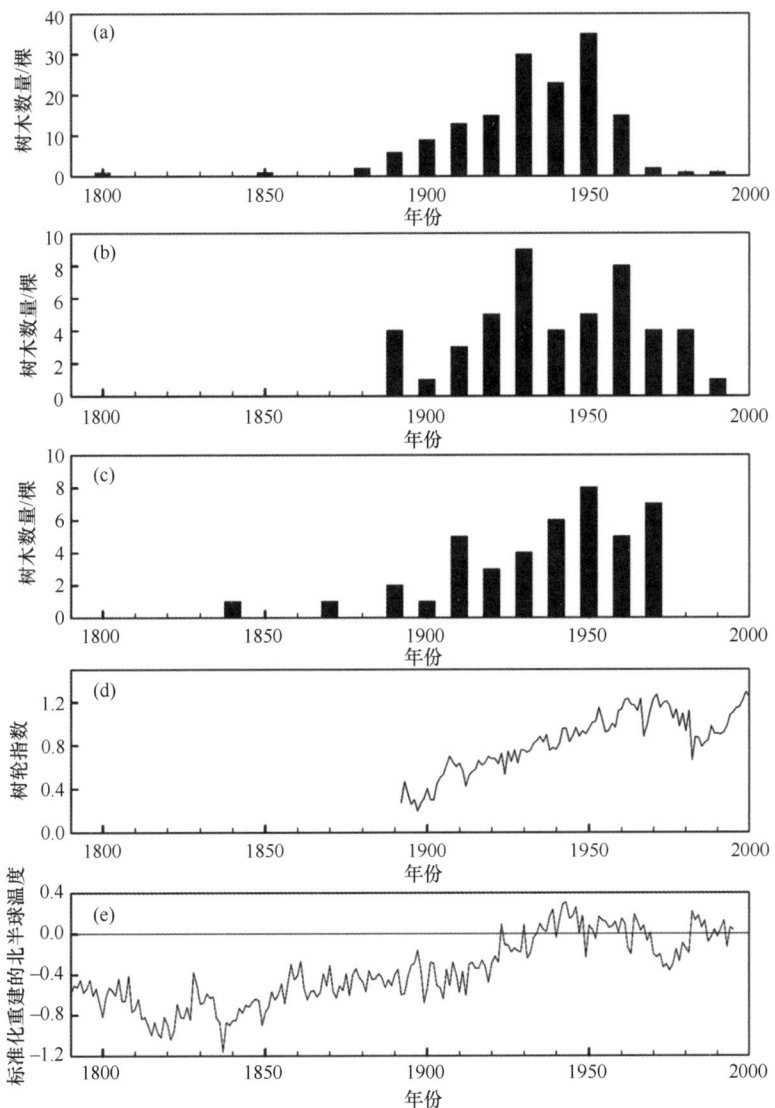

图 3.7　样方内树木年龄结构分布以及和北半球重建温度对比

(a) JDG01 样方内 167 棵树的年龄结构分布；(b) JDG02 样方内 50 棵树的年龄结构分布；(c) Fang 等（2009）文章中样方内
（20m×40m）58 棵树的年龄结构分布；(d) 树轮指数；(e) 标准化重建的北半球温度

　　从不同时段树木更新与重建的温度对比发现（图 3.7），祁连圆柏林线处树木更新和温度升高有关，在 20 世纪 20 ～ 60 年代温度偏高而树木的更新加快（Liu et al.，2007）。这与祁连山中部的研究结果一致（图 3.7）（Fang et al.，2009）。通过对比分析可以发现样方内树木更新几乎全都在暖期，而在寒冷的"小冰期"阶段，样方内没有树木更新；与此相反的是，19 世纪晚期以后，随着温度的升高，树木更新持续加快。研究区林线处祁连圆柏的更新与近百年来温度的升高有关，进一步证实了林线处树木径向生长响应温度的相关分析结果，即研究区林线处树木的生长限制因子是温度，温度是影响研究区祁连圆柏林线动态变化的主要气候因素。大范围内的林线过渡带在小冰期结束后树木更新加快也说明这是由变暖引起的，各研究区域快速更新开始的时间有所差异，可能是由区域气候差异及采样方法不同引起的。

3.3.2 祁连圆柏林线空间位置变化

基于样方调查的树木坐标数据和树木年轮宽度数据分析了祁连山东部林线处祁连圆柏树木随时间变化的空间分布情况（图 3.8 和图 3.9）。结果表明，气候变暖使得林线过渡带内幼苗、幼树增多。随着时间变化，树木密度有一个明显的上升趋势，尤其是 1895 年以来，这也间接证明了温度对林线位置的影响。自 19 世纪 90 年代以来，树木的密度增大，树木更新加快，尤其在 1931～1970 年更新较快；在两个样方内一半及一半以上的祁连圆柏的更新在 20 世纪 70 年代～21 世纪前 10 年有下降的趋势，这与树木径向生长量下降及北半球温度在 20 世纪 70 年代至 21 世纪前 10 年有很好的一致性。王襄平等（2004）在高度与气候要素之间的关系研究中也认为生长季的温度是影响林线分布高度的关键要素，而降水主要是通过影响温度来影响高山林线位置的动态变化。

在图 3.8 样方内，林线的上升主要发生在 19 世纪末 20 世纪初，而在图 3.9 样方内林

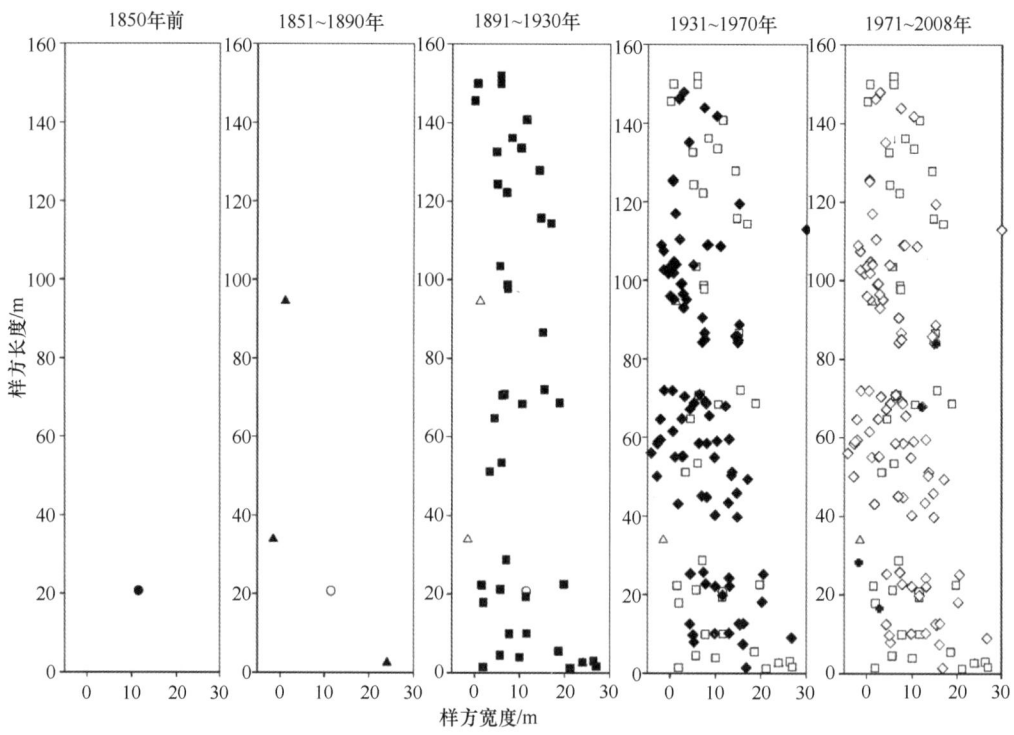

图 3.8　JDG01 样方内树木密度和林线位置的时空变化

图显示同一个样方 (30 m×160 m，纵轴是沿海拔梯度坡面的长度) 在不同时间段的树木时空分布情况。填充黑色的图形代表在这个时间段内萌发的树木，没有填充黑色的图形代表前段时间内样方内萌发的新树。不同形状代表不同的时间段

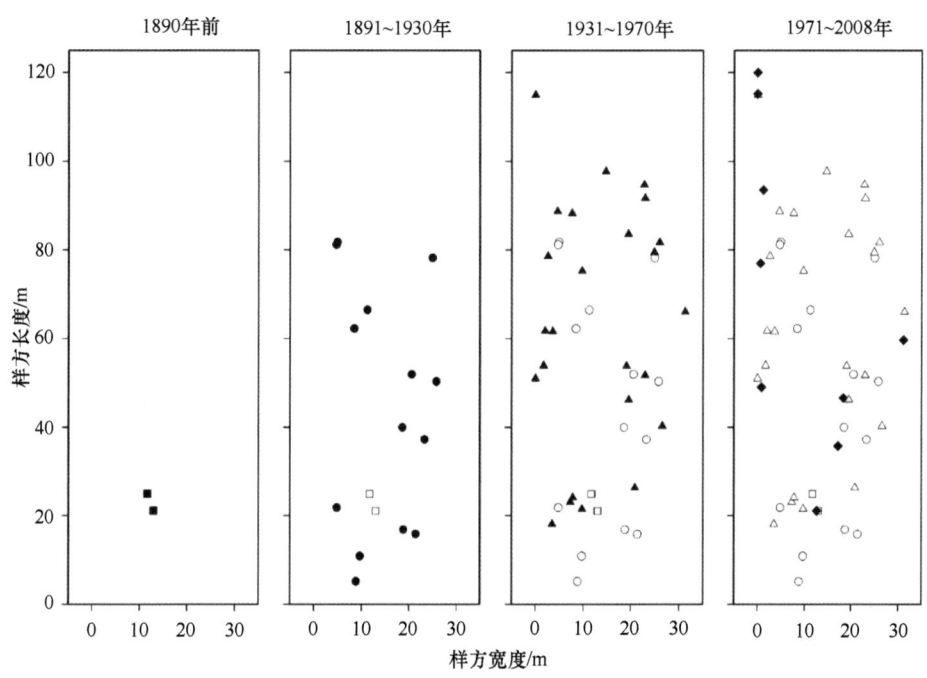

图 3.9　JDG02 样方内树木密度和林线位置的时空变化

图显示同一个样方（30 m×120 m，纵轴是沿海拔梯度坡面的长度）在不同时间段的树木时空分布情况。填充黑色的图形代表在这个时间段内萌发的树木，没有填充黑色的图形代表前段时间内样方内萌发的新树。不同形状代表不同的时间段

线的上升发生在全时段。树木密度的增加和林线位置的上升主要在 1891 ～ 1970 年极其显著；两个样地内树木的密度都是在 1971 ～ 2008 年达到最大值，密度大小分别是 275 棵 /hm² 和 138 棵 /hm²（图 3.10），但是 1971 年以来密度的增大在减小。在图 3.8 样方内，树木最早生长在 1848 年，在图 3.9 样方内树木最早出现则是在 1888 年。从以上分析可知，无论是树木密度的增大，还是林线位置向高海拔爬升，都是在"小冰期"结束之后，尤其是在 1931 ～ 1970 年表现尤为明显，这一趋势和树木径向生长的趋势也较一致。

3.3.3　青海云杉林线动态变化对气候的响应

青海云杉是祁连山区的优势乔木树种（Lei et al.，2016），占祁连山森林面积的一半以上（Peng et al.，2019），在该地区承担着涵养水源、调节气候、固碳释氧等重要的生态服务功能，是该地区森林生态系统发挥生态效益的主要承载者，对祁连山区成为中国西北地区重要的生态安全屏障起着举足轻重的作用，且对气候变化敏感，是研究祁连山森林动态变化对气候变化响应的重要材料。祁连山青海云杉林线以"指"形的方式分布，这可能主要是受微地形引起的降水和冰雪覆盖时间的影响。

1. 青海云杉径向生长对气候变化的响应

基于祁连山东部青海云杉林线处树木径向生长与气象资料进行分析后发现，青海

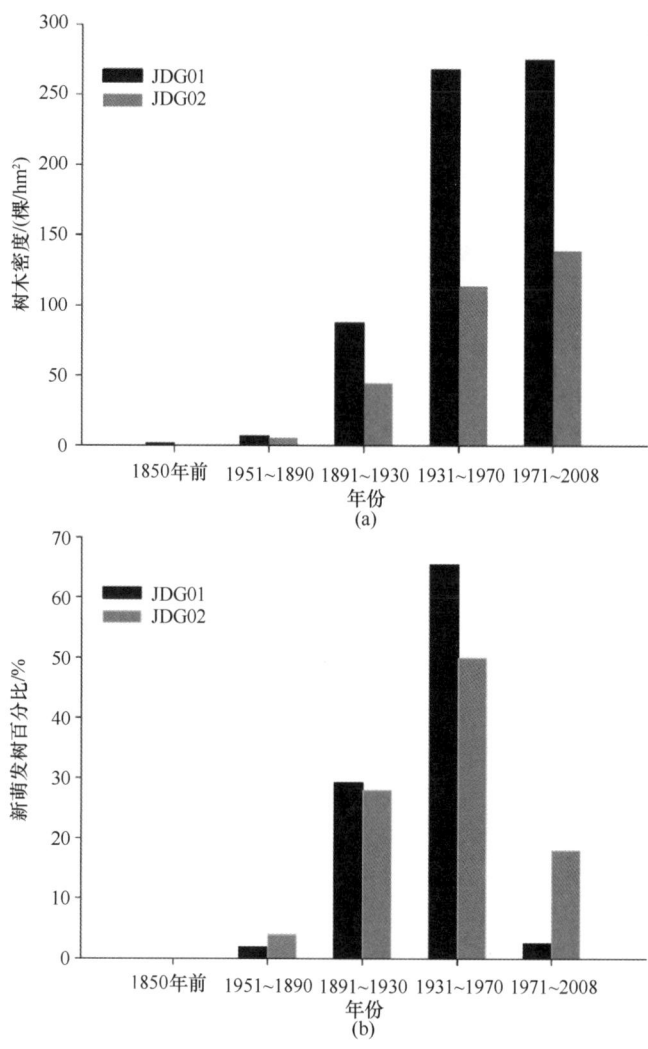

图 3.10　祁连山东部西营河区域祁连圆柏林线处不同时间内树木密度分布图 (a) 和样方内新萌发树
百分比 (b)

云杉径向生长主要受前一年生长季和当年生长季温度条件的影响，降水对青海云杉径向生长的影响较温度小，仅与前一年 7 月和当年 7 月的降水显著正相关（图 3.11）。在祁连山东部，温度和降水对林线处青海云杉的径向生长具有促进作用。

2. 青海云杉年龄结构变化

基于样方调查数据和树木年轮宽度数据分析祁连山东部青海云杉年龄结构变化，如图 3.12 所示。样方内青海云杉最早出现在 19 世纪 40 年代。西营河区域青海云杉从 20 世纪 40 年代开始持续快速增长，20 世纪 60 ～ 80 年代更新最为迅速，而后逐渐减缓，20 世纪 80 年代更新最快。没有统计 10 cm 以下的幼苗，因此结果很难反映 2000 年以来的更新状况。

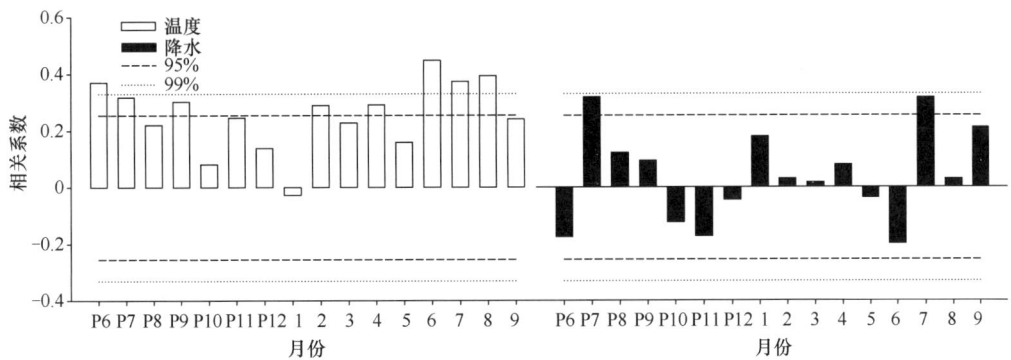

图 3.11 标准树轮年表指数与邻近永昌气象站温度、降水从前一年 6 月到当年 9 月的相关分析结果
(1959 ～ 2017 年)

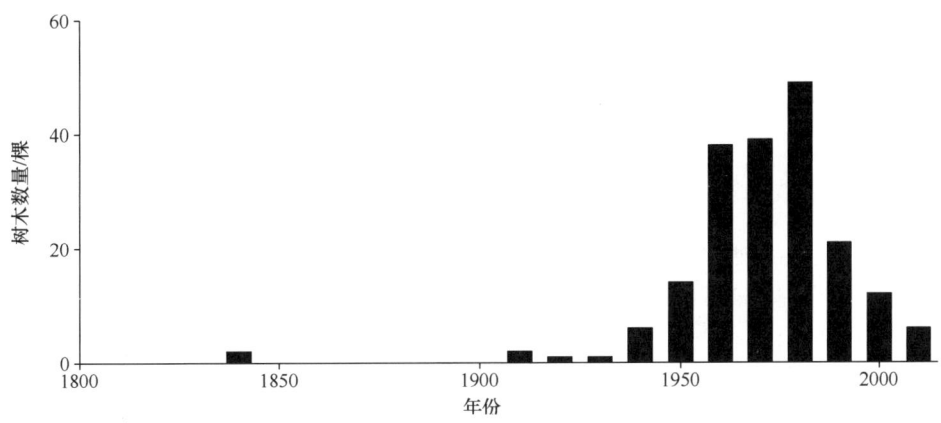

图 3.12 祁连山东部西营河区域青海云杉样方内树木年龄结构分布

3. 青海云杉林线空间位置变化

基于样方调查树木坐标数据和树木年轮宽度数据分析祁连山东部青海云杉林线处树木更新随时间变化的空间分布如图 3.13 所示，在 1920 年前、1921 ～ 1940 年、1981 ～ 2000 年、2001 ～ 2018 年 4 个时间段，树木幼苗更新主要发生在低海拔，1961 ～ 1980 年树木幼苗更新发生在整个坡面。近百年来，青海云杉林线具有明显的上升趋势。近百年来正是气候变暖的主要时期，温度的升高会促进青海云杉林线位置的抬升和树木密度的增大。

3.3.4 结论

本节介绍了祁连山东部祁连圆柏和青海云杉林线动态变化，并分析了林线动态与气候要素之间的响应关系。研究发现，祁连圆柏和青海云杉径向生长都主要受温度的影响，较高温度能够促进两种树木的径向生长，降水对林线处树木径向生长的影响较小。此外，较高的温度能够促进树木的更新，导致林线上升。

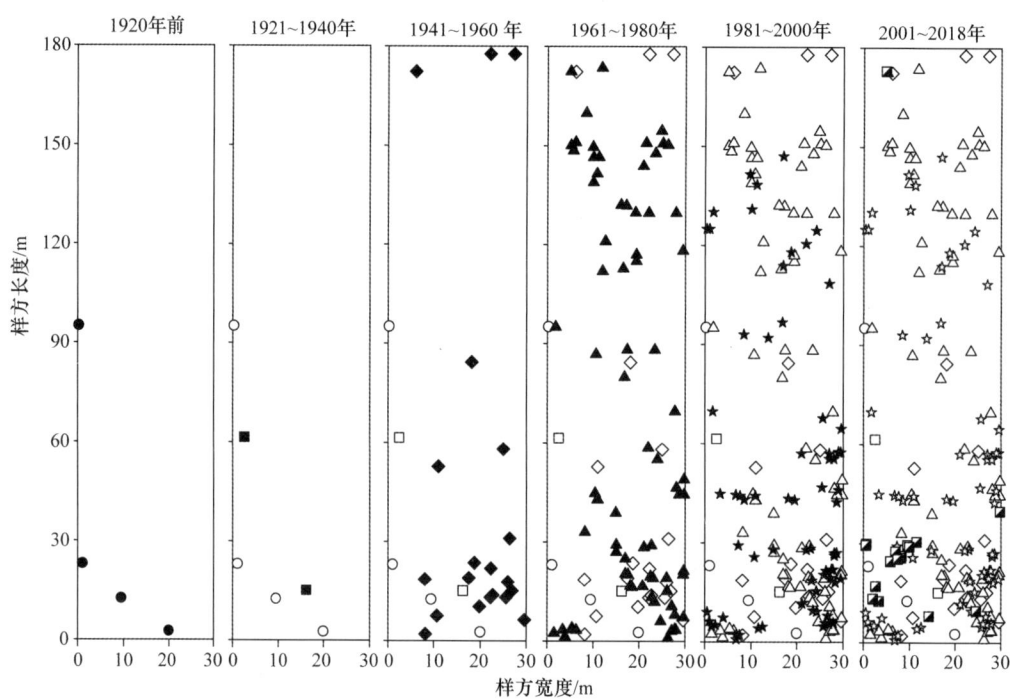

图 3.13　祁连山东部西营河区域青海云杉林线树木密度和位置的时空变化

图显示同一个样方在不同时间段的树木时空分布情况。填充黑色的图形代表在这个时间段内萌发的树木，没有填充黑色的图形代表前段时间内样方内萌发的新树。不同形状代表不同的时间段

3.4　祁连圆柏径向生长对气候的响应

　　温度、降水等气候要素随着海拔和纬度的变化而变化，通过对比相同树种在不同纬度或海拔梯度上径向生长变化规律，以空间换时间，能够揭示不同水热梯度下的树木形成层活动及径向生长动态，进而评估树木生长对未来全球变化的响应（Fukami and Wardle，2005；Mäkelä，2013）。例如，Moser 等（2010）通过对比不同海拔梯度上欧洲落叶松形成层活动的异同，发现随着海拔的升高，形成层开始活动时间明显延迟，海拔每升高 100m，形成层活动延迟 3 ～ 4 天，即温度每升高 1℃，形成层开始活动提前约 7 天。Rossi 等（2014）在加拿大魁北克北方冷湿森林中也开展了类似的研究，他们通过对比不同纬度分布的黑云杉形成层活动及径向生长动态的差异，指出温度升高将导致该树种生长开始时间提前，生长结束时间延迟。温度每升高 1℃，生长季将延长 8 ～ 10 天。这种以空间换时间，评估未来气候变化对区域树木生长的影响在我国，尤其是西北干旱、半干旱区还没有开展，因此亟待开展此研究。

　　因特殊的地理位置和地形特征，祁连山是全球变化最敏感的区域之一。在过去的 50 年中，祁连山年平均气温升高速率达到 0.37℃ /10 d，冬季升温速率更是达到了 0.56℃ /10 a，是同期全球平均水平的两倍（Liu and Chen，2000）。同时，Cook 等（2013）利用树木年轮对亚洲温度重建的结果显示，在过去 1200 年里，近 200 年来亚洲

地区温度持续升高，尤其是近 50 年，升温速率超过了历史上任何时期。因此，祁连山地区是研究未来气候变化对树木生长的影响的理想区域。

在祁连山中部南坡的德令哈（DLH）地区沿海拔梯度设置监测样点，从而揭示祁连圆柏形成层活动及径向生长与海拔的关系。同时，结合其他监测点，探讨祁连圆柏形成层活动在不同水热梯度下的响应差异，进一步揭示区域树木生长与气候的响应关系，明确温度升高对树木径向生长的影响，并预测全球变化背景下区域树木的生长动态。

3.4.1　研究区概况

祁连山由于深居欧亚大陆内陆，远离海洋，加之青藏高原对大气环流的特殊影响，祁连山不仅受到亚洲季风北进西伸的影响，同时也受到北半球西风带的强烈影响（Chen et al.，2008），属于亚洲季风与西风的交互影响区域（图 3.14）。由于受到亚洲季风湿润

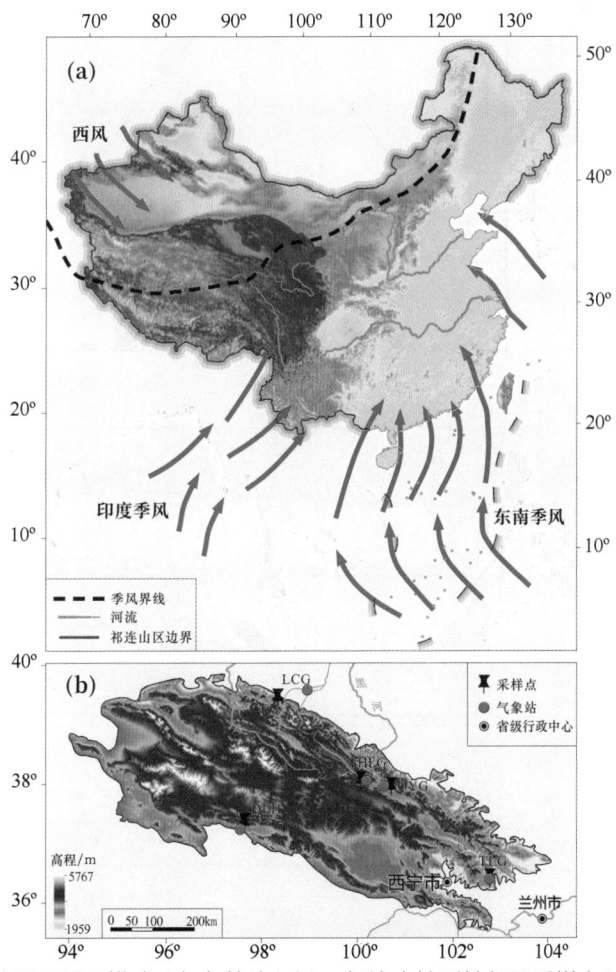

图 3.14　祁连山地理位置及季风模式（红色箭头）(a)；祁连山地形特征及采样点和气象站的位置（b）
图 (a) 中虚线是根据 Chen 等（2008）绘制的季风界线，蓝色闭合区域为祁连山；图 (b) 中 DLH 代表 DLH1 和 DLH2 两个采样点，下同

气流的影响，祁连山夏季温暖湿润；受内蒙古干冷空气和寒冷西风气流的影响，祁连山冬季寒冷干燥。因为受到多种因素的影响，祁连山林区表现为大陆性高寒半干旱山地气候。

祁连山年平均气温通常低于 4℃，1 月平均温度最低，低于 −15℃；7 月平均气温最高，约为 11℃。祁连山冬春季节气温较低，从 11 月到次年 3 月，大部分区域平均温度低于 0℃，而夏秋季节温度相对较高，4 ～ 9 月平均最高气温为 4 ～ 15℃（图 3.15）。随着海拔升高，祁连山区的气温逐渐降低，温度递减率约为 0.58℃ /100 m（Liu and Chen，2000）。祁连山平均温度的等值线走势与地形轮廓的走势基本一致，说明影响祁连山气温分布的主要因素是海拔，气温最低中心位于西段海拔较高的疏勒南山附近。此外，经纬度对祁连山的温度也有影响，自东南向西北，祁连山温度有逐渐升高的趋势。

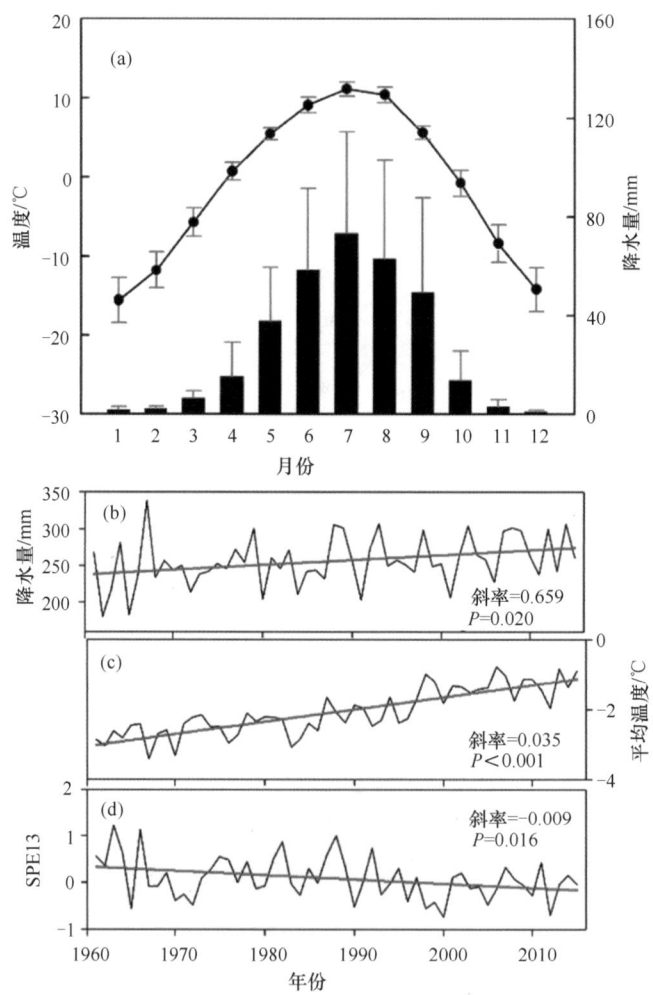

图 3.15 各样点 1961 ～ 2015 年平均温度（圆点）和降水量（柱）(a)；1961 ～ 2015 年各样点平均温度（b）、降水量（c）及 SPEI3（d）变化趋势
红色为趋势线；图 (a) 中误差线表示 6 个样点的平均值 ± 标准差

与温度不同，祁连山区的降水变率较大，其不仅受海拔的影响，还受纬度、经度、坡度和坡向的影响。祁连山区平均年降水量约为 400 mm，降水量的季节分布极不均匀，主要集中在 5 ~ 9 月，占全年总降水量的 80% 以上。随着海拔的升高，降水日数和降水量都逐渐增加（图 3.15）。在祁连山中部北坡区域，海拔每升高 100 m，降水量约增加 4.3%。同时，随着海拔的升高，蒸发量逐渐减少，相对湿度逐渐增大。此外，祁连山区降水量空间分布也不均匀，降水量从西向东呈逐渐增加趋势，其中西部区域年降水量通常低于 100 mm，而东部部分区域的年降水量超过 600 mm（路明等，2015）。本书的监测样点位于祁连山不同水热梯度上（图 3.16）。

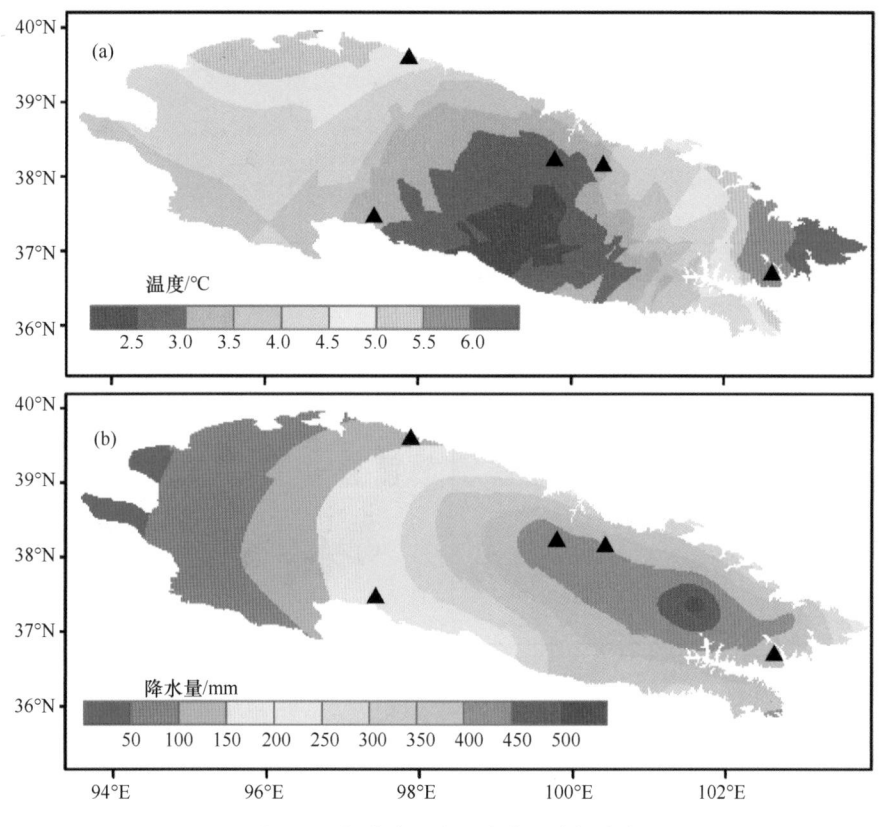

图 3.16　祁连山温度和降水量空间分布
(a) 温度；(b) 降水量；三角形代表监测样点

2012 年，除设置了不同海拔梯度监测样点外，还在祁连山中部祁连县的葫芦沟（YHLG，海拔 3250 m）和青羊沟（QYG，海拔 3220 m）设置了一个监测样点，监测时段为 2012 ~ 2013 年两个生长季。此外，于 2013 年在祁连山西部的浪柴沟（LCG，海拔 3000 m）设置了一个监测样点，监测时段为 2013 年。为了研究不同区域同一树种形成层活动对气候要素的响应，选取了吐鲁沟（TLG）、葫芦沟（YHLG）、青羊沟（QYG）、德令哈（DLH1 和 DLH2）及浪柴沟（LCG）6 个监测样点共 30 棵树木进行研究。这些监测样点几乎涵盖了祁连山祁连圆柏分布的整个区域和各个海拔梯度（表 3.1 和图 3.17）。

表 3.1 监测样点及样树信息（树高和胸径用平均值±标准差表示）

样点	经度（E）	纬度（N）	海拔 /m	坡度 /(°)	树高 /m	胸径 /cm
TLG	102°37′60″	36°43′20″	3100	25	6.3 ± 0.5	24.2 ± 3.0
DLH1	97°25′14″	37°29′23″	3980	30	9.3 ± 1.9	39.4 ± 8.5
DLH2	97°22′01″	37°29′22″	3680	30	11.2 ± 2.7	34.1 ± 6.5
QYG	100°25′35″	38°10′46″	3220	30	11.1 ± 1.5	37.0 ± 4.3
YHLG	99°46′33″	38°14′43″	3250	35	10.7 ± 2.2	33.5 ± 8.4
LCG	97°53′10″	39°36′46″	3000	25	7.2 ± 0.9	24.6 ± 3.3

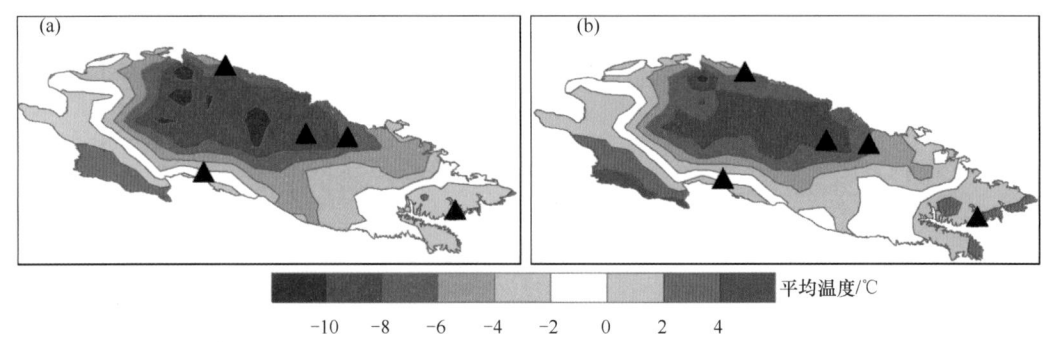

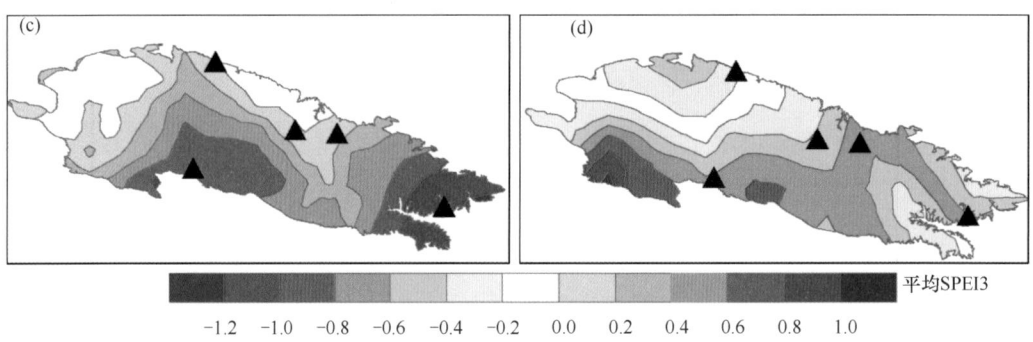

图 3.17 祁连山 2012 年 [(a) 和 (c)] 和 2013 年 [(b) 和 (d)] 平均温度和平均 SPEI3 空间分布
三角形代表监测样点

　　TLG 样点是祁连圆柏分布的最东界，LCG 样点为祁连圆柏分布的最西界。DLH 的两个样点海拔差为 400m，其中 DLH1 为该区域祁连圆柏分布的上限，也是本研究中海拔最高的样点。QYG 和 YHLG 两个样点生境相似，样点海拔相近，距离约为 50km，树高和胸径相对较大。除了祁连山东部 TLG 样点的森林郁闭度较高外（20%～30%），其他样点均为孤立木（郁闭度低于 10%），因此树木之间的竞争可以忽略不计。

　　1961～2015 年各样点年平均温度介于 –2.5～1.7℃，温度随着海拔和纬度的变化而变化，低纬度和低海拔样点的温度比高纬度和高海拔样点的温度高（表 3.2）。根据线性回归分析结果，过去 60 年来该区域温度和降水量都显著增加，但 SPEI 却有下降的趋势，说明随着温度的升高，区域干旱程度逐渐加剧。和多年平均气候条件相比，2012 年是一个相对冷湿的年份，2013 是相对暖干的年份（图 3.17）。所有样点 2012 年的年平均温度都低于 2013 年，温差为 0.88 ～ 1.47℃（表 3.2）。尽管不是所有的样点（如 QYG 和 YHLG）2012 年的降水量多于 2013 年，但所有样点 2012 年的 SPEI3 都高于 2013 年，尤其是春末夏初（4 ～ 6 月）。2013 年春末夏初所有样点的 SPEI3 指数都低于 –1，说明 2013 年是一个极端干旱年份。

表 3.2　祁连山不同区域各监测点气候特征

年份	项目	TLG	DLH1	DLH2	QYG	YHLG	LCG
2012	年平均温度 /℃	0.77	−2.56	−0.56	−1.20	−1.32	−2.27
	年平均最高温度 /℃	6.28	4.63	6.43	7.55	7.43	5.21
	年平均最低温度 /℃	−3.78	−8.19	−6.19	−7.73	−7.86	−8.68
	年降水量 /mm	746.0	306.5	306.5	398.5	401.9	125.4
	年平均 SPEI3	1.15	0.74	0.75	0.26	0.26	0.36
	4 ～ 6 月平均 SPEI3	0.99	0.32	0.32	0.14	0.13	−0.50
2013	年平均温度 /℃	2.24	−1.12	0.88	−0.32	−0.37	−1.01
	年平均最高温度 /℃	8.06	6.31	8.31	9.15	9.11	6.62
	年平均最低温度 /℃	−2.49	−7.21	−5.21	−7.37	−7.42	−7.57
	年降水量 /mm	640.4	123.8	123.8	465.7	504.5	98.3
	年平均 SPEI3	−0.50	−1.12	−1.11	−0.35	−0.35	−0.59
	4 ～ 6 月平均 SPEI3	−1.16	−1.07	−1.08	−1.48	−1.47	−1.70
1961 ～ 2015	年平均温度 /℃	1.67	−2.51	−0.51	−1.53	−1.83	−2.32
	年平均最高温度 /℃	7.40	4.90	6.90	7.61	7.31	5.08
	年平均最低温度 /℃	−2.89	−7.12	−5.12	−8.45	−8.75	−8.77
	年降水量 /mm	700.6	181.8	181.8	410.2	410.2	88.1

3.4.2　不同区域形成层物候及其与气候的响应关系

2012 年，在祁连山东部的 TLG（海拔和纬度均最低），第一个扩大细胞被发现的时间（即生长季和细胞分裂开始时间）为 5 月底（DOY 149）。由于其他样点第一次采样时间为 6 月上旬，因此错过了形成层开始活动的时间。在 TLG，细胞壁加厚阶段开始时间为 6 月底（DOY 167），明显早于那些位于高海拔（DLH1，DOY 189）和较高纬度（QYG，DOY 191）的样点。各样点间木质化开始时间与细胞壁加厚阶段的趋势一致，即低海拔、低纬度样点明显早于高海拔、高纬度样点，从 TLG 的 6 月底（DOY 173）到 QYG 的 8 月中旬（DOY 209），相差达到 36 天。尽管各样点木质部分化各阶段开始时间完全不同，但结束时间在样点间没有差异（$P > 0.05$）。各样点细胞扩大阶段结束时间（即木质部细胞产生结束时间）都发生在 7 月中旬（DOY 191 ～ 203），细胞壁加厚阶段结束时间均发生在 7 月底 8 月初（DOY 209 ～ 228），木质化结束时间，即生长季结束时间均发生在 8 月底到 9 月初（DOY 242 ～ 256）。TLG 样点生长季持续时间为 98 天（表 3.3）。

2013 年在各样点都观测到了形成层活动及木质部分化的全过程（表 3.3）。发现随着海拔和纬度的升高，细胞扩大阶段明显推迟，从 TLG（最低海拔和最低纬度）的 5 月 2 日（DOY 122）到 LCG（最高纬度）的 6 月 11 日，超过了 40 天。5 月底（DOY 142）在 TLG 发现了第一个细胞壁加厚细胞，在高海拔和高纬度样点细胞壁加厚时间明显晚于 TLG。同样，木质部加厚阶段开始时间在低海拔、低纬度样点中明显早于高海拔、高纬度样点，从 TLG（DOY 150）到 DLH1（DOY 193），变化超过了 43 天。木质部分化各阶段结束时间在各样点没有显著差异，细胞扩大和木质部分化结束时间在各样点中分别为 7 月初（DOY 175 ~ 190）和 8 月初（DOY 220 ~ 229）。生长季持续时间随着海拔和纬度的升高明显减少，在最低海拔和最低纬度的 TLG 达到了 99 天，而在最高海拔的 DLH1，生长季持续时间只有 65 天，二者相差 34 天。

表 3.3　2012 ~ 2013 年祁连山不同区域形成层物候及木质部细胞产生量（平均值 ± 标准差）

监测年份	样点	细胞扩大阶段		细胞壁加厚阶段		木质部分化阶段		生长季持续时间/天	N_{cell}（木质部细胞数量）	t_p/DOY	R_{max}/（个/天）
		开始/DOY	结束/DOY	开始/DOY	结束/DOY	开始/DOY	结束/DOY				
2012	TLG	149±3	203±0	167±2 [a]	228±1 [a]	173±2 [a]	246±2	98±4	42.0±6.8 [a]	170±3	0.60±0.10 [ab]
	DLH1		202±8	189±0 [bc]	222±0 [ab]	189±0 [ab]	256±0		19.5±3.0 [bc]	172±1	0.61±0.12 [ab]
	DLH2		196±7	176±5 [ab]	215±7 [b]	180±5 [a]	242±8		35.8±4.0 [ab]	166±4	0.79±0.04 [a]
	QYG		191±0	191±0 [c]	209±7 [b]	209±7 [bc]	251±7		10.7±1.0 [c]	174±6	0.21±0.04 [c]
	YHLG		197±6	178±5 [abc]	221±0 [ab]	205±6 [bc]	251±7		20.9±4.3 [bc]	172±4	0.33±0.07 [bc]
	F 值		0.846	7.627	0.630	13.255	0.724		8.922	0.920	8.620
	P 值		0.512	0.001	0.065	0.001	0.586		0.001	0.472	0.001
2013	TLG	122±3 [a]	183±4	142±3 [a]	208±2 [a]	150±1 [a]	220±1	99±4 [a]	30.2±6.4 [a]	140±3 [a]	0.49±0.06 [a]
	DLH1	162±6 [c]	180±4	178±6 [b]	188±0 [bc]	193±9 [c]	226±0	65±6 [b]	10.1±2.6 [b]	167±4 [b]	0.31±0.08 [b]
	DLH2	138±8 [ab]	175±6	166±6 [b]	185±3 [c]	166±6 [ab]	226±0	89±8 [ac]	19.4±3.1 [ab]	155±4 [b]	0.47±0.07 [a]
	QYG	146±3 [bc]	189±0	172±0 [b]	189±0 [bc]	182±4 [bc]	228±0	83±3 [abc]	6.5±0.1 [b]	165±2 [b]	0.12±0.01 [b]
	YHLG	152±4 [bc]	190±0	173±0 [b]	199±7 [ab]	177±3 [bc]	227±0	76±4 [abc]	16.8±2.9 [ab]	164±2 [b]	0.38±0.11 [ab]
	LCG	156±6 [bc]	187±3	170±6 [b]	191±6 [bc]	183±6 [bc]	229±0	74±6 [bc]	10.5±2.0 [b]	154±3 [ab]	0.22±0.06 [ab]
	F 值	7.579	2.576	8.405	7.006	7.487	—	4.990	6.364	9.182	4.205
	P 值	0.001	0.053	0.001	0.001	0.001	—	0.003	0.001	0.001	0.007

注：t_p 为拐点（最大生长速率）发生的日期；R_{max} 为最大生长速率。使用方差分析评估各样点间的差异，结果以 F 值和 P 值表示；每组间两两比较使用 Tukey 检验，相同字母表示在 0.05 置信水平上没有差异；DOY 表示年积日。

对比 2012 年和 2013 年两年的监测结果，发现 2013 年木质部分化各阶段开始和结束时间都早于 2012 年。在海拔和纬度最低的 TLG，2013 年生长季开始时间比 2012 年早 27 天。各样点平均细胞扩大阶段结束时间，细胞壁加厚阶段开始和结束时间，以及细胞成熟开始和结束时间在 2013 年比 2012 年分别早 12.4 天，14 天和 24.8 天，16.8 天和 23.4 天。TLG 样点生长季持续时间在两年中没有差别。

使用简单线性回归评估了形成层物候及木质部细胞产量与年平均温度和干旱指数（SPEI3）之间的关系。拟合结果显示，细胞扩大［$n = 35$，图 3.18（a）～（c）］、细胞壁加厚［$n = 55$，图 3.18（i）～（k）］及木质部分化［$n = 55$，图 3.18（q）～（s）］各阶段开始时间与温度显著负相关，尤其是年平均温度和年平均最低温度，说明木质部分化各阶段开始时间在温度较高的样点（或生长季）早于温度较低的样点（或生长季）。根据拟合结果，平均温度每升高 1℃，细胞扩大、细胞壁加厚和木质部分化各阶段开始时间将分别提前 10.1 天、9 天和 10.8 天。木质部分化各阶段开始时间与 SPEI3 之间没有显著的相关关系［图 3.18（d）、（l）和（t）］。相反，细胞扩大和细胞壁加厚两个阶段结束时间与年平均最低温度之间没有相关关系［图 3.18（g）和（o）］，但其与年平均最高温度显著负相关［图 3.18（f）和（n）］，与 SPEI3 显著正相关［图 3.18（h）和（p）］，说明高温和干旱会导致这两个阶段提前结束。木质部分化阶段结束时间与年平均温度、年平均最高温度和年平均最低温度显著负相关［图 3.18（u）～（w）］，与 SPEI3 显著正相关［图 3.18（x）］。

本研究发现平均温度和最低温度对生长季开始具有很重要的作用。同时，尽管 2013 年发生了非常严重的干旱事件，但木质部分化各阶段开始时间并没有因此而延迟，相反，由于温度较高，生长季开始时间明显早于 2012 年。因此，认为温度是形成层活动开始的原初动力，不管水分是否充足。这个结果与之前在祁连山东部基于单点的多年监测结果和德令哈地区不同海拔梯度的监测结果非常一致，进一步证实了温度对形成层开始活动起着至关重要的作用。

在本研究中发现年平均温度和最低温度与细胞扩大、细胞壁加厚及木质部分化结束时间都没有关系，说明低温对生长季结束没有影响。这个结果也与之前基于单点和不同海拔梯度的监测结果非常一致。此外，发现年平均最高温度与木质部分化各阶段结束时间明显负相关，说明高温限制了生长季持续时间，导致生长季结束时间明显提前。这种高温与生长季结束时间之间的负相关关系可能是由高温导致的干旱胁迫造成的（Lloyd and Fastie，2002；McDowell et al.，2008；Wilmking et al.，2004）。事实上，在本研究中还发现干旱样点或年份的木质部分化各阶段结束时间明显早于较湿润的样点或年份，进一步说明在干旱半干旱区，水分状况对生长季结束起着至关重要的作用。

3.4.3　木质部细胞产量和生长速率

Gompertz 函数很好地模拟了各生长季各样点树木径向生长量，拟合的解释量达到了 75%～99%（表 3.4）。根据拟合结果计算了各样点监测树木的木质部细胞分裂速率（R_m）、木质部细胞产量（N_{cell}）和拐点（t_p），结果显示，R_m 和 N_{cell} 在各样点间有很大差异（表 3.3）。2012 年各样点树木的木质部细胞总量为 10.7～42.0，细胞分裂速率为 0.21～0.79 个/天，但 2013 年各样点树木的木质部细胞总量明显少于 2012 年，只有 6.5～30.2 个细胞，速率为 0.12～0.49 个/天。2012 年拐点（最大生长速率，t_p）发生的时间在夏至日所在的那个周内（DOY 166～174），但 2013 年除 TLG 外，各样点 t_p 发生

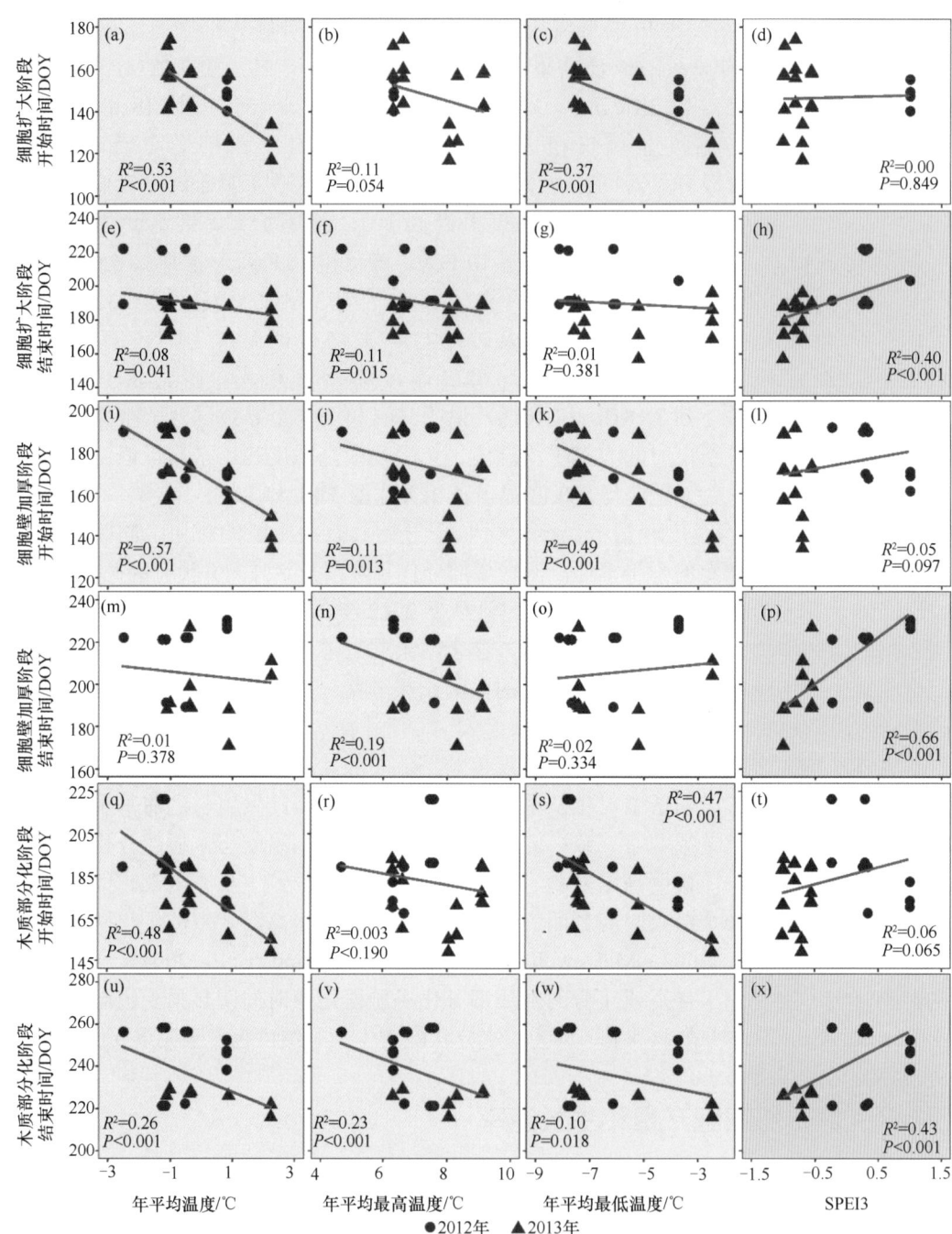

图 3.18 形成层物候与年平均温度、年平均最高温度和年平均最低温度及 SPEI3 的关系
红色和蓝色阴影分别表示正相关和负相关

的时间比夏至日早 1 ~ 2 周（DOY 155 ~ 167），而 TLG 样点（DOY 140）t_p 发生的时间比夏至日早了 32 天。

表 3.4　运用 Gompertz 函数对不同区域样树拟合的参数值及拟合解释量

监测点	树木编号	2012 年				2013 年			
		A	β	$\kappa \times 10^2$	R^2	A	β	$\kappa \times 10^2$	R^2
TLG	1	21.6	8.62	5.43	0.94	25.2	7.21	5.32	0.82
	2	62.7	5.05	2.94	0.90	54.1	4.41	2.89	0.92
	3	48.3	8.84	5.19	0.91	31.8	7.50	5.62	0.75
	4	36.1	5.20	2.90	0.94	20.6	6.51	4.72	0.83
	5	41.1	6.56	3.88	0.97	19.2	7.13	5.09	0.78
DLH1	6	17.8	12.51	7.15	0.89	5.8	20.02	11.51	0.88
	7	15.6	10.75	6.26	0.93	6.7	8.67	4.85	0.99
	8	30.3	13.44	7.91	0.97	8.1	14.83	9.64	0.92
	9	21.5	19.95	11.67	0.96	19.9	12.95	7.95	0.97
	10	12.6	16.44	9.58	0.93	10.1	14.12	8.49	0.95
DLH2	11	40.2	10.19	6.14	0.89	23.2	12.35	8.15	0.86
	12	49.5	8.15	4.85	0.98	23.0	9.00	5.90	0.96
	13	27.3	10.75	6.92	0.85	24.0	9.52	5.57	0.94
	14	30.9	10.71	6.23	0.92	7.4	14.47	10.03	0.93
	15	31.0	10.72	6.54	0.96	19.4	8.62	5.57	0.99
QYG	16	12.0	5.13	2.62	0.92	6.2	9.75	5.66	0.97
	17	11.8	8.87	5.42	0.83	6.4	6.93	4.14	0.85
	18	7.4	13.29	7.82	0.94	6.8	8.58	5.42	0.92
	19	9.9	7.06	4.03	0.93	6.7	8.24	5.09	0.96
	20	12.7	12.09	7.24	0.96	6.6	8.65	5.25	0.98
YHLG	21	29.1	8.79	4.84	0.80	22.6	6.03	3.52	0.99
	22	14.4	6.58	3.71	0.99	16.6	7.33	4.51	0.93
	23	32.9	6.65	4.02	0.98	23.4	14.36	8.96	0.92
	24	17.4	6.55	3.71	0.91	14.1	13.90	8.71	0.99
	25	10.6	7.88	4.92	0.95	7.5	7.23	4.28	0.90
LCG	26					7.2	8.06	5.43	0.91
	27					10.5	7.87	5.17	0.98
	28					6.6	6.88	4.17	0.91
	29					17.9	10.04	6.54	0.99
	30					10.5	8.60	5.60	0.99

注：A 为上渐近线，表示形成层细胞分裂的木质部细胞总量（N_{cell}）；β 是 x 轴的截距参数，κ 为变化速率参数。

R_m 与细胞分裂持续时间（Δt_E）对 N_{cell} 的解释量达到了 76%［$P < 0.001$，$n = 30$，图 3.19（a）］。根据敏感度分析，R_m 和 Δt_E 对 N_{cell} 的贡献量分别为 64.1% 和 35.9%［图 3.19（b）］。

木质部细胞分裂持续时间［图 3.20（a）、（c）和（d）］、细胞壁加厚持续时间［图 3.20（e）、（g）和（h）］及生长季持续时间［图 3.20（i）、（k）和（l）］与年平均温度、年平均最低温度及干旱指数（SPEI3）显著正相关。温度每升高 1℃，木质部细胞产生持续时间增加 10.1 天，细胞壁加厚持续时间增加 6.9 天，生长季持续时间增加 9.4 天。年平均最高温度对各阶段持续时间没有影响 [图 3.20(b)、(f) 和 (j)]。细胞分裂速率与年平均最高温度负相关，而与 SPEI3 正相关 [图 3.20(n) 和 (p)]，但与年平均温度没有关系 [图 3.20(m)]。木质部细胞总量与年平均温度、年平均最低温度及 SPEI3 显著正相关 [图 3.20(q)、(s) 和 (t)]，但与年平均最高温度没有关系 [图 3.20(r)]。

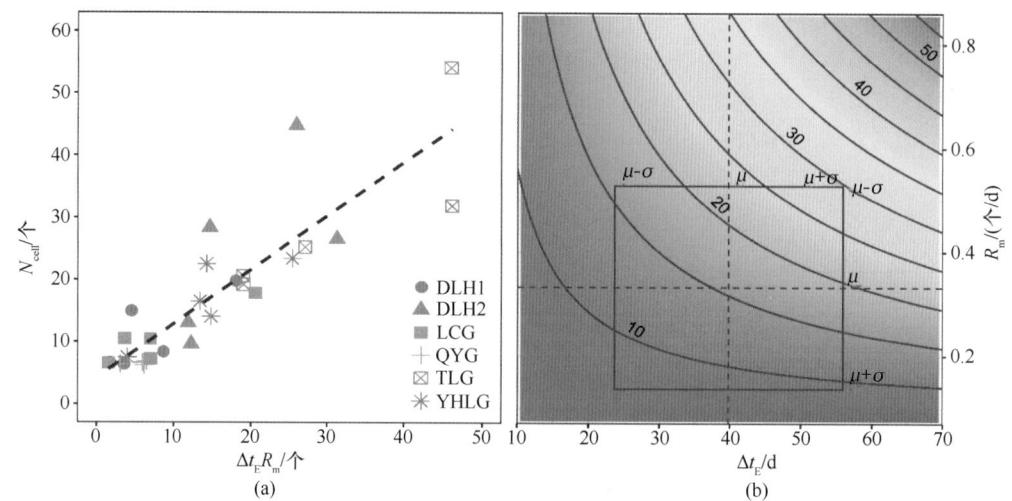

图 3.19　木质部细胞总量与细胞分裂速率和持续时间的关系模型 (a) 及模型的敏感度分析结果 (b)
图 (a) 中虚线为趋势线；图 (b) 中虚线代表参数平均值，方块表示参数平均值 ± 标准差，蓝线表示细胞总量

　　敏感度分析结果显示细胞分裂速率和持续时间共同决定了祁连圆柏木质部细胞总量，其中细胞分裂速率的贡献量是持续时间的两倍，起决定作用。由于细胞分裂开始时间由年平均温度和年平均最低温度决定，结束时间由高温导致的干旱决定，因而生长持续时间由温度和干旱程度共同决定。此外，由于年平均最高温度与生长速率显著负相关，且干旱年份的细胞分裂速率比湿润年份低，因而认为干旱状况比温度对生长速率的影响更大。因此，认为春季温度和夏季干旱状况都影响着祁连圆柏径向生长量，但水分的决定作用更大。事实上，已经发现木质部细胞总量与 SPEI 显著负相关，同时，干旱的 2013 年产生的细胞量明显少于湿润的 2012 年，这些结果进一步支持了作者的结论。

　　另一个影响木质部细胞产量的环境因素是光周期和日长。Heinrichs 等 (2007) 和 Duchesne 等 (2012) 发现在寒冷的环境中，形成层活动与日长同步，形成层细胞在生长季早期快速分裂并在光周期最长的夏至日达到最大生长速率。研究样点纬度差大约为 3°，夏至日对应的日长在 TLG 为 14.5h，在 LCG 为 15h。2012 年发现拐点发生的日期在夏至日所在的那一周内，似乎支持了以上结论。但是在 2013 年，拐点发生的时间明显早于 2012 年 (TLG 提前了 4 周，其他样点也提前了至少 1 周)，同时也没有随着纬度的变化而规律变化，表明日长对生长的影响并不具有普遍性。Rossi 等 (2011) 发现日长可能只会影响枝叶的物候变化，对形成层活动没有影响。同时，本研究也发现拐点发生的时

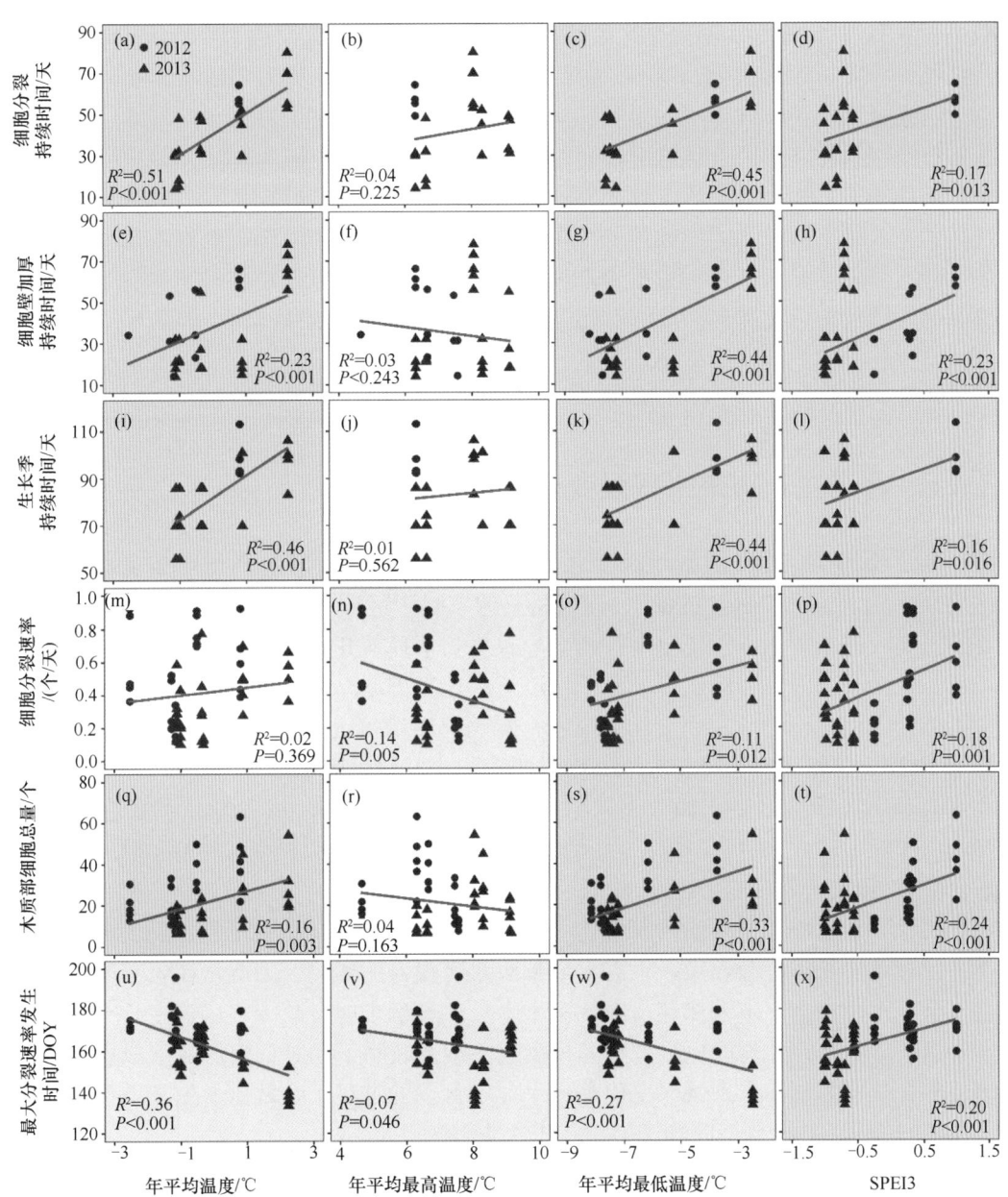

图 3.20　木质部分化各阶段发生时间及径向生长动态与气候要素的响应关系

红色和蓝色阴影分别表示达到了显著正相关和负相关

间在相对干旱的样点或年份明显早于相对湿润的样点或年份，进一步说明干旱对木质部细胞总量具有重要的影响。Gruber 等（2010）对干旱山地生态系统的研究也支持了此观点。

3.4.4　祁连圆柏的径向生长策略

在本研究中发现细胞分裂速率和持续时间对木质部细胞总量的贡献量分别为

64.1% 和 35.9%。在寒冷湿润地区的研究结果与干旱区的研究结果正好相反，细胞分裂持续时间（86%）比速率（14%）对木质部细胞产量的贡献量更大（Rossi et al.，2014）。以上结果说明，在不同环境下生长的树木生长策略并不相同，在干旱环境下，当生长条件相对湿润时，形成层细胞会在短时间内加速分裂，产生较高的木质部；而在寒冷和湿润环境下，相对温暖的条件允许树木有更长的时间进行径向生长。祁连圆柏似乎选择了介于以上两个策略中间的特殊生长策略，一方面，相对温暖的春季温度允许形成层活动提前开始，延长生长季的持续时间；另一方面，夏季相对较高的有效湿度会提高树木的细胞分裂速率，使其在短期内迅速分裂木质部细胞，防止高温和干旱导致的径向生长提前结束。这种灵活的生长策略使祁连圆柏成为唯一能够在低温、干旱等恶劣条件下存活超过 2000 年的树种。

3.4.5 径向生长对未来气候变化的响应

祁连山是全球变化的敏感区域之一，过去 60 年来温度升高的速率显著高于全球平均水平（Liu and Chen，2000）。这种增温速率对于区域高山森林生态系统产生了重要的影响。在本研究中发现温度升高会导致生长季提前开始，但也会导致生长季提前结束，使生长季向前移动。区域春季增温速率远高于夏季增温速率，使该树种的径向生长持续时间逐渐延长。研究结果显示，年平均温度每上升 1℃，生长季开始时间将提前 10.1d，但结束时间只提前 6.0d，说明形成层开始时间比结束时间对温度更敏感。此结果与其他研究区域，如瑞士阿尔卑斯山中部（Moser et al.，2010）和加拿大地区（Rossi et al.，2011）的结果类似，他们发现欧洲落叶松和黑云杉生长季持续时间增加速率分别为 7d/℃和 8 ～ 11d/℃。

然而，生长季延长对木质部细胞分裂总量的贡献可能会受到干旱加剧的限制。干旱不仅导致生长季提前结束，也对木质部产量有很大的影响。因此，如果温度不断升高，干旱持续加剧，未来祁连山地区树木木质部产量可能会减少，尽管生长季持续时间会延长。当然，还需要更多观测和模型来明确变暖和干旱是如何影响形成层活动和木质部分化动态的。未来气候变化是一个非常复杂的过程，区域树木生长不仅受到单一因素的控制，还受到变暖和干旱相互作用的影响。

3.4.6 主要结论

本节介绍了祁连山不同区域的祁连圆柏形成层活动及年内径向生长动态，并分析了其与气候要素之间的响应关系。不同区域的监测结果显示温度越高的样点（或年份）木质部分化各阶段开始时间越早，进一步说明生长开始受到温度的控制。对于生长结束，不同区域的监测结果显示其与年平均最高温度显著负相关，与 SPEI 正相关，生长结束时间在干旱年份明显早于湿润年份，说明祁连圆柏的生长结束受到水分的调控。

此外，建立了祁连圆柏木质部细胞产量、生长速率和生长持续时间之间的关系，并运用敏感度分析确定了生长持续时间与生长速率对细胞产量的贡献，结果发现生长速率决定了更多的生长量，因为生长速率主要受干旱的胁迫，所以祁连圆柏的径向生长也受到干旱的限制。因此，在未来气候变暖情景下，干旱加剧会导致生长速率降低，进而减少径向生长量。然而，考虑到祁连圆柏特殊的生长策略，未来气候变化对祁连圆柏的生存并不会造成很大的威胁，目前已发现一些寿命超过 2000 年的祁连圆柏个体，说明这一树种对环境变化有较强的适应能力。

3.5　森林生物量与碳密度变化

森林生态系统是陆地生态系统的主体，是陆地上主要的生物碳储存库，也是全球碳循环和全球气候系统的重要组成部分，森林在维持全球碳平衡、调节区域和全球气候及区域水源涵养等方面发挥着重大作用（Bonan，2008）。森林植被生物量及固碳能力是认识森林物质生产服务功能的基础，也是估算森林生态系统与大气之间碳交换的关键参数。

森林生态系统是复杂多变的系统，具有强烈的时空异质性和复杂的内部联系，森林碳循环和碳储量的研究仍然存在很大的困难和不确定因素。目前，国际上许多国家和地区都是以国家森林资源调查数据为基础进行碳汇计量。例如，美国采用基于森林资源清查数据（forest inventory data，FID）开展的碳汇计量预测模型（forest carbon model，FORCARB），加拿大、欧洲等国家和地区也都采用一些针对 FID 的生物量清单方法估算国家森林碳汇量及有关国家清单内容。Fang 等（2014）利用森林调查数据等对东亚 5 个国家的森林碳储量进行了估算，发现 1970 ～ 2000 年东亚地区的森林面积和森林碳储量整体在增加。郭兆迪等（2013）利用我国 1977 ～ 2008 年连续 6 次全国森林资源清查资料，通过评估生物量碳库变化来估算中国森林生物量碳汇大小及变化，研究发现我国年均生物量碳汇为 0.702 亿 t，相当于抵消中国同期化石燃料排放 CO_2 的 7.8%，同时发现各龄级林分的生物量碳汇都有不同程度的增加。

祁连山区是全球独特的温带干旱区山地，是我国东部湿润区、西北干旱区和青藏高寒区的过渡带和边缘区。在应对气候变化背景下，国内外许多学者采用清单方法、反演模拟、微气象观测法和模拟遥感等方法对森林生态系统碳储量、碳收支、碳平衡进行了深入的研究，希望减少对全球或区域碳评价的不确定性，预测未来气候变化情景下碳循环的可能动态。

目前，在祁连山地区，彭守璋等（2011）利用野外调查、林相图和气象资料对祁连山青海云杉林的生物量和碳储量及其空间分布进行估算后发现，2008 年祁连山森林生物量平均为 209.24 t/hm²。受水热条件差异的影响，青海云杉生物量空间存在较大差异，生物量随经度增加而增加，随纬度和海拔增加而减少，森林碳密度在 70.4 ～ 131.1 t C/hm²，平均为 109.8 t C/hm²。Yan 等（2016）利用基于遥感的生产力模型（MOD_17-GPP）和基于过程的 Biome-BGC 生态模型，估算祁连山地区的森林碳通量，发现 2000 年和 2012 年祁连山地区的净现值呈下降趋势，平均为 0.39g C/（m²·a），通过模型模拟的年平均 NPP 值东南部高于西北部。Wagner 等（2015）研究了青藏高原东北部祁连山 18 个青海云杉林的生物量和土壤碳储量，发现生态系统的碳密度为 348 t C/hm²，地上生物量的碳密度为 43 t C/hm²，地下根的碳密度为 12 t C/hm²，凋落物中的碳密度为 3 t C/hm²，土壤的碳密度为 290 t C/hm²（SOC，0 ~ 100 cm），地下根、凋落物和土壤累计碳密度为 305 t C/hm²。

3.5.1　不同森林类型的生物量和碳储量

祁连山林区是我国重要的水源涵养林区、生态功能区和生物多样性优先保护区域，在应对气候变化、减缓 CO_2 排放中具有不可替代的作用。根据甘肃祁连山国家级自然保护区森林资源规划设计调查，2001 年祁连山蓄积量为 2165.83 万 m³，其中林分蓄积量为 2130.71 万 m³，占全区总蓄积量的 98.4%。森林活立木生物量约为 1612.55 万 t，参考《2006 年 IPCC 国家温室气体清单指南》和《省级温室气体清单编制指南（试行）》推荐的温室气体核算方法计算，祁连山森林碳储量约为 837.00 万 t C（图 3.21）。祁连山林区经过几十年的封育保护，林相整齐，林分郁闭度中偏高，林分以中龄林及近熟林为主。全区年平均生长率为 2.87%，年平均枯损率为 0.15%，年平均净生长率为 2.72%。

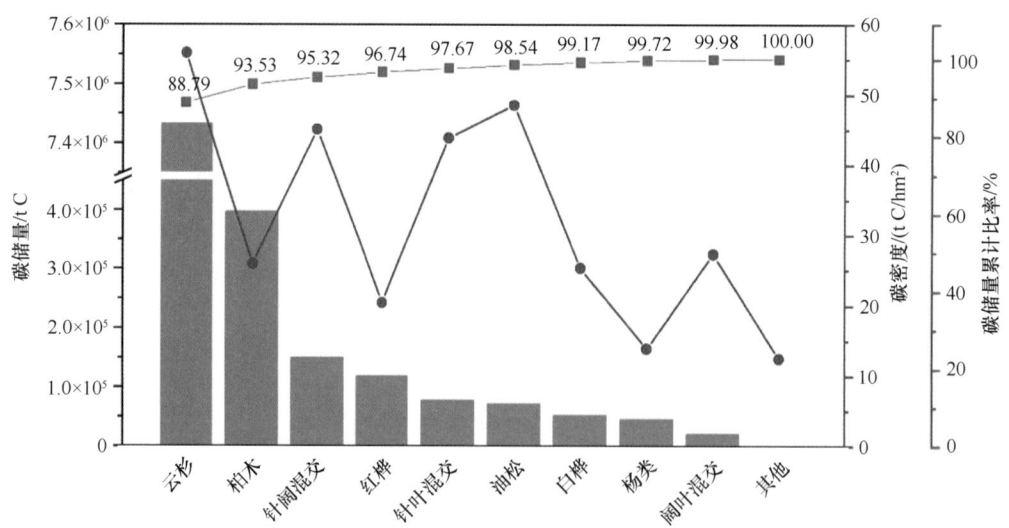

图 3.21　祁连山 2001 年森林碳储量及碳密度

刘建泉等（2017）用材积源生物量（volume-derived biomass）法对祁连山森林植被进行了研究。结果表明祁连山 11 种森林植被的总生物量约为 4060.6 万 t。其中，青海云杉林的生物量最大，约为 2585.3 万 t，祁连圆柏林、红桦林、白桦林、山杨林和油松林的生物量分别约为 442.8 万 t、267.0 万 t、119.2 万 t、140.2 万 t 和 53.2 万 t（表 3.5）。从单位面积生物量和碳密度来看，针阔混交林的单位面积生物量和碳密度最大，红桦林、山杨林、白桦林、针叶混交林、阔叶混交林、油松林等都有较高的单位面积生物量和碳密度，而华北落叶松林、青海云杉林、祁连圆柏林单位面积生物量和碳密度低于平均值。祁连山 11 种森林植被的总碳储量约为 1898.2 万 t，其中青海云杉林的碳储量最大，约为 1195.5 万 t，略低于彭守璋等（2011）1800 万 t 的研究结果，其次为祁连圆柏林、红桦林、针阔混交林，分别约为 205.9 万 t、130.5 万 t、109.4 万 t。可以看出国家实施天然林保护工程、退耕还林工程等森林生态工程后，祁连山森林碳储量呈现大幅稳定增长，对应对气候变化起到了非常积极的作用。

表 3.5   祁连山森林植被单位面积生物量和碳储量（刘健全等，2017）

森林类型	面积 /hm²	单位面积生物量 /(t /hm²)	生物量 /t	碳密度 /(t/hm²)	碳储量 /t
青海云杉林	134199.38	192.65	25853408.57	89.08	11954613.64
华北落叶松林	4.06	28.35	115.11	13.90	56.44
油松林	1068.43	498.24	532337.34	247.93	264891.06
祁连圆柏林	18467.85	239.78	4428128.73	111.50	2059079.86
白桦林	2275.01	523.82	1191686.11	261.12	594055.53
红桦林	5083.45	525.28	2670230.90	256.81	1305475.89
杨树林	532.45	520.00	276874.47	245.39	130657.06
山杨林	2675.40	524.06	1402066.78	247.36	661775.52
针叶混交林	1719.02	498.22	856457.79	245.48	421976.75
针阔混交林	4213.31	554.68	2337054.40	259.70	1094208.87
阔叶混交林	2120.95	498.75	1057829.85	233.52	495275.96
合计	172359.31		40606190.05		18982066.58

3.5.2 不同龄组的森林碳储量

祁连山森林植被大部分为中龄林和近熟林，因此祁连山林区森林植被碳主要集中在这两个龄组。在祁连山森林植被中，中龄林和近熟林中的植被碳储量分别占总碳储量的 49.05% 和 32.93%，成熟林约占 13.51%，而幼龄林和过熟林仅占 2.83% 和 1.68%。从中龄林到过熟林的生长过程中，随着林龄的增大，大部分林分的碳储量所占的比例逐渐降低。祁连圆柏林中 80%、针叶混交林中 75%、阔叶混交林中 73% 的碳储量分配在中龄林，只有杨树林中分配在过熟林的碳储量占 26%，其他森林类型分配在过熟林中的碳储量均不足 10%（图 3.22）。油松林的碳储量则主要在成熟林中，占油松林总植被碳的 97%，中龄林约为 3%。整体来看，祁连山区除油松林外，其他森林类型的植被碳主要储存在中龄林和近熟林中。

整体而言，祁连山森林植被碳主要集中于青海云杉林与祁连圆柏林。受林分年龄结构影响，森林植被的生物量、碳储量集中于中龄林和近熟林，未来祁连山森林植被的碳汇潜力依然很大。

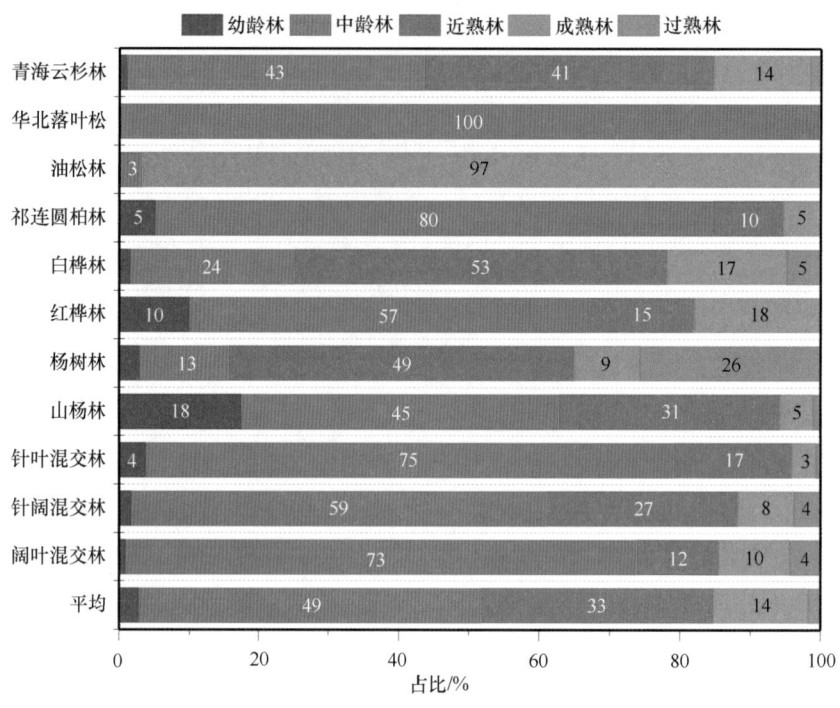

图 3.22　祁连山森林不同龄组的碳储量占比

3.6　森林生态系统土壤元素的空间变化

　　土壤作为绿色植物进行光合作用的主要场所及生物地球化学能量交换、物质循环最活跃的生命层，受到多种因子，如气候条件、成土母质、地形地貌、演替阶段、分化作用、生物作用等的综合影响（Tian et al.，2010），因此，其结构复杂、空间异质性强，由于土壤的高度空间异质性，相较于其他生态系统，土壤生态系统显得更加复杂（Trumbore et al.，1996；Xu et al.，2013）。土壤有机碳是植物体木质素和纤维素的主要构成元素，其含量同时也主要受到植物凋落物和动植物残体的调控。全氮是参与植物体光合作用的主要营养元素，如叶绿素和光合作用过程中关键酶"二磷酸核酮糖羧化酶"（Rubisco）的重要组成物质。全磷参与了一系列生理生态过程，如呼吸作用产生富含 P 的三磷酸腺苷（ATP）、核糖体合成蛋白质，以及其构成的遗传物质 DNA 和 RNA（Sterner and Elser，2002）。因此，土壤 C、N 和 P 是有机体的重要组成元素，同时 N、P 也被视为陆地生态系统的主要限制性营养元素（Sterner and Elser，2002；Koerselman and Meuleman，1996）。祁连山不仅是我国东部季风和西风带的过渡区域，也是甘青蒙地区重要的生态屏障，在水平和垂直梯度上，水热配比关系均存在明显的地带性规律，因此，土壤 C、N、P 等营养元素也存在明显的空间格局（Liu et al.，2021）。

　　有关祁连山区域土壤 C、N、P 空间特征的研究在不同的区域尺度上（祁连山东段、中段和西段）均有所报道。朱丽等（2015）对祁连山东段的哈溪林场青海云杉林土壤 C、N、P 化学计量特征分析后发现，C、N、P 在不同土层深度的空间变异性明显，并且 C 和 N 元素的空间变异性明显高于 P，C 和 N 元素含量随着土层的加深逐渐减小，P 元素含量变化不明显。赵维俊等（2011）研究了祁连山东段的天祝藏族自治县（简称天祝县）西北部土壤 $0 \sim 40$ cm 剖面的理化性质，发现不同土层的土壤养分含量差异明显，土壤全 N、全 P、全 K 和有机质的变化范围分别为 $2.102 \sim 5.232$ g/kg、$0.687 \sim 0.788$ g/kg、$19.117 \sim 22.419$ g/kg 和 $45.872 \sim 139.014$ g/kg。在祁连山中段，齐鹏等（2015）探讨了祁连山中段青海云杉林 $0 \sim 60$ cm 土壤养分特征，发现随土层深度增加，C 和 N 含量变异性增大但在 30 cm 土层以下含量趋于稳定，而 P 和 K 含量变异性较小。相对于祁连山东、中段土壤化学计量特征的研究工作，祁连山西段的相关研究很少见诸报道，仅牛赟等（2014）在研究青海云杉林表层土壤时，略微提及了有关祁连山西段（祁丰自然保护站）$0 \sim 40$ cm 土层 C、N 元素的变化特征。

综上可见，关于祁连山区域土壤 C、N、P 化学计量特征的研究工作，主要集中在小范围和当地水平上，且少部分文献只是零星地报道了祁连山东部和中部区域青海云杉林土壤化学计量特征的变化情况，而土壤 C、N、P 如何在面域尺度（东、中、西段）和土壤剖面梯度上变化仍然较少报道，这对于进一步理解祁连山区域整体的土壤养分动态和空间分布规律具有很大的制约性，也不利于清晰认识祁连山区域植被的生长状况和土壤养分对植被的生长限制。青海云杉是祁连山主要和分布最广泛的常绿针叶树种，其在区域生物多样性维持、水土保持、水源涵养、碳循环、氮动态等方面发挥着重要角色（Liu et al.，2020，2021）。

基于以上，选择祁连山典型的青海云杉林生态系统，设置 30 m×30 m 的森林样方，分层采集 $0 \sim 40$ cm 土层的土壤样品，旨在关注祁连山区域尺度上土壤 C、N、P 的空间格局及其环境影响规律，明确青海云杉林土壤养分的空间分布格局，以期为该区域森林生态系统的恢复、森林的培育、林业资源的管理和保护提供基础数据和理论支撑。

3.6.1　研究方法

在祁连山典型林区，调研选取受人为干扰少、森林发育状况良好、均一性高、原始程度好的典型青海云杉林生态系统设置研究样点，于每个样点设置 30 m×30 m 的青海云杉林样方，于样方四角和中心 5 点采集土壤，按照 $0 \sim 5$ cm、$5 \sim 10$ cm、$10 \sim 20$ cm 和 $20 \sim 40$ cm 分层采集土壤样品（图 3.23），每层土样的 5 个样品混合作为 1 个混合土样装入自封袋或布口袋中，带回实验室进行含水量和容重测定，剔除土壤样品中的动植物残体和碎石颗粒，自然风干后研磨过 100 目（0.15 mm）土壤筛，随后进行土壤理化性质分析。土壤含水量采用烘干法测定，土壤容重采用环刀法测定，土壤有机碳含量采用重铬酸钾 - 硫酸氧化法测定，土壤全氮含量采用凯氏定氮法测定，全磷含量利用钼锑抗比色法测定（鲍士旦，2000）。

图 3.23 土样采集

3.6.2 结果和讨论

1. 祁连山青海云杉林土壤 C、N、P 空间特征

祁连山区域土壤 C、N 和 P 含量分别为 73 mg/g（范围为 18.71 ～ 151.6 mg/g）、4.76 mg/g（范围为 1.1 ～ 14.09 mg/g）和 0.54 mg/g（范围为 0.28 ～ 1.37 mg/g）（表 3.6）。C：N、C：P、N：P 分别为 16.27±4.01、137.12±44.93 和 8.83±3.16（表 3.6）。

随土壤剖面深度的增大，C、N 含量及 C：P、N：P 呈现显著下降趋势，而 P 含量和 C：N 在 0 ～ 40 cm 的土壤剖面上变化稳定（图 3.24）。随经度梯度增大，土壤 C、N 含量及 C：P、N：P 显著增大，但 P 含量和 C：N 在整个经度梯度上变化不明显（图 3.25）。随纬度梯度增大，土壤 C、N 含量及 C：P、N：P 比值显著下降，但 P 含量和 C：N 在整个纬度梯度上变化稳定（图 3.26）。由此可见，祁连山区域土壤 C、N、P 具有明显的剖面、经度和纬度的空间变化规律，尤其是土壤 C、N 含量及 C：P、N：P 空间变化规律明显，而 P 含量和 C：N 在区域空间梯度上相对稳定。

土壤 C、N 和 P 作为生命体的主要组成元素，其来源和变化差异较大，如土壤有机碳 C 和全 N 主要来源于枯落物和动植物残体的分解，而土壤全 P 来源于有机质的分解和成土母质的分化作用，且成土母质的分化作用占主导地位，故而 P 元素随土壤深度的垂直递减速率及随经度和纬度的变化趋势相较于土壤有机 C 和全 N 变化更稳定（Li et al.，2013；Liu et al.，2021），导致土壤 C：P 和 N：P 明显的经度、纬度和剖面变化规律。

表 3.6 祁连山区域青海云杉林土壤 C、N、P 含量整体统计特征

土层	参数	最小值 /(mg/g)	最大值 /(mg/g)	均值 ± 标准差	偏度	峰度	变异系数
	C	18.71	151.6	73 ±25.3	0.25	0.15	0.35
	N	1.1	14.09	4.76±1.86	0.71	2.08	0.39
0 ~ 40 cm	P	0.28	1.37	0.54±0.12	1.6	9.72	0.22
	C∶N	3.23	39.18	16.27±4.01	0.91	4.94	0.25
	C∶P	24.56	278.68	137.12±44.93	0.32	0.15	0.33
	N∶P	1.57	17.99	8.83±3.16	0.27	— 0.3	0.36

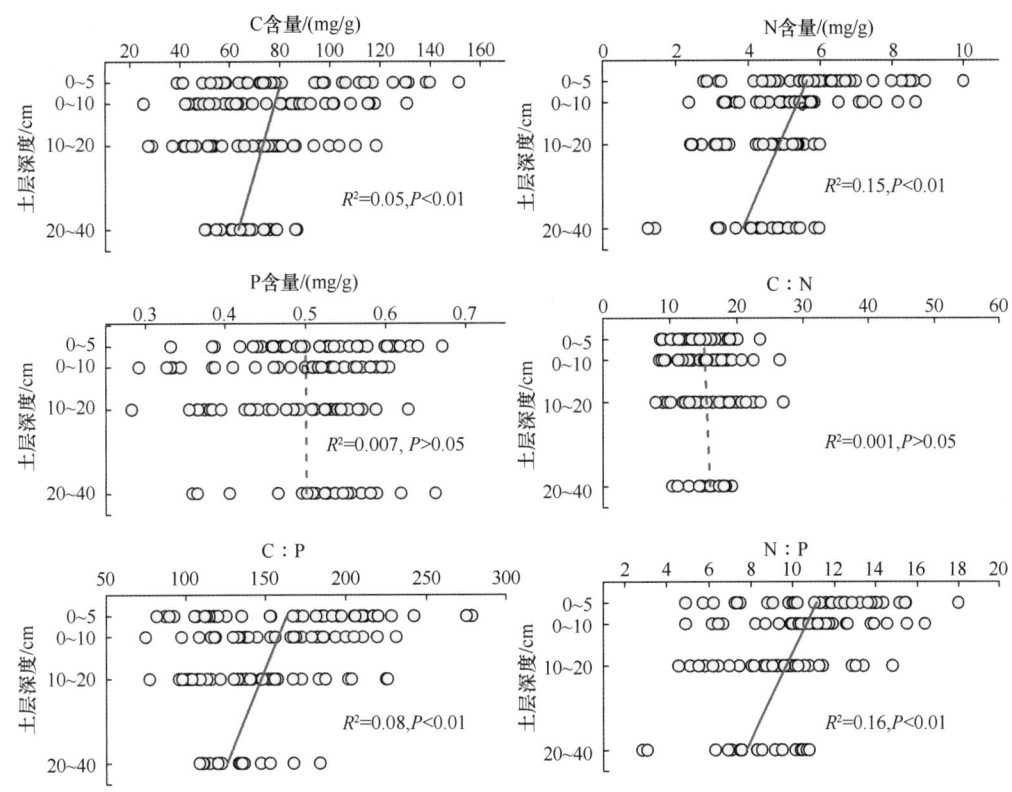

图 3.24 土壤 C、N、P 含量及其比值沿剖面变化特征

红色直线表示变化显著，红色虚线表示变化不显著

2. 祁连山青海云杉林土壤 C、N、P 与环境因子的关系

外界环境因子，如年平均气温和年平均降水量深刻影响着生物量的累积和物质及元素的循环，因此其对土壤养分含量的影响显著（Liu et al.，2021）。本研究发现，土壤 C、N 含量及 C∶P、N∶P 与年平均气温显著负相关，随着土层深度的增加，相关性逐渐降低，在 20 ~ 40 cm 土层中，年平均气温对土壤养分的影响很微弱（表 3.7）。

年平均降水量与土壤 C、N 含量及 C∶P、N∶P 显著正相关，随土壤剖面深度的增加，其相关性逐渐减弱，直至 20 ~ 40cm 深度两者几乎无相关性（表 3.7），年

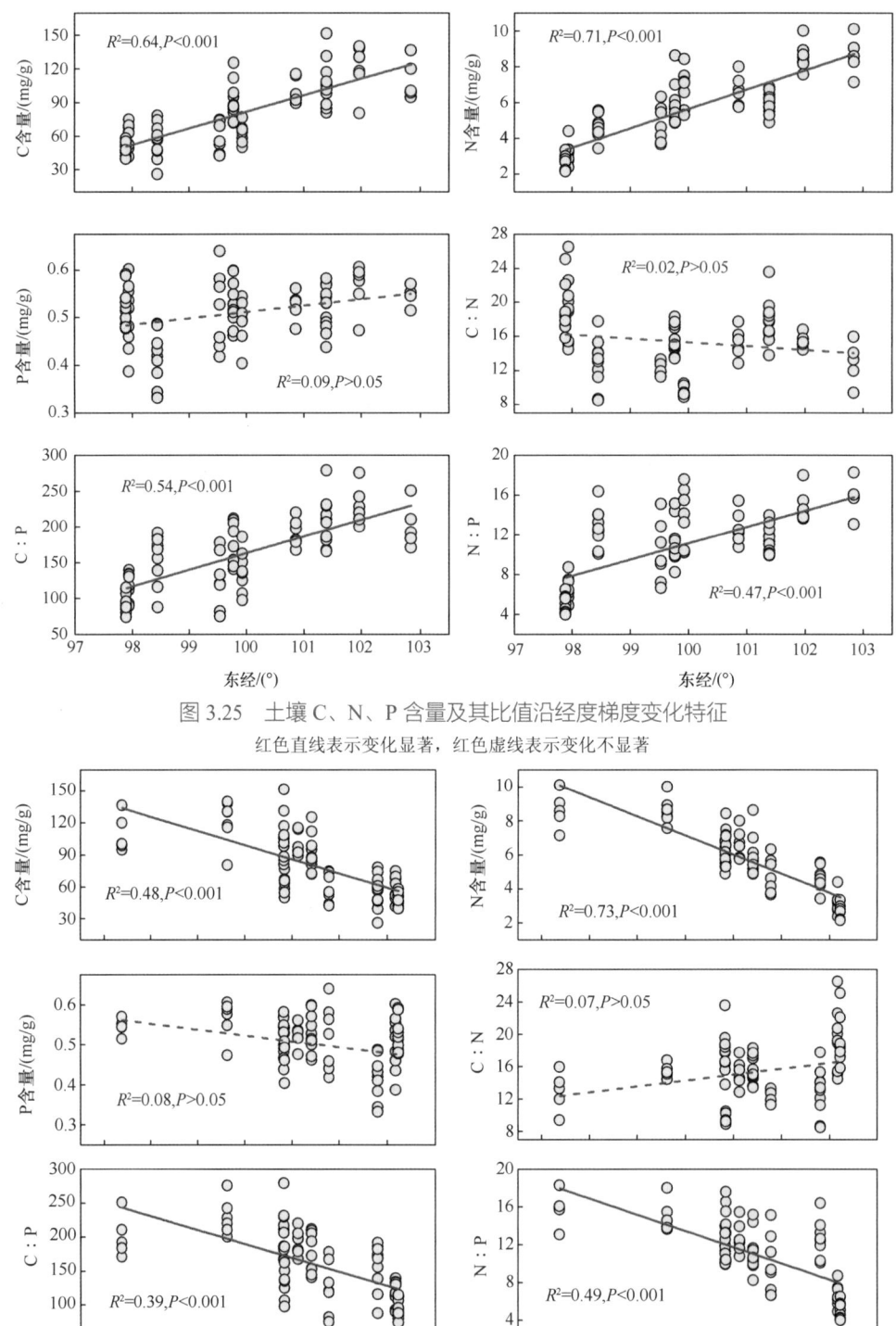

图 3.25　土壤 C、N、P 含量及其比值沿经度梯度变化特征

红色直线表示变化显著，红色虚线表示变化不显著

图 3.26　土壤 C、N、P 含量及其比值沿纬度梯度变化规律

红色直线表示变化显著，红色虚线表示变化不显著

平均气温和年平均降水量均对土壤 P 含量和 C ∶ N 影响微弱。综上可知，年平均气温和年平均降水量对土壤养分含量的影响主要集中在 0 ～ 20 cm 表层土壤，而在20 cm 土层之下其影响很小。

在干旱区，降水是植物生长的主要限制因子，随着降水量的增多，植物生物量的累积会加速，凋落物的周转及物质元素的循环过程加强（Vicente-Serrano et al.，2012；Zeng et al.，2019），因此会显著增加土壤 C 和 N 的含量，导致两者存在显著的正相关性。而在干旱区温度的升高会进一步加强蒸发耗散，对植物的生理生态过程产生明显的抑制作用，因此，其与土壤 C、N 存在明显的负相关关系。

表 3.7　祁连山区域土壤 C、N、P 含量及其比值与年平均气温和年平均降水量的相关系数

项目	0 ～ 5cm		5 ～ 10cm		10 ～ 20cm		20 ～ 40cm		整体 (0 ～ 40cm)	
	MAT	MAP	MAT	MAP	MAT	MAP	MAT	MAP	MAT	MAP
C	−0.41**	0.54***	−0.48**	0.6***	−0.41**	0.52**	−0.14	0.36	−0.37**	0.49**
N	−0.51**	0.62***	−0.52**	0.62***	−0.42**	0.52**	−0.13	0.19	−0.41**	0.49**
P	0.02	0.05	−0.18	0.26	−0.09	0.18	0.08	0.06	−0.06	0.15
C ∶ N	−0.04	0.1	0	0.06	−0.06	0.07	0.06	0.07	−0.02	0.09
C ∶ P	−0.41**	0.53**	−0.41**	0.52**	−0.4*	0.46**	−0.11	0.28	−0.37**	0.47**
N ∶ P	−0.47**	0.55**	−0.41**	0.47**	−0.38*	0.43**	−0.01	0.03	−0.34**	0.38**

* 表示在 P <0.05 水平上相关系数显著，** 表示在 P <0.01 水平上相关系数显著，*** 表示在 P <0.001 水平上相关系数显著。

注：MAT 表示年平均气温，MAP 表示年平均降水量。

3. 祁连山青海云杉林土壤含水量和容重空间特征

此外，本研究也对祁连山青海云杉林土壤两个关键的物理指标，含水量（SMC）和容重（BD）进行了分析，发现随经度梯度增大，土壤含水量显著增加；容重显著下降（P < 0.01）（图 3.27）。而随纬度梯度增大，土壤含水量显著减少；容重显著上升（P < 0.05），与经度梯度呈相反变化趋势（图 3.27）。

随经度梯度增大，祁连山区域降水量显著增加，但随纬度梯度增大，降水量呈显著下降趋势（Gao et al.，2018；Liu et al.，2021），因此土壤含水量和容重随降水量变化而变化，导致其沿经度和纬度梯度相反的空间变化格局。

另外，随土壤剖面加深，土壤含水量略微下降（P > 0.05）；但土壤容重呈显著增加趋势（P < 0.01）（图 3.28）。此外，就海拔梯度而言，随海拔升高，土壤含水量显著上升；容重有下降趋势但不明显（P > 0.05）（图 3.29）。在青海云杉的整个林带区域，降水量均随海拔升高呈增加趋势（Gao et al.，2018），故土壤含水量也随海拔升高而增加。但在土壤剖面上，由于青海云杉林林下分布有大面积且发育良好的苔藓层，以及地被物的阻水效应和冠层的降水拦截，加之水分下渗受到土壤团聚体特征的影响，从而土壤含水量随剖面加深有下降趋势。

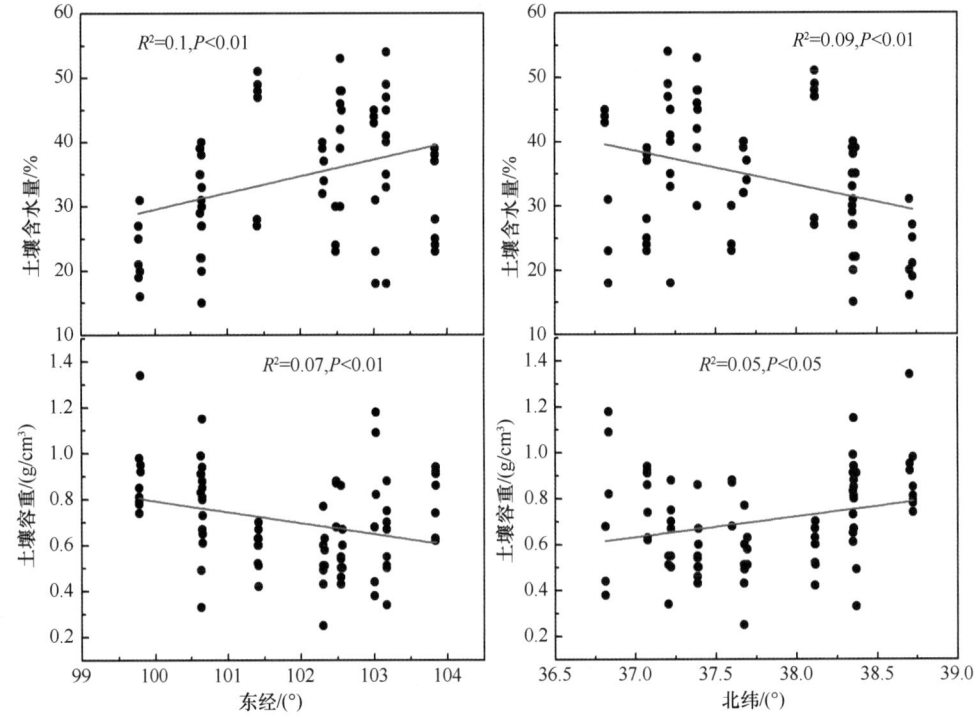

第二次青藏高原综合科学考察研究丛书
祁连山生态系统变化 科学考察报告

图 3.27　土壤含水量和容重随经度和纬度变化特征
红色直线表示变化显著

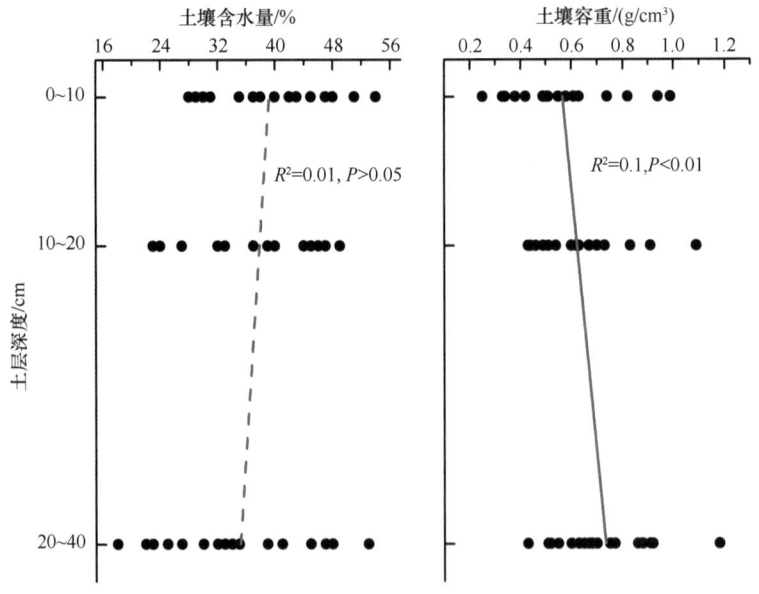

图 3.28　土壤含水量和容重随剖面变化特征
红色直线表示变化显著，红色虚线表示变化不显著

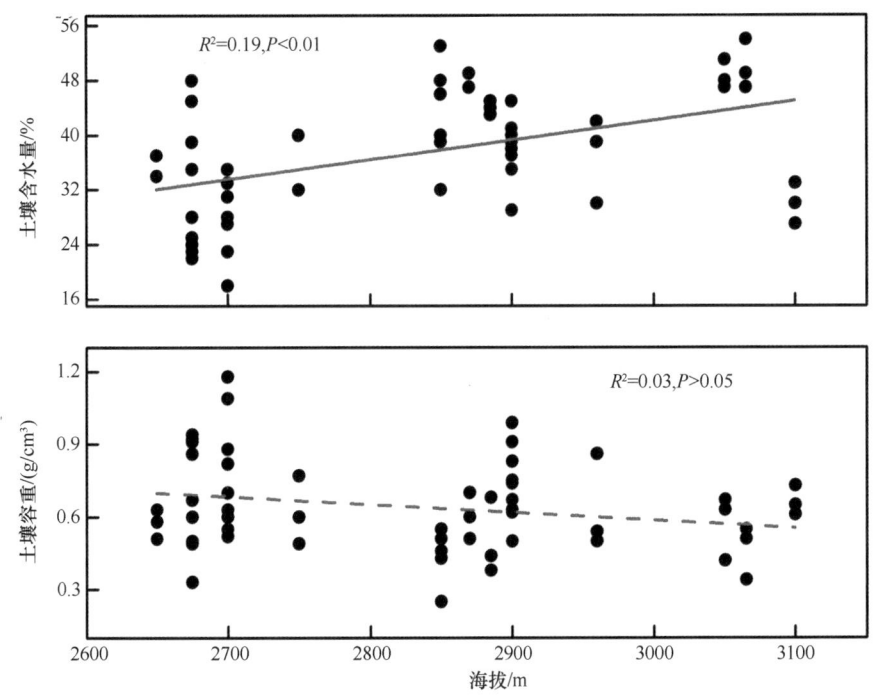

图 3.29 土壤含水量和容重随海拔变化特征
红色直线表示变化显著，红色虚线表示变化不显著

3.6.3 主要结论

对祁连山区域典型的青海云杉林生态系统土壤 C、N、P 化学计量特征和土壤容重及含水量等关键物理参数的分析发现，该区土壤养分含量随经度、纬度和土壤剖面均存在明显的空间格局，如 C、N 含量及 C：P、N：P，随纬度梯度和土壤剖面深度的增加而显著减小，但随经度梯度的增加而显著增大。而土壤 P 含量和 C：N 在整个区域尺度上变化稳定。土壤 C、N 含量主要受动植物残体和枯落物的补充和调控，而土壤 P 含量主要受土壤母质的影响，因此塑造了不一致的空间变化规律。在干旱区，年降水量是调控植物生物量累积的主要外界驱动因子，因此其在影响土壤 C、N 元素的周转和循环方面同样也发挥着关键作用。此外，降水和植被的空间差异及微地形和地被物的影响，加之土壤自身特性的差异，导致土壤含水量和容重具有不同的空间格局。本研究在区域尺度上首次揭示了青海云杉林土壤理化特征的空间变化规律，对于未来此区域森林资源的培育和管理，以及林业资源的开发和保护提供了理论支撑。

3.7 青海云杉林的格局特点及耗水研究

干旱区的山地、绿洲和荒漠构成了一个完整的体系，山地的生态水文功能突出，其中森林起着举足轻重的作用。山地森林对流域水文过程的影响在一定程度上改变了山地径流的变化趋势。然而，干旱区山地森林生态水文研究比较薄弱，由于中国干旱区山地及与之构成的内陆河流域的特殊性，国外森林水文的研究成果往往难以解释我国干旱区的实际情况。此外，气候变化和人为干扰导致干旱区山地森林生态系统和水文循环过程已发生了明显变化，但是这种变化的幅度和趋势仍缺乏定量刻画。针对这些科学问题，本次科考以黑河流域上游中国科学院临泽站祁连山森林生态系统综合观测点为研究平台，开展了森林格局特征、动态过程及水热驱动机制研究；森林林冠截留、蒸腾耗水及与流域径流关系研究。

3.7.1 青海云杉林格局特点及其形成机理

在气候、地形、土壤和水文等多种因素的相互作用下，干旱区山地森林与灌丛、草地等景观呈现斑块镶嵌分布格局。这种斑块格局与生态和水文过程之间存在着复杂的相互影响和相互作用关系，深入理解这些关系对人工林空间布局和管理措施制定有重要的科学意义。通过对祁连山典型森林——青海云杉林自组织格局特点及其形成机理的研究，发现水热状况对斑块森林自组织格局的形成与稳定起着关键作用（图3.30），而地形是决定山区水热状况空间分异的主要因素，导致了不同坡面表层土壤含水量、土壤温度、土壤紧实度和导水率的强烈空间差异性，这种差异性是斑块自组织格局形成的主要原因（Liu et al.，2013）。植被斑块格局形成后，土壤水分状况则是决定斑块格局稳定的关键因素。基于多年的观测数据，揭示了不同植被斑块土壤水分时空变化规

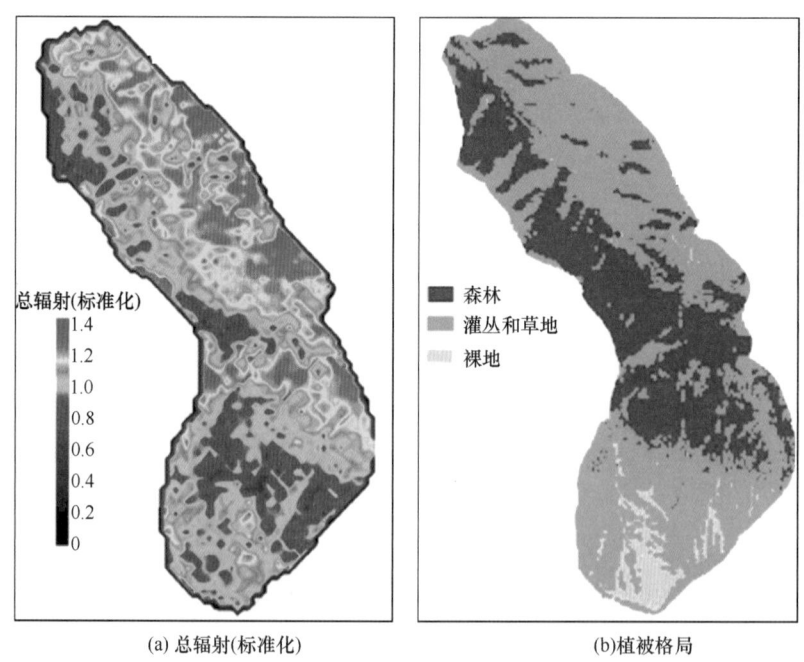

总辐射(标准化)
1.4
1.2
1.0
0.8
0.6
0.4
0.2
0

森林
灌丛和草地
裸地

(a) 总辐射(标准化)　　　　　　(b)植被格局

图 3.30　排露沟流域森林与总辐射空间分布格局

律及对降雨事件的响应机理。发现较大的降雨事件（>20 mm）对深层（20 ～ 80 cm）土壤储水量起到了关键的补充作用。而较小的降雨事件仅补给表层（0 ～ 20 cm）土壤水分，对浅根系植物和土壤动物的生存有重要意义，但对深层土壤水分的补给无效（He et al.，2012）。

干旱区山地斑块森林格局在没有外力干扰的情况下是相对稳定的，但是在大规模（采伐率超过 60%）采伐后，如青海云杉林将经历一个超过 70 年的自然演替进程，期间林木空间分布格局及空间异质性都会出现较大的波动。与人工林相比，较强的空间异质性促进了次生林的自疏过程，加快了恢复演替速度，提高了林下植被物种丰富度，增强了系统稳定性。该结论为人工林抚育管理提供了重要依据（He et al.，2010）。

坡向和林龄对青海云杉人工林林下草本层植被组成具有较明显的影响，同一坡向不同林龄的人工林林下草本层的组成差异显著；而在不同坡向，林龄大致相同的人工林林下植被组成差异也达到显著水平（图 3.31）。随着人工林的发展，一些耐阳性的物种，如朝天委陵菜、丝路蓟、长柱沙参、长梗蝇子草等的重要值逐渐减小，甚至消失，而一些耐阴性的植物，如红棕薹草、毛果薹麻等物种的重要值逐渐增大（Zhu et al.，2017）。青海云杉人工林林下草本层的优势种主要有圆柱披碱草、青海苜蓿、芨芨草、蒙古蒿、红棕薹草等，33 年人工林林下物种数为 24 种，分属于 11 科 17 属，而 45 年青海云杉人工林林下物种数达到 30 种，分属于 14 科 23 属，总体趋势是物种数随青海云杉人工林演替在增加，但是生物量呈显著减小趋势，45 年青海云杉人工林林下草本层生物量干重仅为 35 年青海云杉人工林的 48%（图 3.32 和图 3.33）。

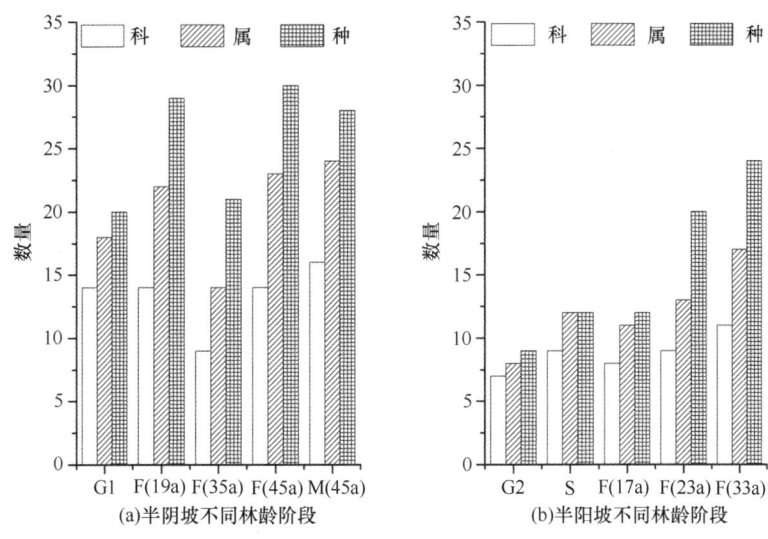

图 3.31　不同林龄青海云杉人工林林下草本层植物科、属、种的变化

F（17a）、F（19a）、F（23a）、F（33a）、F（35a）、F（45a）分别代表林龄为 17 年、19 年、23 年、33 年、35 年、45 年的青海云杉人工林；G1 和 G2 为草地，S 为灌草地；M（45a）为林龄为 45 年的青海云杉和落叶松混交林，其混交比例为 3∶1，下同

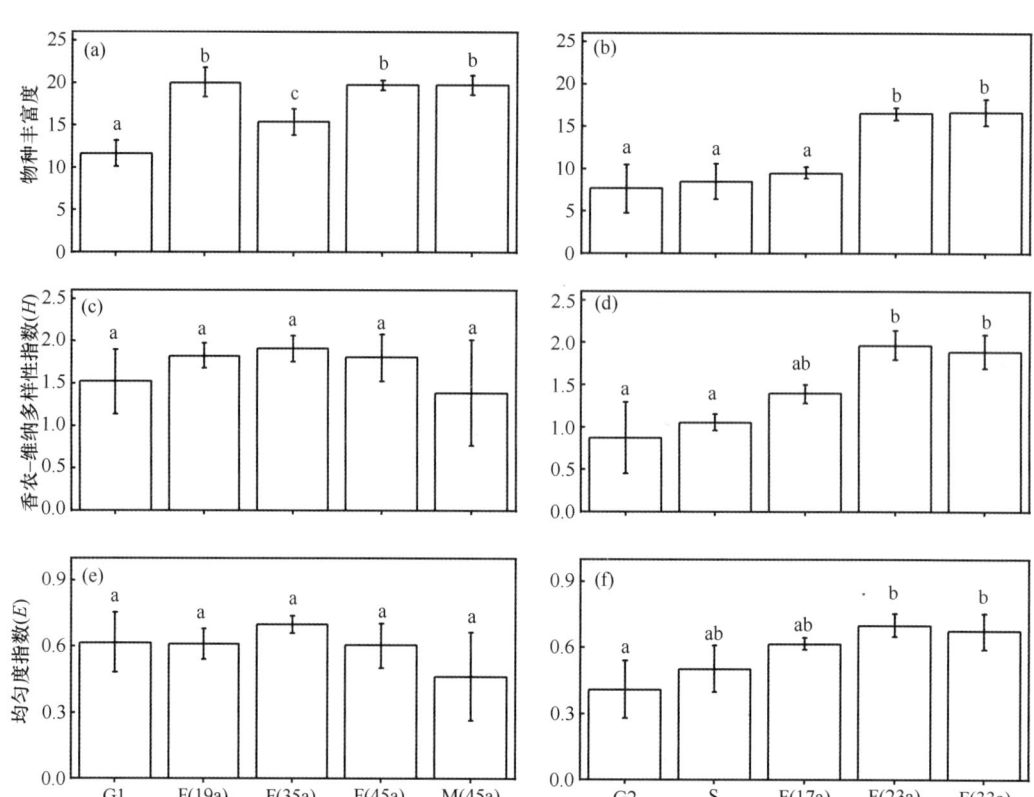

图 3.32　不同林龄青海云杉人工林林下草本层多样性指数的变化

（a）、（c）、（e）为半阴坡不同林龄阶段；（b）、（d）、（f）为半阳坡不同林龄阶段；不同小写字母代表不同林龄间的差异显著（$P<0.05$）

3.7.2　青海云杉的耗水量及耗水规律

近年来，全球范围造林使森林碳汇功能增加已是不争的事实，但是造林也导致了径流大幅度减少，尤其在降水较少的干旱和半干旱地区。因此，定量研究干旱区山地斑块森林的耗水量及与流域产水量的关系，评价森林植被水源涵养功能的潜力，对干旱区山地管理与规划有重要的理论和实践意义。

1. 青海云杉蒸腾耗水规律

采用热脉冲树干液流技术测定了青海云杉单株耗水量，并揭示其蒸腾耗水在时间尺度上的变化规律及主要限制因子。研究发现在生长季节青海云杉树干液流速率与土壤水分变化规律保持着较高的一致性，但是当土壤体积含水量超过 18% 时，土壤水分不再是限制树干液流的主要因子（图 3.34）。同时采用开顶式生长室（OTC）模拟增温试验结果显示：增温处理也导致青海云杉蒸腾耗水规律发生了变化，在生长季前期和中期，树干液流速率对增温没有显著的响应，但是在生长季后期（9 月下旬），天气变冷的情况下，增温明显促进了树干液流，导致幼树的液流速率和液流总量大幅度增加。该结论可能暗

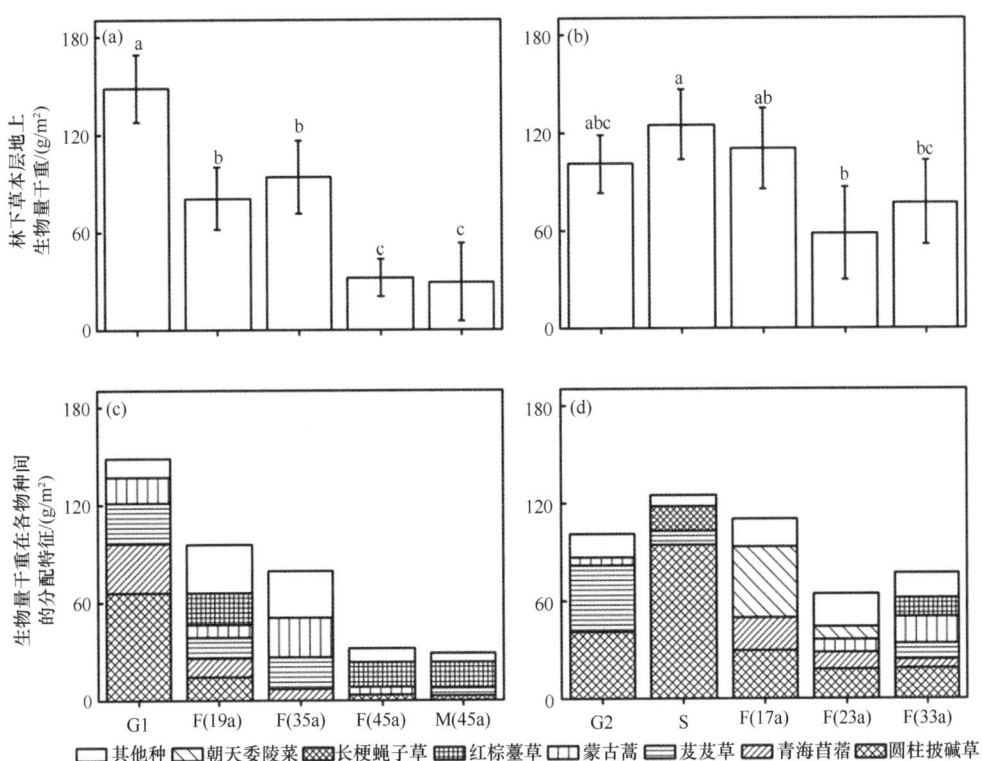

图 3.33　不同林龄青海云杉人工林林下草本层的生物量变化及在各物种之间的分配特征

(a)、(c) 为半阴坡不同林龄阶段；(b)、(d) 为半阳坡不同林龄阶段

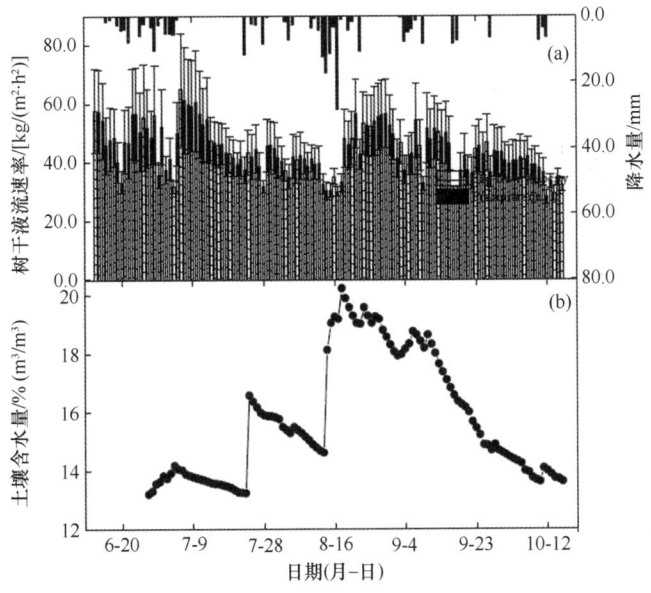

图 3.34　生长季降水量、树干液流速率及土壤含水量

示着气温是限制树干液流速率的一个主要因子，但是存在一个阈值，当日平均气温超过该阈值时，气温不再是限制树干液流的主要因子。在单株耗水过程研究的基础上，确定了青海云杉树干液流速率与树干形态、边材面积的函数关系，并以边材面积为关键参数构建了单株到林分耗水的尺度转换模型，最终确定青海云杉在 2013 ～ 2016 年的蒸腾耗水量约为 190 mm（Chang et al.，2014；常学向等，2013）。

2. 林冠截留率及其空间变异

2014 年生长季节降水数据观测结果显示：6 月 1 日～ 9 月 30 日共降水 39 次，降水量为 388.7 mm。其中，<5 mm 降水次数为 16 次，降水量为 51.2 mm，分别占总降水次数和总降水量的 41.03% 和 13.17%；5 ～ 15 mm 降水次数为 16 次，降水量为 175.5 mm，分别占总降水次数和总降水量的 41.03% 和 45.15%；>15 mm 降水次数仅 7 次，降水量为 162 mm，但是占总降水量的 41.68%。

观测区人工林平均树龄为 29 年，平均郁闭度为 0.85，平均林冠截留率为 $40.6\% \pm 14.8\%$，林冠截留率的变化范围为 1.44% ～ 75.31%，具有明显的空间异质性。穿透降雨量（T_p）与总降雨量（P_p）呈显著的线性关系（$T_p = 0.558P_p - 0.253$，$R^2 = 0.825$，$P < 0.001$）。而天然林平均郁闭度为 0.68，林冠截留率为 $35.1\% \pm 20.7\%$，林冠截留率的变化范围在 –3.86% ～ 64.83%。林内穿透降水量与林外总降水量也呈显著的线性相关关系（$T_p = 0.821P_p - 1.159$，$R^2 = 0.94$，$P < 0.0001$）（图 3.35）。

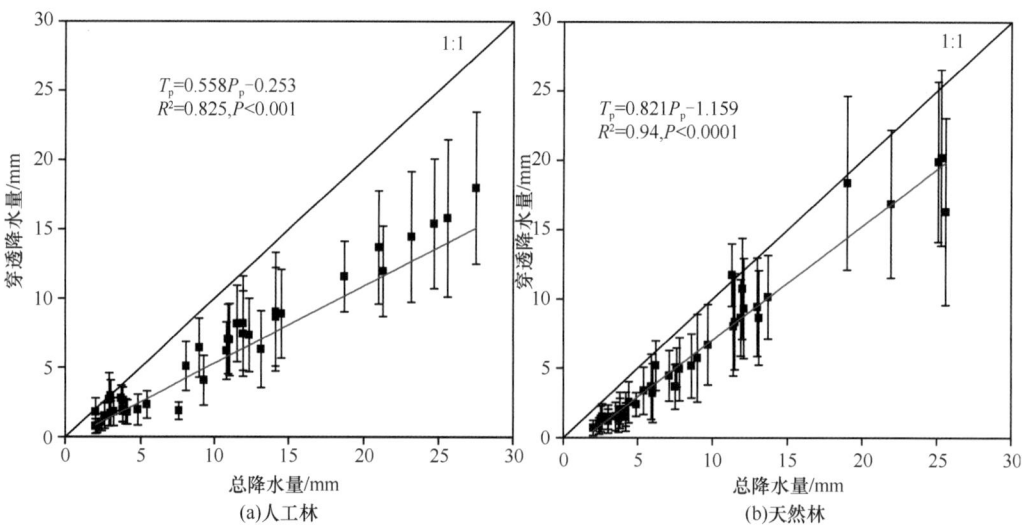

图 3.35　青海云杉人工林与天然林林冠截留对比

此外，在斑块尺度上，基于大样本长期观测数据较精确地测定了青海云杉林林冠截留率，并建立了林冠截留率与降水特征参数、林冠结构参数的回归关系，发现植物面积指数（PAI）是导致林冠截留率出现空间异质性的主要因素之一，而叶面积指数（LAI）与林冠截留率的相关性较差，因此，认为 PAI 更适合应用在林冠截留模型中。

此外，提出了林冠截留率观测新的布样方法（把截留观测桶布置在植物面积指数平均值的位置），该方法不仅减少了观测桶数量，而且缩短了观测时间（He et al.，2014）。

3. 林地土壤水分动态变化规律

利用 ECH_2O 土壤水分监测仪，在样地尺度上测定了祁连山青海云杉天然林、无间伐和间伐强度为 20% 的人工林地土壤水分变化规律，对比分析间伐对人工林土壤水分的影响。结果表明无间伐人工林林地表层（10 cm）土壤含水量显著高于间伐强度为 20% 的人工林和天然林，间伐导致了人工林林地表层土壤含水量下降；而对于深层土壤含水量而言，间伐措施又显著提高了深层 60 cm 处的土壤含水量。与天然林地土壤含水量相比，无间伐人工林深层 60 cm 和 80 cm 处的土壤体积含水量仅为天然林的 49.7% 和 52.1%（图 3.36），深层土壤已经出现旱化现象，而间伐措施能够减缓这种深层土壤旱化现象（朱喜等，2015）。因此，土壤水分降低是导致人工林退化的主要原因之一。

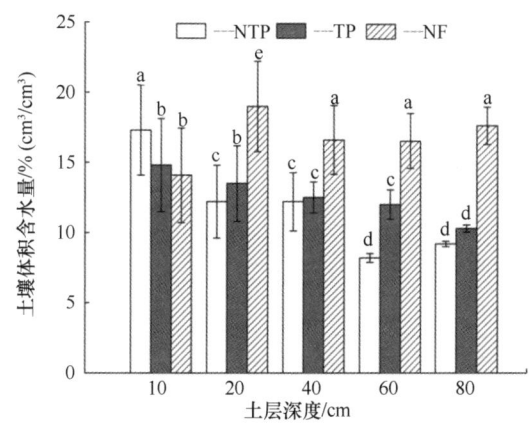

图 3.36 生长季各林地土壤体积含水量的垂直变化

NTP 代表无间伐人工林地，TP 代表间伐强度为 20% 的林地，NF 代表天然林地

3.8 青海云杉林人工林建植阈值研究

基于激光雷达数据和地面调查数据，在不同尺度上综合分析青海云杉天然林斑块格局与地形的关系、斑块内林木空间异质性及其尺度效应、不同演替阶段的林龄组成结构，以及林分密度与胸径的函数关系等，其目的是为近自然人工林建设和改造提供理论阈值。研究表明，青海云杉林斑块主要分布在 N、NE 和 NW 3 个坡向上，占森林斑块总面积的 75.4%；森林斑块主要分布区坡度为 15° ～ 45° 地带，占森林总面积的 81.4%；森林斑块主要分布区海拔为 2700 ～ 3300 m，占森林总面积的 97.5%（图 3.37）。这些结果反映了青海云杉天然林空间分布格局与地形参数的关系，也为近自然人工林建设空间布局提供了阈值范围，即人工林应布局在坡向为 N、NE 和 NW，坡度为 15° ～ 45°，海拔 2700 ～ 3300 m 范围内。

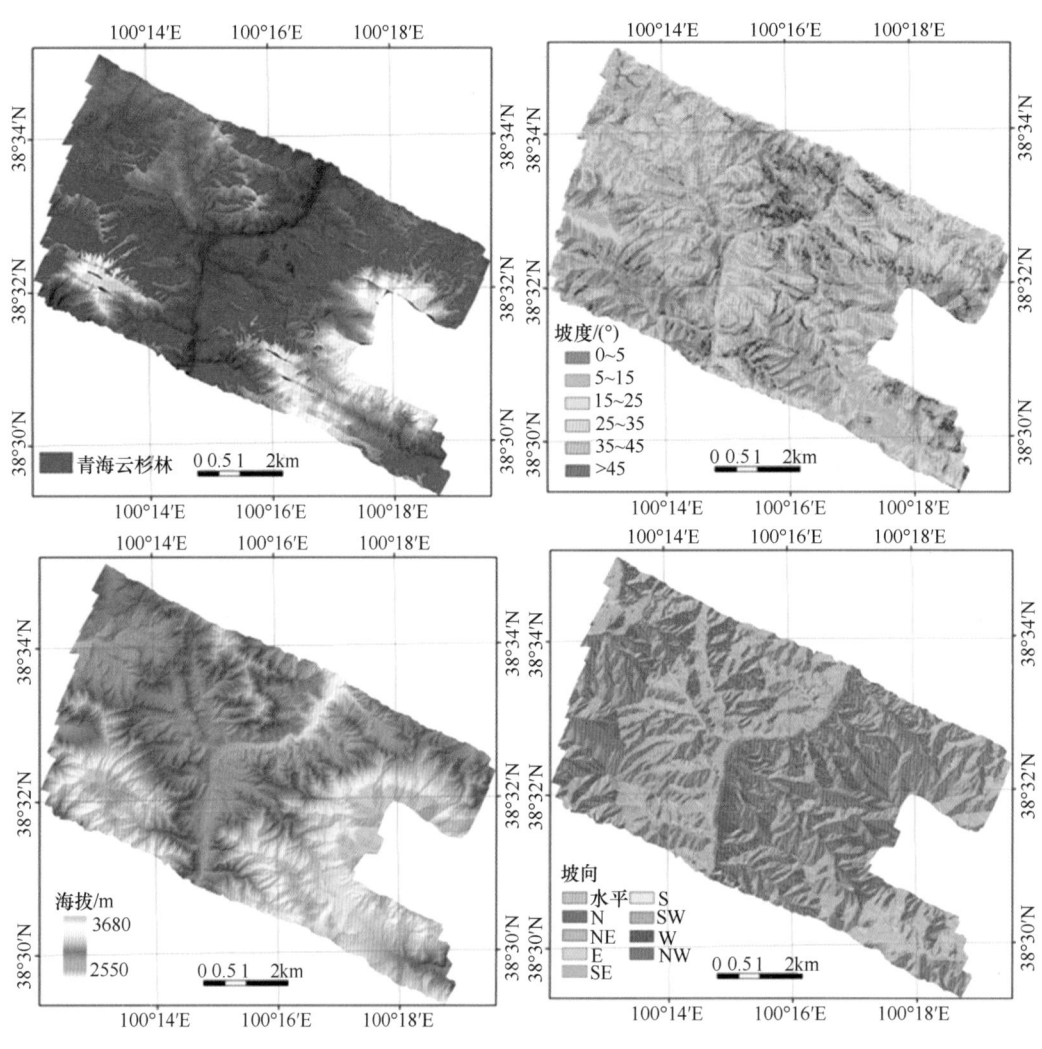

图 3.37 祁连山大野口流域青海云杉林坡度、海拔、坡向斑块空间分布格局

在一些典型的半阴坡，水分条件的限制导致青海云杉林斑块没有完全覆盖整个坡面，而是与坡面呈一定的比值。为了量化这一比例关系，基于激光雷达影像数据和人工实测地形数据分析了 39 块半阴坡坡面面积与森林斑块的比例关系（图 3.38）。结果显示以 NE、NW 坡向为主的半阴坡，森林斑块与坡面面积的比例为 45% ～ 80%，平均值为 64%。该结论暗示在半阴坡进行人工林建设时，根据坡面面积布设 64% 左右的人工林斑块即可，不必规划大面积连片的人工林覆盖整个坡面，否则会造成人力、财力的浪费。

基于具有代表性的最小样方尺度，将 9 个大样地（1 hm²）划分成 36 个 0.25 hm² 的小样方。采用点格局分析方法分析青海云杉林木在斑块尺度上的空间格局。结果显示 $L(r)$ 值存在较明显的空间变异，其变异系数为 60%，但根据其平均值发现青海云杉林木空间分布格局的规律，即在 ≤ 23 m 的尺度范围内，青海云杉林木呈聚集型分布

图 3.38　青海云杉天然林斑块在大野口流域半阴坡坡面上的分布格局

格局，而在 > 23 m 的尺度上则呈随机分布格局。若把样地内的林木按胸径进行分级
（分成两个级别：DBH ≤ 10 cm 和 DBH > 10 cm），则会发现胸径较小的幼树在 ≤ 24 m
的尺度范围内呈聚集分布格局，而胸径较大的树木在 5 ～ 14 m 范围内呈聚集分布格局，
其他尺度上则呈随机分布格局。

　　基于青海云杉不同演替阶段的样地调查数据，分析发现未受采伐干扰的青海云杉
天然林平均密度为 562±71 棵 /hm²，在采伐率超过 60% 的情况下，自然恢复 30 年后其
密度达到 16153±691 棵 / hm²，但是当恢复期为 70 年时，其密度又降至 1652±112 棵 /
hm²。此外，未受干扰的天然林、30 年和 70 年恢复期的次生林平均年龄分别为 107±7 年、
9±2 年和 61±2 年，结果反映了未受干扰的天然林林龄结构呈正态分布格局，异龄结
构明显，而次生林通过自疏过程也出现较明显的异龄结构特征（图 3.39）。因此，针
对人工林在近自然化改造过程中，应采取择伐方式形成林窗或林隙，并适当补造幼林，
逐渐形成一定比例的异龄结构。

　　密度一直是人工林抚育管理所关注的主要问题之一，较高的密度是人工林林地土
壤旱化、系统稳定性差的主要因素。基于青海云杉天然林的样地调查数据，发现青海
云杉林的密度与胸径有较好的相关关系，随着平均胸径的增大，其林分密度逐渐减小。
数据分析显示，青海云杉林林分密度与平均胸径呈现较好的负指数函数关系（R^2=0.6164）
（图 3.40）。该函数关系式对青海云杉人工林密度调控具有重要的参考价值。

　　综上所述，青海云杉人工林应布局在坡向 N、NE 和 NW，坡度 15°～ 45° 和海拔
2700 ～ 3300 m 范围内；针对半阴坡（NE、NW），应根据坡面面积布设 64% 左右的人
工林斑块即可，而不能规划大面积连片的人工林，否则会造成人力、财力的浪费；人
工林建设或近自然化改造应以 0.25 hm² 面积为单元，在 ≤ 23 m 的尺度上宜构建聚集
分布的格局，而在 >23 m 尺度上应以随机分布格局为主；处于不同演替阶段的人工林
应通过择伐形成不同的林龄组成结构，而择伐的强度及林分密度应根据林木胸径而定，
两者呈负指数函数关系。

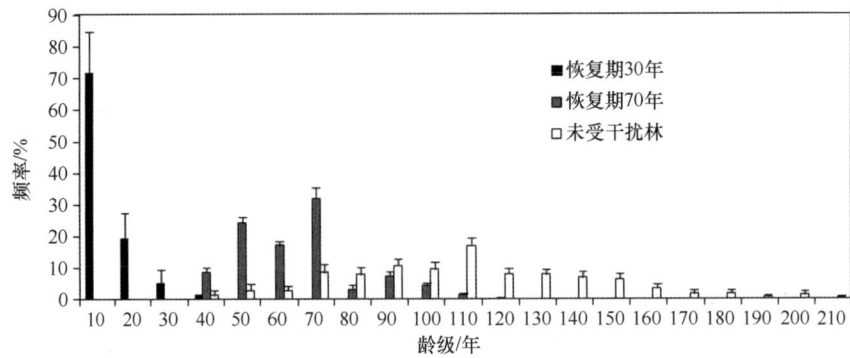

图 3.39　采伐干扰后不同恢复阶段青海云杉的林龄组成结构

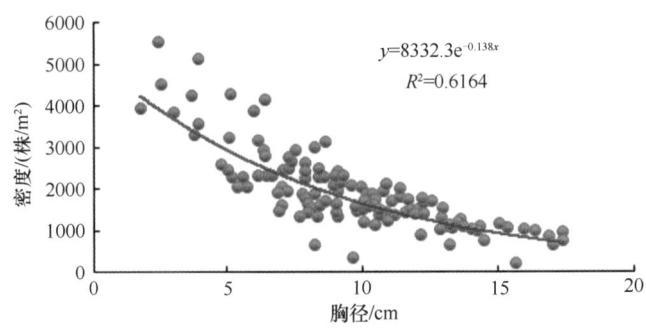

图 3.40　青海云杉密度与胸径的函数关系

3.9　小结与展望

祁连山丰富多样的森林植被类型承担着涵养水源、调节气候、固碳释氧、保持水土等多种生态功能，维护祁连山森林生态系统健康，对祁连山发挥生态屏障作用具有重要的意义。基于树木年轮数据的树木径向生长变化分析发现，在近60年时间尺度上，1961～1980年该地区青海云杉树木径向生长整体呈上升趋势；1980～2001年树木径向生长呈显著下降趋势；而2000年以后祁连山地区的青海云杉树木径向生长又开始出现明显的生长加快趋势。祁连山区的NDVI指数变化显示2000年以来祁连山地区的植被呈变好趋势，这与该区域青海云杉树木年轮数据记录的结果一致。树木年轮数据记录及NDVI数据所反映的祁连山区近期植被变好与该区域的暖湿化气候变化趋势有很大关系，同时生长季延长对于树木或植被生长应该也有较大的促进作用。

祁连山东部祁连圆柏和青海云杉林线动态变化受温度影响明显，高温能够促进两种林线处树木的径向生长，降水对林线处树木径向生长的影响较小。在未来气候变暖情景下，干旱加剧会导致祁连圆柏径向生长速率降低，进而减少径向生长量。考虑到祁连圆柏特殊的生长策略，未来气候变化对祁连圆柏的生存并不会造成很大的威胁，目前已发现一些寿命超过2000年的祁连圆柏个体，说明这一树种对环境变化有较强的适应能力。祁连山森林植被碳主要集中于青海云杉林与祁连圆柏林。两种森林类型的植被碳占整体森林植被碳的 93% 以上。受林分年龄结构影响，森林植被的生物量、碳储量集中于中龄林和近熟林，未来祁连山森林植被碳汇潜力依然很大。

除此之外，本次科考在区域尺度上首次揭示了青海云杉林土壤理化特征的空间变化规律，对祁连山区域典型的青海云杉林生态系统土壤 C、N、P 化学计量特征和土壤容重及含水量等关键物理参数的分析发现，该区土壤养分含量随经度、纬度和土壤剖面不同均存在明显的空间格局，如 C、N 含量及 C：P、N：P 随纬度梯度增大和土壤剖面深度的增加而显著下降，但随经度梯度的增大而显著增加。而土壤 P 含量和 C：N 在整个区域尺度上变化稳定。

在人工林建植方面，发现青海云杉人工林应布局在坡向 N、NE 和 NW，坡度 15°～ 45°，以及海拔 2700～3300 m 范围内；针对半阴坡（NE、NW），应根据坡面面积布设 64% 左右的人工林斑块即可，而不能规划大面积连片的人工林，否则会造成人力、财力的浪费；人工林建设或近自然化改造应以 0.25 hm² 面积为单元，在≤ 23 m 的尺度上宜构建聚集分布的格局，而在 >23 m 尺度上应以随机分布格局为主。

参考文献

白登忠. 2012. 祁连山青海云杉林线树木生长、更新的影响因素研究. 北京: 中国林业科学研究院.

鲍士旦. 2000. 土壤农化分析. 3版. 北京：中国农业出版社.

常学向, 赵文智, 何志斌, 等. 2013. 青海云杉（Picea crassifolia）边材心材边界的确定及树干传输水分的空间格局. 冰川冻土, 35(2): 483-489.

邓振镛, 徐金芳. 1996. 祁连山北坡森林资源与林业建设. 甘肃气象, (2): 17-19, 52.

丁一汇, 任国玉, 石广玉, 等. 2006. 气候变化国家评估报告: 中国气候变化的历史和未来趋势. 气候变化研究进展, (1): 3-8, 50.

高琳琳. 2015. 祁连山地区树轮气候与生态学研究. 兰州: 兰州大学.

郭兆迪, 胡会峰, 李品, 等. 2013. 1977～2008年中国森林生物量碳汇的时空变化. 中国科学: 生命科学, 43(5): 421-431.

何志斌, 杜军, 陈龙飞, 等. 2016. 干旱区山地森林生态水文研究进展. 地球科学进展, 31(10): 1078-1089.

刘建泉, 李进军, 邸华. 2017. 祁连山森林植被净生产量、碳储量和碳汇功能估算. 西北林学院学报, 32(2): 1-7, 42.

路明, 勾晓华, 张军周, 等. 2015. 祁连山东部祁连圆柏（Sabina przewalskii）径向生长动态及其对环境因子的响应. 第四纪研究, 35(5): 1201-1208.

牛赟, 刘贤德, 赵维俊, 等. 2014. 祁连山青海云杉（Picea crassifolia）林浅层土壤碳、氮含量特征及其相互关系. 中国沙漠, 34(2): 371-377.

彭守璋, 赵传燕, 郑祥霖, 等. 2011. 祁连山青海云杉林生物量和碳储量空间分布特征. 应用生态学报, 22(7): 1689-1694.

齐鹏, 刘贤德, 赵维俊, 等. 2015. 祁连山中段青海云杉林土壤养分特征. 山地学报, 33(5): 538-545.

汪有奎, 杨全生, 郭生祥, 等. 2014. 祁连山北坡森林资源变迁. 干旱区地理, 37(5): 966-979.

王波. 2015. 祁连山中部林线树木生长和群落更新的气候响应研究. 北京：中国科学院大学.

王襄平, 张玲, 方精云. 2004. 中国高山林线的分布高度与气候的关系. 地理学报, (6): 871-879.

王亚锋, 梁尔源, 芦晓明, 等. 2017. 气候变暖会使青藏高原树线一直上升吗? 自然杂志, 39(3): 179-183.

张立杰, 刘鹄. 2012. 祁连山林线区域青海云杉种群对气候变化的响应. 林业科学, 48(1): 18-21.

赵维俊, 雷蕾, 刘贤德, 等, 2011. 祁连山东段青海云杉林土壤理化特性研究. 水土保持通报, 31(6): 72-75.

朱丽, 赵明, 李广宇, 等. 2015. 祁连山东段青海云杉林C∶N∶P化学计量特征. 中国水土保持, (8): 56-59, 77.

朱喜, 何志斌, 杜军, 等, 2015. 间伐对祁连山青海云杉人工林土壤水分的影响. 林业科学研究, 28(1): 55-60.

Black R A, Bliss L C. 1980. Reproductive ecology of *Picea mariana* (Mill.) BSP., at tree line near Inuvik, Northwest Territories, Canada. Ecological Monographs, 50(3): 331-354.

Bonan G B. 2008. Forests and climate change: forcings, feedbacks, and the climate benefits of forests. Science, 320(5882): 1444-1449.

Camarero J J, Gutiérrez E. 2004. Pace and pattern of recent treeline dynamics: response of ecotones to climatic variability in the Spanish Pyrenees. Climatic Change, 63: 181-200.

Chang X X, Zhao W Z, He Z B . 2014. Radial pattern of sap flow and response to microclimate and soil moisture in Qinghai spruce (*Picea crassifolia*) in the upper Heihe River Basin of arid northwestern China. Agricultural and Forest Meteorology, 187: 14-21.

Chen F, Yuan Y J, Wei W S, et al. 2012. Temperature reconstruction from tree-ring maximum latewood density of Qinghai spruce in middle Hexi Corridor, China. Theoretical and Applied Climatology, 107: 633-643.

Chen F H, Yu Z C, Yang M L, et al. 2008. Holocene moisture evolution in arid central Asia and its out-of-phase relationship with Asian monsoon history. Quaternary Science Reviews, 27(3-4): 351-364.

Collins W J, Fry M M, Yu H, et al. 2013. Global and regional temperature-change potentials for near-term climate forcers. Atmospheric Chemistry and Physics, 13(5): 2471-2485.

Cook E R, Holmes R L. 1986. Users Manual for Program ARSTAN. Tucson: Laboratory of Tree-ring Research University of Arizona.

Cook E R, Krusic P J, Anchukaitis K J, et al. 2013. Tree-ring reconstructed summer temperature anomalies for temperate East Asia since 800 CE. Climate Dynamics, 41(11-12): 2957-2972.

Cox C F. 1933. Alpine plant succession on James Peak, Colorado. Ecological Monographs, 3(3): 299-372.

Cuny H E, Rathgeber C B K, Frank D, et al. 2014. Kinetics of tracheid development explain conifer tree-ring structure. New Phytologist, 203(4): 1231-1241.

Dalen L, Hofgaard A. 2005. Differential regional treeline dynamics in the Scandes Mountain. Arctic, Antarctic, and Alpine Research, 37(3): 284-296.

D'Arrigo R, Wilson R, Liepert B, et al. 2008. On the 'Divergence Problem' in northern forests: a review of the tree-ring evidence and possible causes. Global and Planetary Change, 60(3-4): 289-305.

Duchesne L, Houle D, D'Orangeville L. 2012. Influence of climate on seasonal patterns of stem increment of balsam fir in a boreal forest of Québec, Canada. Agricultural and Forest Meteorology, 162-163: 108-114.

Duncan R P. 1989. An evaluation of errors in tree age estimates based on increment cores in Kahikatea (*Dacrycarpus dacrydioides*). New Zealand Natural Sciences, 16: 1-37.

Fang J Y, Guo Z D, Hu H F, et al. 2014. Forest biomass carbon sinks in East Asia, with special reference to the relative contributions of forest expansion and forest growth. Global Change Biology, 20(6): 2019-2030.

Fang K Y, Gou X H, Levia D, et al. 2009. Variation of radial growth patterns in trees along three altitudinal transects in north central China. National Herbarium Nederland, 30(4): 443-457.

Folland C K, Karl T R, Salinger M J. 2002. Observed climate variability and change. Weather, 57(8): 269-278.

Fritts H C.1976. Tree Rings and Climate. New York: Academic Press.

Fukami T, Wardle D A. 2005. Long-term ecological dynamics: reciprocal insights from natural and anthropogenic gradients. Proceedings of the Royal Society B, Biological Sciences, 272(1577): 2105-2115.

Gao L L, Gou X H, Deng Y. 2018. Increased growth of Qinghai spruce in northwestern China during the recent warming hiatus. Agricultural & Forest Meteorology, 260-261: 9-16.

Getzin S, Dean C, He F, et al. 2006.Spatial patterns and competition of tree species in a Douglas-fir chrono sequence on Vancouver Island. Ecography, 29(5): 671-682.

Gou X H, Deng Y, Chen F H, et al. 2014. Precipitation variations and possible forcing factors on the Northeastern Tibetan Plateau during the last millennium. Quaternary Research, 81(3): 508-512.

Gou X H, Deng Y, Gao L L, et al. 2015a. Millennium tree-ring reconstruction of drought variability in the eastern Qilian Mountains, northwest China. Climate Dynamics, 45: 1761-1770.

Gou X H, Gao L L, Deng Y, et al. 2015b. An 850-year tree-ring-based reconstruction of drought history in the western Qilian Mountains of northwestern China. International Journal of Climatology, 35: 3308-3319.

Gou X H, Zhang F, Deng Y, et al. 2012. Patterns and dynamics of tree-line response to climate change in the eastern Qilian Mountains, northwestern China. Dendrochronologia, 30(2): 121-126.

Griggs R F. 1914. Observations on the behavior of some species at the edges of their ranges. Bulletin of the Torrey Botanical Club, 41(1): 25-49.

Gruber A, Strobl S, Veit B, et al. 2010. Impact of drought on the temporal dynamics of wood formation in *Pinus sylvestris*. Tree Physiology, 30(4): 490-501.

He Z B, Du J, Zhao W Z, et al. 2015. Assessing temperature sensitivity of subalpine shrub phenology in semi-arid mountain regions of China. Agricultural & Forest Meteorology, 213: 42-52.

He Z B, Wen X H, Liu H, et al. 2014. A comparative study of artificial neural network, adaptive neuro fuzzy inference system and support vector machine for forecasting river flow in the semiarid mountain region. Journal of Hydrology, 509: 379-386.

He Z B, Zhao W Z, Liu H, et al. 2010. Successional process of *Picea crassifolia* forest after logging disturbance in semiarid mountains: a case study in the Qilian Mountains, northwestern China. Forest Ecology and Management, 260(3): 396-402.

He Z B, Zhao W Z, Liu H, et al. 2012. The response of soil moisture to rainfall event size in subalpine grassland and meadows in a semi-arid mountain range: a case study in northwestern China's Qilian Mountains. Journal of Hydrology, 420-421: 183-190.

Heinrichs D K, Tardif, J C, Bergeron Y. 2007. Xylem production in six tree species growing on an island in the boreal forest region of western Quebec, Canada. Canadian Journal of Botany, 85(5): 518-525.

Holmes R L. 1983. Computer-assisted quality control in tree-ring dating and measurement. Tree-Ring Bulletin, 43: 69-78.

Holtmeier F K, Broll G, Müterthies A, et al. 2003. Regeneration of trees in the treeline ecotone: northern Finnish Lapland. International Journal of Geography, 181(2): 103-128.

IPCC. 2013. Climate Change 2013: the Physical Science Basis. Contribution of Working Group I to the Fifth Assessment Report of the Intergovernmental Panel on Climate Change. Cambridge: Cambridge

University Press.

Koerselman W, Meuleman A F M. 1996. The vegetation N : P ratio: a new tool to detect the nature of nutrient limitation. Journal of Applied Ecology, 33(6): 1441-1450.

Körner C. 2003. Alpine Plant Life. Berlin: Springer.

Körner C, Paulsen J. 2004. A world-wide study of high altitude treeline temperatures. Journal of Biogeography, 31(5): 713-732.

Kramer P J, Kozlowski T T. 1979. Physiology of woody plants. Physiology of Woody Plants, 6(3): 431.

Kullman L. 1983. Short-term population trends of isolated tree-limit stands of *Pinus sylvestris* L. in central Sweden. Arctic and Alpine Research, 15(3): 369-382.

Kullman L. 1991. Structural change in a subalpine birch woodland in North Sweden during the past century. Journal of Biogeography, 18(1): 53-62.

Kullman L. 1995. Holocene tree-limit and climate history from Scandes Mountains, Sweden. Ecology, 76(8): 2490-2520.

Lei J P, Feng X H, Shi Z, et al. 2016. Climate-growth relationship stability of *Picea crassifolia* on an elevation gradient, Qilian Mountain, Northwest China. Journal of Mountain Science, 13(4): 734-743.

Li H, Li J, He Y L, et al. 2013. Changes in Carbon, nutrients and stoichiometric relations under different soil depths, plant tissues and ages in black locust plantations. Acta Physiologiae Plantarum, 35: 2951-2964.

Liang E Y, Eckstein D, Shao X M. 2009. Seasonal cambial activity of relict Chinese pine at the northern limit of its natural distribution in North China—Exploratory results. IAWA Journal, 30: 371-378.

Liang E Y, Wang Y F, Eckstein D, et al. 2011. Little change in the fir tree-line position on the southeastern Tibetan Plateau after 200 years of warming. New Phytologist, 190(3): 760-769.

Liang E Y, Wang Y F, Piao S L, et al. 2016. Species interactions slow warming-induced upward shifts of treelines on the Tibetan Plateau. Proceedings of the National Academy of Sciences of the United States of America, 113(16): 4380-4385.

Liu H, Zhao W Z, He Z B. 2013. Self-organized vegetation patterning effects on surface soil hydraulic conductivity: a case study in the Qilian Mountains, China. Geoderma, 192: 362-367.

Liu J G, Gou X H, Gunina A, et al. 2020. Soil nitrogen pool drives plant tissue traits in alpine treeline ecotones. Forest Ecology and Management, 477: 118490.

Liu J G, Gou X H, Zhang F, et al. 2021. Spatial patterns in the C : N : P stoichiometry in Qinghai spruce and the soil across the Qilian Mountains, China. Catena, 196: 104814.

Liu X D, Chen B D. 2000. Climatic warming in the Tibetan Plateau during recent decades. International Journal of Climatology, 20(14): 1729-1742.

Liu X H, Qin D H, Shao X M, et al. 2005. Temperature variations recovered from tree-rings in the middle Qilian Mountain over the last millennium. Science China Earth Sciences, 48(4): 521-529.

Liu X H, Shao X M, Zhao L J, et al. 2007. Dendroclimatic temperature record derived from tree-ring width and stable carbon isotope chronologies in the Middle Qilian Mountains, China. Arctic, Antarctic, and Alpine Research, 39(4): 651-657.

Lloyd A H, Fastie C L. 2002. Spatial and temporal variability in the growth and climate response of treeline trees in Alaska. Climatic Change, 52(4): 481-509.

Ma X G, Jia W X, Zhu G F, et al. 2018. Stable isotope composition of precipitation at different elevations in the monsoon marginal zone. Quaternary International, 493: 86-95.

Mäkelä A. 2013. En route to improved phenological models: can space-for-time substitution give guidance?

Tree Physiology, 33: 1253-1255.

McDowell N, Pockman W T, Allen C D, et al. 2008. Mechanisms of plant survival and mortality during drought: why do some plants survive while others succumb to drought. New Phytologist, 178(4): 719-739.

Mooney H A, Wright R D, Strain B R. 1964. The gas exchange capacity of plants in relation to vegetation zonation in the White Mountains of California. American Midland Naturalist, 72(2): 281-297.

Moser L, Fonti P, Büntgen U, et al. 2010. Timing and duration of European larch growing season along altitudinal gradients in the Swiss Alps. Tree Physiology, 30(2): 225-233.

Norton D A, Palmer J G, Ogden J. 1987. Dendroecological studies in New Zealand 1. An evaluation of tree age estimates based on increment cores. New Zealand Journal of Botany, 25(3): 373-383.

Payette S, Filion L. 1985. White spruce expansion at the tree line and recent climatic change. Canadian Journal of Forest Research, 15(1): 241-251.

Peng C H, Ma Z H, Lei X D, et al. 2011. A drought-induced pervasive increase in tree mortality across Canada's boreal forests. Nature Climate Change, 1(9): 467-471.

Peng X M, Du J, Yang B, et al. 2019. Elevation-influenced variation in canopy and stem phenology of Qinghai spruce, central Qilian Mountains, northeastern Tibetan Plateau. Trees, 33: 707-717.

Qi Z H, Liu H Y, Wu X C, et al. 2015.Climate-driven speedup of alpine treeline forest growth in the Tianshan Mountains, Northwestern China. Global Change Biology, 21(2): 816-826.

Rossi S, Girard, M J, Morin H. 2014. Lengthening of the duration of xylogenesis engenders disproportionate increases in xylem production. Global Change Biology, 20(7): 2261-2271.

Rossi S, Morin H, Deslauriers A, et al. 2011. Predicting xylem phenology in black spruce under climate warming. Global Change Biology, 17(1): 614-625.

Rozas V. 2003. Tree age estimates in *Fagus sylvatica* and *Quercus robur*: testing previous and improved methods. Plant Ecology, 167: 193-212.

Scheffers B R, De Meester L, Bridge T C L, et al. 2016. The broad footprint of climate change from genes to biomes to people. Science, 354(6313): 7671.

Shao X, Xu Y, Yin Z Y, et al. 2010. Climatic implications of a 3585-year tree-ring width chronology from the northeastern Qinghai-Tibetan Plateau. Quaternary Science Reviews, 29(17-18): 2111-2122.

Slayter R O, Morrow P A. 1977. Altitudinal variation in the photosynthetic characteristics of snow gum, *Eucalyptus pauciflora* Sieb. ex Spreng. I. Seasonal changes under field conditions in the Snowy Mountains area of south-eastern Australia. Australian Journal of Botany, 25(1): 1-20.

Sterner R W, Elser J J. 2002. Ecological Stoichiometry: the Biology of Elements from Molecules to the Biosphere. New Jersey: Princeton University Press.

Tian H Q, Chen G S, Zhang C, et al. 2010. Pattern and variation of C∶N∶P ratios in China's soils: a synthesis of observational data. Biogeochemistry, 98(1-3): 139-151.

Trumbore S E, Chadwick O A, Amundson R. 1996. Rapid exchange between soil carbon and atmospheric carbon dioxide driven by temperature change. Science, 272(5260): 393-396.

Vicente-Serrano S M, Zouber A, Lasanta T, et al. 2012. Dryness is accelerating degradation of vulnerable shrublands in semiarid Mediterranean environments. Ecological Monographs, 82(4): 407-428.

Wagner B, Liang E Y, Li X X, et al. 2015. Carbon pools of semi-arid *Picea crassifolia* forests in the Qilian Mountains (north-eastern Tibetan Plateau). Forest Ecology and Management, 343: 136-143.

Wang Z Y, Yang B, Deslauriers A, et al. 2012. Two phases of seasonal stem radius variations of *Sabina przewalskii* Kom. in northwestern China inferred from sub-diurnal shrinkage and expansion patterns. Trees, 26: 1747-1757.

Wilmking M, Juday G P, Barber V A, et al. 2004. Recent climate warming forces contrasting growth responses of white spruce at treeline in Alaska through temperature thresholds. Global Change Biology, 10(10): 1724-1736.

Xu X F, Thornton P E, Post W M. 2013. A global analysis of soil microbial biomass carbon, nitrogen and phosphorus in terrestrial ecosystems. Global Ecology Biogeography, 22(6): 737-749.

Yan M, Tian X, Li Z Y, et al. 2016. A long-term simulation of forest carbon fluxes over the Qilian Mountains. International Journal of Applied Earth Observation and Geoinformation, 52: 515-526.

Yang B, Qin C, Wang J L, et al. 2014. A 3500-year tree-ring record of annual precipitation on the northeastern Tibetan Plateau. Proceedings of the National Academy of Sciences of the United States of America, 111: 2903-2908.

Zeng Q C, Jia P L, Wang Y, et al. 2019. The local environment regulates biogeographic patterns of soil fungal communities on the Loess Plateau. Catena, 183: 104220.

Zhou F F, Gou X H, Zhang J Z, et al. 2013. Application of *Picea wilsonii* roots to determine erosion rates in eastern Qilian Mountains, Northwest China. Trees-Structure and Function, 27: 371-378.

Zhu X, He Z B, Chen L F, et al. 2017. Changes in species diversity, aboveground biomass, and distribution characteristics along an afforestation successional gradient in semiarid picea crassifolia plantations of northwestern China. Forest Science, 63(1): 17-28.

第4章

祁连山灌丛生态系统变化

祁连山是我国西部重要的生态安全屏障，是河西走廊内陆河、青海湖、黄河流域重要的水源区，是青藏高原和蒙新高原动物迁徙的重要廊道，是我国生物多样性保护优先区域。祁连山灌木生态系统的植被主要由分布于乔木林上下线的灌木林和半阳坡的灌木林组成，面积占森林植被面积的 2/3，其涵养水源、维持脆弱生态系统的功能无可替代（Liang et al.，2016；He et al.，2018）。过去几十年来，气候变化和人类活动已经对祁连山灌丛优势物种的分布等产生了影响（Liang et al.，2008；Liu et al.，2005，2009）。本章在系统归纳总结前人的研究成果基础上，结合最新祁连山灌丛生态系统综合考察结果，对祁连山灌丛植被进行本底认识，从灌丛生态系统结构与功能的变化、水源涵养功能、土壤功能及灌丛生态系统对气候变化的响应等方面开展初步定量研究，明晰祁连山灌丛生态系统变化动态，基于此提出灌丛生态系统的保育对策与优化管理方案，结果对祁连山乃至青藏高原生态系统的稳定和修复具有重要意义。

4.1 灌丛生态系统特征

4.1.1 灌丛生态系统的重要性

灌丛群落是以灌木为优势的植被类型，属于森林和草地之间的过渡类型。灌丛植被耗水量小，具有耐干旱、耐瘠薄、耐盐碱、耐风蚀、耐高寒、抗病虫害等特点，同时复壮更新和自然修复能力很强。灌丛群落能极大地丰富生态系统群落多样性，同时蓄土保水和改良土壤，在一定程度上起到降碳降温、防风固沙和调节气候的作用，改善生态环境的价值巨大（邹耀进，2017；Bjorkman et al.，2018，2020；Franco et al.，2020）。在整个陆地生物圈中，虽然灌丛只占小部分生物量，但是灌丛的分布范围正在不断扩大，尤其是在北极苔原、北方草原（Myers-Smith et al.，2011；Pellizzari et al.，2017）。石漠化和荒漠化严重的地区，生境的灌丛化对于维持当地生态系统的平衡、缓解温室效应有十分重要的意义（Grau et al.，2012；Myers-Smith et al.，2015；Xu et al.，2016；Carrer et al.，2019）。

中国灌丛分布区域辽阔，面积达 5365 万 hm^2，占陆地总面积的 14% 以上，居世界前列。灌丛类型也丰富多样，包括干旱荒漠灌丛、草原牧场灌丛、盐碱地灌丛及山地灌丛（胡会峰等，2006；Hou et al.，2015）。灌丛群落的高度通常低于 5 m，外观呈中等郁闭，下层常被草本与枯落物等覆盖，因此群落内的裸地较少。灌丛植被可以依靠林冠的蓄水能力对降雨进行有效的拦截，从而抵消一部分降雨强度（汪有奎等，2012；Liu et al.，2015a）。同时地表的大量枯落物对降雨进行二次拦截，降低对地表的侵蚀，有效减少了水土流失。灌丛植物大多根系发达，不少物种具备固氮功能，使土壤得到改良（薛梓瑜，2009）。很多灌木是在近地表或地表处开始分枝，相比于乔木，它们没有明显的单一主干，因此萌生能力更强。随着时间的推移，这些灌木在单位面积内的分株数增加，使得灌丛的冠部错综茂密，形成生境内的小气候，增强了系统内部的稳定性（刘哲等，2016）。灌丛生态系统在群落的演替过程中扮演着极其重要的角色，对灌丛植物群落的调查分析，在资源植物获取、区域生态环境保护方面也起着非常重要的作用（张富广，2018）。过去几十年来，灌丛群落的分布范围、物种组成和结构层次也在气候变化及人类活动的背景下发生着显著的变化（Germino et al.，2002；Elliott，2011），但是灌丛植被的生物多样性现状及其与环境因子的关系并没有得到广泛的关注，我国目前也还缺乏系统的调查和评价灌丛生态系统植物群落物种组成及结构特征的研究规范。

4.1.2　灌丛生态系统特征与功能

高寒灌丛是以耐寒的中生或旱生灌丛为优势种而形成的一类植被，是青藏高原植被类型的重要组成部分，也是当地的优势植被之一，常呈大面积连续分布于高山和高原林线之上向高寒植被过渡地带。灌丛是气候变化的灵敏指示器，对气候变暖表现出很大的生态系统响应（Walther et al.，2002；Liang et al.，2016），中国灌丛对温度与降水变化的敏感程度仅次于草本植被（Baptist et al.，2010；Chapin et al.，2005；Hallinger et al.，2010）。野外观测和遥感图像分析均表明，过去 50～100 年来，北半球苔原灌丛和草地灌丛分布范围呈增加趋势；中国 20 世纪 90 年代前期林地面积净增加主要是由灌丛和疏林地面积增加所致（Martin et al.，2017）。

祁连山区高寒灌丛主要分布在 3000～3900 m 的高海拔生态脆弱区，是高寒山区冻土地区地带性的顶级群落。依据 Chen 等（2006）划分的中国寒区范围，利用 1∶400 万中国植被分类图，提取三级分类植被类型中的亚高山常绿针叶灌丛、亚高山落叶阔叶灌丛、亚高山革质常绿阔叶灌丛及温带落叶灌丛等类型（许娟等，2006），由此获取的祁连山高寒灌丛面积约为 4.55 万 km²，占祁连山（面积约 25.9 万 km²）面积的比例为 17.57%。仅祁连山自然保护区灌丛面积就有 41.3 万 hm²，约占祁连山保护区林业用地面积的 68%，其有效蓄水量在 3 亿 m³ 以上，与云杉林相比是更大的一座"绿色水库"。目前已查明保护区内分布有高等植物 95 科 451 属 1311 种，其中发菜（*Nostoc flagelliforme*）、冬虫夏草（*Stachys geobombycis*）、瓣鳞花（*Frankenia pulverulenta*）、红花绿绒蒿（*Meconopsis punicea*）、羽叶点地梅（*Pomatosace filicula*）、山莨菪（*Anisodus tanguticus*）6 种灌草物种属于国家二级保护植物，此外列入《濒危野生动植物种国际贸易公约》的兰科植物有 12 属 16 种。灌丛同时也为鸟类、两栖动物和其他兽类提供了栖息地。

近 100 年来，在气候变暖影响下，青藏高原生态系统的结构和功能，以及重要物种的种群数量和结构均发生了深刻的变化（张宪洲等，2015；Bourque and Mir，2012）。祁连山地区对全球变暖也十分敏感，过去 60 多年来研究区年平均气温升高 2.05℃，升温速度高于全国平均水平。随着时间的推移，气温升高迅速，大气模型预测的气温增长速率将远大于降水（Jiang et al.，2016；Lin et al.，2017；戎战磊，2019）。根据 BIOME3 模型预估，CO_2 浓度的增大会加速灌丛和亚高山森林扩张到稀疏植被区，灌丛植被类型将会扩张并入侵高寒草原，使得当地牧草的营养价值下降，对传统农牧业构成潜在威胁。祁连山高寒灌丛作为一种典型植被景观带，近20年来的斑块大小及空间连接度都表现出了增加趋势（刘晶等，2011），这也引起了对碳储量计算的不确定性（Nemani et al.，2003）。极端气候事件也对祁连山灌丛生态系统产生了较大的影响，春季变暖引起了植物返青期提前，冬季气温升高显著减少了芽休眠释放前的寒冷天数，显著增大了植物受到冻害的风险。干旱则会导致春季物候期推迟（Menzel et al.，2011；Crabbe et al.，2016；He et al.，2018），而升温将全面延长灌丛生长季（He et al.，2015，2018）。气候变化已经对祁连山灌丛优势物种的分布产生了影响，由于不同物种对气候的响应和生态位需求上的差异，祁连山的金露梅（*Potentilla fruticosa*）、鬼箭锦鸡儿（*Caragana jubata*）和头花杜鹃（*Rhododendron capitatum*）等物种的分布区域均发生了不同程度的北移（戎战磊，2019）。尽管已往对祁连山灌木林有一定的调查和发现，但均仅限于局部小尺度，缺乏总体性认识，对其生态系统的结构与功能亟须系统性分析。

高寒灌丛的严酷环境对于调查研究的开展十分不利，因而长期以来针对高寒灌丛的研究相当有限。我国学者针对高寒灌丛的研究始于20世纪80年代（史因，1983；黄葆宁等，1986），经过多年的发展，逐渐对高寒灌丛的资源分布、生境及灌丛物种等积累了部分研究（王启基等，1991；朱志红和王刚，1996；于应文等，1999）。以前关于高寒山区灌丛的研究集中于冠层截留效应（王金叶等，2001；刘章文等，2011，2012）、土壤功能（金铭等，2012）和生物量估计（梁倍等，2014）等，而国外相关研究主要集中于亚极地地区（Marsh et al.，2008；Carey and Pomeroy，2009；Grau et al.，2012），这些地区的灌丛类型、气候和地形条件等与中国高寒山区完全不同。关于中国高寒灌丛的生态功能研究的资料甚少。由于灌丛类型、植被结构及土壤类型之间的差异，加之树干径流的集流作用，土壤水分表现出很强的异质性。研究表明，不同灌丛类型下土壤物理属性差异较大，会对土壤持水能力、入渗能力及土壤水分对植被的有效供给能力等产生重要影响。同种植被冠层下不同位置及深度土壤水分也会出现差异，因此对土壤基本物理属性的研究成了其水文过程研究的必要基础。但是，随着气候变化的加剧，高寒灌丛受到的影响日益强烈，祁连山高寒灌丛的结构、物种数量、水文特征及土壤等均产生了不同的变化和响应。因此，系统而全面地掌握灌丛生态系统的特征及变化对于祁连山乃至青藏高原生态系统的稳定和修复极为重要。

4.2 灌丛生态系统研究方法

4.2.1 科考技术路线

根据"第二次青藏高原综合科学考察研究"中"森林和灌丛生态系统与资源管理"专题的指导方向与原则，研究人员设计了灌丛生态系统中植物群落的野外调查方法。调查采用样地、样方和样点相结合的方式，综合利用人工调查、室内分析等技术手段，获取祁连山典型灌丛的群落物种组成与结构、地理分布特点及其环境信息等基础数据。通过对祁连山自西向东、沿海拔、沿坡向的多方位科学考察，对其关键区和典型区的上林线和下林线灌丛群落物种的组成（样方优势草本物种、群落物种的结构）等信息，建立关键区和典型区的上林线和下林线灌丛调查数据库。

首先，建立样点和样地地理信息数据库；调查灌丛群落物种多度、丰富度、盖度、生物量，以及灌木个体的株高、最大最小基径、个数、冠幅、分枝数等数据，分析不同灌木林林线中优势物种结构特征随海拔递增的递变规律。

接着，通过对灌丛群落的土壤质量含水量、土壤容重、土壤饱和持水量、土壤毛管持水量、土壤非毛管孔隙度、土壤毛管孔隙度、土壤田间持水量等进行室内测定，进而明确灌木林空间分布和地上生物量差异的关键制约因子。

然后，通过对灌丛群落中优势物种的冠层降雨量、穿透雨量、树干径流、树干集流率和灌木林下苔藓植物的持水量及其吸水速率等进行观测与测定，分析祁连山典型灌丛的降雨截留特征，以及在树干径流的集流作用下，灌丛根际区土壤水分的重分配特征；定量解析不同类型灌丛土壤的蓄水能力和分析苔藓对灌丛下土壤蒸散发的影响，以期全面分析关键区灌丛和典型区灌丛的生态水文效应。

最后，进一步整合本次科考数据和历史数据资料，分析祁连山关键区和典型区的上林线和下林线灌丛群落结构、生态水文的功能动态变化，揭示其群落结构和功能变化趋势及驱动力，提出灌丛生态系统优化管理方案，为祁连山生态系统的保护和可持续利用提供科学支撑。

4.2.2　研究方法

1. 野外调查与室内实验

1）样方设置

根据灌丛分布，选择具有典型性、代表性的样地，按照海拔［间隔 50～100 m（根据灌丛分布确定）］、坡向［阳坡、半阳坡、阴坡、半阴坡（根据罗盘仪确定具体的坡向）］，在每个海拔梯度和不同坡向随机设置 3 个 5m×5m 样方。记录每个样方的土壤类型（查资料）、经纬度、海拔（用 GPS 测定）、坡度（坡度仪）、坡向（罗盘仪）、岩石裸露率（目测）、干扰程度（目测）和郁闭度（目测）等信息。

2）样方调查

以样方（5m×5m）的右上角为原点，记录样方内所有灌木个体（包括胸径 <2.5 cm 的乔木幼树）的种名、相对原点坐标、株高、最大最小基径、个数、冠幅、分枝数；同时调查草本优势种。目测每种灌丛的盖度，确定灌丛的优势种，随机选择个体大小不一、生长状态正常的灌木优势种植株 15 株（大、中、小各 5 株），测定每株灌丛高度（H）、最粗茎基直径（D）和茎基周长（C）、冠幅最大直径（D_{max}）和最小直径（D_{min}），并计算冠幅平均半径：$R_{mean}=(D_{max}+D_{min})/2$。同时基于上述大样方，选取 20cm×20cm 的小样方，将枯落物和半分解物全部收集装入信封中，将采集的样品带回实验室烘干后称重，计算其单位面积枯落物蓄积量，室内测定每株优势种的地上生物量。

3）土壤水分测定

采用环刀法，在样地不同种类灌丛冠幅下东、西、南、北 4 个方向，小心取冠幅投影约 1/4 扇形范围及在样方内无灌丛的空地内按照土层深度 0～10 cm、10～20 cm、20～30 cm 及 30～40 cm 分 4 层取样，每个组合重复 3 次，测定土壤质量含水量、土壤容重、土壤毛管孔隙度、土壤非毛管孔隙度、土壤田间持水量等土壤水分物理性质指标。具体方法如下，采样前称取环刀的净重，采样后，将 3 组环刀土样称重得到土壤样品鲜重，去除上盖，放到水盘中，分别加水至低于环刀上沿 1 cm 处、平齐环刀上沿、高于环刀上沿 1 cm 处，分别置于水中 6 h、12 h、16 h 后称重。环刀取底盖放于砂上，分别在 1 h、2 h、3 h 后称环刀重和滤纸重，在砂上放置 24 h、48 h、72 h、96 h 后称环刀重和滤纸重。并根据以下公式求算出不同植被类型土壤对水源的涵养能力及特征。采用烘干法（105℃）测定土壤质量含水量，用于分析灌丛群落土壤水分含量。

$$土壤质量含水量 = [湿土质量 (g) - 烘干土质量 (g)] / 烘干土质量 (g) \times 100\%$$

$$土壤容重 = 环刀内烘干土质量 (g) / 环刀容积 (cm^3)$$

$$土壤饱和持水量 = \{[浸入 12 h 后环刀内湿土质量 (g) - 环刀内烘干土质量 (g)] / 环刀内烘干土质量 (g)\} \times 100\%$$

$$土壤毛管持水量 = \{[在干沙上放置 2 h 后环刀内湿土质量 (g) - 环刀内干土质量 (g)] / 环刀内干土质量 (g)\} \times 100\%$$

$$土壤非毛管孔隙度 = \{[土壤饱和持水量 (\%) - 土壤毛管持水量 (\%)] \times 土壤容重 (g/m^3)\} / 水比重 (g/m^3)$$

$$土壤毛管孔隙度 = 土壤毛管持水量 (\%) \times 土壤容重 (g/m^3) / 水比重 (g/m^3)$$

$$土壤田间持水量 = \{[在干沙上放置 24 h 后环刀内湿土质量 (g) - 环刀内烘干土质量 (g)] / 环刀内烘干土质量 (g)\} \times 100\%$$

4）降雨量观测

冠层上部降雨量测定利用人工观测与雨量计相结合的方法。林外降雨使用 DSJ2 型虹吸式自记雨量计（天津气象仪器厂，±0.05 mm，0.01～4 mm/min）和称重式自记雨量计进行观测，同时用黑河上游人工气象站的降雨数据进行校正。

5）穿透雨量观测

穿透雨量采用系统布点方式观测。穿透雨量观测使用直径为 15 cm、高度为 10 cm 的圆形铁制容器测量，针对多株灌丛，在对样地冠层盖度进行测定后，每个样地放置 9 个穿透水接水器，使不同郁闭冠层下均有接水器。而对单株生灌丛是以茎干为中心，茎干附近、冠幅边缘和冠幅中间各放一个，每 3 个容器夹角为 120° 摆放，每个样地 9 个接水器。青海云杉是以茎干为中心至冠幅边缘，等间距放置 4 个容器，每 4 个容器夹角为 90°，每个样树 16 个接水器。穿透雨量（mL）通过面积比例换成标准 20 cm 下对应的穿透雨量（mm）。由于观测难度大且林下草本植被较少，忽略了灌丛下草本的截留作用（刘章文等，2012）。

6）树干径流观测

在样地每种灌丛中选取 6 株进行树干径流观测。单株生灌丛在所有枝下茎干上进行测定，丛生灌丛树干径流采用标准枝法（李衍青等，2010），即对所选灌丛的每枝进行基径测量，取得基径平均值后，选择与基径平均值相当的树干作为标准枝。在灌丛所有枝下茎干上，使用聚乙烯塑料软管（d=10 mm）剖开，直接卡在灌丛茎干上，用塑料胶布和玻璃胶粘好固定，将该塑料管直接接入树干径流收集瓶中，瓶口粗细和塑料管的粗细一致，避免降雨和穿透雨进入收集瓶中，使用前经过人工试验可以完整精确地收集树干径流（刘章文等，2012）。用量筒测定树干径流水量（mL），然后依据如下计算公式：

$$SF = \sum_{i=1}^{N} \frac{C_i}{S_p \times 10^3} \tag{4-1}$$

式中，SF 为树干径流量（mm）；N 为标准枝干个数；C_i 为每枝条平均树干径流量（mL）；S_p 为灌丛标准枝的投影面积（m^2）。为减少测定过程中的蒸发损失，雨后及时测量穿透雨与树干径流，夜间降雨时则次日清晨取样。

7）树干集流率

为了表明树干径流对植被根际区的水分补给作用，本节采用 Herwitz（1987）的方法进行计算：

$$FR = \frac{SF_v}{BA \times P} \tag{4-2}$$

式中，FR 为集流率；SF_v 为体积树干径流量（L）；BA 为树干基部的横截面积（m^2）；P 为降雨量（mm）。BA×P 表示无植被存在时到达树干横截面积上的降雨量，FR 为通过树干基部单位横截面积上的树干径流量与降雨量的比值（杨志鹏等，2008），FR 大于 1 表示除了灌丛茎干之外，灌丛植冠其他部分对汇集降水，进而对形成树干径流有贡献。

8）苔藓持水量及其吸水速率测定

苔藓持水量及其吸水速率测定使用室内浸泡法。苔藓自然含水率等于苔藓鲜重所含水分与苔藓干重之间的百分比。将苔藓放在清水中浸泡 24 h，然后放置在倾斜的筛网上至不滴水时称重，称重后用烘箱在 65℃恒温下烘干，测定干重，浸水 24 h 后的苔藓重量减去干重为苔藓单位面积最大持水量 W_m（g/ m^2），同时计算样品最大持水率 P（%），计算公式如下：

$$W_m = W_w - W_d \tag{4-3}$$

$$P = \frac{W_w - W_d}{W_d} \times 100\% \tag{4-4}$$

式中，W_w 为苔藓泡水 24 h 后饱和含水时的重量（g）；W_d 为干燥后的苔藓重量（g）。

为获取苔藓持水量和吸水速率随浸泡时间的变化特征，将所采集的苔藓风干称重，将风干后的苔藓分开装入尼龙袋中，浸泡在水中，按 0.5h、1.0h、2.0h、4.0h、6.0h、8.0h、12.0h、24.0h 的时间间隔测定苔藓湿重动态变化。称重时连同尼龙袋从水中取出后静置 5 min 左右，直至苔藓不滴水，迅速称重并记录，每种灌丛 3 次重复，求取平均值。求取不同浸泡时段的苔藓湿重与其风干重的差值，即苔藓在该浸泡时段的持水量 Q（g/g），该差值与浸泡时间的比值即苔藓该时段内的吸水速率 V[g/（g·h）]。

$$Q = W_{t+1} - W_t \tag{4-5}$$

$$V = \frac{W_{t+1} - W_t}{t} \tag{4-6}$$

式中，W_{t+1} 和 W_t 表示苔藓相邻浸泡时间段的重量（g）；t 表示浸泡时间（h）。

2. 数据分析

使用 R3.1.0 软件（http://www.r-project.org）对经度与植株平均高度和株数，海拔与土壤非毛管孔隙度、土壤饱和持水量、土壤毛管孔隙度、土壤毛管持水量、浸泡时间和苔藓持水量，降雨量与穿透雨量和截留雨量，土壤质量含水量与枯落物生物量、枯落物厚度之间的关系进行回归分析。使用 SPSS 16.0（SPSS Incorporated，Chicago，Illinois）通过单因素方差分析（Duncan 法）对金露梅、高山柳（*Salix cupularis*）、沙棘（*Hippophae rhamnoides*）和鬼箭锦鸡儿的蓄水量、自然含水率、最大持水量和最大持水率的平均值进行差异性分析（$P<0.05$）。

4.3 灌丛生态系统群落结构变化

4.3.1 物种组成变化

祁连山区的植被具有明显的山地垂直分布带。对祁连山区植被垂直带谱进行研究后发现，海拔 1700～2300 m 是荒漠草原植被带；2300～2500 m 是干性灌木林草原植被带，其中阳坡为牧草，阴坡为旱生性灌丛；2500～3300 m 为山地森林草原带，青海云杉林分布在阴坡或半阴坡，同时伴生有高山灌丛，而在阳坡、半阳坡主要是草地和祁连圆柏并生高寒灌丛；3300～3800 m 为亚高山灌丛草甸草原植被带，该带下限散生有青海云杉和祁连圆柏，阴坡为落叶灌丛，主要种类有鬼箭锦鸡儿、高山柳、高山绣线菊（*Spiraea alpina*）等，阳坡主要为金露梅等灌丛及蒿属（*Artemisia* L.）、紫花针茅（*Stipa purpurea*）等；3800 m 以上为高山寒漠草甸植被带（图 4.1）（王金叶等，2001；金博文等，2003）。

植被垂直带谱的变化特征呈现规律性变化。在祁连山北坡，基带荒漠带的上限高度从东至西抬升，带谱宽度增大。祁连山谱宽东段为 250 m，中段为 400～500 m，西段为 630～1000 m，阿尔金山 1200 m，分布上限海拔分别为 2000 m、2300 m、2500 m、2850 m，以镜铁山（97.83°E，39.38°N）为界，西荒漠带上方以山地草原和高寒草原为主，无森林带，东荒漠带上方为山地森林带或森林草原带，森林带分布于 2500～3300 m，并且有高山草甸、灌丛草甸带发育。总体上，祁连山西段和阿尔金山的植被带谱简单，祁连山中东段带谱复杂，森林、草原、灌丛、草甸都有发育（图 4.2）。在祁连山南坡，带谱中的森林带不发育，只有东部山区有零星暗针叶林和落叶阔叶林分布；西部荒漠带以上为高寒草原带，在东部，高山灌丛、灌丛草甸带为优势带（图 4.3）（许娟等，2006）。

通过对祁连山灌丛类型及其分布范围调查发现，祁连山灌丛类型主要有温性灌丛、高寒灌丛和高原河谷灌丛三类。其中高寒灌丛又分为高寒常绿革叶灌丛和高寒落叶灌

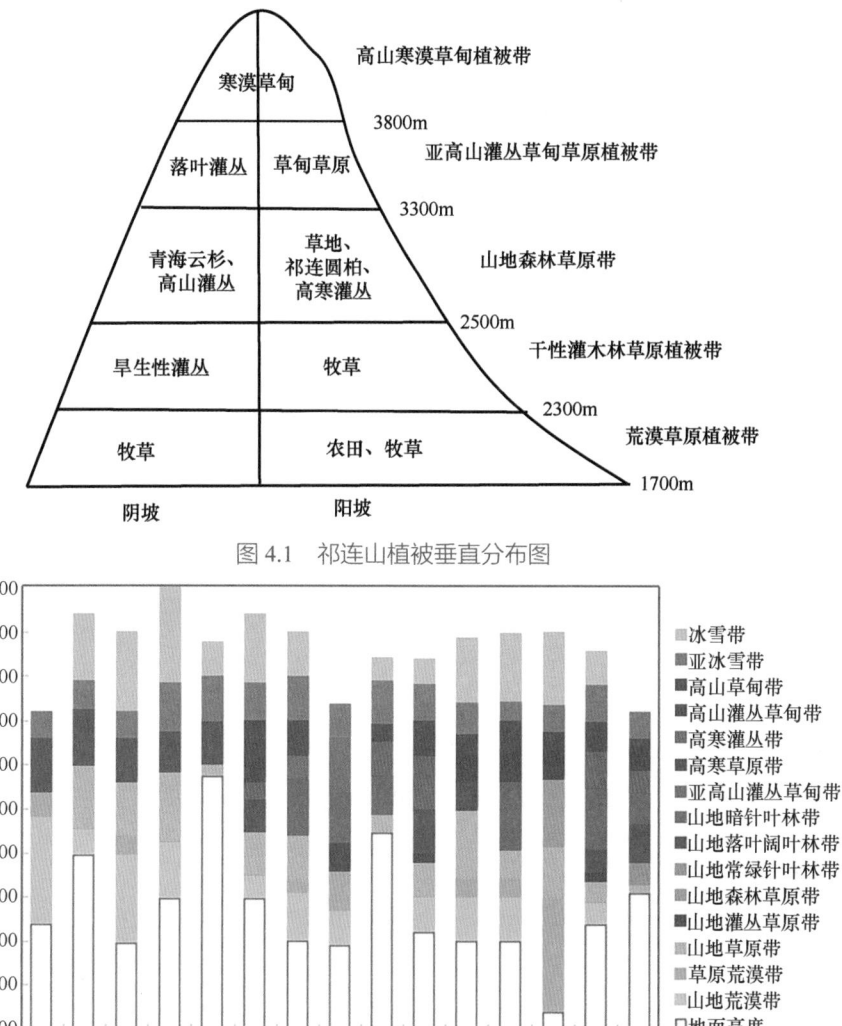

图 4.1　祁连山植被垂直分布图

图 4.2　阿尔金山—祁连山北坡山地垂直带谱（许娟等，2006）

丛。温性灌丛主要分布于东部地区大通河谷及湟水谷地海拔 2100 ~ 2800 m 的山地阳坡、半阴坡或林缘。主要构成有鲜黄小檗（*Berberis diaphana*）、匙叶小檗（*B. vernae*）、陇塞忍冬（*Lonicera tangutica*）、沙棘、蔷薇（*Rosa* spp.）、蒙古绣线菊（*Spiraea mongolica*）等。高寒常绿革叶灌丛主要分布于互助北山及甘肃皇城以东海拔 2800 ~ 3400 m 的山地阴坡，集中于互助北山及甘肃冷龙岭的金强河一带。以头花杜鹃、千里香杜鹃（*Rhododendron thymifolium*）为建群种。高寒落叶灌丛主要分布于石油河以东海拔 2900 ~ 3900 m 的山地阴坡及沟谷地带。以山生柳（*Salix oritrepha*）、鬼箭锦鸡儿、金露梅三种植物共同构成优势种，在不同地段、地形及海拔上，其数量比例有所不同，也可分别构成自己的优势群落；山生柳及鬼箭锦鸡儿多占据山地

79

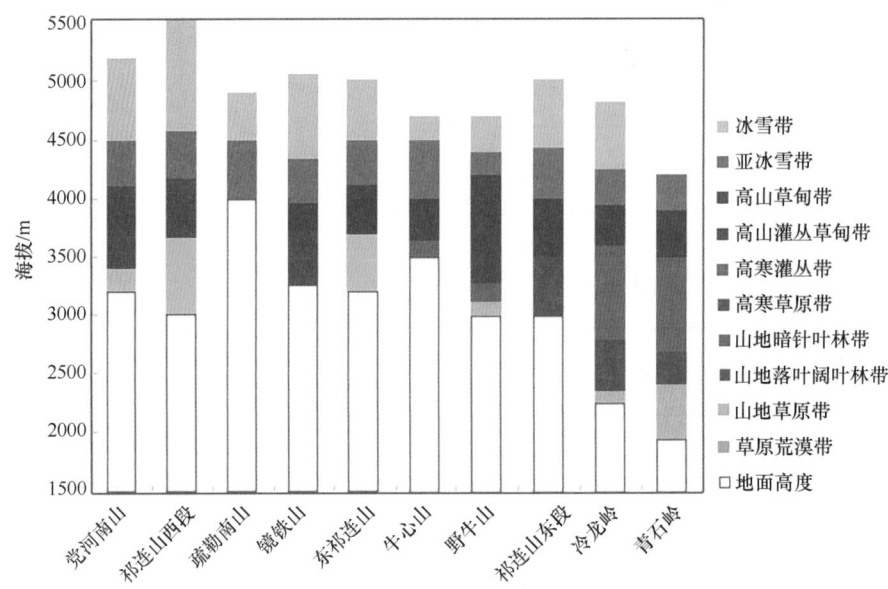

图 4.3　阿尔金山—祁连山南坡山地垂直带谱（许娟等，2006）

阴坡及沟谷地带，而金露梅则可在滩地及山地缓坡形成群落。高原河谷灌丛主要分布于祁连山中部地区的高海拔干旱河谷，集中在黑河、白杨河、布哈河、大通河等河流海拔 3200～3600 m 的滩地，呈条带状或斑块状。主要优势种有具鳞水柏枝（*Myricaria squamosa*）、肋果沙棘（*Hippophae neurocarpa*）、西北沼委陵菜（*Comarum salesovianum*）等。肋果沙棘灌丛分布的海拔高于具鳞水柏枝灌丛，而西北沼委陵菜仅见于白杨河干旱河谷（陈桂琛等，1994）。

　　通过对祁连山上下林线的灌丛群落物种的组成调查发现，自东向西，祁连山分布的灌丛类型呈现明显的经向地带性变化特征，同时其阴坡分布的灌木林建群种存在有规律的替代分布。建群种的替代特征为，东段连城阴坡上林线灌木优势种为杜鹃花属（*Rhododendron*）植物［头花杜鹃、陇蜀杜鹃（*R. przewalskii*）和烈香杜鹃（*R. anthopogonoides*）］、山生柳＋金露梅；但至武威后，随降水量递减，山生柳消失，鬼箭锦鸡儿出现，形成鬼箭锦鸡儿＋杜鹃属植物，鬼箭锦鸡儿＋金露梅的灌木林结构；至张掖后，在大口子和排露沟形成鬼箭锦鸡儿＋吉拉柳（*Salix gilashanica*）的灌木林结构，此结构一直延伸至本次科考的最西段酒泉北大河，该区域下林线的物种只有柳属（*Salix*）、沙棘属（*Hippophae*）、白刺属（*Nitraria*）植物。本次科考的上林线样地分布海拔东段为 3200 m 左右，西段为 3200～3600 m，海拔相似；坡向均为阴坡，坡向相似。因此，推测温度不是制约灌木物种分布的关键因子，物种分布主要受制于降水量的多寡。这是因为，一方面，随着经度逐渐向西，降水量逐渐减少（图 4.4）；另一方面，平均温度递增，且降水与温度的变化呈显著负相关（许娟等，2006）。东祁连山降水增多、温度降低的同时，蒸发量相对减小。自东向西基带越来越干，造成了荒漠带幅越来越大。随干旱程度递增，灌木林线的关键种种类也逐渐改变，物种更加趋于耐旱、耐寒，灌丛种类逐渐减少。

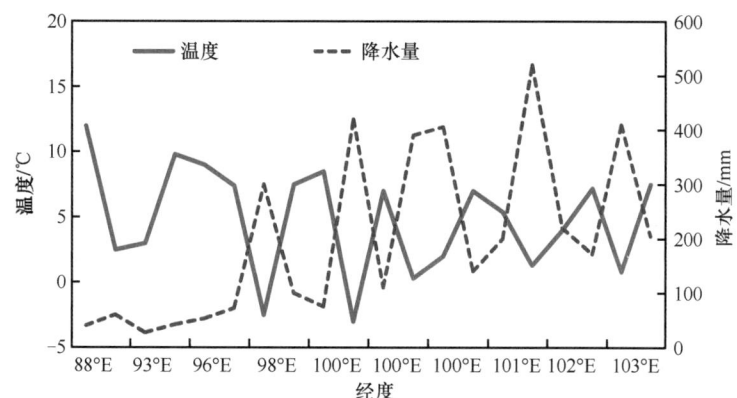

图 4.4　阿尔金山—祁连山方向多年平均温度与降水量变化（许娟等，2006）

由于同一经度有不同的观测站，所以存在重复

物种分布对坡向变化反应敏感。祁连山东段同一海拔，从阴坡、半阴坡到阳坡过渡中，耐旱、喜光灌丛物种递增，耐阴物种减少，阴坡森林上线灌丛建群种为山生柳＋杜鹃属植物，半阳坡为杜鹃属植物＋金露梅，阳坡为鲜黄小檗＋金露梅＋杜鹃属植物，长势良好，至武威和张掖后，阳坡渐变成干旱草场，中间分布盖度不高的青甘锦鸡儿（*Caragana tangutica*），而酒泉北大河区域下林线的物种只有柳属、沙棘属、白刺属植物。在寺大隆流域海拔 3446 m 处，当阴坡略向半阴坡转变时，物种骤然变化，吉拉柳建群种消失，金露梅成为优势物种，且伴生有高山绣线菊灌丛，进一步证实了降水量决定了植物的分布类型。

海拔是影响灌丛物种分布的另一个重要因素，沿海拔的抬升，阴坡分布的灌木林建群种存在有规律的替代。张掖排露沟海拔为 3300 ～ 3700 m，山丹县老军乡大黄山海拔为 3400 ～ 3500 m，灌木林结构中吉拉柳优势度逐渐下降，鬼箭锦鸡儿优势度提高，到灌木林分布上线时吉拉柳全部消失，全部为鬼箭锦鸡儿灌丛。这可能与鬼箭锦鸡儿比吉拉柳具有更强的抗寒适应性有关。另外，随海拔升高，吉拉柳枝条枯死率上升，并从根茎处萌生出大量的幼枝，此为吉拉柳物种的更新策略和维持机制，但枝条枯死是不是引起吉拉柳沿海拔梯度竞争能力下降，促使鬼箭锦鸡儿替代了吉拉柳的原因，仍有待商榷（Franklin et al.，1987；Stueve et al.，2011；Turner，2010）。

4.3.2　地上生物量变化

灌丛地上生物量是度量其群落结构和功能的重要指标，是研究整个灌丛生态系统物质和能量交换的基础，对精确研究其生态系统碳源汇、水源涵养等有重要意义（Liu et al.，2015a，2015b）。灌丛地上生物量是物种组成、物种高度、多度、盖度和地形因子，如坡度、坡向的综合体现，所以变化趋势比较复杂。本次对祁连山典型区域上林线的研究发现，在瓷窑口和大黄山林场，灌丛地上生物量随着海拔的升高而上升，如瓷窑口，海拔为 3100 m、3360 m 和 3350 m 时，其地上生物量分别为 8.945 kg/25 m²、9.467 kg/25 m² 和 17.970 kg/25 m²；大黄山林场，海拔为 2915 m、3203 m 和 3503 m 时，其地上生物量分别为 6.506 kg/25 m²、21.860 kg/25 m² 和 26.427 kg/25m²（图 4.5）。这种变化趋势与先前的研究结果不一致，如对排露沟流域上林线生物量的调查发现，随着海拔的上升，灌丛总生物量总体下降（图 4.6），灌丛总生物量与海拔之间呈显著负相关性（图 4.7），相似的结果在葫芦沟流域也有报道（Liu et al.，2015a）（图 4.8）。葫芦沟流域在海拔 3300 ～ 3500 m 时，灌丛生物量略有下降，但差异不显著，在海拔 3500 m 以上时，生物量急剧下降，生物量相差 2 ～ 6 倍。这主要是因为海拔 3300 ～ 3500 m 处灌丛密度大，植株高度高，植株枝条基径大；而海拔 3500 ～ 3700 m 处灌丛的密度、植株高度和植株枝条的基径均下降，致使其生物量急剧下降。以上结果不一致的原因是在瓷窑口和大黄山林场，其低海拔的灌丛受青海云杉林遮阴的影响，灌丛建群种吉拉柳密度、植株高度和植株枝条的基径均较低，靠近云杉林的附近，一些吉拉柳枯死，从而导致灌丛地上生物量较低。以上结果说明灌丛地上生物量不仅与海拔有关，而且与微生境关系更为密切。

具体到每个灌丛物种的生物量变化趋势，鬼箭锦鸡儿的地上生物量随着海拔的升高而上升，吉拉柳的地上生物量随着海拔的升高而下降。下林线，以鲜黄小檗为优势种的灌丛群落，经度由西向东，其地上生物量呈明显增大趋势，以细弱栒子（*Cotoneaster gracilis*）为优势种的灌丛群落，其地上生物量也很高（图 4.5）。

对排露沟流域上林线灌丛生态系统中林下草本层的调查发现，草本总生物量随着海拔抬升总体下降，海拔 3400 m 处有最大值（293 kg/hm²），之后下降（图 4.9）。草本地上生物量为灌丛的 0.2% ～ 8.7%，与灌丛生物量相比，各海拔梯度草本总生物量变幅小，空间差异性较低，沿海拔梯度该比例变化无规律。草本层地下生物量随着海拔抬升总体下降，3400 m 处具有最大值。草本层与灌木层地下生物量随着海拔抬升持续

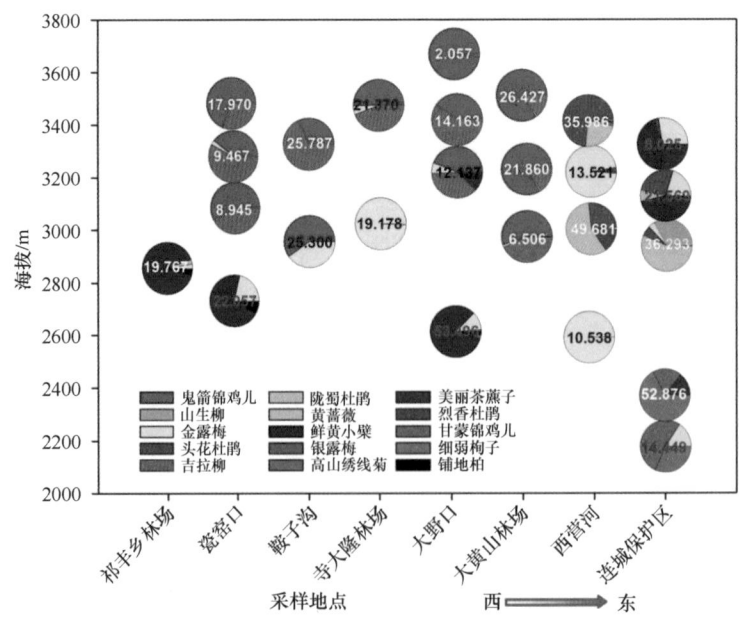

图 4.5　祁连山由西向东沿海拔梯度灌丛群落地上生物量（单位：kg/25 m²）的变化

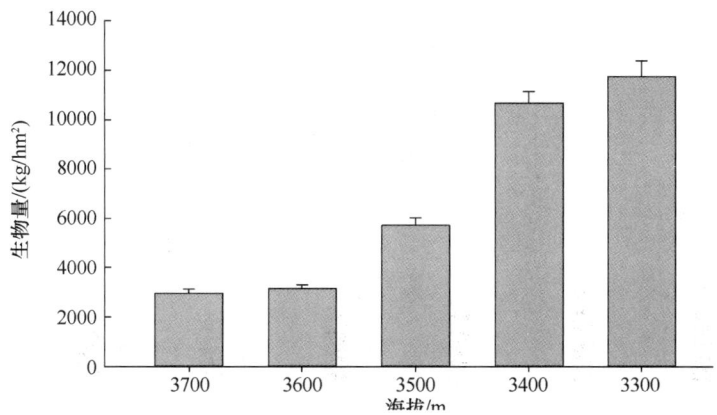

图 4.6　排露沟流域上林线灌丛总生物量沿海拔梯度的变化

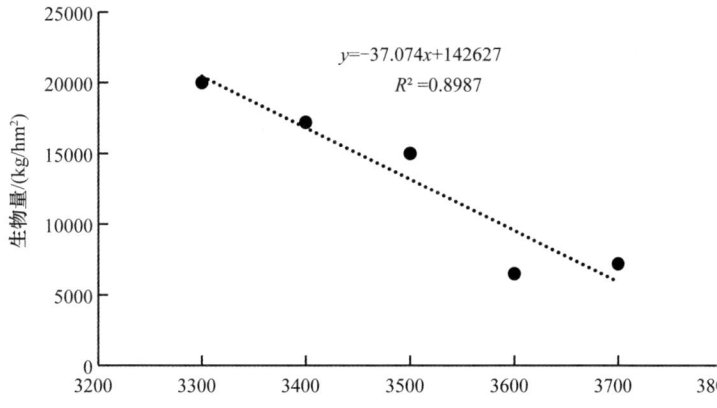

图 4.7　排露沟流域灌丛生物量与海拔之间的关系（金铭等，2012）

增大，海拔 3700 m 处达最大值。在 3300 m 处和 3700 m 处草本根冠比均高于其他海拔梯度，分析认为，3300 m 处放牧强度较大，牛羊采食使其地上生物量减少。3700 m 处则主要受温度制约，草本将更多生物量向地下分配适应生境。

作者调查了排露沟流域上林线灌丛各植被层的生物量，发现不同海拔各植被层的组成比例存在差异。其中，草本层变化幅度最小，其范围在 1.52% ~ 3.22%，而枯落物层与灌丛二者接近，分别为 56.2% 和 57.2%。以 3500 m 为分界线，3500 m 以下枯落物生物量小于灌丛生物量，3500 m 以上枯落物生物量大于灌丛生物量。主要原因是，随海拔抬升，大量灌木枝条死亡。按灌丛生态系统各层组成成分划分，发现海拔 3400 ~ 3700 m 处生物量从大到小顺序为：枯落物＞灌丛＞草本；海拔 3300 m 处生物量从大到小顺序为：灌丛＞枯落物＞草本（图 4.10）。灌丛生物量与枯落物生物量的变化反映了山地植被结构垂直性变化的复杂性。

4.3.3　群落物种高度变化

祁连山上林线灌丛群落的平均高度随着海拔的升高呈下降趋势，而同一海拔，经

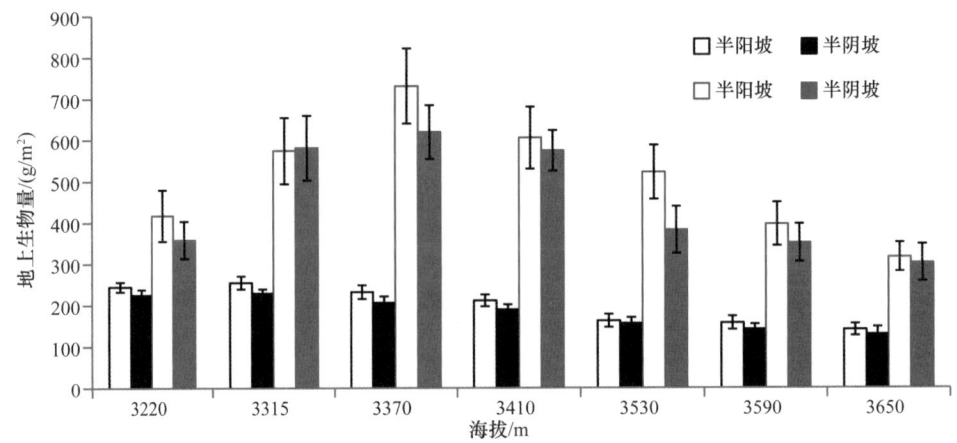

图 4.8 祁连山南坡葫芦沟流域地上生物量随坡度和海拔的变化

黑色代表金露梅，红色代表鬼箭锦鸡儿

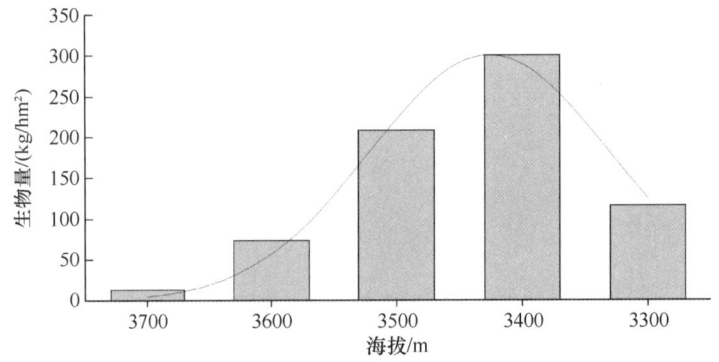

图 4.9 排露沟流域上林线灌木林中草本生物量沿海拔梯度的变化

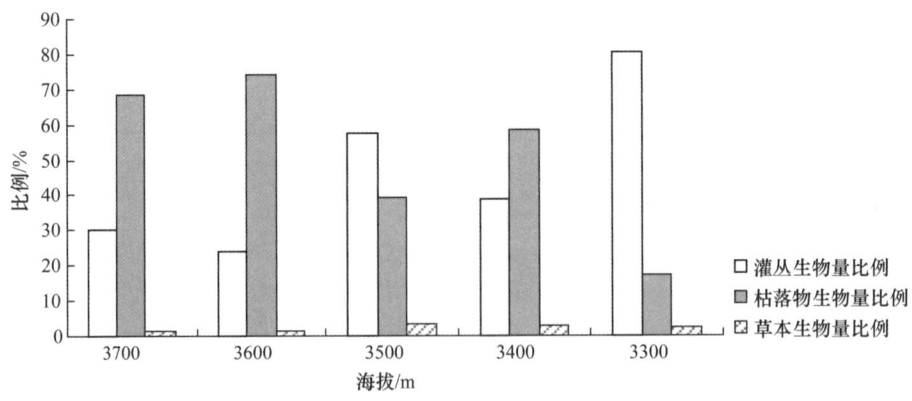

图 4.10 灌丛群落不同植被层生物量分配

度从西到东，群落平均高度逐渐下降，如在海拔 3300 m 左右，群落平均高度从最西段祁丰乡林场的 0.58 m 下降到 0.36 m，再下降到连城保护区的 0.31 m。物种高度变化比较复杂，如吉拉柳的高度，靠近云杉林，部分吉拉柳死亡，新萌发的吉拉柳高度较低，随着远离云杉林，其高度增大，但海拔太高时，其高度又下降，吉拉柳、鲜黄小檗和金露梅的高度先随着海拔的升高而上升，到达一定高度后又随着海拔的升高而下降。海拔对陇蜀杜鹃、头花杜鹃和烈香杜鹃的高度影响不大。下林线，经度从西到东，群落平均高度呈显著的上升趋势，如西段祁丰乡林场群落平均高度为 0.69 m，肃南县大野口为 1.08 m，连城自然保护区为 1.33 m。西段祁丰乡林场优势物种鲜黄小檗平均高度为 0.67 m，肃南县大野口鲜黄小檗平均高度为 2.36 m，连城自然保护区优势物种细弱栒子平均高度为 2.48 m（图 4.11）。随着海拔的抬升，所有物种的株高均下降，吉拉柳高度下降尤为剧烈，矮化的灌木逐渐过渡为高寒草甸（图 4.12）。

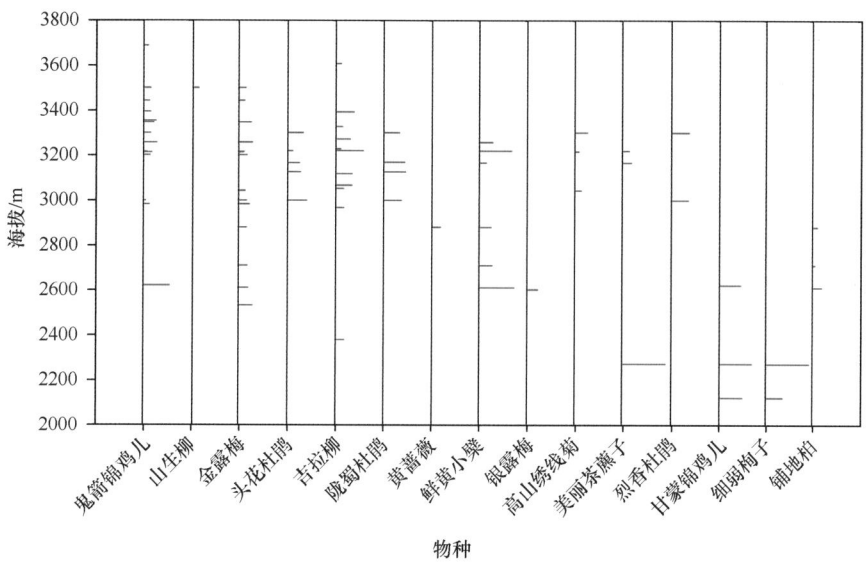

图 4.11　祁连山沿海拔梯度灌丛物种相对高度的变化

4.3.4　群落盖度变化

经度由西向东，祁连山无论是上林线还是下林线，其灌丛群落总盖度呈明显的增加趋势，如上林线海拔 3300 m 左右，灌丛群落总盖度从西段的 50.2% 增加到东段的 72.3%。下林线也从 75.3% 增加到 96.97%（图 4.13）。祁连山西段上林线相对盖度较高的为吉拉柳和鬼箭锦鸡儿，中段为鬼箭锦鸡儿和吉拉柳，东段为头花杜鹃、鲜黄小檗和金露梅。这主要是因为祁连山东段的灌丛分布海拔相对较低，而吉拉柳和鬼箭锦鸡儿为高海拔地区的优势种。西段下林线和中部盖度高的物种为铺地柏（*Juniperus procumbens*）和鲜黄小檗，东部主要为细弱栒子和甘蒙锦鸡儿（*Caragana opulens*）。在中部大野口流域，灌丛群落总盖度随着海拔的升高而下降，从 3200 m 的 98.99% 下降到 3400 m 的 73.54%，到 3700 m 盖度下降为 30.1%。灌丛盖度随着海拔抬升逐渐下降，且与灌丛总生物量下降趋势一致。这是不同海拔各项环境因子变化所产生的结果。对于单个物种而言，吉拉柳相对盖度随着海拔梯度的上升而上升；大野口和大黄山林场的鬼箭锦

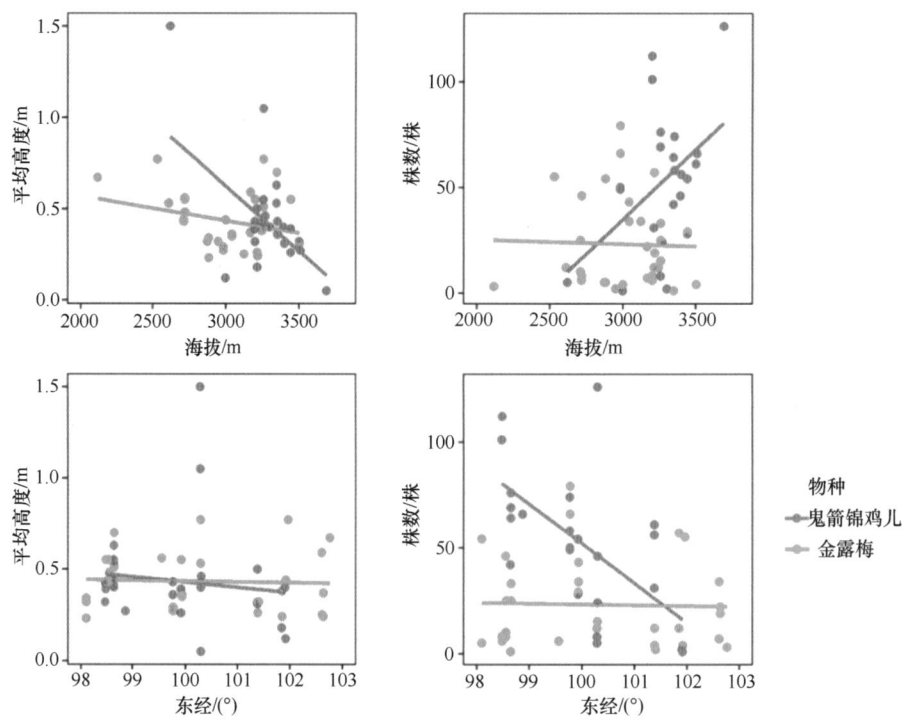

图 4.12　广布种鬼箭锦鸡儿和金露梅平均高度和多度沿经度和海拔的变化

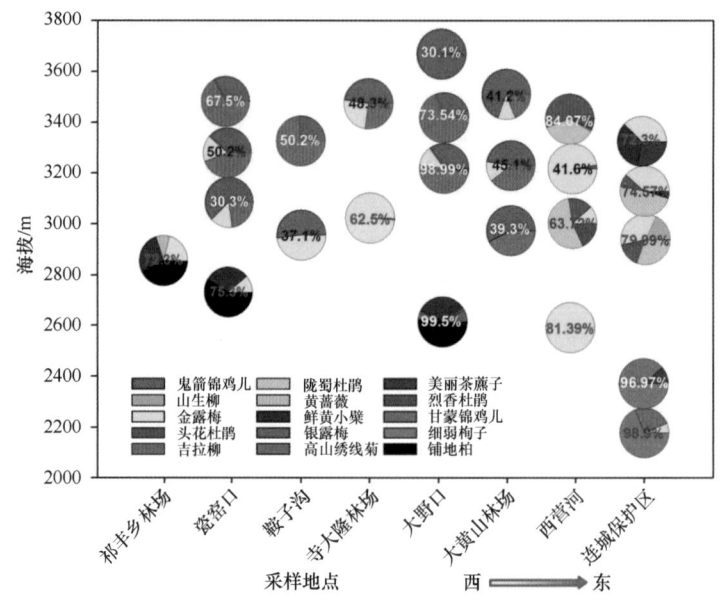

图 4.13　祁连山由西向东沿海拔梯度灌丛群落盖度（%）的变化

鸡儿的相对盖度随着海拔的上升而上升，瓷窑口鬼箭锦鸡儿的盖度随海拔的变化基本稳定。

　　丁松爽和苏培玺（2010）对祁连山不同灌丛群落优势物种相对盖度与海拔生境之间的关系研究发现，5 种灌木优势种分别占据了不同的海拔范围，它们的海拔生境分布特征存在明显分异［图 4.14（b）～图 4.14（f）］。具体表现为，金露梅广泛分布在海拔 2000～4000 m 的阴坡和阳坡，并且其相对盖度随海拔升高线性增大；银露梅（*Potentilla glabra*）的海拔分布范围相对较窄（分布在海拔 2500～3000 m），且其相对盖度与海拔梯度的关系不明显；吉拉柳和鬼箭锦鸡儿是中高海拔的优势种，前者的相对盖度随海拔升高先增大后减小，后者则明显增大。该研究结果与上述吉拉柳和鬼箭锦鸡儿相对多度沿海拔梯度的变化结果一致。紫菀木灌丛是生长在海拔 2200 m 以下（以浅山区为主）的干旱灌木，其相对盖度随海拔的升高急剧减小。

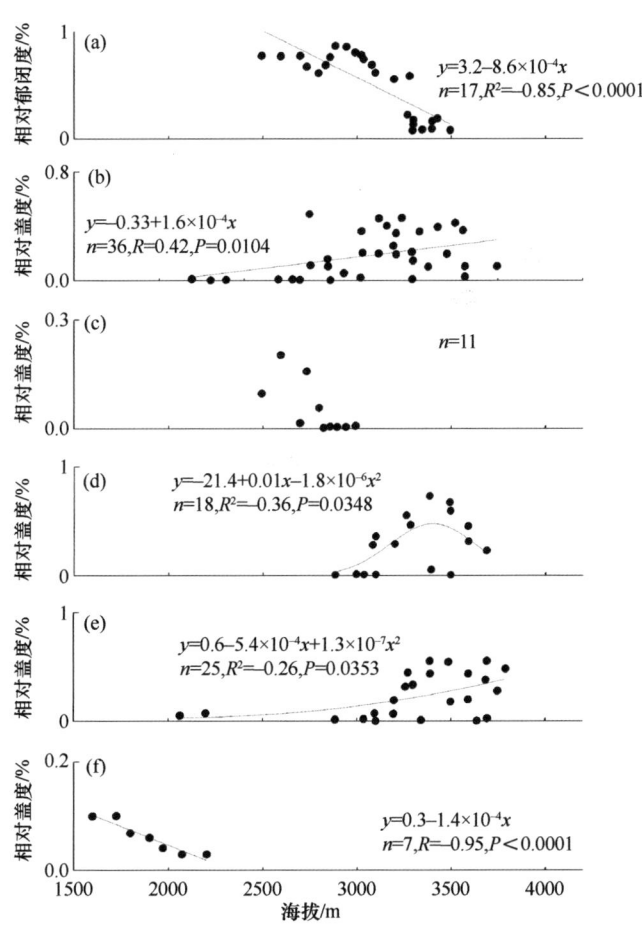

图 4.14　木本优势种在海拔梯度上的变化特征

（a）青海杉；（b）金露梅；（c）银露梅；（d）吉拉柳；（e）鬼箭锦鸡儿；（f）紫菀木
乔木以冠层郁闭度为指标，灌木以相对盖度为指标。图中直线和曲线为多项式（或线性）
拟合结果，右侧是相对应的拟合方程

4.3.5　群落多度和丰富度的变化

相同海拔祁连山上林线灌丛群落总多度由西向东呈明显的下降趋势。例如，海拔为 3300 ～ 3500 m，由西向东的瓷窑口、寺大隆林场、大黄山林场、西营河和连城保护区灌丛多度依次为 159 个 /25 m²、102 个 /25 m²、85 个 /25 m²、60 个 /25 m² 和 43 个 /25 m²。在大黄山林场和大野口，随着海拔的升高，鬼箭锦鸡儿的多度也上升。祁连山下林线灌丛群落总多度由西向东呈明显的下降趋势。从祁丰乡林场的 87 个 /25 m²，下降到瓷窑口的 59 个 /25 m²，再下降到西营河的 55 个 /25 m²，最后到连城保护区的 13 个 /25 m²（图 4.15）。

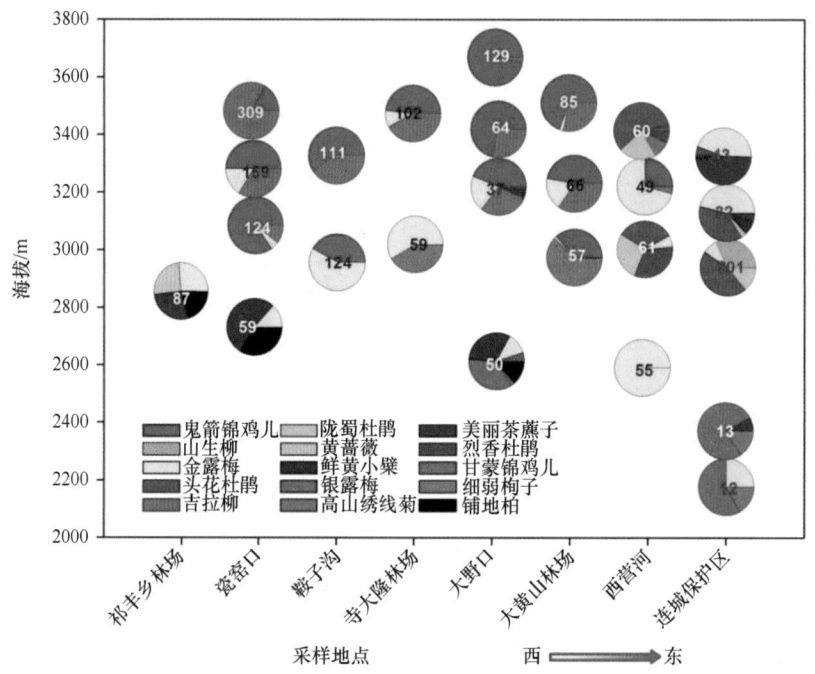

图 4.15　祁连山由西向东沿海拔梯度灌丛群落多度（单位：个 /25 m²）的变化

植被群落丰富度在海拔梯度上也存在梯度变化，2007 ～ 2008 年通过机械取样方法测定了黑河上游祁连山区浅山区、阴坡和阳坡 3 种环境条件下的群落丰富度。灌木 10 m × 10 m 样方的物种丰富度都在 0 ～ 4，且均随海拔升高表现出先降低后升高再降低的多峰曲线，但具体表现不同，浅山区灌木的物种丰富度分别在海拔 1800 m 和 2200 m 处有一拐点，阴坡灌木的物种丰富度分别在海拔 2400 m 和 3400 m 处有一个拐点，阳坡灌木的物种丰富度分别在海拔 2600 m 和 3600 m 处出现一个低值和一个高值（图 4.16）。灌木物种丰富度随海拔升高呈现多峰分布格局，总体上高海拔区域明显低于低海拔区域。

4.4　灌丛水源涵养功能变化

4.4.1　灌丛生态系统水量平衡

灌丛生态系统通过冠层截留、蒸散发、树干径流、林下苔藓持水性能和土壤的持水

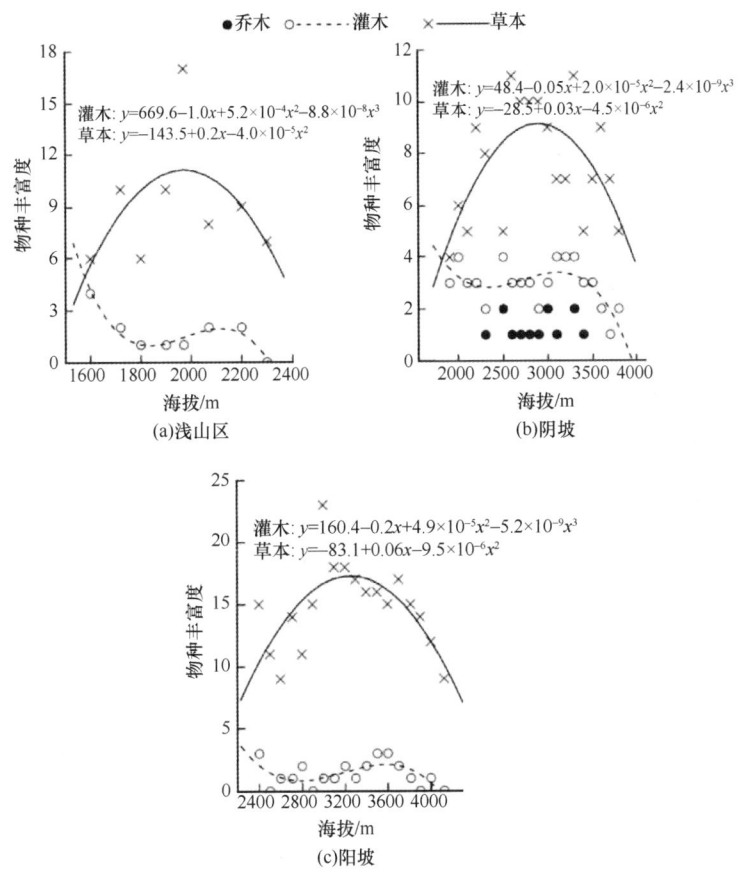

图 4.16 黑河上游祁连山区物种丰富度在海拔梯度上的变化特征（丁松爽和苏培玺，2010）

性能等改变水分的时空格局，从而起到重要的水源涵养功能（Schellekens et al.，1999；Li et al.，2008；Wang et al.，2011）。其主要过程为，灌丛冠层的再分配作用使进入林下的水分减少，林下水分输入的空间异质性增强，同时增加了水分蒸发，改变了局地水分格局。灌丛生态系统超过 30% 的大气降水消耗于冠层截留蒸发（刘章文等，2014）；树干径流使降水和养分集中于植物茎干附近，影响树干周围的土壤水分、养分含量；其林下苔藓层发育很好，苔藓层有较好的水源涵养功能，灌丛苔藓层最大可吸持 18.9 mm 的降水，能有效减少地表水土流失，同时减少约 29% 的地表蒸散发损失量；灌丛土壤层结构疏松，具有容重小、孔隙度大的特点，有很强的持水能力，其土壤有效持水量高于高寒草甸，具有很好的蓄水功能（图 4.17）。但经度、纬度、海拔的差异导致灌丛群落结构不同，致使其林冠截留量和树干径流量不同、苔藓层和枯落物层厚度不同、土壤质地不同（土壤质量含水量和田间持水量、土壤容重），从而导致其水源涵养功能的变化。

作者基于前期研究计算了青海湖流域典型灌丛生态系统水量平衡过程，并在同一气候梯度内将其与高寒草甸及高寒草原进行了对比分析。研究发现，从低海拔草原生态系统到高海拔高寒草甸生态系统，蒸散发的控制模态从水分限制向温度限制过渡。

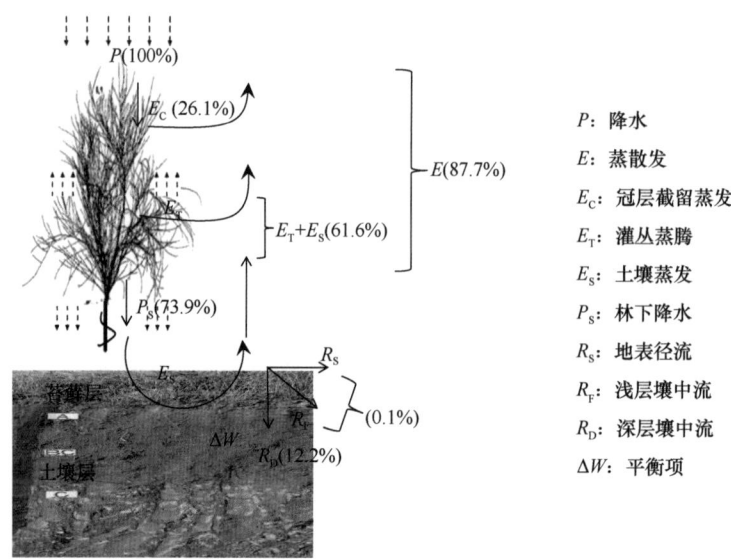

图 4.17 祁连山葫芦沟流域灌丛生长季水量平衡（刘章文等，2014）

金露梅灌丛的蒸散发量（2014 年与 2015 年平均值为 510.5 mm）基本与降水量（平均值为 488.5 mm）持平。若未来气候继续暖湿化，则青海湖流域的蒸散发量和径流量将增加，且高海拔地区的缓坡区域以增加蒸散发量为主，而陡坡区域以增加径流量为主。

4.4.2 灌丛冠层截留的变化

灌丛冠层截留显著影响水文循环过程。进一步研究发现，灌丛冠层截留雨量受降雨量、降雨强度和灌丛种类的共同影响。此外，不同灌丛结构方面的差异也会对截留产生很大的影响（Martinez-Meza，1994；Schellekens et al.，1999；Li et al.，2008）。影响单株植物冠层截留能力的主要因子是平均叶角、散射系数与透射系数，对群落截留过程起决定作用的群落指标是株高、叶面积指数与植被盖度（王新平等，2004）。例如，对冠层截留的水文过程研究发现，金露梅、鬼箭锦鸡儿、高山柳和沙棘穿透雨与降雨量之间均存在很好的线性关系（图 4.18），冠层截留雨量与降雨量之间也存在很好的正相关关系（图 4.19）。在降雨特征相同的情况下，4 种灌丛达到稳定截留率所对应的降雨量相差较大，说明植被特征是影响该区截留降雨的重要因素。在降雨量＜ 2.1 mm时，降雨全部被灌丛截留。不同物种之间，穿透雨量以高山柳灌丛最高，然后依次为金露梅灌丛、鬼箭锦鸡儿灌丛，沙棘灌丛最小，穿透率也为同样的趋势（表 4.1）。单次最大穿透雨量出现在 2010 年 7 月 8 日，降雨历时 10 h，降雨量为 23.5 mm，金露梅灌丛、沙棘灌丛、高山柳灌丛和鬼箭锦鸡儿灌丛的穿透雨量分别为 17.6 mm、15.8 mm、15.2 mm 和 14.2 mm，对应的穿透率（穿透雨量占降雨量的百分比）分别为 74.9%、67.4%、64.7% 和 60.4%。

冠层截留雨量最大的是沙棘灌丛，其余的依次为鬼箭锦鸡儿灌丛、金露梅灌丛和高山柳灌丛，截留率依次为 39.7%、35.6%、34.6% 和 33.3%（表 4.1，图 4.20）。单次最大截

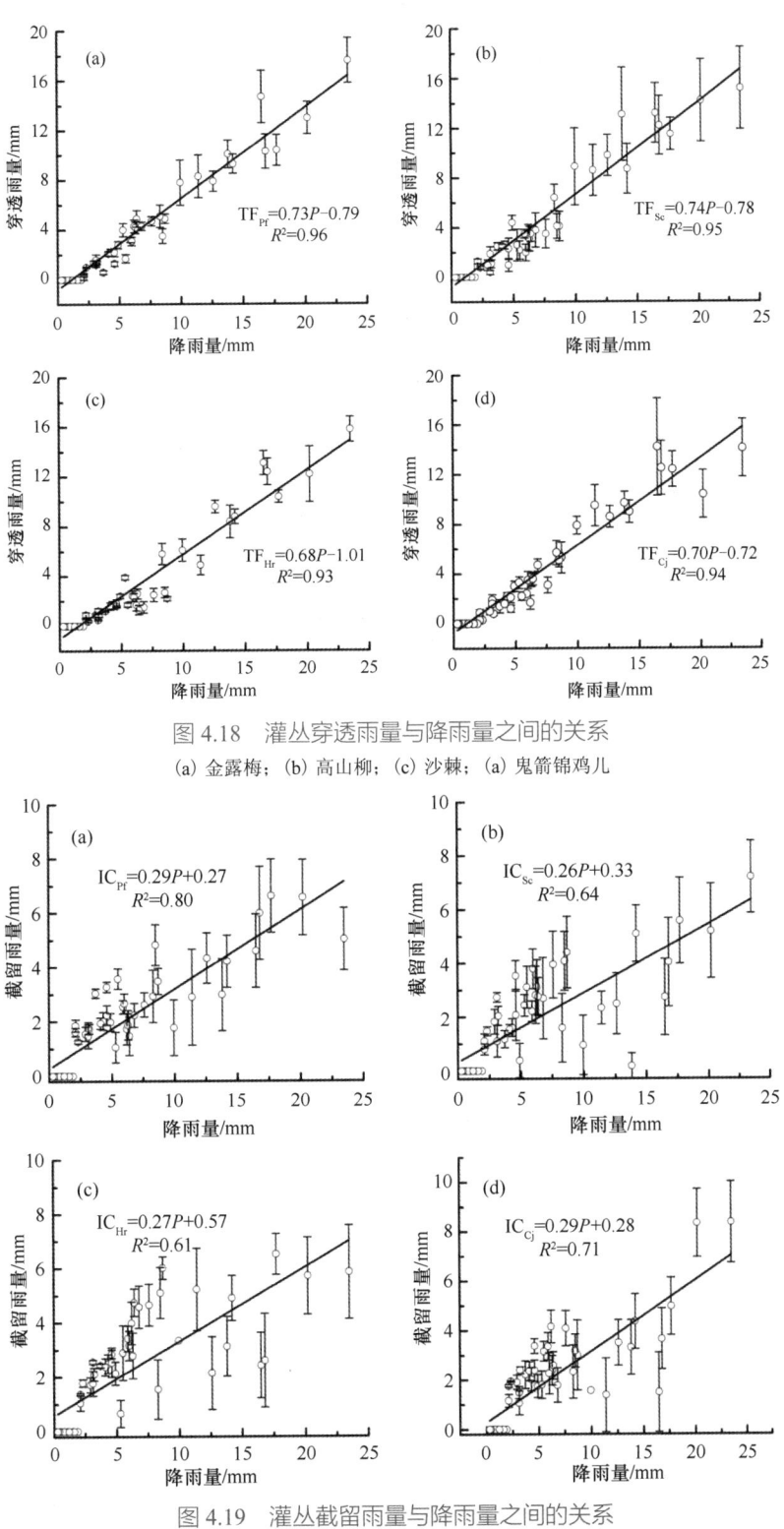

图 4.18　灌丛穿透雨量与降雨量之间的关系

(a) 金露梅；(b) 高山柳；(c) 沙棘；(a) 鬼箭锦鸡儿

图 4.19　灌丛截留雨量与降雨量之间的关系

(a) 金露梅；(b) 高山柳；(c) 沙棘；(a) 鬼箭锦鸡儿

表 4.1　试验期间灌丛截留特征

灌丛	穿透雨量 /mm	穿透率 /%	径流量 /mm	径流率 /%	截留量 /mm	截留率 /%
金露梅	175.8(2.2)	62.0(18.3)	9.5(0.7)	3.4(1.2)	98.0(1.5)	34.6(18.0)
高山柳	179.8(2.4)	63.5(16.9)	9.1(0.3)	3.2(1.3)	94.2(1.6)	33.3(18.9)
沙棘	148.1(1.5)	52.3(15.0)	22.5(1.2)	8.0(4.1)	112.5(2.5)	39.7(19.7)
鬼箭锦鸡儿	170.4(2.6)	60.2(18.5)	11.8(0.8)	4.2(1.7)	100.9(1.7)	35.6(19.4)

注：括号内的数值代表标准误差。

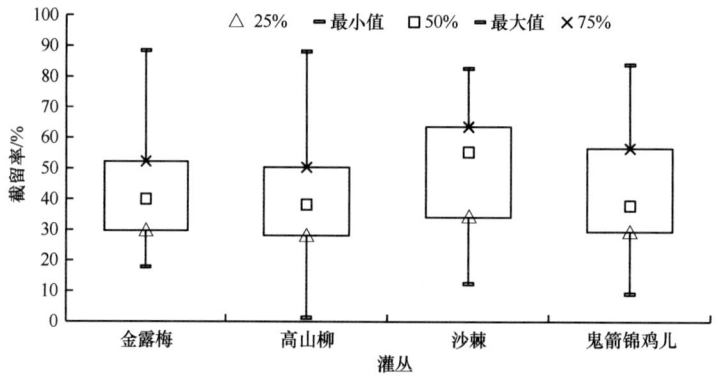

图 4.20　灌丛降水截留率箱线图

雨量鬼箭锦鸡儿灌丛为 8.4 mm，高山柳灌丛为 7.2 mm（2010 年 7 月 8 日），金露梅灌丛为 6.6 mm（2010 年 8 月 19 日），沙棘灌丛为 6.5 mm（2010 年 6 月 23 日，降雨历时 8 h，降雨量 17.7 mm）。

　　树干径流能够改变降水的空间分布，使水分和养分集中于植物茎干附近，影响树干周围的土壤水分、养分含量及微生物的活动。因此，开展树干径流的相关研究具有重要的生态水文和生物地球化学意义（Wang et al.，2011）。对灌丛类型与灌丛树干径流量和树干径流率之间的关系研究发现，各类灌丛树干径流相差较大，以沙棘灌丛最高，其次为鬼箭锦鸡儿灌丛、金露梅灌丛，高山柳灌丛最低。金露梅灌丛树干径流量为 9.5 mm，占降雨总量的 3.4%，树干径流率变化范围为 0.4%～5.5%。高山柳灌丛树干径流量为 9.1 mm，占降雨总量的 3.2%，树干径流率变化范围为 0.4%～5.8%。沙棘灌丛树干径流量为 22.5 mm，占降雨总量的 8.0%，树干径流率变化范围最大，为 1.9%～16.49%。鬼箭锦鸡儿灌丛树干径流量为 11.8 mm，占降雨总量的 4.2%（表 4.1），树干径流率变化范围为 0.5%～7.2%。金露梅灌丛和高山柳灌丛单次最大树干径流出现在 2010 年 7 月 8 日（降雨历时 10 h，降雨量为 23.5 mm），分别为 0.87 mm（3.7%）和 1.1 mm（4.7%），沙棘灌丛和鬼箭锦鸡儿灌丛单次最大树干径流出现在 2010 年 8 月 19 日（降雨历时 12 h，降雨量为 20.2 mm），分别为 2.3 mm（11.3%）和 1.5 mm（7.2%）。

4.4.3　灌丛林下苔藓水源涵养功能的变化

　　地被物层作为森林生态系统中地表的一个重要覆盖面，在植被与土壤之间的水文过程中有重要的作用。降水通过灌丛冠层截留过程，以及经过林下地被物层的水分传输过程后，才输入林下土壤层中。在高寒地被物层中，枯枝落叶层较乔木林少，尤以苔藓层的水文调蓄能力最佳。浸水饱和后在林地原环境下的脱水试验结果表明，苔藓 2 h 的失水率为 20%，而枯落物的失水率为 30%，对于调蓄流域生态水文过程起着重要的作用。研究表明，灌丛林下苔藓 – 枯落物最大持水率为 414%，高于青海云杉林（295.7%），灌丛区苔藓有良好的持水与保水功能，同时会影响林下土壤的蒸散发过程。

祁连山黑河上游灌丛林下苔藓的蓄积量见表 4.2，其中鬼箭锦鸡儿灌丛蓄积量最大，达到 451.75 g/m²，其次为金露梅灌丛（450.50 g/m²）、高山柳灌丛（415.00 g/m²），沙棘灌丛蓄积量最小，为 380.25 g/m²。其中鬼箭锦鸡儿灌丛与金露梅灌丛差异不显著，沙棘灌丛林下苔藓蓄积量分别与其他灌丛林下苔藓蓄积量差异极显著。各灌丛林下苔藓最大持水量与最大持水率见表 4.2。鬼箭锦鸡儿灌丛林下苔藓单位最大持水量最大，为 18980 g/m²；沙棘灌丛林下苔藓次之，单位最大持水量为 17175 g/m²；再次是高山柳灌丛，林下苔藓单位最大持水量为 17065 g/m²，金露梅灌丛最小（13790 g/m²）。最大持水率是反映苔藓层调蓄水分能力的重要指标，最大持水率越大，则吸水性越强，金露梅灌丛林下苔藓持水率最大，达 782.51%，其次为沙棘灌丛、鬼箭锦鸡儿灌丛，高山柳灌丛最小，为 386.94%。

表 4.2　灌丛林下苔藓蓄积量、自然含水率、最大持水量与最大持水率

灌丛	蓄积量 /(g/m²)	自然含水率 /%	最大持水量 /(g/m²)	最大持水率 /%
金露梅	450.50ᵃ	150.69ᵃ	13790ᵃ	782.51ᵃ
高山柳	415.00ᵇ	164.76ᵃ	17065ᵇ	386.94ᵇ
沙棘	380.25ᶜ	99.50ᵇ	17175ᵇ	620.91ᶜ
鬼箭锦鸡儿	451.75ᵃ	62.73ᶜ	18980ᵇ	454.83ᵇ

注：不同字母表示同一列存在显著性差异（P<0.05）。

灌丛林下苔藓持水量随着浸泡时间的延长而增加，浸泡开始 0.5 h 后，苔藓持水量显著增加，持水量达到泡水前风干重量的 4～7 倍，其中金露梅灌丛和鬼箭锦鸡儿灌丛增长速度最为显著。2 h 后，金露梅灌丛、鬼箭锦鸡儿灌丛、高山柳灌丛和沙棘灌丛苔藓持水量基本不随浸泡时间的增加而增加，趋于稳定（图 4.21）。发生以上变化主要是因为灌丛类型及冠层结构对光、温度和降水的再分配对苔藓的持水性能产生影响。沙棘灌丛冠幅较大、郁闭度高，对光、温度、降水输入限制大，苔藓蓄积量与自然含水率都较低，但室内有充足的水分供应时，最大持水量与最大持水率就表现出了较高的水平。高山柳灌丛与金露梅灌丛林下苔藓蓄积量大，自然含水率高。鬼箭锦鸡儿灌丛林下苔藓自然含水率低，但是其冠幅小，苔藓层厚度大，组织结构疏松，当充分浸水时，苔藓持水量和最大持水率也随之增大。高山柳灌丛林下苔藓蓄积量最大，因此浸泡实验后最大持水量与最大持水率都增大，呈现出高值。

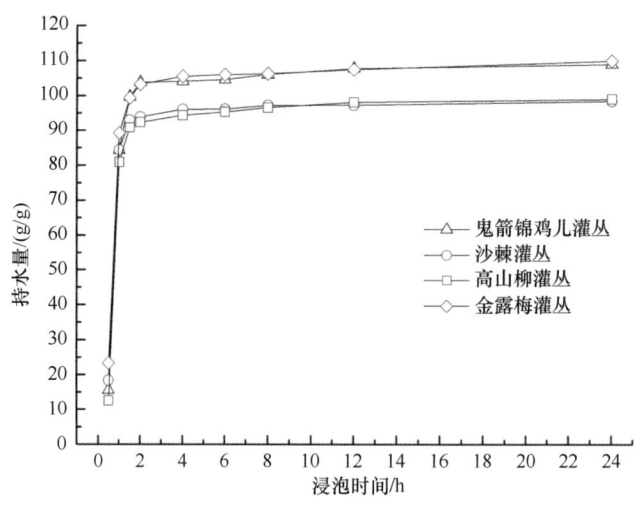

图 4.21 苔藓持水量与浸泡时间的关系

4.5 灌丛生态系统土壤功能的变化

4.5.1 土壤质地的变化

随着海拔的升高，灌丛群落物种出现替代性变化，导致不同物种土壤含水量的差异较大，如土壤相对含水量相比较，箭叶锦鸡儿灌丛＞吉拉柳灌丛＞金露梅灌丛＞鲜黄小檗灌丛＞甘青锦鸡儿灌丛。沿海拔递增，所有采样点的土壤相对含水量、土壤饱和持水量、土壤毛管持水量、土壤毛管孔隙度均线性递增，说明土壤储存的水分趋向良好，土壤涵养水源的能力持续增强。但随海拔抬升和土层深度递增，上述各指标增幅减缓，回归线的斜率从 0 ～ 10 cm 土层到 40 ～ 60 cm 土层递减（图 4.22），即各指标在高海拔沿土层分化显著。这是对来自高寒区的径流在灌丛区汇聚，以及植物改良土壤结构，提升灌丛涵养水源能力的结果。土壤容重呈相反趋势，随海拔递增，土壤深度越小，土壤容重越小。

对排露沟流域上林线灌丛生态系统的研究发现，随海拔递增，土壤质量含水量变化呈单峰格局，在海拔 3500 m 处土壤质量含水量最高，约为 62.17%，而在海拔 3300 m 处土壤质量含水量最低，为 24.31%，各个海拔段土壤质量含水量差异性显著，且土壤质量含水量与海拔呈现显著的回归关系，二者的函数关系为 $y=-0.0008x^2+5.4124x-9458.7(R^2=0.947)$，式中，$y$ 为土壤质量含水量（%），x 为海拔（m）（图 4.23）。土壤容重变化为 0.42 ～ 0.75 g/cm，且随海拔递增而增大（图 4.24）。

4.5.2 群落结构与土壤质地之间的关系

排露沟流域上林线灌丛生态系统，地上生物量、叶生物量和枝生物量分别在土

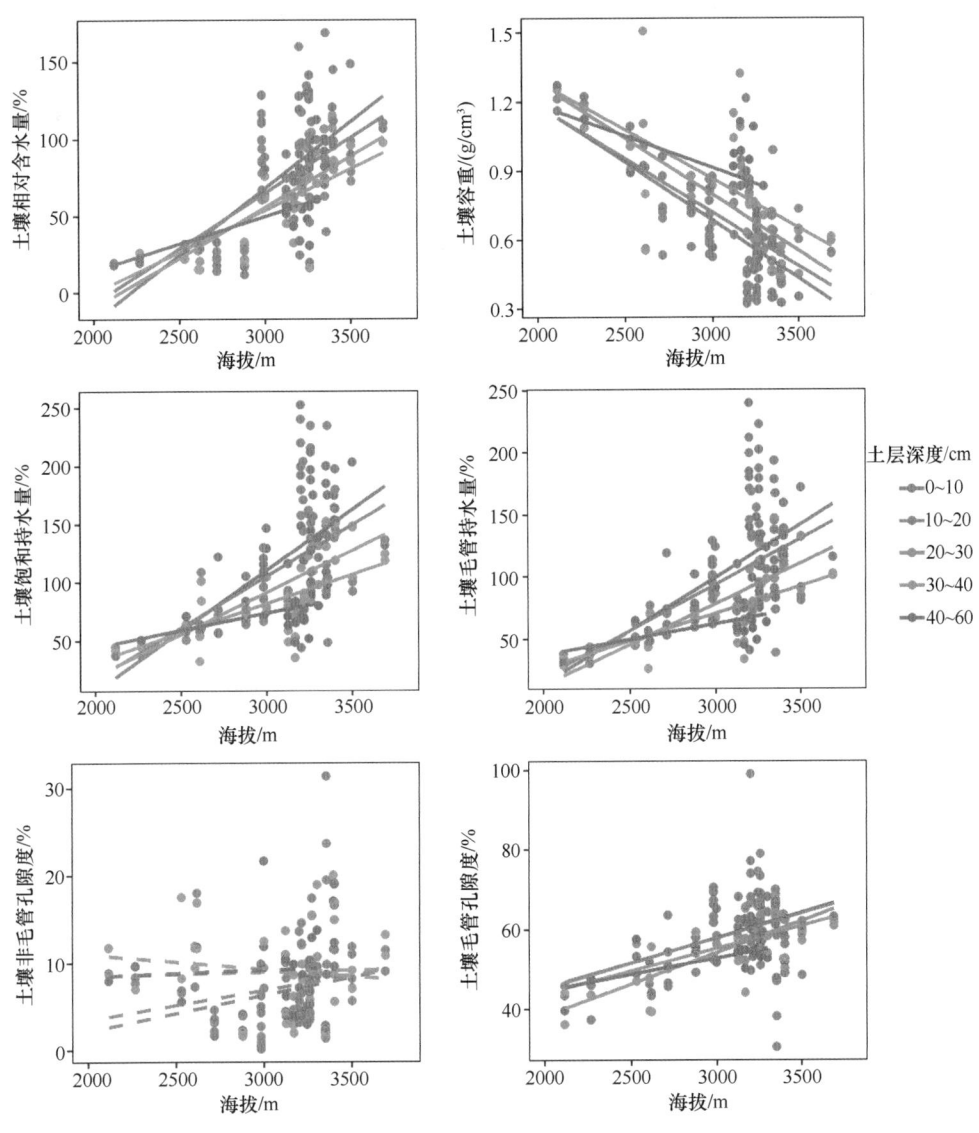

图 4.22　土壤含水量与物理结构沿海拔和土层深度的变化

壤质量含水量为 26%、55% 和 42% 时，达到最大，土壤质量含水量分别与枝生物量（R^2=0.456）、叶生物量的相关性显著（R^2=0.373）（图 4.25）。

土壤水分影响植物的生长、死亡，因此土壤质量含水量对于枯落物层生物量存在着一定的影响（图 4.26）。数据分析表明，枯落物层生物量和厚度与土壤质量含水量存在着较显著的数量关系 [$y=-1.9032x^3+211.31x^2-6762.4x+71173$，$R^2$=0.867，式中，$y$ 为枯落物层生物量（kg/hm^2），x 为土壤质量含水量（%）；$y=0.0454x^{1.1418}$，R^2=0.567，式中，y 为枯落物层厚度（cm），x 为土壤质量含水量（%）]。枯落物层生物量和厚度在土壤质量含水量达到 55% 左右时均为最大值。

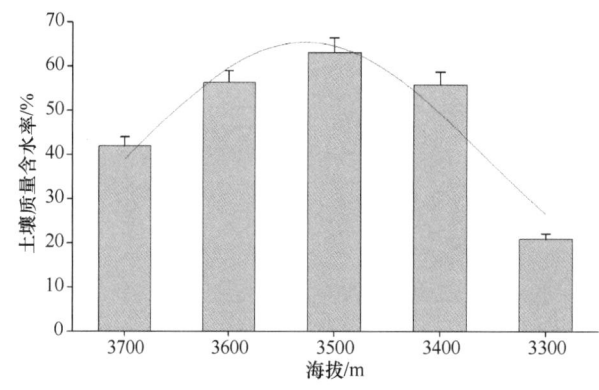

图 4.23 不同海拔土壤质量含水量

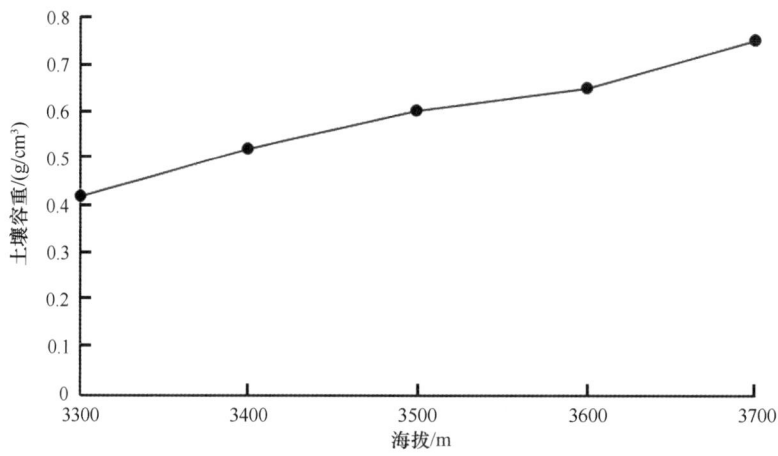

图 4.24 不同海拔土壤容重变化

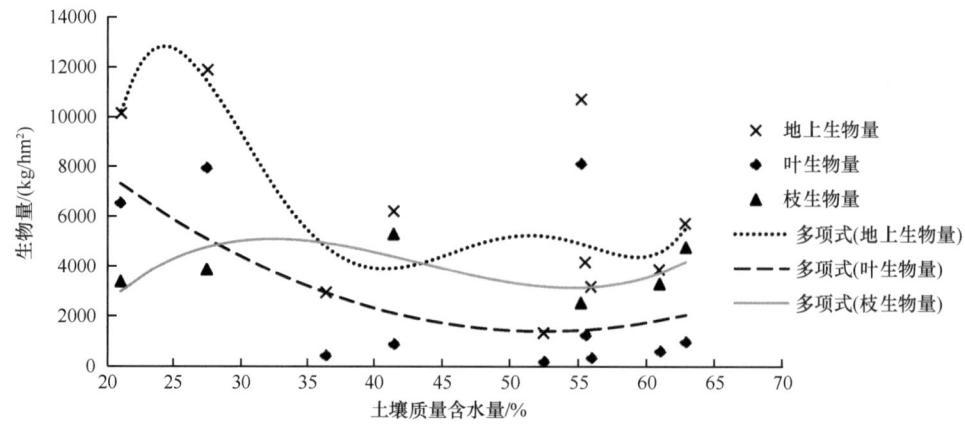

图 4.25 灌丛地上部分生物量与土壤质量含水量关系

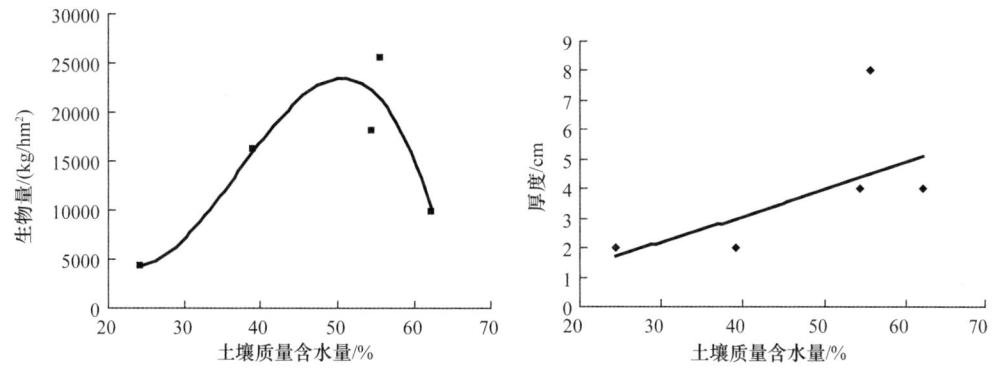

图 4.26　土壤质量含水量与枯落物层生物量及枯落物层厚度之间的关系

祁连山灌丛所处海拔较高，水分条件好，淋溶作用强，黏化层出现的部位较深，再加上强大的灌丛层根系网，土壤孔隙度发达，所测深度内土壤容重普遍较小，土壤容重变化在 0.42～0.68 g/cm³，平均为 0.65 g/cm³。土壤容重与灌丛地上生物量、地下生物量及总生物量之间呈显著的负相关关系（图 4.27）。

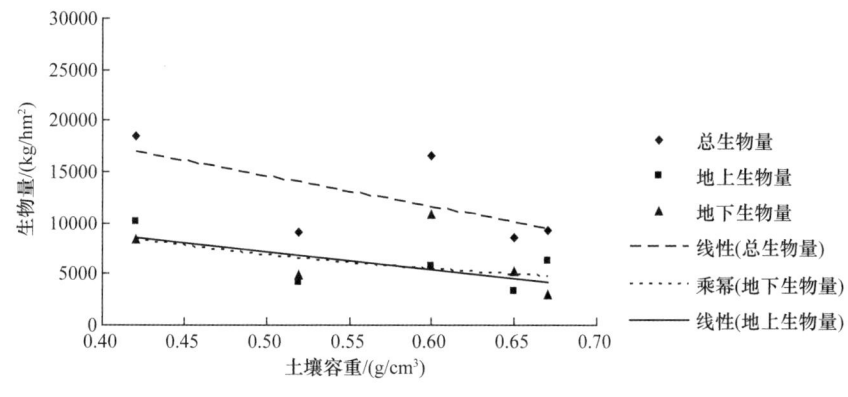

图 4.27　土壤容重与灌丛生物量关系

与灌丛相比，土壤容重对于草本层生物量的地上部分、地下部分及总生物量的影响都比较显著。草本层各部分生物量随着土壤容重的升高呈现倒"U"形变化，土壤容量在 0.50～0.60 g/cm³ 时，草本层各部分生物量的值最高（图 4.28），这一变化趋势与灌丛生物量变化趋势不同。灌丛群落枯落物层生物量随着土壤容重的增大而呈波动变化的趋势，在土壤容重为 0.5 g/cm³ 时枯落物层生物量最大，在土壤容重低于或高于该值时，枯落物层生物量均较低。

调查时段祁连山灌丛土壤温度的变化范围在 6.35～8.88℃。从图 4.29 中看出，土壤温度对于灌丛的生物量影响比较复杂。灌丛地上生物量、地下生物量和总生物量随着土壤温度的升高先减小后增加。引起土壤温度变化的因子有很多，主要有空气温度、灌丛的结构等，后续需要对影响因子的甄别进行深入的研究。

对土壤温度和草本层生物量进行了相关性分析，土壤温度与草本层总生物量、地上部分生物量和地下部分生物量皮尔逊（Pearson）相关性系数依次为 0.002、0.014 和

0.000；而显著性系数依次为 0.995、0.970 和 0.998，这均说明土壤温度与草本层生物量之间并不存在显著的相关性（图 4.30）。

利用群落物种矩阵和样方环境因子矩阵，对调查区域的 36 个样方进行典范对应分析（canonical correspondence analysis，CCA）得到二维排序图，以分析群落分布与环境因子间的关系。结果如图 4.31 所示，箭头表示环境因子，箭头和排序轴的夹角代表该环境因子与排序轴的相关性大小，箭头所指的方向表示该环境因子的变化趋势，箭头的长短表示该环境因子与群落分布的相关程度的大小，越长相关性越大。11 个环境因子的解释量为 53.1%，前 4 个排序轴的特征值分别为 0.7586、0.5795、0.4485、0.3793，前四轴物种–环境关系方差累计贡献率为 41.78%，其中前两轴就达到 25.79%，表明

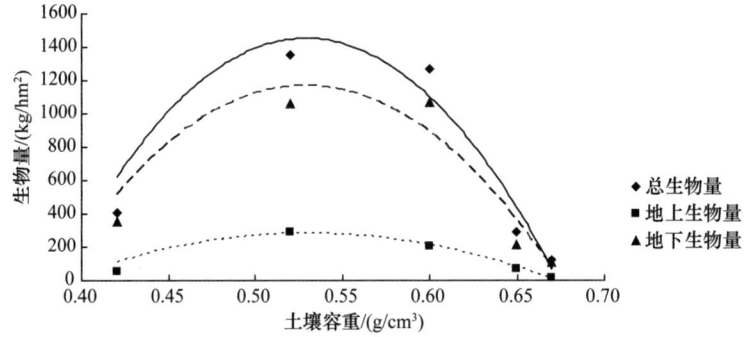

图 4.28　土壤容重与草本层生物量的关系

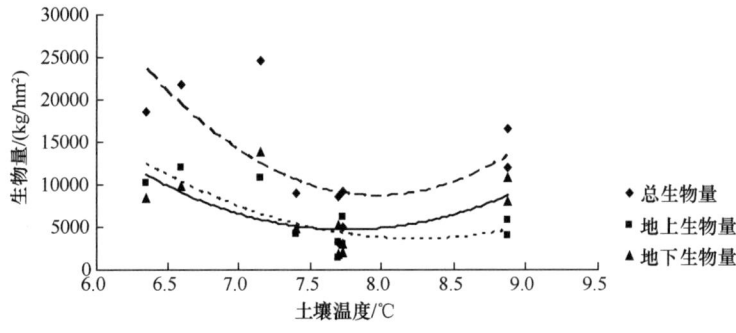

图 4.29　土壤温度与灌丛生物量关系

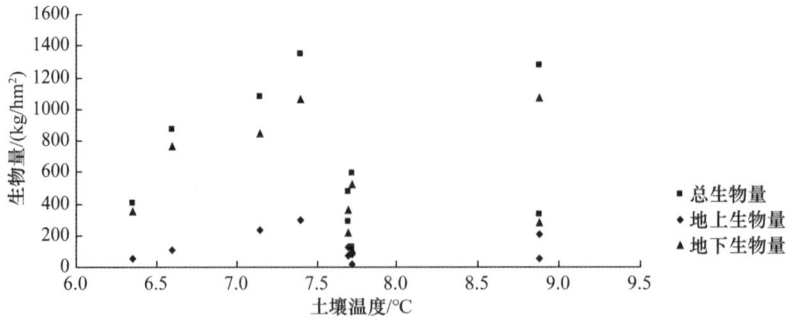

图 4.30　土壤温度与草本层生物量的关系

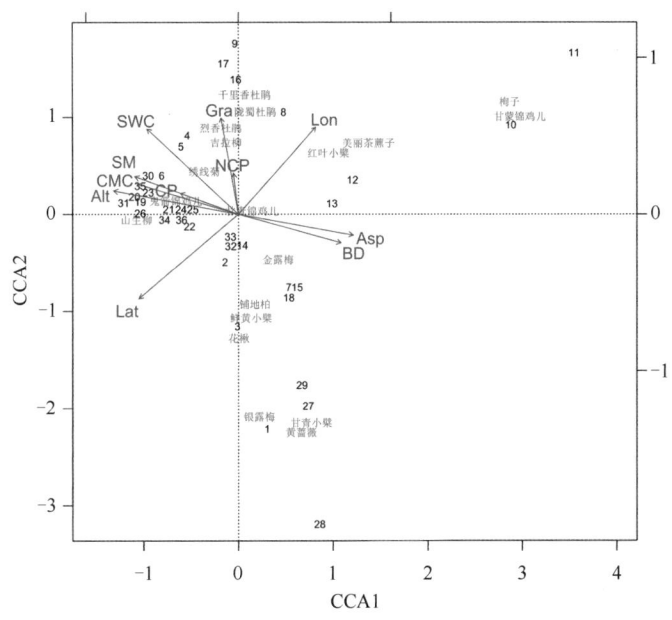

图 4.31　祁连山林线灌丛群落 36 个样方的 CCA 二维排序图

Lon：经度；Lat：纬度；Alt：海拔；Gra：坡度；Asp：坡向；SWC：土壤含水量；BD：土壤容重；SM：土壤饱和持水量；
CMC：土壤毛管持水量；NCP：土壤非毛管孔隙度；CP：土壤毛管孔隙度；1～36 代表样方编号；红色字体为种名

CCA 分析在一定程度上能解释植物群落的分布格局与环境因子的关系。

　　结合图 4.31 和表 4.3 可以看出，与第一排序轴正相关最高的是坡向和土壤容重，呈极显著相关，相关系数分别为 0.98731 和 0.97112，其次是经度，也呈极显著相关，相关系数为 0.71702。与第一排序轴显著负相关的是海拔、土壤毛管持水量、土壤饱和持水量、纬度、土壤含水量和坡度，相关系数分别为 –0.98571、–0.96719、–0.95258、–0.80859、–0.77663 和 –0.20764，说明第一排序轴主要反映了植物群落分布格局在坡向、土壤容重、经度、海拔、土壤毛管持水量、土壤饱和持水量、纬度、土壤含水量、坡度梯度上的变化，即沿第一排序轴从左到右坡向由阴坡转为阳坡、土壤容重越来越大、经度东移、海拔降低、土壤毛管持水量和土壤饱和持水量减小、纬度降低、土壤含水量减少、坡度变缓。与第二排序轴呈现正相关的是坡度、经度、土壤含水量、土壤饱和持水量、土壤毛管持水量、海拔，相关系数分别为 0.97820、0.69706、0.62995、0.30430、0.25404、0.16848。与第二排序轴呈现负相关的是纬度、土壤容重、坡向，相关系数分别为 –0.58838、–0.23858、–0.15883，说明第二轴排序主要反映的是坡度、经度、土壤含水量、土壤饱和持水量、土壤毛管持水量、海拔、纬度、土壤容重、坡向梯度上的变化，具体情况为沿排序第二轴从下往上，坡度增大、经度东移、土壤含水量、土壤饱和持水量和土壤毛管持水量上升、海拔升高、纬度变低、土壤容重越来越低、坡向由阳坡转为阴坡。综合前两轴，经度、纬度、海拔、坡向、坡度、土壤含水量、土壤容重、土壤饱和持水量、土壤毛管持水量对祁连山林线灌丛群落的分布有显著的影响。从箭头长短来看，箭头最长的是海拔、纬度、土壤含水量，说明海拔、纬度、土壤含水量的高低可能是影响该地区植物群落分布最重要的因素。

表 4.3　环境因子的显著性检验

环境因子	环境因子与排序轴的相关系数		决定系数 (R^2)	显著性检验 (P)
	轴一	轴二		
经度	0.71702	0.69706	0.4992	0.001***
纬度	−0.80859	−0.58838	0.6359	0.001***
海拔	−0.98571	0.16848	0.6515	0.001***
坡向	0.98731	−0.15883	0.5474	0.001***
坡度	−0.20764	0.97820	0.3332	0.006**
土壤含水量	−0.77663	0.62995	0.5933	0.001***
土壤容重	0.97112	−0.23858	0.4554	0.001***
土壤饱和持水量	−0.95258	0.30430	0.4865	0.001***
土壤毛管持水量	−0.96719	0.25404	0.4508	0.001***

*** 表示在 0.001 水平上显著，** 表示在 0.01 水平上显著。

注：R^2 越小，表示该环境因子对分布影响越小。

4.6　气候变化对灌丛生态系统的影响

过去 50 年来，祁连山气候变化气温上升明显，降水呈现不规律的变化，有增加趋势，整体呈现为暖湿化过程（Zhang et al.，2013；Jiang et al.，2016；Lin et al.，2017）。研究人员利用 1994 年和 2008 年 30 m 分辨率的 TM 遥感影像对祁连山东段景观格局变化进行分析。结果表明灌丛面积从 1994 年的 11798.77 hm² 增加到 2008 年的 20681.82 hm²，面积增加了 8883.05 hm²，增加的面积占研究区总面积的 6.82%；灌丛优势度指数、斑块数量也呈增大趋势，从 1994 年的 0.157 和 11787 块分别增大到 2008 年的 0.208 和 13880 块，灌丛平均斑块数量增多了 5.0%；灌丛平均斑块面积和最大斑块面积也呈增加趋势（表 4.4）。祁连山灌丛的斑块数量、优势度指数、平均斑块面积、最大斑块面积及灌丛总面积都增大。灌木保存了原有面积的 66.7%，28.1% 的灌木面积由森林景观演化而来，草地保存了原有面积的 86.3%，4.8% 的草地面积退化为裸地，12.7% 的冰雪面积转化为裸地，森林与灌木、冰雪与裸地之间转化演变剧烈。森林、冰雪带和水域景观斑块形状朝简单、规则方向变化。自然因素中气温升高是导致冰雪景观面积减少的主要原因，降水量增加则遏制了水域面积减少的趋势。人为因素，特别是过度砍伐是导致研究区森林面积减少，森林退化为灌丛的根本因子（刘晶等，2011）。

研究人员对甘肃省祁连山自然保护区林地的面积变化进行了研究，1978 ~ 1990 年森林和灌丛面积均出现了减少趋势，其中灌丛面积从 1978 年的 2182.49 km² 减少到 1990 年的 2107.59 km²，减少的面积占研究区总面积的 0.24%，这主要是因为 1978 ~ 1990 年人口增加，当地毁林开荒，过度砍伐；1990 ~ 2000 年森林和灌丛面积增加，其中灌丛面积从 1990 年的 2107.59 km² 增加到 2000 年的 2317.15 km²，这 10 年间增加了 209.56 km²；2000 ~ 2007 年森林和灌丛面积均增加，灌丛面积增速大于森林，共增加了 22.34 km²，占增加林地面积的 66.8%；到 2007 年，祁连山自然保护区中灌丛的面积增加了 7.2%

（表 4.5）（Song et al.，2012）。说明在植被恢复期，灌丛更容易恢复，可能在改善微生境中有重要作用，从而助力于后期乔木植物的定植。该结果对以后祁连山生态恢复提供了有力的参考。

表 4.4 祁连山东段景观要素斑块面积特征及变化（刘晶等，2011）

年份	景观类型	景观面积/hm²	景观面积百分比/%	优势度指数	斑块数量/块	斑块数量百分比/%	平均斑块面积/hm²	最大斑块面积/hm²	最小斑块面积/hm²
1994	森林	27444.81	21.08	0.262	11487	19.09	2.39	1540.15	0.44
	灌丛	11798.77	9.06	0.157	11787	19.58	1.00	847.98	0.57
	草地	59150.68	45.43	0.428	12510	20.79	4.76	1952.45	0.82
	冰雪带	13247.82	10.17	0.053	2432	4.04	5.45	2003.21	1.45
	水域	16566.96	12.72	0.305	17058	28.34	0.97	12.69	0.22
	裸地	1988.88	1.54	0.043	4910	8.16	0.41	414.35	0.37
2008	森林	20973.6	16.11	0.226	9728	17.95	2.16	942.36	0.72
	灌丛	20681.82	15.88	0.208	13880	25.61	1.49	889.22	0.55
	草地	56511.63	43.40	0.401	10039	18.52	5.63	1895.52	0.78
	冰雪带	9617.97	7.39	0.042	1745	3.22	5.51	1745.23	1.69
	水域	13943.88	10.71	0.288	14947	27.58	0.93	8.14	0.30
	裸地	8479.02	6.51	0.074	3855	7.11	2.20	782.51	0.63

表 4.5 甘肃省祁连山自然保护区林地变化（Song et al.，2012）

类型	1978 年		1990 年		2000 年		2007 年	
	面积/km²	占比/%	面积/km²	占比/%	面积/km²	占比/%	面积/km²	占比/%
针叶林	2473.56	7.79	2389.29	7.52	2453.07	7.72	2464.17	7.76
灌丛	2182.49	6.87	2107.59	6.63	2317.15	7.29	2339.49	7.36
合计	4656.05	14.66	4496.88	14.15	4770.22	15.01	4803.66	15.12

对祁连山灌丛生长季长度与平均气温关系的研究发现，沿海拔垂直地带分布中，灌木是木本植物最高海拔分布种，全球变暖正在加速灌木林结构的改变，最先表现在物候的响应特征（Zhang et al.，2004；Liang et al.，2016）。排露沟流域 5 种常见灌丛的生长季长度如图 4.32 所示，吉拉柳生长季最短，其次为鬼箭锦鸡儿，然后依次为金露梅、鲜黄小檗，青甘锦鸡儿（*Caragana tangutica*）生长季最长，且灌丛生长季长度与平均气温呈负相关关系（Zhao et al.，2018）。

为了研究全球气候变化对祁连山灌丛生长季节的影响，对 1982 ~ 2014 年祁连山不同植被类型生长季始期（start date of the growing season，SOS）和生长季末期（end date of the growing season，EOS）所占比例进行了调查，发现 1982 ~ 2014 年灌丛生长季长度总体上呈延长趋势。1982 ~ 2006 年，儒略日在 120 ~ 130 天所占比例为 43.89%，儒略日在 130 ~ 140 天所占比例为 30.32%，生长季长度平均值为 117 天，生长季始期平均值为第 133 天，总体呈提前趋势。2000 ~ 2014 年，儒略日在 130 ~ 140 天所占比例为 33.31%，儒略日在 140 ~ 150 天所占比例为 25.03%，生长季长度平均值为 132 天（表 4.6）。

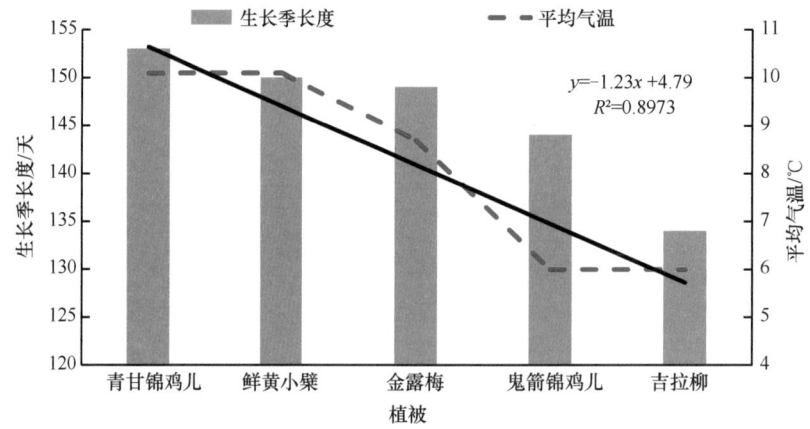

图 4.32　祁连山排露沟流域灌丛生长季长度与平均气温的关系（Zhao et al.，2018）

表 4.6　祁连山不同植被平均生长季始期的分布比例（赵珍，2016）

年份	儒略日/天	草甸/%	草原/%	高山植被/%	灌丛植被/%	荒漠植被/%	阔叶林/%	栽培植被/%	针叶林/%	沼泽植被/%
1982～2006	<120	1.63	5.26	2.93	7.69	6.67	58.33	7.69	14.71	—
	120～130	15.85	24.84	3.90	43.89	4.21	33.33	61.54	41.18	50.00
	130～140	26.69	27.47	17.07	30.32	16.84	8.33	26.92	23.53	—
	140～150	38.21	24.01	48.78	14.03	28.07	—	3.85	20.59	50.00
	150～160	16.26	14.47	24.39	3.17	19.30	—	—	—	—
	>160	1.36	3.95	2.93	0.90	24.91				
2000～2014	<120	7.36	19.11	25.24	7.83	8.48	7.55	4.01	10.57	2.56
	120～130	10.56	12.75	16.00	19.52	9.22	34.80	14.00	19.78	6.41
	130～140	19.45	19.03	19.57	33.31	15.47	51.91	27.28	35.79	8.97
	140～150	27.99	21.68	18.12	25.03	19.86	5.74	33.26	23.18	38.46
	150～160	26.00	18.79	12.94	11.49	21.34	—	13.87	9.24	30.77
	>160	8.64	8.64	8.14	2.82	25.64	—	7.58	1.44	12.82

　　1982～2006 年生长季末期灌丛儒略日在 240～250 天所占比例为 54.34%，儒略日在 250～260 天所占比例为 40.84%；2000～2014 年儒略日在 240～250 天所占比例为 22.45%，儒略日在 250～260 天所占比例为 60.16%（表 4.7），生长季延长。分析表明，生长季末期长度与 9 月气温显著正相关，与 2 月、3 月、8 月的气温呈显著负相关。灌丛生长季始期受 5 月降水影响较大，且表现为显著正相关，说明 5 月降水减少会使生长季始期提前；与 1～4 月降水负相关，且与 1 月降水显著负相关，表明 1 月降水的增加会使生长季始期提前；与前一年的 11～12 月的降水显著正相关；与 10 月降水显著负相关。灌丛植被生长季末期与 2 月、8 月的降水显著正相关。灌丛植被生长季开始时间均与 3～5 月的气温显著负相关，与 1～2 月的气温显著正相关（陈京华等，2015；赵珍，2016）。

表 4.7 祁连山不同植被平均生长季末期的分布比例（赵珍，2016）

年份	儒略日/天	草甸/%	草原/%	高山植被/%	灌丛植被/%	荒漠植被/%	阔叶林/%	栽培植被/%	针叶林/%	沼泽植被/%
	<230	0.31	1.69	—	—	2.33	5.56	3.03	—	—
	230~240	2.28	6.63	7.87	2.89	6.99	5.56	3.03	5.17	—
1982~2006	240~250	50.36	45.06	50.39	54.34	29.79	61.11	72.73	63.79	25.00
	250~260	43.32	35.54	30.71	40.84	26.94	27.78	18.18	29.31	75.00
	260~270	2.59	6.63	3.94	1.61	11.40	—	3.03	1.72	—
	>270	1.14	4.46	7.09	0.32	22.54	—	—	—	—
	<230	0.28	0.58	1.15	0.10	1.90	0.67	2.18	0.07	—
	230~240	3.96	5.32	10.36	1.45	8.95	2.39	20.60	1.86	1.28
2000~2014	240~250	42.14	32.59	52.26	22.45	32.25	7.65	30.32	23.60	6.41
	250~260	43.45	36.23	22.98	60.16	28.66	59.85	27.95	55.11	19.23
	260~270	8.75	20.61	6.82	14.74	14.06	28.97	15.51	18.69	66.67
	>270	1.43	4.66	6.43	1.11	14.18	0.48	3.43	0.67	6.41

利用遥感数据研究了 1983～2013 年气候变化（气候变暖、极端湿润和极端干旱）对祁连山灌丛物候的影响（He et al.，2015，2018）。结果表明，2010～2013 年灌丛 SOS 出现了提前，但是 EOS 没有明显的变化，平均温度是影响灌丛生长的关键因子，同时证明了最低气温控制物候的发展，与春季和秋季的冻害有关，预估了未来气候变化情境下的灌丛物候响应特征，站点灌丛生长季更多与海拔有关，所以随着未来气候变暖，灌丛生长季将全面延长，使得 SOS 提前，EOS 延后（He et al.，2015）（图 4.33）。

极端气候事件对植被的物候影响也很大，物候对极端气候的敏感性具有空间异质性，取决于土地覆盖的空间分布。在生态系统层面上，与森林和灌丛相比，草地的

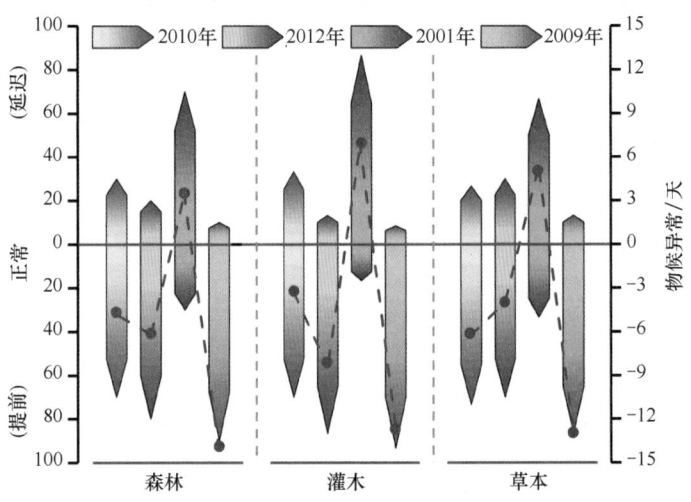

图 4.33 祁连山三种主要植被类型的气候事件极端情况下 SOS 异常（蓝点）平均值的比较，以及像素级 SOS 异常频率的相应变化分析（He et al.，2018）

植被类型中 SOS 异常平均值的差异使用 Bonferroni 方法进行测试

SOS 的响应对变暖更为敏感。相反，对极端湿润事件的响应则逐渐从草原增加到灌丛和森林，并在高寒灌丛占主导的亚高山地区达到最大。这种模式的可能原因是高山草甸分布在高海拔，气候寒冷和潮湿，而森林和灌木占据相对温暖和干燥的低海拔区域。随后进一步分析在不同的气候事件中，SOS 的海拔梯度变化。与正常年份相比，所有坡度 SOS 与海拔的拟合曲线在温暖和干燥年份减少，而森林和灌木在干旱年份的趋势则相反（图 4.34），表明这些生态系统在其分布上限对水分胁迫具有更强的敏感性。当降水充沛时，所有植被类型的 SOS 均增大。高海拔地区的春季物候非常容易受到变暖的影响，而降水的变化显著影响低海拔区域的 SOS 动态变化。例如，在 2012 年（暖）与 2001 年（干）中，与正常年份相比，祁连山海拔 2500 m 植被变绿时间分别提前了 2.7 天，推迟了 7.4 天。而在海拔 4500 m 处，植被的 SOS 分别提前了 8.1 天，推迟了 3.1 天，表现出 2.7 天的绿化日期天数（延迟 7.4 天）在海拔 2500 m。此外，SOS 的最大海拔梯度模式在所有事件中都保持一致，说明灌丛对环境变化最为敏感（Yu et al.，2010；He et al.，2018）。

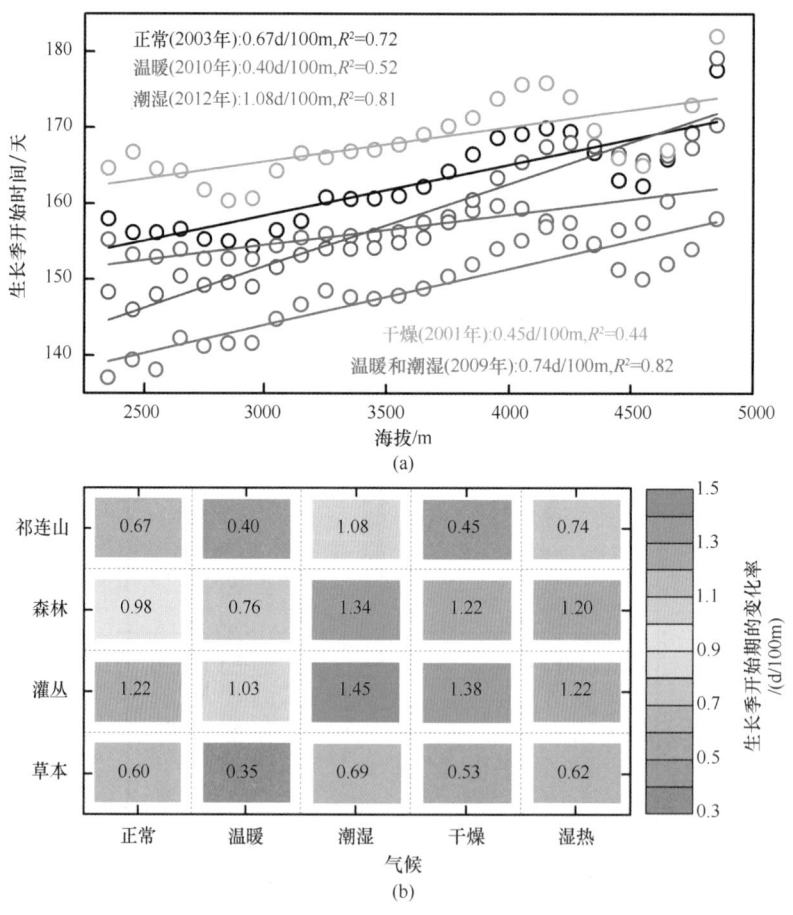

图 4.34　正常年及异常年变绿日期的海拔梯度（a）；祁连山三种主要植被的 SOS 随海拔梯度的变化速率（b）（He et al.，2018）

4.7　小结与展望

4.7.1　主要结论

本章对祁连山灌丛生态系统群落结构、土壤功能、水源涵养功能、物候变化等进行了综合分析，主要结论如下：

(1) 土壤含水量和物理结构存在规律性分化。随祁连山海拔升高，表层 0～10 cm 土壤含水量、土壤饱和持水量、土壤毛管持水量均呈现明显的上升趋势，土壤容重下降，土壤非毛管孔隙度先下降后上升，土壤毛管孔隙度则先上升后下降。10～20 cm、20～30 cm、30～40 cm 土层的土壤相对含水量、土壤饱和持水量、土壤毛管持水量、土壤毛管孔隙度变化不显著，土壤容重随海拔升高而逐渐递减，并随土层深度增加略有递增。

(2) 灌木林物种组成存在规律性分化。从东到西随降水递减，连城阴坡上林线灌木优势种为杜鹃属植物（头花杜鹃、陇蜀杜鹃和烈香杜鹃）+ 山生柳 + 金露梅；至武威后，山生柳消失，形成鬼箭锦鸡儿 + 杜鹃属植物、鬼箭锦鸡儿 + 金露梅的灌木林结构；至张掖后，形成鬼箭锦鸡儿 + 吉拉柳的灌木林结构，此物种组成延伸至酒泉。沿海拔递增，典型垂直带区吉拉柳优势度下降，鬼箭锦鸡儿优势度增大，到高海拔时，吉拉柳消失，仅有鬼箭锦鸡儿单物种灌木种群。

(3) 灌丛群落盖度、平均高度、多度和地上生物的变化规律。由西向东，上、下林线灌丛群落总盖度呈明显的增加趋势，上林线群落平均高度逐渐下降，下林线逐渐升高，同一海拔，上林线灌丛群落总多度呈明显的下降趋势。灌丛地上生物量变化比较复杂，由西向东无统一规律。灌丛冠层截留雨量和树干径流量最大的是沙棘，其次依次为鬼箭锦鸡儿、金露梅和高山柳。灌丛林下苔藓蓄积量最大为鬼箭锦鸡儿，其次依次为金露梅、高山柳和沙棘，而林下苔藓单位最大持水量最高的为鬼箭锦鸡儿，其次依次为沙棘、高山柳和金露梅。

(4) 在气候和人类活动的共同影响下，祁连山灌丛面积、优势度指数和斑块数量都呈现出缓慢增加的趋势。吉拉柳生长季最短，其次为鬼箭锦鸡儿，然后依次为金露梅、鲜黄小檗，青甘锦鸡儿生长季最长，且平均温度是影响灌丛生长的关键因子，同时证明最低气温控制物候的发展，而且与春季和秋季的冻害有关，灌丛生长季更多与海拔有关，所以随着未来气候变暖，灌丛生长季将全面延长，使得平均生长季始期提前，平均生长季末期延后。

4.7.2　未来展望

上述关于群落多样性、种群结构与动态、水源涵养功能、气候变化和人类活动对灌丛面积的物候影响等方面的研究结果，将为保护祁连山生态安全屏障和加强国家公园的建设提供科学依据，同时为祁连山"山水林田湖草"的系统优化配置带来科学建议与决策支撑。根据本次科考结果，在明确乔木林和灌木林分布规律的基础上，未来祁连山灌丛生态保护与修复工作还有很多需要努力的地方，将从以下几个方面进行探索：

1）认识限制乔灌分布格局的基础

从植物演替序列上，该地域的顶级群落建群种为青海云杉，但祁连山阴坡成熟云杉林下有成片的鬼箭锦鸡儿和吉拉柳枯死干枝。已有研究认为鬼箭锦鸡儿和吉拉柳为先锋植物，其定居、生长后为青海云杉种子萌发提供了阴暗、潮湿的微生境。随青海云杉植株长大，森林郁闭度提高，林冠透光率下降，鬼箭锦鸡儿和吉拉柳在光竞争中被淘汰。但此过程中，植物对光的利用模式，对光的竞争机制尚不明确。从东到西沿祁连山西进，降水量递减，青海云杉和祁连圆柏分布逐渐变窄，覆盖度逐渐降低，到祁连山最西段，主要以灌木为主。推测当不受水分制约时，青海云杉具有竞争能力；当受水分制约时，其优势度减弱，灌木具有竞争优势，最终被灌丛替代。祁连圆柏具有类似分布规律。对植物分布受限机理的揭示将为理解现有植物的分布格局提供理论支撑。

2）建立祁连山灌木林涵养水源评估监测及预警体系

祁连山灌木林面积大，分布广，约有 41.3 万 hm^2，占祁连山区林业用地面积约 68%，是祁连山水源涵养林的主要组成部分，其有效涵蓄水量在 3 亿 m^3 以上，与云杉林相比是更大的一座"绿色水库"，对当地生态环境的影响深远。因此，建立祁连山灌木林涵养水源评估、监测及预警体系尤为重要。建议对灌木林生态系统建群种的分布区及其生态因子进行拟合，确认限制灌木分布的关键性制约因子；根据关键因子，对主要灌木种的适宜分布区、潜在适宜分布区、潜在分布区和不适宜分布区进行区划。同时，对现有的灌木林生态系统进行物种、株数、多度、盖度、株高、土壤含水量、土壤物理结构及涵养水源能力评估，提出最优涵养水源的灌木林组成及结构，对祁连山灌木年涵养水源潜力进行评估。选择简单、容易测量，具有综合性的热响应数（TRN）为关键指标，建立最优涵养水源的灌木林热响应数与涵养水源之间的关系，同时利用热响应数对灌木林地涵养水源的能力进行评价，建立预警体系。

3）人工设计调控植被类型来提高林地涵养水源的能力

由于低海拔地域干旱缺水，高海拔地域受温度限制，祁连山乔木林分布范围有限。相比于乔木林，灌木林具有较好的适应性，在森林林线上下，半阴坡、部分阳坡广布，分布范围和面积都远大于乔木林（刘贤德等，2016）。理论认为，云杉林是祁连山阴坡植被演替的顶级群落，是适应当地气候的最优群落，但是否为涵养水源的最优群落，不能同语。现有的祁连山区森林水文研究多以乔木林为主，对灌木生态系统涵养水源的研究及其具有的功能认识还不够。针对两大生态系统，建议首先明确核心问题：单位面积灌木林和乔木林涵养水源的能力是否相同，孰优孰劣？对此问题的不明确会限制祁连山区的森林植被恢复及其生态水文的充分利用与科学管理。两大生态系统的比较结果有 3 个：①单位面积乔木林的水源涵养能力优于灌木林；此结果下，在适宜云杉林分布的地域，建议积极营造云杉林种群扩散、定居的微生态环境，如避免林缘灌木的破坏与干扰，避免放牧对微生境的扰动，为云杉种子萌发提供湿润、遮阴的微生境，人为散播云杉林种子，同时适当增加人工对云杉林幼苗的辅育、移栽幼苗，人工促进自然演替进程。②单位面积的乔木林与灌木林涵养水源能力相似；此结果下，建议人工促进自然演替进程，以乔木林为主来形成更多的碳库。③单位面积乔木林的水源涵养能力劣于灌木林；此结果下，建议去除云杉林幼苗的定植和建成，限制云杉林种群的扩散，人工抑制自然演替进程。在全球变暖、温度升高的背景下，祁连山森林林线对增温的响应会尤为敏感，青海云杉林等乔木种群会向高、低海拔扩散、迁徙（Grace et al.，2002；Peñuelas et al.，2007；Beckage et al.，2008；Liang et al.，2016）。因此，明确两大类生态系统涵养水源的能力，进一步确认人工设计与调控措施，是急需解决的科考任务。

4）提升灌木生态系统应对气候变暖的能力

沿植被垂直分布中，灌木是木本植物最高海拔分布种，其组成、结构及形成的分布上线对温度的响应极其敏感。在全球变暖正在加速灌木林结构变化中，其分布的格局和林线的变化尤为值得关注。已有研究证实，随温度升高，物种分布格局、高度和盖度均会随海拔向上整体迁移。本次科考取得的结果证实，随海拔升高，灌木林建群种存在有规律的替代：随海拔升高，吉拉柳优势度下降，鬼箭锦鸡儿优势度上升，到高海拔时，吉拉柳完全消失，鬼箭锦鸡儿成为单一的建群种；同时，植被的株高、盖度随海拔升高均递减，叶面积和叶生物量分配均减少，认为这是温度制约植物分布的结果。在未来气候变暖的情况下，现有灌木林的植物叶面积会潜在增加，基于此，推测生长季植物会消耗更多的土壤水分，灌木林涵养水源的能力会减弱。若如此，则气候变化对涵养水源、生态系统的稳定是不利的。另外，随气候变暖，植物的物候发生改变，生长季始期提前，植物耗水增多（He et al.，2018）。减少植物耗水的有效方式是减少地上叶面积和叶生物量。经济和生态效益兼有的方式为适度放牧，即在生长季通过对叶面的采食减少植物地上叶面积，减少蒸腾损失来降低植物耗水。但各系统如何平衡需要深入研究，示意图如图 4.35 所示。科考期间，发现高海拔处吉拉柳地上枝条大面积死亡，从基部萌生大量萌蘖枝，认为是由冬季极端低温冻害引起的；这会导致该地域灌木林涵养水源能力的变化，但变化如何，利弊均需揭示。

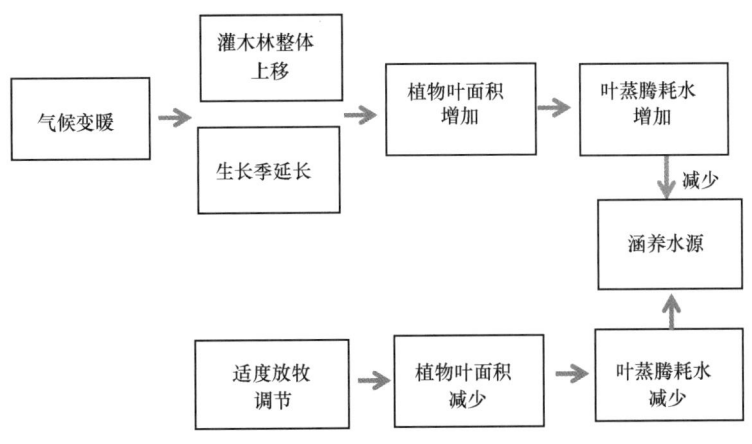

图 4.35　气候变暖和放牧采食下灌木林生态系统涵养水源模式图

随气候变暖，灌木林整体上移，生长季延长，植物耗水增多，涵养水源能力下降；另外，适度放牧对植物进行采食，植物耗水下降，提高灌木林涵养水源能力；在促进和维持水源涵养方面，二者存在最佳的平衡点。

参考文献

陈桂琛, 彭敏, 黄荣福, 等. 1994. 祁连山地区植被特征及其分布规律. 植物学报, 36(1): 63-72.

陈京华, 贾文雄, 赵珍, 等. 2015. 1982–2006年祁连山植被覆盖的时空变化特征研究. 地球科学进展, 30(7): 834-845.

丁松爽, 苏培玺. 2010. 黑河上游祁连山区植物群落随海拔生境的变化特征. 冰川冻土, 32(4): 829-836.

胡会峰, 王志恒, 刘国华, 等. 2006. 中国主要灌丛植被碳储量. 植物生态学报, 30(4): 539-544.

黄葆宁, 张志和, 曾光华, 等. 1986. 大通牛场高寒灌丛、草甸草地类自然保护区调查规划报告. 青海畜牧兽医学院学报, (1): 32-34.

金博文, 康尔泗, 宋克超, 等. 2003. 黑河流域山区植被生态水文功能的研究. 冰川冻土, 25(5): 580-584.

金铭, 李毅, 王顺利, 等. 2012. 祁连山高山灌丛生物量及其分配特征. 干旱区地理, 35(6): 952-959.

李衍青, 张铜会, 赵学勇, 等. 2010. 科尔沁沙地小叶锦鸡儿灌丛降雨截留特征研究. 草业学报, 19(5): 267-272.

梁倍, 邸利, 赵传燕, 等. 2014. 祁连山天老池流域灌丛地上生物量空间分布. 应用生态学报, 25(2): 367-373.

刘晶, 刘学录, 王哲锋. 2011. 祁连山东段景观格局变化及其驱动因子研究. 草业学报, 20(6): 26-33.

刘贤德, 张学龙, 赵维俊, 等. 2016. 祁连山西水林区亚高山灌丛水文功能的综合评价. 干旱区地理, 39(1): 86-94.

刘章文, 陈仁升, 宋耀选. 2011. 祁连山典型高山灌丛树干茎流特征. 应用生态学报, 22(8): 1975-1981.

刘章文, 陈仁升, 宋耀选, 等. 2012. 祁连山典型灌丛降雨截留特征初步研究. 生态学报, 32(4): 333-342.

刘章文, 陈仁升, 宋耀选, 等. 2014. 祁连山高寒灌丛苔藓持水性能. 干旱区地理, 37(4): 696-703.

刘哲, 梅续芳, 张玮, 等. 2016. 荒漠区狭叶锦鸡儿灌丛的微气候特征. 干旱区研究, 33(2): 308-312.

戎战磊. 2019. 气候变化对祁连山优势物种分布和植被格局的影响. 兰州: 兰州大学.

史因. 1983. 我国的几种主要植被类型(续). 生物学通报, (4): 13-15.

汪有奎, 贾文雄, 刘潮海, 等. 2012. 祁连山北坡的生态环境变化. 林业科学, 48(4): 21-26.

王金叶, 王艺林, 金博文, 等. 2001. 干旱半干旱区山地森林的水分调节功能. 林业科学, (5): 120-125.

王启基, 周兴民, 张堰青, 等. 1991. 青藏高原金露梅灌丛的结构特征及其生物量. 西北植物学报, (4): 333-340.

王新平, 康尔泗, 张景光, 等. 2004. 荒漠地区主要固沙灌木的截留特征. 冰川冻土, (1): 89-94.

许娟, 张百平, 朱运海, 等. 2006. 阿尔金山–祁连山山地植被垂直带谱分布及地学分析. 地理研究, (6): 977-984, 1145.

薛梓瑜. 2009. 旱生灌木根际及灌丛土壤中磷、钾变化特征研究. 兰州: 兰州大学.

杨志鹏, 李小雁, 刘连友, 等. 2008. 毛乌素沙地固沙灌木树干茎流特征. 科学通报, (8): 939-945.

于应文, 胡自治, 徐长林, 等. 1999. 东祁连山高寒灌丛植被类型与分布特征. 甘肃农业大学学报, (1): 12-17.

张富广. 2018. 气候变化背景下祁连山高寒草甸上界现代分布变化研究. 兰州: 兰州大学.

张宪洲, 杨永平, 朴世龙, 等. 2015. 青藏高原生态变化. 科学通报, 60(32): 3048-3056.

赵珍. 2016. 祁连山植被物候期变化及其对地理要素的响应. 兰州: 西北师范大学.

朱志红, 王刚. 1996. 群落结构特性的分析方法探讨——以高寒草甸和高寒灌丛为例. 植物生态学报, (2): 184-192.

邹耀进. 2017. 海南岛灌丛生态系统有机碳及全氮分布特征研究. 海口: 海南大学.

Baptist F, Yoccoz N G, Choler P. 2010. Direct and indirect control by snow cover over decomposition in alpine tundra along a snowmelt gradient. Plant and Soil, 328: 397-410.

Beckage B, Osborne B, Gavin D G, et al. 2008. A rapid upward shift of a forest ecotone during 40 years of warming in the Green Mountains of Vermont. Proceedings of the National Academy of Sciences of the United States of America, 105(11): 4197-4202.

Bjorkman A D, Criado M G, Myers-Smith I H, et al. 2020. Status and trends in Arctic vegetation: evidence from experimental warming and long-term monitoring. Ambio, 49: 678-692.

Bjorkman A D, Myers-Smith I H, Elmendorf S C, et al. 2018. Plant functional trait change across a warming tundra biome. Nature, 562: 57-62.

Bourque C P A, Mir M A. 2012. Seasonal snow cover in the Qilian mountains of Northwest China: its dependence on oasis seasonal evolution and lowland production of water vapour. Journal of Hydrology, 454-455: 141-151.

Carey S K, Pomeroy J W. 2009. Progress in Canadian snow and frozen ground hydrology, 2003—2007. Canadian Water Resources Journal, 34(2): 127-138.

Carrer M, Pellizzari E, Prendin A L, et al. 2019. Winter precipitation - not summer temperature - is still the main driver for Alpine shrub growth. Science of the Total Environment, 682: 171-179.

Chapin F S, Sturm M, Serreze M C, et al. 2005. Role of land-surface changes in Arctic summer warming. Science, 310(5748): 657-660.

Chen R, Kang E, Ji X, et al. 2006. Cold regions in China. Cold Regions Science and Technology, 45(2): 95-102.

Crabbe R A, Dash J, Rodriguez-Galiano V F, et al. 2016. Extreme warm temperatures alter forest phenology and productivity in Europe. Science of the Total Environments, 563-564: 486-495.

Elliott G P. 2011. Influences of 20th century warming at the upper tree line contingent on local-scale interactions: evidence from a latitudinal gradient in the Rocky Mountains, USA. Global Ecology and Biogeography, 20(1): 46-57.

Francon L, Corona C, Till-Bottraud I, et al. 2020. Assessing the effects of earlier snow melt-out on alpine shrub growth: the sooner the better? Ecological Indicators, 115: 106455.

Franklin J F, Shugart H H, Harmon M E. 1987. Tree death as ecological process. Biosciences, 37(8): 550-556.

Germino M J, Smith W K, Resor A C. 2002. Conifer seedling distribution and survival in an alpine-treeline ecotone. Plant Ecology, 162(2): 157-168.

Grace J, Berninger F, Nagy L. 2002. Impacts of climate change on the tree line. Annual of Botany, 90(4): 537-544.

Grau O, Ninot J M, Blanco-Moreno J M, et al. 2012. Shrub-tree interactions and environmental changes drive treeline dynamics in the Subarctic. Oikos, 121(10): 1680-1690.

Hallinger M, Manthey M, Wilmking M. 2010. Establishing a missing link: warm summers and winter snow cover promote shrub expansion into alpine tundra in Scandinavia. New Phytologist, 186(4): 890-899.

He Z B, Du J, Chen L F, et al. 2018. Impacts of recent climate extremes on spring phenology in arid-mountain ecosystems in China. Agricultural and Forest Meteorology, 260-261: 31-40.

He Z B, Du J, Zhao W Z, et al. 2015. Assessing temperature sensitivity of subalpine shrub phenology in semi-arid mountain regions of China. Agricultural and Forest Meteorology, 213: 42-52.

Herwitz S R. 1987. Raindrop impact and water flow on the vegetative surfaces of trees and the effects on stemflow and throughfall generation. Earthsurface Processes and Landforms, 12: 425-432.

Hou H, Feng Q, Su Y H. 2015. Shrub communities and environmental variables responsible for species distribution patterns in an alpine zone of the Qilian Mountains, northwest China. Journal of Mountain Science, 12: 166-176.

Jiang Y Y, Ming J, Ma P L, et al. 2016. Variation in the snow cover on the Qilian Mountains and its causes in the early 21st century. Geomatics Natural Hazards and Risk, 7(6): 1824-1834.

Li X Y, Liu L Y, Gao S Y et al. 2008. Stemflow in three shrubs and its effect on soil water enhancement in semiarid loess region of China. Agricultural and Forest Meteorology, 148(10): 1501-1507.

Liang E Y, Shao X M, Qin N S. 2008. Tree-ring based summer temperature reconstruction for the source region of the Yangtze River on the Tibetan Plateau. Global and Planet Change, 61(3-4): 313-320.

Liang E Y, Wang Y F, Piao S L, et al. 2016. Species interactions slow warming-induced upward shifts of treelines on the Tibetan Plateau. Proceedings of the National Academy of Sciences of the United States of America, 113(16): 4380-4385.

Lin P F, He Z B, Du J, et al. 2017. Recent changes in daily climate extremes in an arid mountain region, a case study in northwestern China's Qilian Mountains. Scientific Report, 7(1): 2245.

Liu X H, Qin D H, Shao X M, et al. 2005. Temperature variations recovered from tree-rings in the middle Qilian Mountain over the last millennium. Science China Earth Sciences, 48(4): 521-529.

Liu Y, An Z S, Linderholm H W, et al. 2009. Annual temperatures during the last 2485 years in the Eastern Tibetan Plateau inferred from tree rings. Science China Earth Science, 52(3): 348-359.

Liu Z W, Chen R S, Song Y X, et al. 2015a. Distribution and estimation of aboveground biomass of alpine shrubs along and altitudinal gradient in a small watershed of the Qilian Mountains, China. Journal of Mountain Science, 12(4): 961-971.

Liu Z W, Chen R S, Song Y X, et al. 2015b. Estimation of aboveground biomass for alpine shrubs in the upper reaches of the Heihe River Basin, Northwestern China. Environmental and Earth Science, 73: 5513-5521.

Marsh P, Pomeroy J, Pohl S, et al. 2008. Snowmelt processes and runoff at the Arctic treeline: ten years of MAGS research//Woo M. Cold Region Atmospheric and Hydrologic Studies. The Mackenzie GEWEX Experience. Volume 2: Hydrologic Processes. New York: Springer: 97-123.

Martin A C, Jeffers E S, Petrokofsky G, et al. 2017. Shrub growth and expansion in the Arctic tundra: an assessment of controlling factors using an evidence-based approach. Environmental Research Letters, 12(8): 085007.

Martinez-Meza E. 1994. Stemflow, throughfall, and root water channelization by three arid land shrubs in southern New Mexico. Las Cruces: New Mexico State University.

Menzel A, Seifert H, Estrella N. 2011. Effects of recent warm and cold spells on European plant phenology. International Journal of Biometeorology, 55(6): 921-932.

Myers-Smith I H, Elmendorf S C, Beck P S A, et al. 2015. Climate sensitivity of shrub growth across the tundra biome. Nature Climate Change, 5(9): 887-891.

Myers-Smith I H, Forbes B C, Wilmking M, et al. 2011. Shrub expansion in tundra ecosystems: dynamics, impacts and research priorities. Environmental Research Letters, 6(4): 045509.

Nemani R R, Keeling C D, Hashimoto H, et al. 2003. Climate-driven increases in global terrestrial net primary production from 1982 to 1999. Science, 300(5625): 1560-1563.

Pellizzari E, Camarero J J, Gazol A, et al. 2017. Diverging shrub and tree growth from the Polar to the Mediterranean biomes across the European continent. Global Change Biology, 23(8): 3169-3180.

Peñuelas J, Ogaya R, Boada M, et al. 2007. Migration, invasion and decline: changes in recruitment and forest structure in a warming-linked shift of European beech forest in Catalonia. Ecography, 30(6): 829-838.

Schellekens J, Scatena F N, Bruijnzeel L A, et al. 1999. Modelling rainfall interception by a lowland tropical rain forest in northeastern Puerto Rico. Journal of Hydrology, 225(3-4): 168-184.

Song X, Yan C Z, Xie J L, et al. 2012. Assessment of changes in the area of the water conservation forest in the Qilian Mountains of China's Gansu province, and the effects on water conservation. Environmental Earth Sciences, 66(8): 2441-2448.

Stueve K M, Isaacs R E, Tyrrell L E, et al. 2011. Spatial variability of biotic and abiotic tree establishment constraints across a treeline ecotone in the Alaska range. Ecology, 92(2): 496-506.

Turner M G. 2010. Disturbance and landscape dynamics in a changing world. Ecology, 91(10): 2833-2849.

Walther G R, Post E, Covey P, et al. 2002. Ecological responses to recent climate change. Nature, 416(6879): 389-395.

Wang X P, Wang Z N, Berndtsson R. et al. 2011. Desert shrub stemflow and its significance in soil moisture replenishment. Hydrology and Earth System Sciences, 15: 561-567.

Xu Y, Ramanathan V, Washington W M. 2016. Observed high-altitude warming and snow cover retreat over Tibet and the Himalayas enhanced by black carbon aerosols. Atmospheric Chemistry and Physics, 16(3): 1303-1315.

Yu H Y, Luedeling E, Xu J C. 2010. Winter and spring warming result in delayed spring phenology on the Tibetan Plateau. Proceedings of the National Academy of Sciences of the United States of America, 107(51): 22151-22156.

Zhang G L, Zhang Y J, Dong J W, et al. 2013. Green-up dates in the Tibetan Plateau have continuously advanced from 1982 to 2011. Proceedings of the National Academy of Sciences of the United States of America, 110(11): 4309-4314.

Zhang Y, Shao X, Yin Z Y, et al. 2014. Millennial minimum temperature variations in the Qilian Mountains, China: evidence from tree rings. Climate of the Past, 10(5): 1763-1778.

Zhao Y H, Liu X D, Li G, et al. 2018. Phenology of five shrub communities along an elevation gradient in the Qilian Mountains, China. Forest, 9(2): 58.

第5章

祁连山草原生态系统变化

祁连山位于青藏高原、黄土高原、蒙古高原和西北内陆干旱区等典型生态区域的交汇处，是我国重要生态安全屏障、生态区域之间物质和能量交流的"枢纽"。草原面积占祁连山区总面积的 3/4 以上，人类对其生态屏障与畜牧业生产基本功能有较长的历史认识。

草原生态系统的科学考察将点（关键区）、线（主要考察路线）调查相结合，通过遥感、无人机、样方调查和农牧户访问，摸清祁连山草原生产力与生物多样性的时空格局、草原退化现状、牧场生产与社会经济调查，明确草原生态系统服务功能、现状与变化趋势，分析草原退化的自然与人为影响因素，发掘草原生态修复样板，探寻草原生态评价的方法，提出草原健康管理的技术与政策建议。

5.1 草原概况及考察历史

近一个世纪以来，我国对祁连山地区草原资源开展了一系列考察。1950 年，西北军政委员会组织了西北草原畜牧考察团，对祁连山的草原和家畜进行了考察。1951 年 8 月，南京农业大学的王栋教授带领由教师贾作云、任继周和 30 多名学生组成的调查团专门对大马营和皇城滩进行了草原科学考察，形式有调查、采样和座谈，留下了珍贵的历史材料。皇城滩上的国有牧场后来被称为西北畜牧研究所的试验牧场，为草畜人才培养提供了难得的场所（任继周，2004）。1956 年夏天，任继周教授等在祁连山东部的天祝县建立了我国第一个高山草原定位试验站，开启了对祁连山草原定位研究的历史。尤其是近几十年来，气候的持续变化和人类活动威胁祁连山草原生态系统结构和功能的稳定性，草原生态系统的生产能力和多样性等变化的不确定性问题突出。因此，急需通过系统的科学考察，摸清祁连山草原生产力的时空格局，草原退化现状，牧区生态、生产与社会状况，评估草原生态系统服务价值，定量草原退化的自然与人为因素，提出草原生态修复与健康管理对策，为祁连山国家公园建设和祁连山地区经济社会可持续发展提供理论依据与技术支撑。

此次科考地点涵盖祁连山地区所有关键区，考察的草原植被类型主要包括高寒灌丛、高寒草甸、高寒典型草原、高寒荒漠草原和荒漠草原等。

高寒灌丛多见于祁连山海拔 3000 m 以上的山地阴坡和河谷滩地，主要物种有金露梅、鬼箭锦鸡儿、甘肃棘豆（*Oxytropis kansuensis*）、二裂委陵菜（*Potentilla bifurca*）、垂穗披碱草（*Elymus nutans*）、附地菜（*Trigonotis peduncularis*）、洽草（*Koeleria macrantha*）、肉果草（*Lancea tibetica*）、双叉细柄茅（*Ptilagrostis dichotoma*）等，其中金露梅和鬼箭锦鸡儿为优势种。高寒草甸在祁连山地区海拔 3200 ～ 5200m 处广泛分布，主要物种有草地早熟禾（*Poa pratensis*）、华扁穗草（*Blysmus sinocompressus*）、赖草（*Leymus secalinus*）、羊茅（*Festuca ovina*）、紫花针茅（*Stipa purpurea*）、黄花棘豆（*Oxytropis ochrocephala*）、矮生嵩草（*Kobresia humilis*）、禾叶嵩草（*Kobresia graminifolia*）、线叶嵩草（*Kobresia capillifolia*）、黑褐穗薹草（*Carex atrofusca*）、珠芽蓼（*Polygonum viviparum*）、圆穗蓼（*Polygonum macrophyllum*）、肋柱花（*Lomatogonium carinthiacum*）、美丽风毛菊（*Saussurea pulchra*）

等，优势种主要有矮生嵩草、华扁穗草、赖草和风毛菊属植物。高寒典型草原主要分布在祁连山南坡海拔 3000～4500m 的高山地带，主要物种有垂穗披碱草、紫花针茅、洽草、阿尔泰狗娃花（*Aster altaicus*）、多裂委陵菜（*Potentilla multifida*）、赖草、冷蒿（*Artemisia frigida*）、蚓果芥（*Neotorularia humilis*）、星毛委陵菜（*Potentilla acaulis*）、甘肃马先蒿（*Pedicularis kansuensis*）、鹤虱（*Lappula myosotis*）、草地早熟禾（*Poa pratensis*）等，优势种主要是针茅属、早熟禾属、薹草属、黄芪属和棘豆属的植物。高寒荒漠草原主要分布在当金山和哈拉湖周围滩地、柴达木盆地，植被组成简单，优势种单一。主要物种有沙生针茅（*Stipa caucasica* subsp. *glareosa*）、白茎盐生草（*Halogeton arachnoideus*）、翼果驼蹄瓣（*Zygophyllum pterocarpum*）、蝎虎驼蹄瓣（*Zygophyllum mucronatum*）、白刺（*Nitraria tangutorum*）、珍珠猪毛菜（*Salsola passerina*）、驼绒藜（*Krascheninnikovia ceratoides*）、灌木亚菊（*Ajania fruticulosa*）、唐古红景天（*Rhodiola tangutica*）等，优势种主要是驼绒藜、灌木亚菊、唐古红景天。荒漠草原主要分布在祁连山北麓，海拔在 2000m 以下，主要物种有白刺、珍珠猪毛菜、盐爪爪（*Kalidium foliatum*）、合头草（*Sympegma regelii*）、莳萝（*Anethum graveolens*）、黄花补血草（*Limonium aureum*）等，优势种主要是白刺、盐爪爪、珍珠猪毛菜。

5.1.1　草原面积变化

祁连山草原生态系统在各生态系统中面积占比最大（图 5.1），占总面积约 3/4，除了祁连山西南部有明显裸地分布以外，其他地区都有大面积草原分布。近几十年，特别是 2000 年以后逐年递增趋势明显（图 5.2），占比从 1992 年的 74.06% 上升至 2015 年的 77.36%（图 5.3），这种变化可能主要与气候变化有关。

祁连山草原面积占祁连山总面积的比值从 1992 年的 74.06% 增加到 1998 年的 74.22%，这期间草地面积虽有增加，但相对缓慢，增加的面积主要来自裸地面积的减少；随着气候的进一步暖湿化，祁连山西部裸地面积快速减少，特别是 1999～2004 年草地面积占比呈线性增加趋势，共增加了 1.4%；之后 11 年草地面积增加趋于平缓，2005～2015 年共增加了 1.27%（图 5.3）。

戴声佩等（2010a）研究表明，祁连山草原的面积在 1999～2007 年呈逐年增加的趋势，这与作者的调查结果一致，但不同区域的变化又不尽相同，面积减少的区域主要有黑河、大通河、乌鞘岭、疏勒河、石羊河、北大河及青海湖附近，面积增加的区域主要有冷龙岭、走廊南山、托勒山、拉脊山、达坂山、大通山、青海南山、托勒南山等区域。冷龙岭、青海南山、乌鞘岭、大通河、疏勒河等地区未来草地面积呈向好趋势；走廊南山、托勒南山、石羊河等地区则有退化的趋势。高寒草甸和高寒荒漠草原呈向好趋势；而高寒典型草原未来则有退化的趋势。有研究表明，祁连山典型草原生长的主要影响因素是气温，降水是生长期内草原植物生长的重要因子。温度是高寒草甸生长的限制因子，而降水量是高寒荒漠草原生长的限制因子（戴声佩等，2010b）。

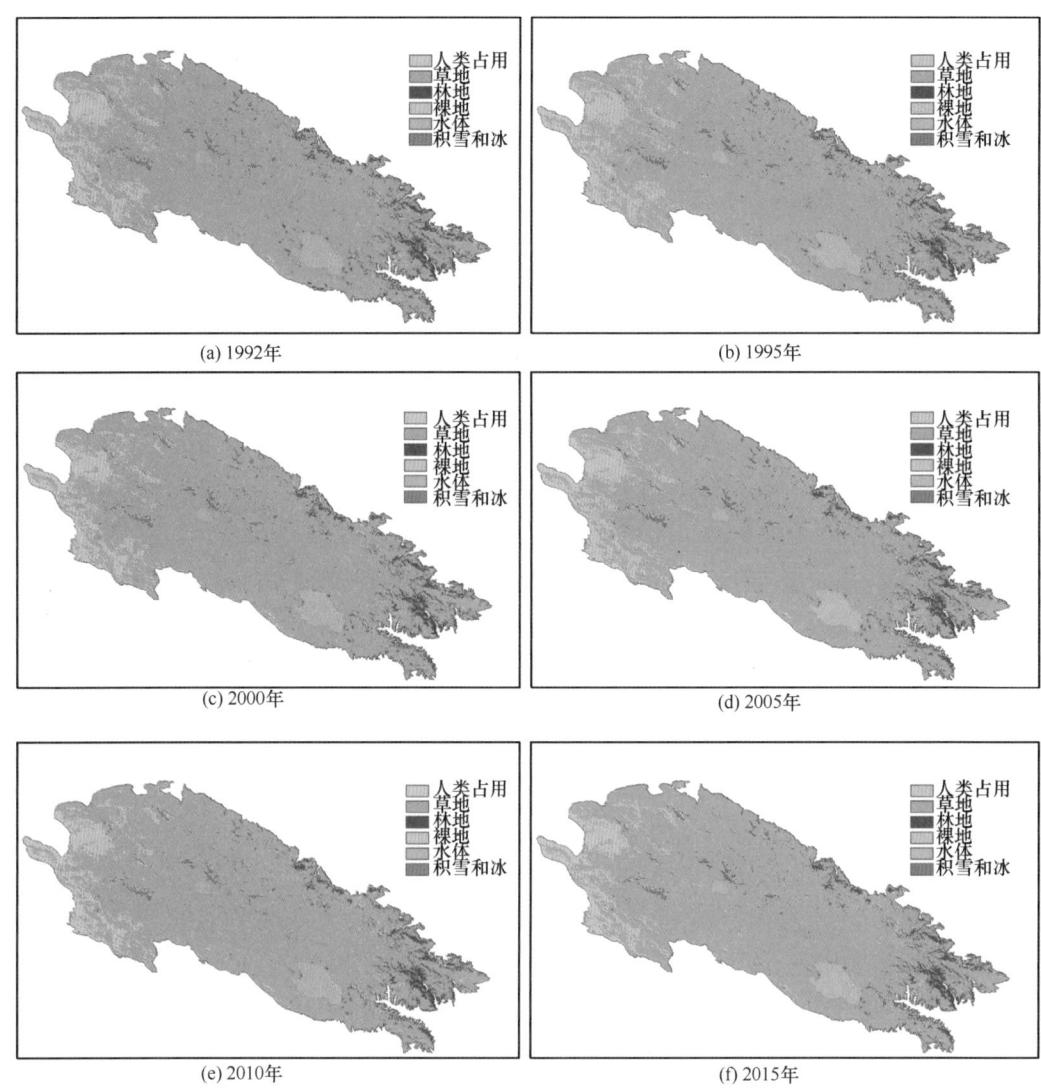

图 5.1　祁连山草原分布变化图

5.1.2　草原地上生物量的变化

　　祁连山草原生物量整体上呈现出东部高、中部次之、西部最少的特点，高寒地区的草原状况普遍较好，盖度超过 70%，生物量最高；西部部分荒漠区植被盖度甚至不足 5%，生物量也相对较小（图 5.4）。

　　在祁连山北坡，海拔高于 3000 m 处，地上生物量平均值大于 160 g/m^2；在海拔 1200 ~ 1400 m 范围内，地上生物量平均值小于 104 g/m^2；在海拔 1700 ~ 3000 m 范围内，地上生物量平均值小于 400 g/m^2。在祁连山南坡，海拔均高于 3000 m，平均地上生物量约为 53 g/m^2，远低于北坡同海拔梯度的地上生物量。

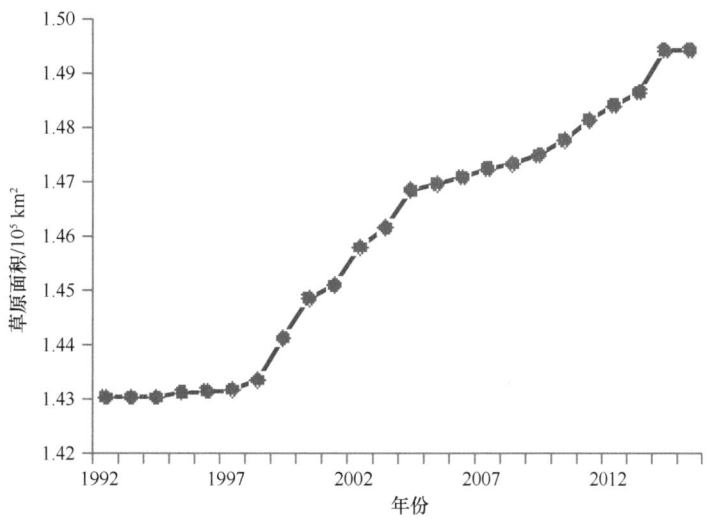

图 5.2　祁连山草原面积变化

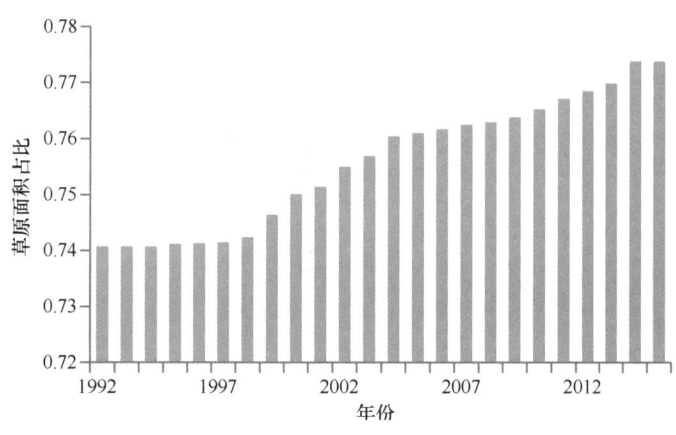

图 5.3　祁连山草原面积占比变化

地上生物量随着海拔的升高而增加，两者呈显著的指数正相关关系（$R^2 = 0.81$，$P < 0.01$）（图 5.5）。地上生物量与经度呈抛物线式关系，随着经度的东移，地上生物量先减小后增大，100.2° E 处地上生物量最低（20 g/m²）。地上生物量与年均降水量之间存在显著的正相关关系（$R^2 = 0.93$，$P < 0.01$），年均降水量每增加 100 mm，地上生物量增加 150 g/m²。年均降水量 <100 mm 时，地上生物量几乎为 0。相反，地上生物量与年均温度之间存在显著负相关关系（$R^2 = 0.9282$，$P < 0.01$），年均温度每升高 1℃，地上生物量约减少 140 g/m²。

生物量是草原生态系统结构与功能的重要表现形式，其空间格局对定量分析草原生态系统具有重要意义（吴红宝等，2019）。祁连山草原地上生物量随着海拔的升高而显著增加，符合青藏高原东缘和南缘海拔 4800 m 以下草原地上生物量空间格局规律。在水平方向，随着经度的东移，草原地上生物量呈先减少后增加的趋势，在纬度方向

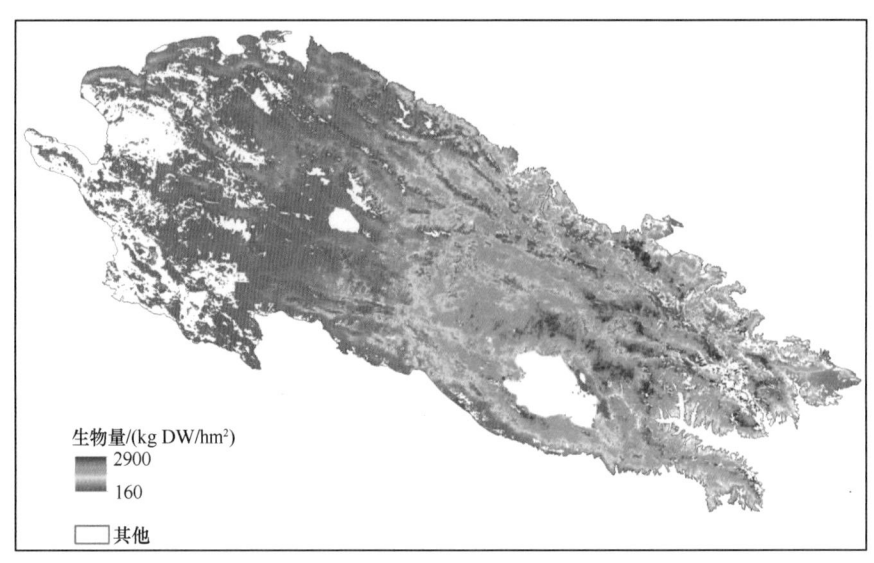

图 5.4 祁连山草原生物量变化

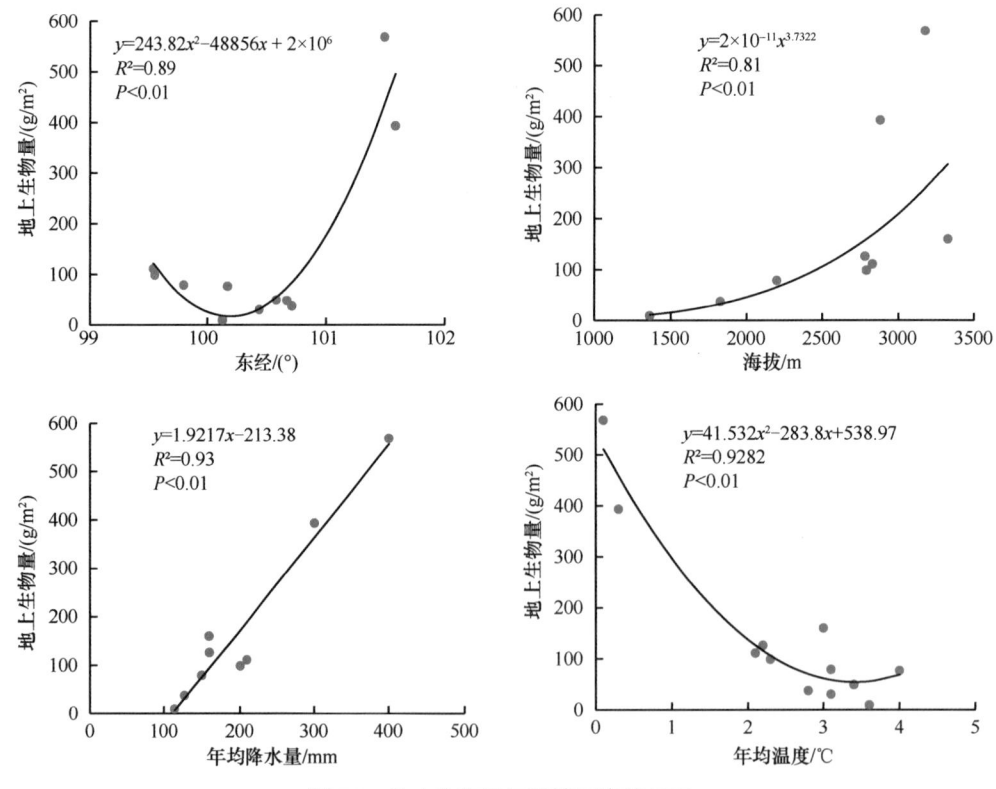

图 5.5 地上生物量与环境因素的关系

上变化不明显，表明祁连山地区草原地上生物量的主要制约因子为经度和海拔，这一结果符合青藏高原草原生物量水平地带的空间格局。

5.2　草原地上生物量和物种丰富度的空间格局

采样点位置与气候条件见表 5.1。

表 5.1　采样点位置与气候条件

地点代码	地名	坡向	东经	北纬	海拔 /m	年均温度 /℃	年均降水量 /mm
A	大柏树沟，肃南县	阴坡	101.49°	37.90°	3177	1.1	280.5
B	龙应山，肃南县	阴坡	101.59°	37.88°	2880	0.3	257.5
C	平山湖，甘州区	阴坡	100.71°	39.18°	1827	6.8	127.9
D	北山，临泽县	阴坡	100.12°	39.42°	1363	3.6	114.5
E	大河鹿场春秋牧场，肃南县	阴坡	99.53°	38.91°	2830	0.2	305.5
F	大河鹿场冬季牧场，肃南县	阴坡	99.54°	38.91°	2791	2.3	257.5
G	元山子，高台县	阳坡	99.80°	39.19°	2230	3.1	150.5
H	当金山，阿克塞县	阳坡	94.10°	39.31°	3327	0.1	101.5
I	小苏干湖，阿克塞县	阳坡	94.17°	39.06°	2781	2.2	160.5
J	擦那塘，刚察县	阳坡	100.58°	37.29°	3327	3.4	370.5
K	江仓，刚察县	阳坡	100.43°	37.66°	3683	3.1	410.7
L	八宝镇，祁连县	阳坡	100.16°	38.16°	3009	4.2	313.6
M	祁门，祁连县	阳坡	100.67°	38.02°	3144	3.7	330

5.2.1　草原地上生物量的空间格局

祁连山草原植被地上生物量在空间分布上表现出明显的规律性，从东南向西北整体递减。在东西方向以 99.6°E 和 101.5°E 将祁连山分成东、中、西 3 部分，99.6°E 以西时，从东到西草原植被地上生物量逐渐下降，变化范围为 91.8 ～ 187.06 g/m²；101.5°E 以东时，自东向西草原植被地上生物量逐渐增加，变化范围为 33.64 ～ 601.28 g/m²。

在南北方向，地上生物量呈对称性变化。以纬度 37.9°N 为界，草原植被地上生物量沿南北方向逐渐下降，分为 3 个明显区域。在东段，100.71° ～ 101.59°E，自南向北草原植被地上生物量从 601.84 g/m² 减少到 358.52 g/m²，自北向南草原植被地上生物量从 568.63 g/m² 减少到 40.07 g/m²。在中段，99.53° ～ 100.71°E，自南向北和从北向南草原植被地上生物量变化范围分别为 111.3 ～ 22.2 g/m² 和 113.2 ～ 24.2 g/m²。在西段，94.17° ～ 99.8°E，自南向北和自北向南草原植被地上生物量分别从 111.3 g/m² 和 118.24 g/m² 减少到 43.8 g/m² 和 50.4 g/m²（图 5.6）。

总体上，草原植被地上生物量下降速度东段北坡快于南坡，中段南北坡变化幅度接近，西段则南坡快于北坡（何美悦等，2020）。

5.2.2　草原物种丰富度的空间格局

整体上，祁连山草原物种丰富度呈现东南高西北低的空间格局。在东西方向上，物种丰富度显著分为南北两部分。南部自西向东物种丰富度逐渐减小，而北部自西向东物种丰富度逐渐增大。南北方向，38.7° ～ 39.5°N，物种丰富度自西向东逐渐下降，由

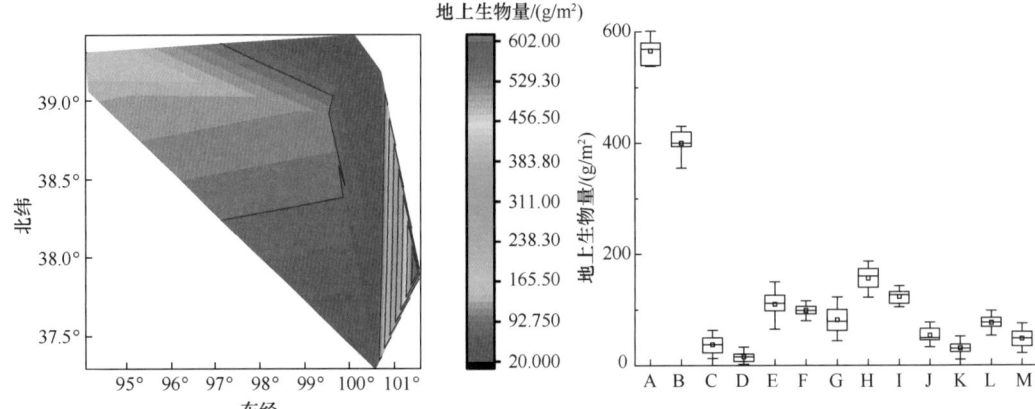

图 5.6　地上生物量空间分布格局

$9\,N^{①}/m^2$ 下降至 $2\,N/m^2$；$37.8°\sim38.7°N$，物种丰富度自西向东逐渐增大，由 $12\,N/m^2$ 增大至 $19\,N/m^2$；$36.9°\sim37.8°N$，物种丰富度自西向东变化范围为 $4\sim8\,N/m^2$。

　　祁连山北坡，在海拔高于 3000 m 处，物种丰富度平均值大于 $14\,N/m^2$；在海拔 $1200\sim1400$ m 范围内，物种丰富度平均值小于 $7\,N/m^2$；在海拔 $1700\sim3000$ m 范围内，物种丰富度平均值小于 $8\,N/m^2$。祁连山南坡，海拔均高于 3000 m，物种丰富度约为 $10\,N/m^2$，远低于北坡同海拔梯度的地上生物量（图 5.7）（何美悦等，2020）。

　　祁连山存在自西向东逐渐减少的水分梯度，植被地上生物量应遵循水分梯度规律，随经度东移而显著东移（朱桂丽等，2017）。祁连山草原地上生物量和物种丰富度随经度表现出东西高、中间低的二次函数格局，在 102°E 左右时物种丰富度最高，94°E 是当金山和小苏干湖等地，主要草原类型为荒漠草原，物种丰富度较低。祁连山草原地上生物量和物种丰富度与海拔正相关。陈遐林等（2002）认为卡孜乡亏组山植被物种丰富度随海拔梯度大致呈中间高、两边低的单峰变化格局，而本科考结果与其不同，主要原因可能是卡孜乡方组山海拔相对较高，而本科考样点海拔相对较低。一般青藏高原物种丰富度在 $4600\sim4700$ m 达到最高点之后开始缓慢下降，本科考样点最高取样点海拔为 3700 m，均在海拔拐点之下，所以物种丰富度随海拔升高呈现上升趋势。降水为植物生长发育提供水分条件，水热条件改变物种选择、资源竞争、生境，进而影响物种丰富度和生产力。李晓东等（2012）认为青藏高原降水量增多，草原生物量增加，其中西北针茅（*Stipa sareptana*）与杂类草等波动较大，草地早熟禾、冷草、矮生嵩草和猪毛蒿（*Artemisia scoparia*）等随之略有波动。祁连山草原地上生物量与多年平均年降水量显著正相关，与陈效述和郑婷（2008）在内蒙古典型草原的研究结果相似。研究表明（王金兰等，2019），青藏高原植物地上生物量与年均降水量呈"驼峰"曲线，400 mm 为年均降水量的转折点。本科考中除刚察县江仓外，其余样地年均降水量均在 400 mm 以下，所以草原地上生物量随年均降水量增加呈不断上升趋势。在降水充足的情况下，气温越高，牧草的光合作用和生长发育越旺盛，地上生物量越大，物种丰富度越高。

---

① N 代表物种个数。

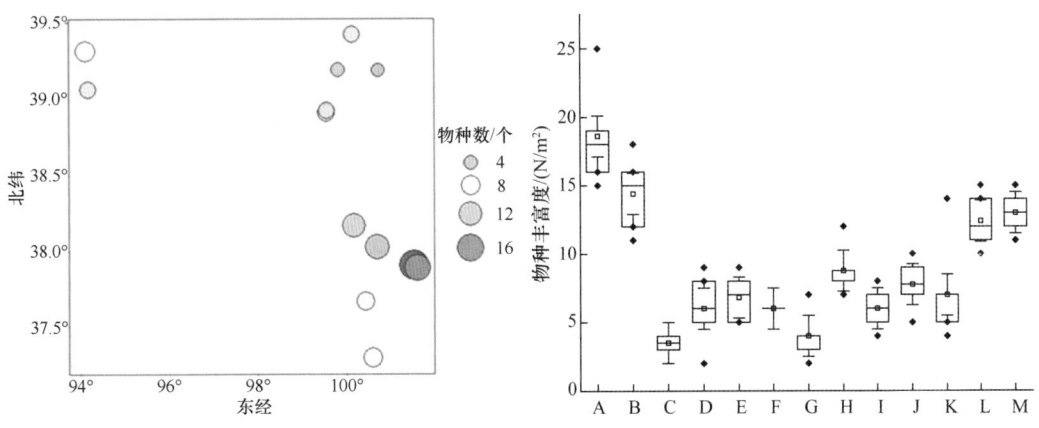

图 5.7　物种丰富度空间分布格局

但在降水较少的情况下，高温将导致土壤水分蒸发和植物蒸腾加剧，造成土壤中供给牧草生长发育的水分不足，从而使草原光合作用减弱，地上生物量下降。因此，祁连山地区草原地上生物量和物种丰富度与年平均温度呈负相关是水热条件共同决定的。

物种丰富度与海拔之间呈显著指数正相关关系（$R^2 = 0.3243$，$P < 0.01$）（图 5.8），物种丰富度随海拔的升高而增大，海拔每升高 1000 m，物种丰富度增大 7 N/m²。物种丰富度与经度呈抛物线关系，随着经度的东移，物种丰富度先减小后增大，在 97°E 时物种丰富度最低，约为 1 N/m²。物种丰富度与年均降水量之间存在显著正相关关系

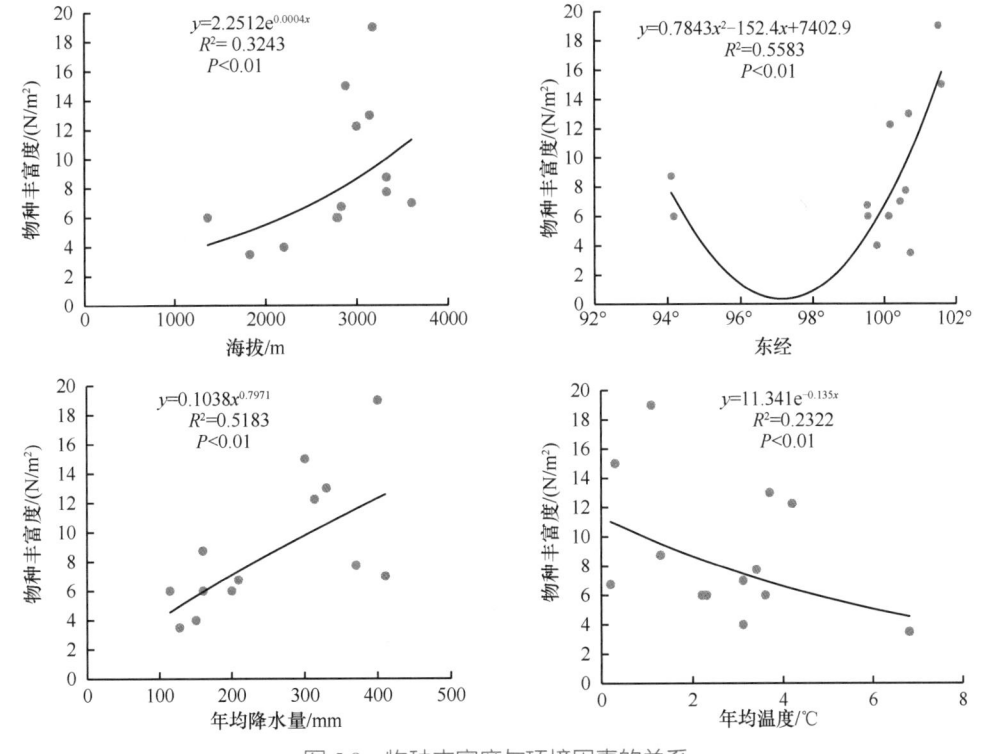

图 5.8　物种丰富度与环境因素的关系

(R^2 =0.5183，$P < 0.01$)，年均降水量每增加 100 mm，物种丰富度增大 4 N/m^2。相反，物种丰富度与年均温度之间存在显著负相关关系（R^2 = 0.2322，$P < 0.01$），年均温度每升高 1 ℃，物种丰富度约减小 3 N/m^2。

物种丰富度空间分布格局及其形成机制是生态学研究的核心科学问题之一（刘立等，2020）。祁连山地区草原物种丰富度随着海拔升高而增大，随着经度的东移先减小后增大，在纬度方向上变化不明显。祁连山草原物种丰富度在空间上表现出由东南向西北减小的规律性，具有水平和垂直地带性分布规律（官惠玲等，2019）。

年均温度和年均降水量是对植被地上生物量和物种丰富度影响最大的环境因子。降水通过土壤水分有效性影响地上生物量，温度通过生长季长短影响地上生物量，与本科考年均降水量和年均温度共同作用于地上生物量的纬向分布格局一致。随着降水量的增多，祁连山地区草原生物量增加，随着年均温度升高，则草原生物量明显下降，说明水热关系是影响植物生长和生物量积累的主要因素。海拔导致水热再分配，因而改变草原生物量的垂直分布。

5.3 草原土壤分布特征

土壤是草原生态系统的重要组成部分，不仅为动物及微生物提供赖以生存的栖息场所，也为植物提供必需的营养和水分，是各种物质能量转化的场所（田宏，2003）。其水分、养分含量的高低不仅影响植物个体发育，更进一步决定着植物群落的类型、分布和动态。植被对土壤水分、养分的效应是由于植物的吸收与固定、群落生物量的积累与分解等，从而土壤水分、养分在时间和空间尺度上出现了各种动态变化过程，因此植被的土壤水分、养分效应与植物群落的地上、地下生物量的大小、保存率和周转率等是分不开的（杜峰等，2007）。不同牧压强度下土壤水分和养分有一定改变（Yayneshet and Treydte，2015），进而影响草原生物量的积累，适度放牧是保护生物多样性、维持土壤养分及提高草原生产力的有效途径（王向涛等，2010）。气温和土壤含水量是影响物种多样性的主要环境因子（Liu et al.，2015），土壤水分对草原物种丰富度和地上生物量影响显著（陈生云等，2010），水热因子随海拔梯度的变化影响着土壤养分等因子，土壤养分的高低又直接影响着群落生产力（李凯辉等，2007；柳妍妍等，2013）。因此，调查研究土壤水分、养分对草原生态系统的影响有助于全面认识祁连山草原生长分布耗水特征。

本次科考主要针对祁连山 16 个地区的土层深度、土壤剖面含水量、土壤剖面养分、土壤剖面质地分布、土壤表层容重及表层土壤导水率进行调查测定，并采集不同类型草原的地形分布照片资料。总共获得 16 个采样点的土壤水分和 22 个采样点的土壤养分、土壤质地样品。

5.3.1 不同类型草原土层深度分布特征

不同地区，因气候、地形、海拔和坡向的影响，分布着不同类型的草原，且该草原的土层深度直接影响着土壤水分、土壤质地及植物地上生物量和地下生物量。此次调查发现，土层深度呈现区域变化的特征（表 5.2）。在民勤撂荒地土层深度为 100 cm 处，上部土壤以粉黏土壤为主，下部土壤为风沙土。东大河林场土层较薄，为 40 cm，土壤腐殖质含量较高，再往下分布着大量风化岩层。皇城柏树沟土层较厚，为 180 cm，土壤剖面 0～80 cm 处土壤颜色为黑色且黏粒含量较高，有机质含量丰富。在土层 80～140 cm 处土壤颜色由黑变黄，但是在土层 140～180 cm 处出现褐色致密土壤层，土壤分层现象较为明显。而海拔相对低一点的皇城月牙崖土层较厚，为 200 cm，且土层质地较为均一，为黄绵土。而位于祁连山中段的山丹军马场、康乐草原和肃南鹿场土壤质地较为相似，都是上黏下砂，70～80 cm 土层处有分层现象。山丹军马场平均土层为 120 cm，康乐草原和肃南鹿场土层为 200 cm。而位于祁连山西段的敦煌和阿克塞分布着大量的荒漠草原，调查样点的土层深度都较薄，为 20～40 cm。分布于青海周边的高寒草甸土层深度为 60～100 cm，0～10 cm 土层土壤结构较为紧实，由于温度过低，土层根系与土壤接触部分形成冻土。20～40 cm 土层质地偏黏。40～60 cm 土层为砂质土壤。60 cm 土层以下以砾石和风化岩屑为主。总体土层深度排序为祁连山中段＞祁连山东段＞青海周边＞祁连山西段。土壤土层深度与土壤储水量有密切的关系。

表 5.2 调查样地土层深度（单位：cm）

调查点	土层深度 /cm	调查点	土层深度 /cm
民勤撂荒地	100	敦煌	20
东大河林场	40	阿克塞	40
皇城柏树沟	160	小苏干湖	100
皇城龙英山	80	刚察	60
皇城月牙崖	200	祁连	70
山丹军马场	120	祁连坡顶	80
康乐草原	200	门源	100
肃南鹿场	200		

5.3.2 不同类型草原土壤水分特征

不同地区不同类型草原的土壤水分存在很大的空间变异性（图 5.9 和图 5.10），调查发现在民勤撂荒地土壤总体含水量最低，表层含水量较低，为 2.5%，随土层深度增加，土壤含水量稍有增加，在 40 cm 土层含水量达到最高。而皇城柏树沟土壤总体含水量最大，表层含水量最大，为 66.36%，随土层深度增加土壤含水量降低。整体变化趋势与民勤撂荒地相反。而位于祁连山中段的山丹军马场、康乐草原和肃南鹿场土壤剖面含水量变化趋势基本相同，都随土层深度增加呈现先增加后减小的趋势。其中康乐草原表层土壤含水量较低，为 9.94%，在 50 cm 土层达到最高，为 21.26%，而山丹军马场和肃南鹿场表层土壤含水量相近，分别为 27.27% 和 22.81%，但是山丹军马场在 30 cm 土层处土壤含水量达到最高，肃南鹿场在 70 cm 土层处土壤含水量达到最高。与类型相似的皇城月牙崖相比，祁连山中段土壤含水量较高。而皇城月牙崖土壤含水量呈现出随土层深度增加而增加的趋势，但总体土壤含水量偏低。对比青海湖周边土壤含水量变化，门源与刚察、祁连的高寒草甸土壤含水量变化趋势不太一致，门源是随土层深度先增大后减小，

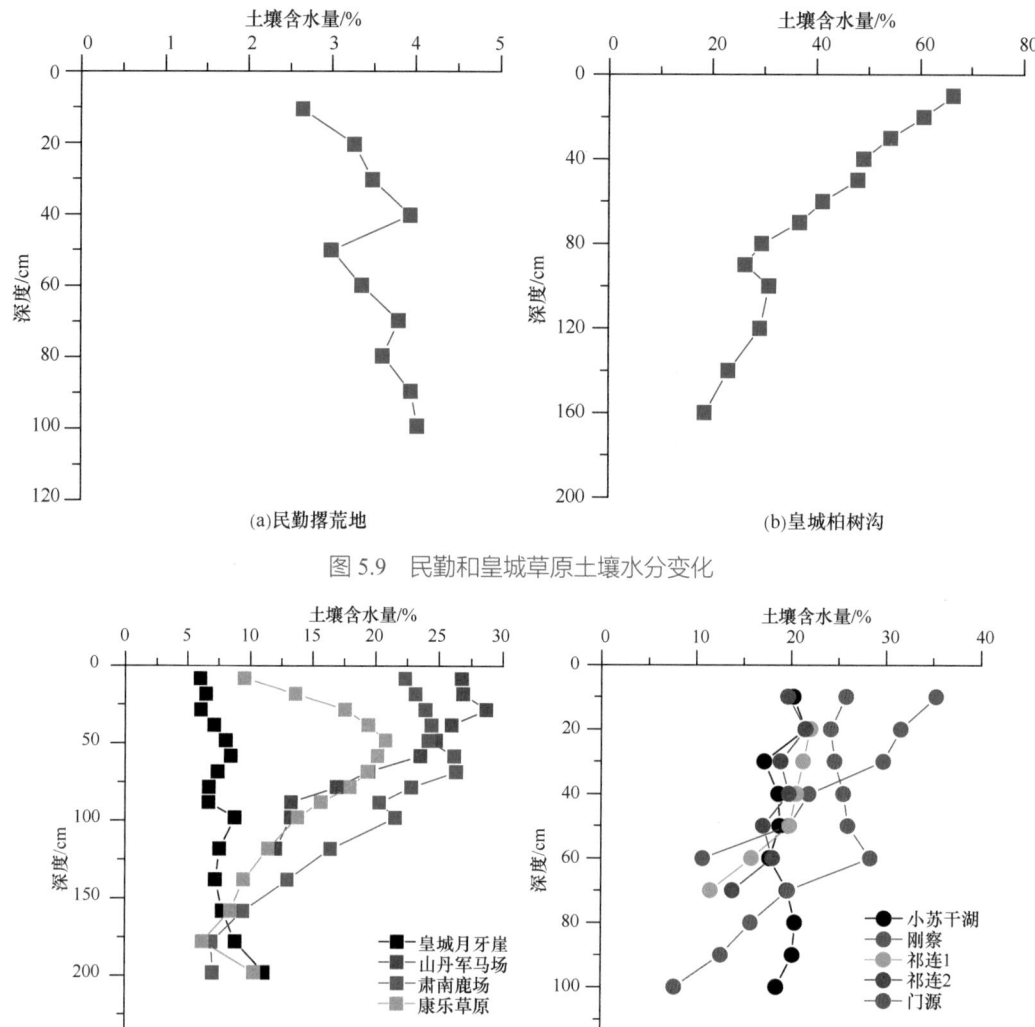

图 5.9　民勤和皇城草原土壤水分变化

图 5.10　祁连山中段和青海周边土壤水分变化

刚察和祁连都随土层深度增加而减少。刚察表层土壤含水量较高而门源总体土壤含水量较高，祁连两个采样点的土壤剖面含水量相似。

5.3.3　不同类型草原表层土壤容重和表层导水率特征

不同类型草原表层土壤容重和表层导水率直接影响植被对水分的吸收和土壤渗水、持水能力。调查发现不同地区不同类型草原的表层土壤容重有很大差异。民勤撂荒地较其他草原表层土壤容重较高，为 1.34 g/cm³，主要是因为表层土壤含水量较低，且土壤质地为粉黏土。运用小型盘式入渗仪测量的土壤稳定入渗率和饱和导水率都偏低，分别为 0.0058 cm/s 和 0.0115 cm/s。而分布于东大河林场、刚察、祁连和门源附近的高寒草甸表层土壤容重相近，分别为 0.67 g/cm³、0.75 g/cm³、0.88 g/cm³ 和 0.97 g/cm³。

该地区表层稳定入渗率和饱和导水率都相似，约为 0.0063 cm/s 和 0.0188 cm/s，且差异不显著。而位于高寒草原的山丹军马场、康乐草原和肃南鹿场之间表层土壤容重近似，表层土壤稳定入渗率和饱和导水率差异却较大。综合分析发现，由于根系分布影响较大，烘干后环刀内的土柱会萎缩，从而导致整体表层土壤容重偏低。在不同草原的生境条件、枯落物积累量和植物根系分布等因素的影响下，土壤容重存在一定差异。而土壤表层饱和导水率基本相近，部分区域因表层土壤质地的影响而有所差异。

5.3.4 不同季节、放牧强度土壤含水量的变化

高寒草原在不同季节、放牧强度下，土壤容重变化随着放牧强度的降低呈现出先升高后降低的趋势。在 0 ~ 10 cm 土层深度下，随着放牧强度的降低，冬季牧场的土壤容重表现为先上升后下降，最终趋于稳定，在 0.75 g/cm³ 左右，然而春秋牧场土壤容重则表现为先缓慢下降后上升的趋势；0 ~ 20 cm 土层的土壤容重略高于 0 ~ 10 cm 土层的土壤容重，就春秋牧场的土壤容重而言，在较高的放牧强度下显著下降，但随着放牧强度进一步降低而逐渐趋于平缓，说明 0 ~ 20 cm 土层土壤容重对高放牧强度响应显著，在较低放牧强度下土壤容重的变化幅度较小。对于 20 ~ 30 cm 和 30 ~ 40 cm 土层来说，土壤容重的变化均表现为先下降后上升最后趋于平缓（图 5.11）。

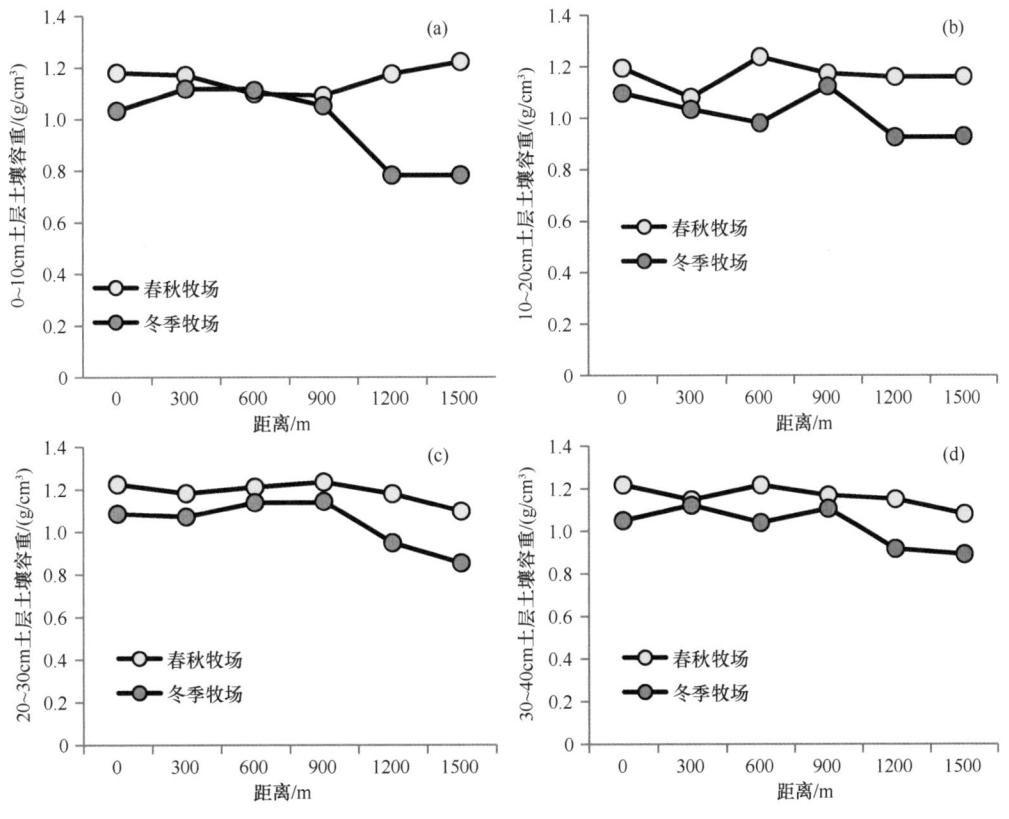

图 5.11 不同季节、放牧强度土壤容重的变化

5.3.5 不同季节、放牧强度土壤含水量与土壤容重的关系

对土壤容重与土壤含水量进行相关性分析，结果表明，春秋牧场的土壤容重与土壤含水量之间的线性关系方程为 $y=-0.0025x^2+0.1189x-0.2577$，二者之间无相关关系（$P=0.624$）；对于冬季牧场的土壤容重与土壤含水量而言，二者之间存在极显著相关关系（$P=0.006$），二者之间的拟合方程表现为 $y=-0.2179x^2+10.779x-132.18$，$R^2=0.4819$（图 5.12）。

总之，就土壤特征而言，不同草原类型下的土壤类型差异较大，土壤表面多为粉粒，而随着深度的降低逐渐会出现腐殖质、黏粒等，不同季节及放牧强度下土壤容重的变化表现出春秋牧场略高于冬季牧场；而土壤含水量则体现为冬季牧场略高于春秋牧场，且冬季牧场的土壤容重与土壤含水量之间存在极显著相关关系。

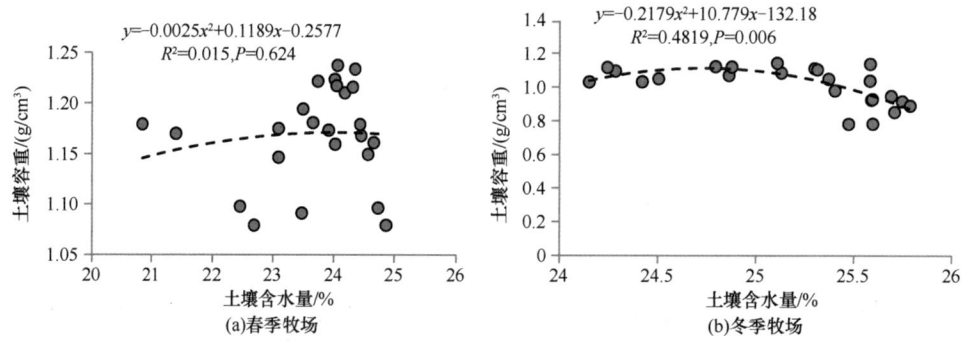

图 5.12 不同季节、放牧强度土壤含水量与土壤容重的关系

5.3.6 草原土壤质地分布特征

对祁连山不同地区和不同类型草原土壤进行颗粒组成分析，按照美国农业部土壤质地分类标准进行分类（图 5.13）。发现土壤质地以粉砂壤土和粉黏壤土为主，个别地区分布有少量的粉黏土、黏质壤土和壤土（图 5.14）。民勤摞荒地土壤质地为粉砂壤土，而东大河林场和皇城柏树沟地区高寒草甸土壤质地为粉黏壤土，土壤中粉粒含量最高为 60%～65%，黏粒含量次之，为 25%～30%，而砂粒含量较低，且随土壤深度增加，砂粒含量先减少后增大。皇城月牙崖地区的山地草原土壤质地以粉砂壤土为主。土壤中粉粒含量最高，为 60%～65%，黏粒含量和砂粒含量相近，为 16%～20%，土壤砂粒含量随土层增加而减少。以高寒草原为主的地区土壤质地分布较相似，山丹军马场土壤表层为粉砂壤土、30～70 cm 土层土壤质地为粉黏壤土，70 cm 土层以下土壤质地为粉砂壤土。康乐草原土壤质地较为均匀，为粉砂壤土，土壤粉粒含量较高，50～70cm 土层土壤砂粒含量较小，而肃南鹿场 0～60 cm 土层土壤质地为粉砂壤土，60～90 cm 土层土壤为粉黏壤土，90 cm 以下土层土壤以粉砂壤土为主。祁连山西段阿克塞地区土壤质地以粉砂壤土为主。刚察

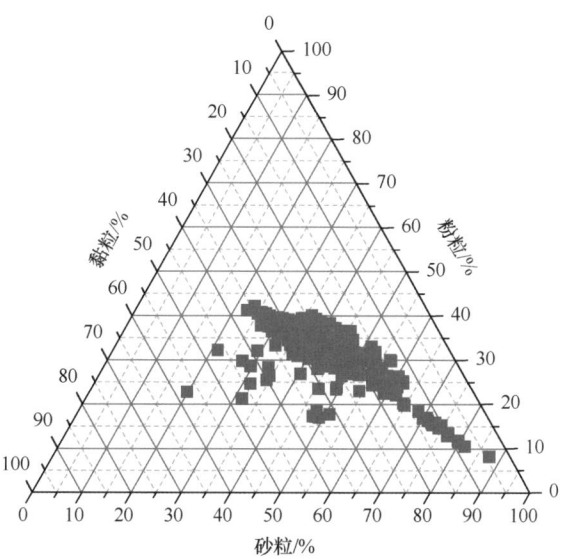

图 5.13 调查点土壤质地分类三角坐标图

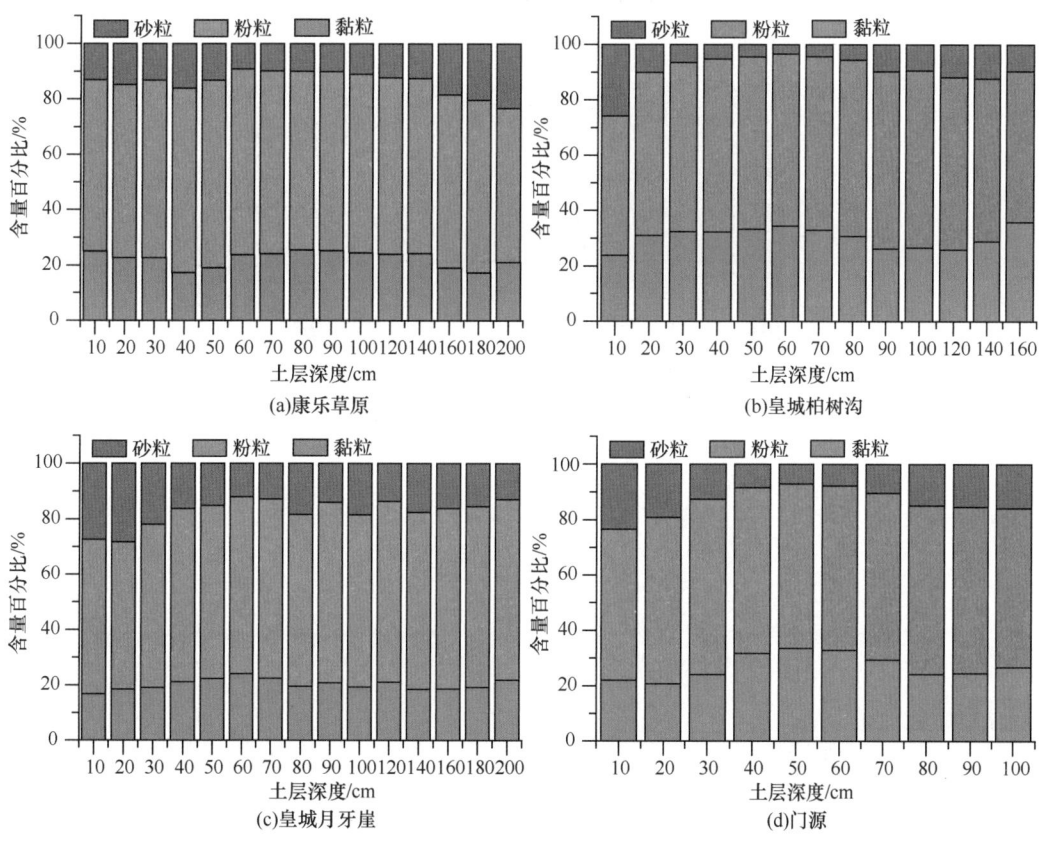

图 5.14 土壤颗粒剖面分布

和门源地区高寒草甸土壤质地 0 ～ 30 cm 土层土壤质地为粉砂壤土，30 ～ 60 cm 土层土壤质地为粉黏壤土，砂粒含量较少，60 cm 以下土层土壤质地为粉砂壤土。随土层加深土壤砂粒含量先减少后增大。

分析各调查样点 0 ～ 10 cm 土层土壤颗粒，结果表明，各个地区表层土壤质地差异较大，土壤粉粒含量较高，土壤砂粒含量因地区不同而有所差异（图 5.15）。祁连山东部低海拔地区以民勤撂荒地为例，表层土壤质地为粉砂壤土，各粒级组分含量分别为 13.25%（黏粒）、50.89%（粉粒）、35.86%（砂粒）。而祁连山东部高海拔高寒灌丛草甸表层质地为粉砂壤土，各粒级组分含量分别为 23.88%（黏粒）、50.43%（粉粒）、25.69%（砂粒）。高寒草原土壤质地为粉砂壤土，各粒级组分含量分别为 16.93%（黏粒）、55.68%（粉粒）、27.39%（砂粒）。祁连山中部高寒草原表层土壤质地为粉黏壤土，各粒级组分含量分别为 25.14%（黏粒）、61.84%（粉粒）、13.02%（砂粒）。青海地区高寒草甸土壤质地为粉砂壤土，各粒级组分含量分别为 19.87%（黏粒）、47.54%（粉粒）、32.59%（砂粒），砂粒含量较高。

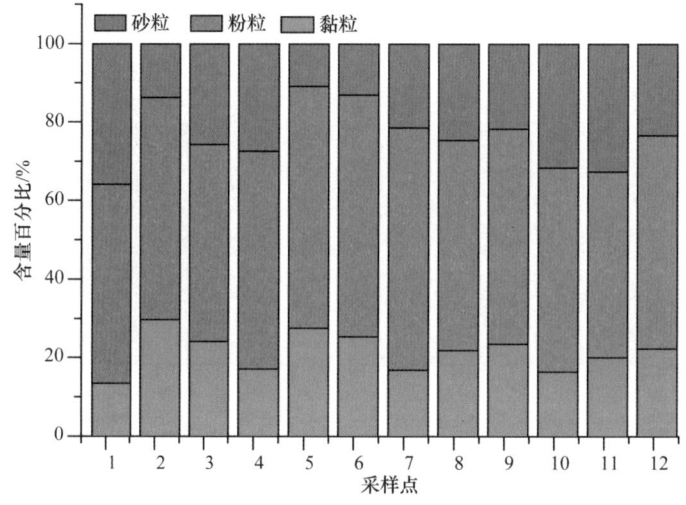

图 5.15　调查样点 0 ～ 10cm 表层土壤各粒级含量
1. 民勤撂荒地；2. 东大河林场；3. 皇城柏树沟；4 皇城月牙崖；5. 山丹军马场；6. 康乐草原；7. 肃南鹿场；8. 小苏干湖；9. 刚察；10. 祁连牛心山；11. 祁连尕日得；12 门源

5.4　草原不同深度土壤微生物群落特征及其与土壤理化性质的关系

作者考察了中国西北半干旱地区祁连山高寒草甸和荒漠草原之间 0 ～ 40 cm 土层土壤剖面（10 cm 为一个剖面）微生物组成及其与土壤理化性质的关系。以高寒草甸和荒漠草原为例，研究结果表明，高寒草甸的土壤全氮、全碳、土壤有机碳和土壤含水量都显著高于荒漠草原；高寒草甸中，土壤全氮、全碳、pH、土壤有机碳和土壤含水量随着土壤深度的增加而降低，土壤容重反之；而在荒漠草原中，除土壤含水量和全氮含量以外，其余指标随深度变化无显著性差异。在门分类水平上，两种类型草原细菌沿土壤深度呈现不同的分布格局；放线菌门（Actinobacteria）在两种类型草原中均占优势，在荒漠草原中更明显（P<0.05）；高寒草甸中，变形菌门（Proteobacteria）、酸杆菌门（Acidobacteria）、芽单胞菌门（Gemmatimonadetes）、浮霉菌门（Planctomycetes）和 Rokubacteria 的相对丰度显著高于荒漠草原（P < 0.05）；真菌中，子囊菌门和担子菌门的相对丰度不受草原类型和土壤深度的影响。α和β多样性分析表明，两种类型草原细菌和真菌群落结构有显著差异。土壤碳、氮和水分条件是形成该地区土壤细菌和真菌群落的重要因素。

植被、气候和地理等因素的差异使高寒草甸和荒漠草原形成了独特的土壤环境（表 5.3 和表 5.4），支持不同的土壤细菌和真菌群落（图 5.16）。与荒漠草原的恶劣条件相比，高寒草甸土壤中相对较高的土壤碳、氮、水含量和空隙结构（较低的

表 5.3　样地基本信息

样地类型	草原主要植被组成	经纬度	海拔 /m	盖度 /%
高寒草甸 AM	早熟禾、嵩草、洽草、针茅、披针叶黄华和高寒嵩草等	37°17′38″N，100°35′01″E	3325	95
荒漠草原 DG	珍珠猪毛菜、合头草、盐爪爪和白刺等	39°11′11″N，100°42′54″E	1832	20

表 5.4　两种草原土壤理化性质的垂直分布格局

草原类型 (T)	土壤深度 (D)/cm	TN/ (g/kg)	TC/ (g/kg)	pH	SOC/ (g/kg)	SWC/%	BD/ (kg/m³)	C/N
高寒草甸 AM	0～10	4.84±0.07^{aA}	102.08±3.25^{aA}	7.07±0.17^{bB}	55.18±1.06^{aA}	26.21±0.67^{cC}	0.63±0.01^{eD}	21.10±0.87^{aA}
	10～20	4.82±0.29^{aA}	90.02±3.41^{bB}	7.70±0.14^{aA}	47.99±1.33^{bB}	32.60±1.28^{abA}	0.85±0.01^{dC}	18.77±0.90^{bC}
	20～30	3.70±0.07^{bB}	49.92±1.43^{cC}	7.71±0.06^{aA}	32.69±1.81^{cC}	31.04±0.28^{aAB}	0.98±0.02^{bB}	13.50±0.40^{cE}
	30～40	2.56±0.07^{cC}	43.77±0.77^{cC}	7.54±0.01^{aA}	23.48±1.9^{dD}	28.84±1.1^{bcC}	1.05±0.02^{bA}	17.10±0.19^{bB}
	均值 (AM 0～40 cm)	3.98±0.29***	71.45±7.63***	7.50±0.08	39.84±3.29***	29.67±0.82***	0.88±0.05	17.62±0.88***
荒漠草原 DG	0～10	1.41±0.04^{dAB}	16.64±0.25^{dA}	7.59±0.04^{aA}	4.56±0.51^{eA}	1.71±0.18^{eC}	1.32±0.02^{aA}	11.80±0.14^{cA}
	10～20	1.56±0.07^{dA}	17.37±1.54^{dA}	7.68±0.05^{aA}	4.83±0.41^{eA}	3.78±0.26^{deB}	1.19±0.05^{aA}	11.14±0.78^{cA}
	20～30	1.25±0.06^{dB}	14.43±0.99^{dA}	7.69±0.08^{aA}	4.1±0.73^{eA}	5.83±0.74^{dA}	1.24±0.03^{aA}	11.54±0.26^{cA}
	30～40	1.55±0.14^{dA}	17.39±1.53^{dA}	7.60±0.19^{aA}	4.57±0.31^{eA}	5.61±0.23^{dA}	1.27±0.05^{aA}	11.22±0.14^{cA}
	均值 (DG 0～40 cm)	1.44±0.05	16.46±0.63	7.64±0.05	4.51±0.24	4.23±0.53	1.26±0.02***	11.43±0.20
统计显著性 (P 值)	T	<0.001	<0.001	0.105	<0.001	<0.001	<0.001	<0.001
	D	<0.001	<0.001	<0.05	<0.001	<0.001	<0.001	<0.001
	T×D	<0.001	<0.001	0.079	<0.001	<0.001	<0.001	<0.001

　　星号表示同一指标两种类型草原在 0～40 cm 土层范围有显著差异，其中 * 表示在 0.05 水平上差异显著，** 表示在 0.01 水平上差异显著，*** 表示在 0.001 水平上差异显著。统计显著性是以草原类型和土壤深度为主要效应的双向方差分析结果。

　　注：表中第 3～9 列数据为平均值 ± 标准误差。TN：全氮；TC：全碳；SOC：土壤有机碳；SWC：土壤含水量；BD：土壤容重；C/N：碳氮比。不同的小写字母表示同一指标在两种类型草原的 4 个深度 8 组内有显著性差异（P < 0.05）。不同大写字母表示同一指标在各草原类型中 4 个深度有显著性差异（P < 0.05）。

土壤容重）的土壤环境更有利于微生物生存。高寒草甸土壤细菌和真菌物种丰富度
显著高于荒漠草原（表 5.5）。而一些微生物类群可以在营养丰度和养分贫瘠的两地
土壤中都广泛分布，与其广泛的适应性（Lombard et al.，2011）（图 5.16）有关。例
如，在这项研究中鉴定的 20 个主要细菌属中，RB41、诺卡氏菌属（*Nocardiodes*）
和 *Solirubrobacter* 都存在于两种类型草原中，尽管在荒漠草原中相对丰度较低。

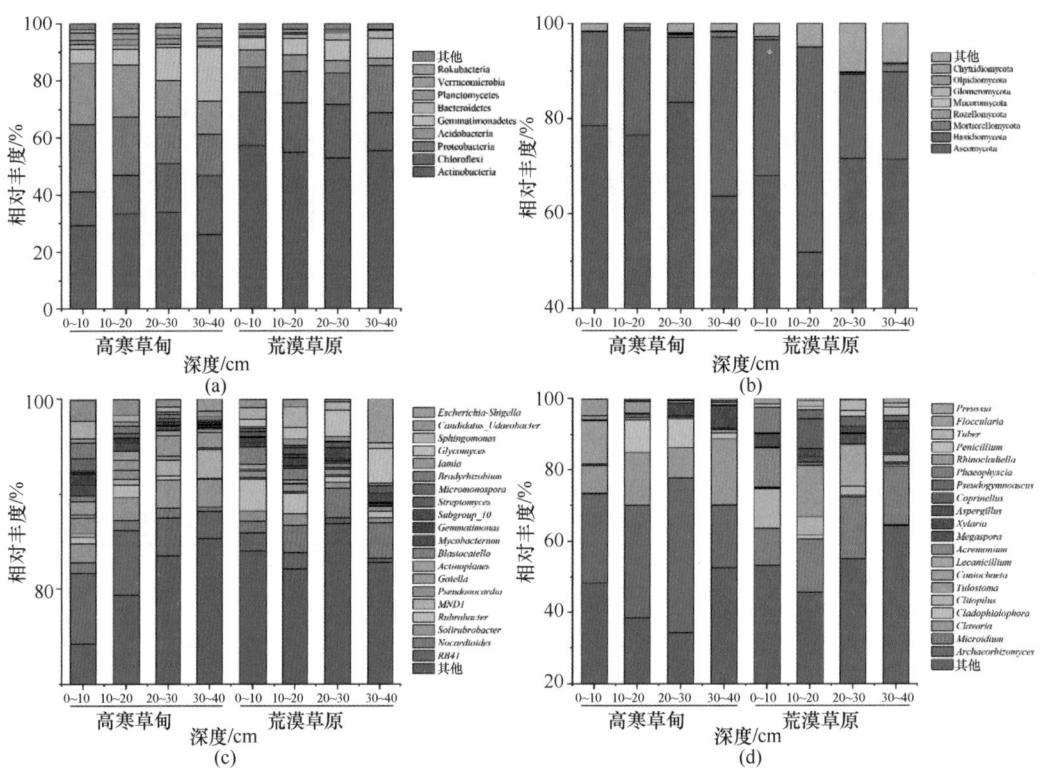

图 5.16　两种草原土壤细菌门（a）、真菌门（b）、细菌属（c）和真菌属（d）相对丰度的垂直分布

有研究表明，土壤深度变化是土壤生物多样性的一个重要过滤器（Fierer et al.，
2003；Eilers et al.，2012）。本次科考中，这一结论更适用于植物生长和凋落物
积累的高寒草甸，而与植被覆盖率低、多样化低的荒漠草原相悖。高寒草甸 0～
40 cm 土壤深度，土壤全氮、全碳、pH、土壤有机碳、土壤含水量随着土壤深度
的增加而降低，土壤容重反之；而在荒漠草原，除土壤含水量和全氮含量以外，
其余指标随深度变化无显著性差异。产生差异的原因可能是，相较于荒漠草原，
高寒草甸具有较高的植被丰度和植被盖度，更容易形成和积累有机物，发达的
植物根系改变土壤结构和养分利用效率。NMDS 分析表明，高寒草甸不同深度
土壤细菌群落多样性呈现明显差异模式。在荒漠草原中，土壤细菌在 0～20 cm
和 20～40 cm 剖面之间差异更明显。如图 5.17（b）所示，NMDS 分析表明，0～10 cm
和 10～20 cm 土壤深度的微生物群落结构相似，20～30 cm 和 30～40 cm 土壤
深度的微生物群落相似。土壤湿度会限制微生物的各种活动（Eaton et al.，2011），

表 5.5　两种草原土壤细菌和真菌 α 多样性指数的垂直分布格局

草原类型 (T)	土壤深度 (D)/cm	Chao1 指数		ACE 指数		香农 (Shannon) 指数		辛普森 (Simpson) 指数	
		细菌	真菌	细菌	真菌	细菌	真菌	细菌	真菌
高寒草甸 AM	0～10	2550.0±82.5^{aA}	252.3±31.7aA	2709.8±102.6^{aA}	256.1±30.6^{aA}	10.07±0.10^{aA}	4.48±0.54^{aA}	0.997±0.00^{aA}	0.87±0.04^{aA}
	10～20	2613.8±59.2^{aA}	245.8±16.6aA	2803.8±81.9^{aA}	248.2±17.1^{aA}	10.01±0.07^{abA}	4.70±0.27^{aA}	0.997±0.00^{aA}	0.88±0.04^{aA}
	20～30	2450.9±186.5^{aA}	253.2±14.2aA	2582.4±159.2^{aA}	255.6±14.4^{aA}	9.47±0.19^{cB}	4.49±0.41^{aA}	0.992±0.00^{cB}	0.85±0.04^{aA}
	30～40	1826.5±217.3^{bB}	270.3±14.3aA	1875.6±245.9^{bB}	269.6±14.6^{aA}	8.86±0.07^{dC}	5.09±0.46^{aA}	0.987±0.00^{dC}	0.91±0.04^{aA}
	均值 (AM 0～40cm)	2360.3±105.7*	255.4±9.5***	2492.9±118.5*	257.4±9.3***	9.60±0.14	4.69±0.20	0.993±0.00	0.88±0.02
荒漠草原 DG	0～10	2292.5±138.9^{aA}	144.0±7.8^{bcB}	2411.2±137.7^{aA}	146.0±7.8^{bcB}	9.73±0.12^{abA}	3.99±0.37^{aB}	0.997±0.00^{aA}	0.83±0.04^{aA}
	10～20	2424.7±96.4^{aA}	187.3±10.8^{bA}	2484.2±73.3^{aA}	188.6±10.1^{bB}	9.70±0.13^{abA}	4.23±0.33^{aB}	0.996±0.00^{abAB}	0.84±0.06^{aA}
	20～30	1664.6±214.5^{bB}	158.6±17.9^{bcAB}	1747.9±234.4^{bB}	160.9±18.0^{bcAB}	8.95±0.31^{cdB}	4.61±0.26^{aAB}	0.993±0.00^{bcAB}	0.90±0.02^{aA}
	30～40	1398.5±147.7^{bB}	133.6±9.5^{cB}	1459.1±159.8^{bB}	135.3±9.4^{cB}	8.44±0.27^{dB}	5.22±0.25^{aA}	0.989±0.00^{cdB}	0.95±0.01^{aA}
	均值 (DG 0～40cm)	1945.1±130.2	155.9±7.5	2025.6±133.6	157.7±7.4	9.21±0.17	4.51±0.18	0.994±0.00	0.88±0.02
统计显著性 (P值)	T	0.001	<0.001	<0.001	<0.001	0.005	0.508	0.696	0.978
	D	<0.001	0.724	<0.001	0.722	<0.001	0.115	<0.001	0.148
	T×D	0.237	0.163	0.330	0.182	0.935	0.729	0.549	0.486

星号表示同一指标两种类型草原在 0～40cm 范围有显著差异，其中 * 表示在 0.05 水平差异显著，** 表示在 0.01 水平上差异显著，*** 表示在 0.001 水平上差异显著。统计显著性是以草原类型和土壤深度为主要效应的双向方差分析结果。

注：表中第 3～10 列为平均值 ± 标准误。不同的小写字母表示同一指标在两种类型草原的 4 个深度有显著性差异 (P<0.05)。不同大写字母表示同一指标在各草原类型中 4 个深度有显著性。

而细菌群落结构类似于荒漠草原土壤中水分沿土壤深度的变化趋势，土壤水分可能是影响荒漠草原土壤细菌群落的关键决定因素。与细菌相比，真菌群落通常表现出很强的耐受性，在高寒草甸和荒漠草原土壤中，真菌群落的多样性受土壤深度影响较小[图5.16(b)、图5.16(d) 和图5.17(b)]。

高寒草甸和荒漠草原中细菌和真菌群落多样性随土壤深度的变化（图5.17）可以用图5.16 中不同类群的微生物组成变化来解释。两地分属于不同的生态系统，但土壤放线菌门在两种类型草原中都占主导地位，其功能多样性是其适应不同环境的重要原因（Lombard et al.，2011）。荒漠草原土壤中放线菌的相对丰度（55.2%）显著高于高寒草甸土壤（30.6%），这与放线菌门在干旱和荒漠草原环境中占优势的研究结果一致（Silva et al.，2013；Wink et al.，2017）。在门分类水平上，两种类型草原土壤放线菌门群落随土壤深度变化无显著影响，但在较小的分类水平下，一些放线菌门的相对丰度随着土壤深度的增加而减少或增加（图5.16）。高寒草甸土壤变形菌门的相对丰度随土壤深度的增加而减少，这与它们的富营养生长策略的观点一致，即该菌群落适宜在具有更大可利用碳库的环境中生长，如在根际土壤中（Fierer et al.，2003）。Will 等（2010）在德国草原土壤剖面中也观察到变形菌门含量随着土壤深度的增加而减少。然而，荒漠草原中变形菌门的相对丰度随深度的增加而增加表明，在低碳环境下，其他因素可能在影响其分布中也起关键作用。Romero-Olivares 等（2017）认为，在低碳土壤中，除碳以外的因素，如土壤水分随土壤深度的改变，可能是微生物群落组成的决定因素。Fierer 等（2003）指出，水是半干旱区土壤深度微生物群落组成差异的一个重要变量。在高寒草甸土壤中，随着深度的增加，酸杆菌门相对丰度的减少可以用土壤酸碱度随深度的增加来解释，因为通常酸杆菌门的相对丰度与土壤酸碱度呈负相关（Lauber et al.，2008）。荒漠草原土壤酸碱度不受土壤深度的影响，酸杆菌门的相对丰度差异不显著。在高寒草甸中，土壤绿弯菌门（Chloroflexi）和芽单胞菌门的相对丰度随着土壤深度的增加而增加，且二者相对丰度在荒漠草原与各检测土壤理化性质未建立显著相关性，与其寡营养生长有关（Yang et al.，2018）。

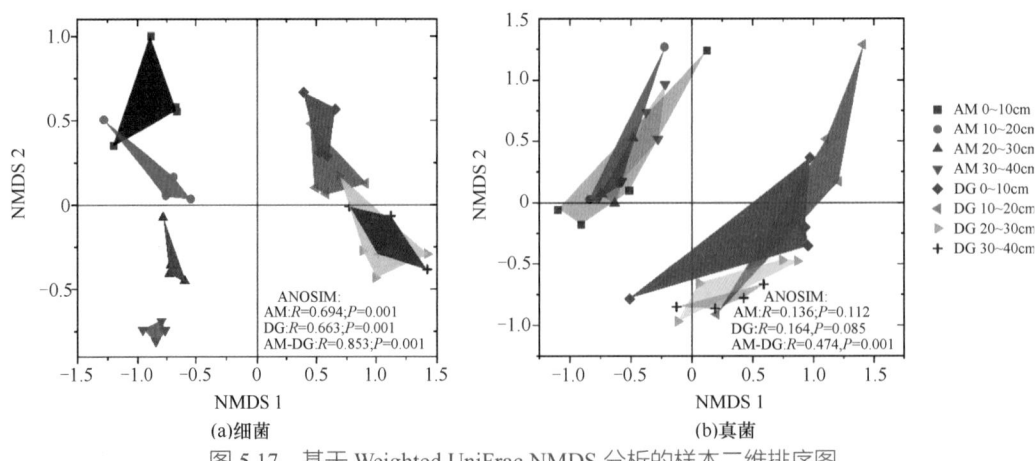

图5.17 基于 Weighted UniFrac NMDS 分析的样本二维排序图

有研究表明（Du et al.，2017），子囊菌门和担子菌门的成员在两种草原中的土壤真菌种群中占主导地位，它们的相对丰度不受土壤深度的影响。然而，在较低的分类水平上，两种类型草原的土壤真菌属组成明显不同［图 5.16（d）］，两地真菌群落结构产生也有差异性［图 5.17（b）和图 5.18］。Yang 等（2017）对青藏高原 60 个样点的研究发现，植物群落多样是土壤真菌多样性的关键决定因素。在本次科考中，植物群落多样性的差异及土壤性质的差异可能导致两种类型草原土壤不同的真菌群落。不同土壤深度的前 20 个优势真菌属的相对丰度存在差异［图 5.16（d）］，属分类水平上，同类型草原剖面土壤真菌类群差异的不显著性导致两种类型草原 0 ～ 40cm 深度剖面上的真菌群落均匀［表 5.5 和图 5.17（b）］。Ko 等（2017）没有观察到休耕地土壤剖面真菌群落反应的明显趋势，与本次科考结果一致。相比之下，Jumpponen 等（2010）发现，美国堪萨斯州东部的当地高寒草甸，其真菌群落的丰富度和多样性随着土壤深度增加而下降；不同研究区域的不同深度土壤真菌组成的不一致表明，特定地理特征是形成真菌群落的重要决定因素。

土壤理化性质与细菌 / 真菌多样性和组成之间的关系在两种类型草原上有所不同。土壤碳在形成微生物群落中起关键作用（Lauber et al.，2008；Yang et al.，2018），本次科考发现，细菌和真菌物种丰富度、均匀度与土壤总碳、有机碳显著相关（表 5.6）。在高寒草甸中，土壤总氮、总碳、土壤有机碳、碳氮比和土壤含水量在构建细菌和真菌群落结构中起关键作用，而土壤容重和 pH 在荒漠草原土壤中很重要（表 5.6 和图 5.18）。在土地利用方式和微生物地理分布中（Lauber et al.，2008），土壤 pH 已被广泛认为是全球微生物多样性和丰富度的最佳预测因子（Fierer and Jackson，2006；Lauber et al.，2009）。然而，在本次科考中，无论是细菌还是真菌，物种丰富度和多样性都没有显示出与土壤酸碱度的显著相关性，这可能与本次科考中观察到的是较窄的 pH 范围（7.06 ～ 7.69）有关（表 5.4 ～ 表 5.6，图 5.18）。

祁连山高寒草甸和荒漠草原 0 ～ 40cm 土壤剖面中有独特的细菌和真菌群落结构，土壤理化性质与特定的细菌和真菌类群相关。高寒草甸土壤碳、氮和水分沿土壤深度

表 5.6　细菌和真菌群落 α 多样性指数与土壤性质之间的 Spearman 相关系数

指数	类型	TN	TC	pH	SOC	SWC	BD	C/N
Chao1 指数	细菌	0.594**	0.538**	−0.156	0.486**	0.265	−0.588**	0.485*
	真菌	0.784**	0.772**	−0.239	0.729**	0.667**	−0.774**	0.781**
ACE 指数	细菌	0.624**	0.571**	−0.148	0.532**	0.291	−0.603**	0.504*
	真菌	0.784**	0.772**	−0.257	0.747**	0.667**	−0.774**	0.781**
Shannon 指数	细菌	0.621**	0.607**	−0.197	0.518**	0.207	−0.605**	0.570**
	真菌	0.370	0.352	−0.205	0.067	0.482*	−0.305	0.323
Simpson 指数	细菌	0.192	0.187	−0.232	−0.056	0.285	−0.110	0.196
	真菌	0.411*	0.436*	−0.195	0.279	−0.057	−0.401	0.398

* 和 ** 分别表示两变量在 0.05 和 0.01 水平显著相关。

注：TN：全氮；TC：全碳；SOC：土壤有机碳；SWC：土壤含水量；BD：土壤容重；C/N：碳氮比，下同。

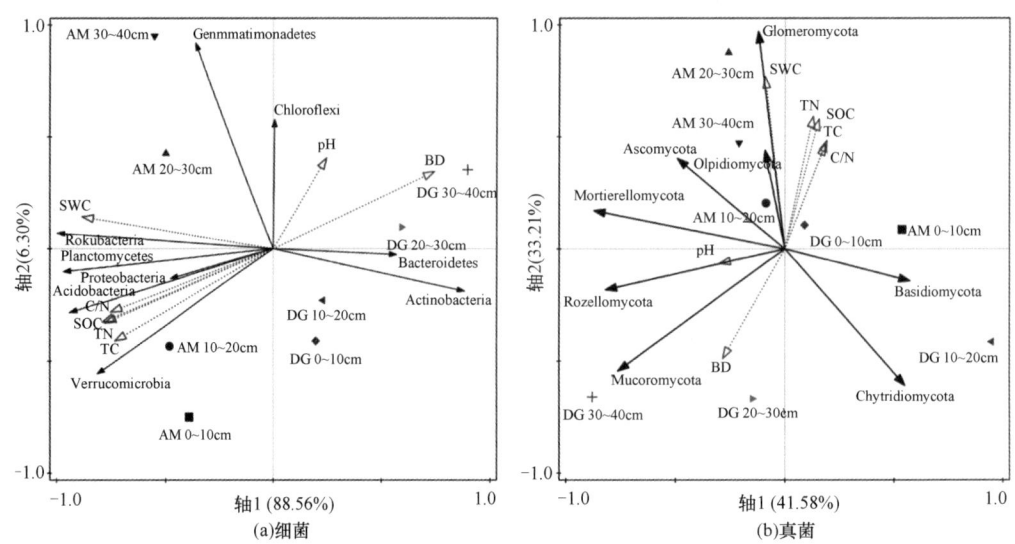

图 5.18　土壤优势细菌和真菌类群与土壤环境因子的 RDA 冗余分析图
实线和虚线向量分别代表微生物水平群落参数和土壤理化参数

的变化是影响土壤细菌和真菌物种的丰富度和多样性的主要原因。荒漠草原土层深处存在一些特定细菌和真菌类群，但与高寒草甸相比，荒漠草原土壤剖面微生物群落的分布更加均匀，与土壤理化性质的均匀性相吻合。与先前的研究相比，土壤酸碱度并不是微生物多样性的良好预测因子。发现土壤碳、氮和水分是形成细菌和真菌群落的重要因素。近年来，草原退化在祁连山地区日趋严重促使有关部门制定政策以防止荒漠化等问题。人们经常想到的是改善土壤物理和化学性质，但经常忽略土壤微生物多样性特征，而生态恢复中土壤微生物多样性特征检测是必要的。本次科考获得了祁连山两种不同生境土壤微生物多样性的大量数据，为防止土壤生物多样性丧失提供了有用的信息。

5.5　草原生态系统矿质元素的分布格局

　　放牧是祁连山草原的重要管理方式，以季节性轮牧为主。牧民常年在放牧，但牧草无法满足家畜所需的矿物质，矿物质缺乏会对家畜的健康和生产力产生重要影响（Mcdowell，1996），甚至比传染病造成的损失更大。动物的矿物质需求取决于年龄、生长阶段、泌乳阶段、营养物质的平衡等多种因素。牧草中常量和微量矿物质的浓度会受到环境因素和牧草生长阶段的影响（Soder and Stout，2003）。反过来，牧草中的矿物质会影响放牧动物，可能导致矿物质失调（过量或缺乏）。家畜获得的矿物质取决于生产系统的类型、家畜饲养方式等多种因素。土壤矿物质在家畜生产力和健康状况中起着重要的作用，因为家畜从植物中获取所需的养分，而植物又从土壤中吸收养分，而且放牧家畜有意或无意地摄入少量土壤（图 5.19）（Rodrigues et al.，2012）。

　　评估草原生态系统家畜、土壤和牧草的矿物质是草原管理的重要基础之一。土壤 - 植物 - 动物的系统相悖是草原生态系统营养失衡和家畜生产力降低的重要原因。关于

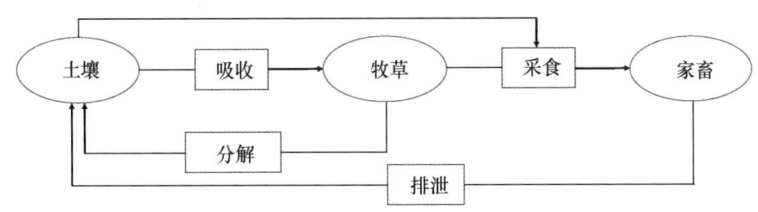

图 5.19　草原生态系统中矿质元素的循环路径

草原土壤、植物和动物的矿物特征有过研究报道（Sharma et al.，2003）；但是，在我国祁连山草原研究较少。因此，本次科考旨在评估祁连山高寒放牧系统土壤、牧草和绵羊血清中的常量和微量矿物质，并预测是否满足放牧绵羊的矿物质需求。

　　研究地点为中国祁连山东部的 6 个地点：甘肃省肃南县大河乡，海拔为 2877 ～ 3013 m（38º54′40.09″ ～ 38º54′46.94″N，99º31′58.61″ ～ 99º32′3.76″E）；青海省祁连县，海拔为 2984 ～ 3009 m（38º11′26.23″ ～ 38º14′43.15″N，100º10′42.21″ ～ 100º13′21.32″E）；青海省刚察县，海拔为 3024 ～ 3048 m（37º17′31.53″ ～ 37º24′38.25″N，100º27′3.53″ ～ 100º46′13.39″E）；甘肃省肃南县皇城镇，海拔为 2498 ～ 2880 m（37º53′19″ ～ 37º56′46.28″N，101º35′29″ ～ 101º49′47.32″E）；青海省天峻县，海拔为 3651 ～ 3728 m（37º40′13.39″ ～ 37º42′21.32″N，100º24′15.28″ ～ 100º25′18.33″E）；甘肃省天祝县，海拔为 3200 ～ 3540 m（36º57′49.44″ ～ 37º12′13.25″N，102º47′13.84″ ～ 102º59′54.26″E）。草原类型包括高寒草甸（刚察县和天祝县）和高寒典型草原（大河乡、祁连县、皇城镇和天峻县），考察区域长期放牧。

5.5.1　土壤中矿物元素

　　祁连山草原土壤常量和微量矿物元素的含量具有空间异质性（$P < 0.05$），见表 5.7。各区域土壤有效 Mg 平均含量在 10.74 ～ 20.92 mg/kg DM，土壤有效 P 平均含量在 6.80 ～ 12.49 mg/kg DM。这两种元素的有效含量均低于土壤矿物元素缺乏的推荐水平。所有地区微量元素 Fe 和 Zn 的含量均高于家畜需要的推荐水平。

5.5.2　牧草中矿物元素

　　祁连山草原不同地区牧草中常量和微量矿物元素含量显著不同（$P < 0.05$）。牧草中大多数矿物元素含量均高于绵羊矿物营养的评价水平（表 5.8），除了刚察县，其他地区牧草 K 的含量均低于评价标准。大多数地区牧草样品中矿物元素 P 和 Na 均低于绵羊矿物营养的评价水平。

5.5.3　放牧绵羊血清矿物元素

　　祁连山草原不同地区绵羊血清矿物元素含量存在差异。除硒以外，考察区域绵羊

表 5.7 祁连山土壤矿物元素有效含量

（单位：mg/kg DM）

地区/指标	Ca	K	P	Mg	Na	Fe	Mn	Zn	Cu	Se
肃南县大河乡	465.78±16.5[4c]	153.93±8.75[d]	8.60±0.27[d]	17.41±0.19[c]	13.92±0.33[b]	144.69±7.92[d]	6.88±0.48[e]	113.65±4.53[d]	0.29±0.01[c]	0.09±0.01[d]
天峻县	393.35±15.31[d]	147.73±12.43[e]	12.49±1.18[a]	10.74±0.53[f]	15.35±0.49[a]	297.47±12.36[a]	18.62±1.21[a]	116.75±9.46[ab]	0.46±0.03[a]	0.13±0.00[b]
祁连县	485.36±17.07[b]	142.73±12.43[f]	8.71±1.39[d]	15.68±0.35[d]	14.07±1.70[b]	153.85±9.80[d]	8.57±0.18[d]	115.82±4.45[c]	0.45±0.05[ab]	0.11±0.01[c]
天祝县	280.97±13.27[f]	212.48±12.42[a]	9.47±0.41[c]	18.03±1.37[b]	14.13±0.83[b]	208.21±14.47[b]	11.06±0.50[b]	116.14±3.82[bc]	0.48±0.02[a]	0.08±0.01[e]
刚察县	296.91±12.04[e]	159.64±13.81[c]	6.80±1.22[e]	14.91±0.38[e]	13.47±0.30[b]	154.91±11.42[d]	8.89±0.34[d]	115.72±6.19[c]	0.43±0.02[b]	0.10±0.01[d]
肃南县皇城镇	552.96±22.38[a]	169.98±11.09[b]	11.56±2.38[b]	20.92±2.47[a]	15.81±1.81[a]	182.32±11.27[c]	10.33±0.50[c]	117.15±2.97[a]	0.44±0.02[b]	0.18±0.01[a]
P 值	<0.0001	<0.0001	<0.0001	<0.0001	<0.0001	<0.0001	<0.0001	<0.0001	<0.0001	<0.0001
均值	412.56±16.76	164.42±13.93	9.60±1.95	16.28±3.19	14.46±0.97	190.24±18.84	10.73±1.62	115.87±3.89	0.44±0.05	0.11±0.03
推荐水平	72	37	17	30	—	2.5	5	2.5	0.3	0.5

注：推荐水平以 Rhue (Ca、Mn、Zn 和 Cu)；推荐水平以 Viets 为准 (P、Mg、K、Fe、Co 和 Se)。数据后同一列不同小写字母表示差异显著 ($P < 0.05$)。

表 5.8 牧草矿物元素含量

| 地区/指标 | Ca | P | K | Mg | Na | Fe | Mn | Zn | Cu | Se |
	单位: g/kg					单位: mg/kg				
肃南县大河乡	8.83±0.23[b]	0.76±0.02[c]	2.85±0.19[c]	1.26±0.03[e]	51.51±3.08[cd]	227.04±12.98[a]	62.31±3.70[f]	19.20±1.48[d]	13.20±2.32[c]	0.04±0.00[c]
天峻县	9.82±0.09[a]	0.96±0.01[a]	3.58±0.08[b]	1.72±0.02[a]	68.17±2.64[b]	334.73±14.27[a]	93.92±2.69[a]	32.25±0.73[a]	15.88±2.67[a]	0.07±0.00[a]
祁连县	8.70±0.13[b]	0.78±0.03[c]	2.67±0.17[c]	1.65±0.02[b]	55.33±2.42[c]	237.21±13.27[d]	65.46±0.81[e]	21.19±0.85[c]	15.26±0.79a[d]	0.03±0.00[d]
天祝县	5.92±0.14[d]	0.66±0.03[d]	3.48±0.10[b]	1.56±0.03[d]	69.01±9.90[b]	285.57±11.40[b]	77.78±4.83[b]	26.82±0.69[b]	13.29±1.70[c]	0.05±0.00[b]
刚察县	7.99±0.11[c]	0.68±0.02[d]	5.60±0.29[a]	1.18±0.02[f]	45.17±2.86[d]	264.86±12.18[c]	73.42±1.23[d]	21.47±1.62[c]	13.41±1.55[c]	0.05±0.01[b]
肃南县皇城镇	8.77±0.20[b]	0.85±0.02[b]	2.70±0.20[c]	1.60±0.04[c]	173.67±8.82[a]	265.59±11.78[c]	75.58±2.58[c]	21.61±1.55[b]	14.55±0.47[b]	0.07±0.00[a]
P 值	<0.0001	<0.0001	<0.0001	<0.0001	<0.0001	<0.0001	<0.0001	<0.0001	<0.0001	<0.0001
均值	8.34±1.27	0.78±0.11	3.48±0.17	1.49±0.21	77.14±7.49	269.17±15.95	74.75±8.34	23.76±4.55	14.26±1.19	0.05±0.01
推荐水平	1.4~7.0	0.9~3.0	5.0	0.9~1.2	700~1000	40	20~25	9~20	4~14	0.05

注：推荐水平以《绵羊饲养标准》为标准 (Freer et al., 2007)。数据后不同小写字母表示差异显著 ($P < 0.05$)。

（单位：mg/L）

表 5.9　绵羊血清矿物元素含量

地区/指标	Ca	K	P	Mg	Na	Fe	Mn	Zn	Cu	Se
肃南县大河乡	109.61±2.47[d]	183.33±12.07[e]	40.12±1.48[b]	21.08±1.30[d]	2961.00±87.24[d]	6.62±1.31[c]	0.13±0.00[c]	1.21±0.05[b]	0.17±0.02[c]	0.02±0.00
天峻县	112.46±1.72[c]	202.01±12.62[d]	49.02±1.04[a]	24.45±1.21[b]	3165.00±121.42[b]	7.73±0.43[a]	0.15±0.02[a]	1.39±0.06[a]	0.45±0.04[a]	0.03±0.01
祁连县	119.39±2.27[b]	171.57±12.70[f]	43.22±1.25[c]	23.07±3.94[c]	3052.17±154.81[c]	6.81±0.38[bc]	0.13±0.01[bc]	1.28±0.04[b]	0.19±0.01[c]	0.02±0.00
天祝县	111.92±2.18[cd]	251.28±11.89[a]	49.26±2.18[a]	24.15±3.27[bc]	3145.83±64.84[b]	7.29±0.27[ab]	0.14±0.01[b]	1.38±0.07[a]	0.29±0.03[b]	0.02±0.00
刚察县	98.47±2.01[e]	213.81±11.99[c]	45.39±0.62[b]	18.63±2.91[e]	2867.33±87.39[e]	6.97±0.41[bc]	0.13±0.01[c]	1.28±0.06[b]	0.23±0.04[c]	0.03±0.00
肃南县皇城镇	123.24±2.16[a]	231.77±11.92[b]	43.59±1.50[c]	28.12±2.31[a]	3273.50±83.06[a]	7.14±0.41[b]	0.13±0.00[c]	1.23±0.07[b]	0.31±0.02[b]	0.03±0.00
P 值	<0.0001	<0.0001	<0.0001	<0.0001	<0.0001	<0.0001	<0.0001	<0.0001	<0.0001	>0.2781
均值	112.52±8.19	208.96±17.65	45.10±3.55	23.25±4.15	3077.47±140.62	7.09±0.51	0.13±0.01	1.29±0.09	0.27±0.07	0.03±0.01
推荐水平	70～80	93.6～156	31～46.5	14.6～18.2	3320～3335	0.19～2.21	0.002	0.4～0.6	0.19～0.58	0.02～0.04

注：推荐水平以 Underwood 和 Suttle（1999）为标准。数据后不同小写字母表示差异显著（$P < 0.05$）。

血清中矿物元素含量均差异显著（$P < 0.05$）。绵羊血清中矿物元素 Ca、K、Mg、Fe、Mn 和 Zn 浓度均高于推荐水平，但所有地区绵羊血清 Na 含量均低于推荐水平（表 5.9）。

5.5.4 土–草–畜矿物质元素相关性

祁连山草原土壤和牧草之间 Ca、P、Na、Fe、Mn 和 Zn 含量存在显著的相关关系（$P < 0.05$）（表 5.10）。牧草和绵羊血清矿物元素相关分析显示，除了 P、Cu 和 Se 外，其他元素在牧草和绵羊血清之间存在显著的相关关系（$P < 0.05$）。土壤和绵羊血清矿物元素相关分析表明，元素 Na、Fe、Mn 和 Zn 在土壤和绵羊血清之间存在显著的相关关系（$P < 0.05$）。

表 5.10 土–草–畜矿物元素相关性分析

矿物元素	Ca	K	P	Mg	Na	Fe	Mn	Zn	Cu	Se
					土–草					
相关系数	0.592*	0.059	0.762*	−0.143	0.683*	0.959**	0.967**	0.805*	0.124	−0.528
P 值	0.044	0.730	0.040	0.407	0.042	0.008	0.007	0.023	0.624	0.324
					草–畜					
相关系数	0.741*	0.878**	−0.228	0.672*	0.749**	0.825**	0.951**	0.916**	0.124	0.786
P 值	0.017	0.007	0.264	0.026	0.008	0.004	0.001	0.002	0.624	0.079
					土–畜					
相关系数	0.227	0.232	−0.140	0.731	0.752**	0.913**	0.965**	0.935**	0.433	−0.319
P 值	0.182	0.173	0.495	0.058	0.008	0.006	0.002	0.004	0.073	0.497

* 显著性水平为 0.05；** 显著性水平为 0.01。

绵羊血清矿物元素含量的预测方程如表 5.11 所示。元素 Ca（$R^2=0.618$）、K（$R^2=0.803$）、Mg（$R^2=0.767$）、Na（$R^2=0.670$）、Fe（$R^2=0.865$）、Mn（$R^2=0.936$）、Zn（$R^2=0.950$）和 Se（$R^2=0.630$）均达到了极显著水平。

表 5.11 土–草–畜矿物元素回归方程

矿物元素	方程	R^2	方程	R^2	方程	R^2	方程	R^2
Ca	$A=0.008B+5.241$	0.650	$C=1.460A+100.342$	0.549	$C=0.060B+87.621$	0.052	$C=0.076B−2.087A+98.559$	0.618
K	$A=0.003B+3.046$	0.004	$C=6.115A+187.672$	0.771	$C=1.030A+39.589$	0.054	$C=1.018B+4.756A+25.101$	0.803
P	$A=0.033B+0.464$	0.581	$C=−6.817A+49.508$	0.052	$C=−0.479B+48.620$	0.020	$C=−0.948B+22.597A+37.577$	0.263
Mg	$A=−0.009B+1.648$	0.020	$C=11.109A+6.616$	0.731	$C=0.367B+17.267$	0.138	$C=0.480B+12.163A−2.778$	0.767
Na	$A=31.575B−379.525$	0.563	$C=2.352A+2896.054$	0.562	$C=108.414B+1509.506$	0.752	$C=63.969B+1.408A+2043.723$	0.670
Fe	$A=0.655B+144.384$	0.920	$C=0.011A+3.903$	0.681	$C=0.007B+5.600$	0.833	$C=−0.005B+0.019A+2.906$	0.865
Mn	$A=2.594B+47.068$	0.934	$C=0.001A+0.079$	0.904	$C=0.002B+0.111$	0.931	$C=0.001B+0.001A+0.087$	0.936
Zn	$A=3.925B−430.092$	0.648	$C=0.015A+0.887$	0.838	$C=0.073B−7.219$	0.874	$C=0.037B+0.009A−3.251$	0.950
Cu	$A=3.162B+12.693$	0.015	$C=0.035A−0.229$	0.158	$C=0.824B−0.085$	0.187	$C=0.724B+0.032A−0.485$	0.308
Se	$A=−0.675B+0.124$	0.278	$C=−0.099A+0.028$	0.418	$C=0.312B−0.012$	0.102	$C=0.340B+0.041A−0.018$	0.630

注：A 为牧草中矿物元素含量；B 为土壤中矿物元素含量；C 为绵羊血清中矿物元素含量。

　　Mcdowell（1996）报道，大多数牧草中元素 Na 的含量均低于动物的矿物营养需求。祁连山草原牧草中 Na 含量极低（表 5.8），仅能满足 Freer 等（2007）报道的绵羊需求量（700 ～ 1000 mg/kg DM）的 8%。但是，从绵羊血清样品中获得的数据表明，Na 缺乏的程度不是很严重，即使它们低于 Underwood 和 Suttle（1999）推荐的最低水平。祁连山牧草中 Na 含量极低，而且没有其他补充来源。Xin 等（2011）得出结论，绵羊血清中相对充足的 Na 可能是由土壤消化引起的，因为绵羊的舔土行为是常见的。这可以部分解释牧草元素 Na 缺乏而绵羊血清元素 Na 含量相对较高。在我国北方草原，牧草普遍缺乏 Na，对于放牧绵羊以补饲盐来提高生产率。

　　在生长初期，牧草 P 元素含量通常较高，但随着牧草的成熟而迅速下降。祁连山草原牧草有类似的现象，在大多数研究区域中 P 的含量均低于绵羊的需求量，这与 Masters 等（1993）的发现一致。除天峻县和天祝县以外，其他地区绵羊血清 P 浓度均在 31 ～ 46.5 mg/L 的边际范围内。这表明，冬季绵羊缺 P 的风险似乎普遍。这些与 Long 等（1999）报道的结果一致，P 缺乏的风险似乎在冬季后期的放牧牛中普遍存在。

　　随着牧草的生长，牧草中元素 K 浓度会降低。祁连山草原考察发现，在大多数研究区域，对于建议的 5.0 g/kg DM 而言，冬季牧草中的 K 浓度较低。作者发现土壤中 K 含量高于推荐水平，但牧草中 K 含量却低于推荐水平，与 Ashraf 等（2006）的结果相似。但是，在科考区域中，绵羊血清 K 浓度均高于临界水平 93.6 ～ 156 mg/L。冬季放牧绵羊在草原上，舔土行为可能是造成其血清 K 含量高的原因之一。

　　尽管土壤中 Mg 含量低于推荐水平，但牧草中 Mg 含量却高于推荐水平，与 Kumaresan 等（2010）报道的一致。在科考地区，放牧绵羊血清 Mg 含量（18.63 ～ 28.12 mg/L）均超出了 14.6 ～ 18.2 mg/L 的极限范围，在冬季，草原满足绵羊对 Mg 的需求。

　　Ca 对降低土壤的酸度至关重要，也是牧草生长所需的主要矿物元素。与 72 mg/kg DM 推荐水平相比，祁连山草原土壤中的 Ca 浓度大约高出四倍，可能会增大牧草中 Ca 的浓度。但是，Mcdowell（1996）报道，家畜采食牧草中，Ca 的含量不太可能受到限制。科考结果表明，祁连山草原牧草中 Ca 含量都在 1.4 ～ 7.0 mg/kg DM 的推荐范围内，此外，绵羊血清中的 Ca 也较高（表 5.9）。

　　草原微量矿物质缺乏因环境和土壤结构而异。放牧绵羊以采食牧草为主，如果土壤不能为植物提供足够的微量矿物质，会造成牧草中矿物元素缺乏。我国土壤微量矿物元素平均含量如下：Fe（2.5 mg/kg DM）、Mn（5 mg/kg DM）、Zn（2.5 mg/kg DM）、Cu（0.3 mg/kg DM）和 Se（0.5 mg/kg DM）。祁连山草原科考表明，与表层土壤微量矿物元素平均含量相比，除元素硒外，其余微量元素平均含量均高于中国土壤微量矿物元素平均含量。

　　由于草原土壤类型和 pH、植被种类和分布的差异，牧草微量矿物质含量变化很大。本次科考发现，牧草中 Fe 含量很高，可能会影响 P、Mn 和 Cu 的吸收。植物在弱酸或中性的土壤环境中更利于 Fe 的吸收，这可能是导致祁连山草原牧草中 Fe 含量过高的原因。

　　家畜血液、肾脏、肝脏及其他器官的矿物元素含量可以反映该动物是否健康。Zn 和 Cu 等是家畜必需的微量矿物元素，Underwood 和 Suttle（1999）报道，绵羊血清中元素 Cu、Zn、Fe 和 Se 含量分别为 0.19～0.58 mg/L、0.4～0.6 mg/L、0.19～2.21 mg/L 和 0.02～0.04 mg/L。在反刍动物中，如果血清 Cu 含量 < 0.5 μg/mL，则表示严重的 Cu 缺乏症。本次科考发现，绵羊血清 Cu 含量为 0.27 mg/L，明显低于推荐值；血清 Fe 和 Zn 含量均高于推荐值；因此大多数绵羊可能缺乏 Cu，但是血清 Mn 浓度在正常范围内。此外，绵羊血清中的 Se 含量接近推荐值。NRC(1985) 指出，当土壤中 Se 含量低于 0.5 mg/kg DM 时，在该地区被放牧的家畜会缺乏 Se。祁连山草原科考中，土壤 Se 含量低于 0.5 mg/kg DM (表 5.11)，这进一步解释了草原缺乏 Se 的原因。

在祁连山草原科考时发现，土壤和牧草之间只有 Ca、P、Na、Fe、Mn 和 Zn 显著相关，而其他元素之间相关性不显著。牧草矿物质含量取决于其生长的土壤类型和环境条件，通常土壤中元素的含量可以满足植物生长发育的需要。但是，土壤元素的有效性通常会受到土壤特性（团聚体、pH、含水量等）的影响而降低 (Desjardins et al., 2018)。除元素 P、Cu 和 Se 外，牧草和绵羊血清之间所有分析的矿物元素都具有显著的相关性。但是，除了 Na(0.75)、Fe(0.91)、Mn(0.97) 和 Zn(0.94) 外，在绵羊血清和土壤的矿物元素含量之间未发现这种相关性。由土壤和牧草中矿物质含量预测绵羊血清矿物质含量的预测方程可知，元素 Ca、K、Mg、Na、Fe、Zn、Mn 和 Se 均达到了极显著水平，表明可以用上述土壤和牧草矿物质含量来评价该地区绵羊血清矿物质浓度。

草原放牧系统中，土壤和牧草中的矿物元素最终将通过家畜采食、消化代谢进入其血液中，对家畜体内矿物质的含量和平衡具有重要的影响，牧草中矿物元素的缺乏最终导致放牧家畜体内矿物元素不足。祁连山草原科考中，P、Na 和 K 出现一定程度的缺乏，但家畜摄食土壤缓解了部分 K 和 Na 的缺乏。此外，不同家畜的不同生理期需要不同水平的矿物元素，泌乳期的母牛需要更多的 Mg；与其他生理阶段相比，幼龄动物和生产动物需要更高的矿物元素水平。

冬季，多数常量和微量矿物元素在牧草和绵羊之间存在显著的相关性，因此，可以用牧草矿物元素含量来评价该地区绵羊矿物营养水平。此外，祁连山草原绵羊存在广泛的 Na 和 P 元素缺乏，因此，补充矿物元素就成了平衡绵羊矿物元素营养、提高家畜生产力和健康水平的重要措施。

5.6　草原病害、虫害、鼠害及牧户调查

5.6.1　草原病害

本次共调查到 18 种植物上的 35 种病害，调查地区间的差异明显。天然草原病害发生较轻，以醉马草 (*Achnatherum inebrians*)、芨芨草 (*Achnatherum splendens*)、狗尾草 (*Setaria viridis*) 等麦角病、黑粉病、锈病，针茅 (*Stipa capillata*)、披碱草 (*Elymus dahuricus*) 锈病、黑粉病为主。人工草地病害发生普遍较重，以苜蓿 (*Medicago sativa*) 根腐病、病毒病、黄萎病（进出口检疫性病害），芦苇 (*Phragmites australis*）锈病、长斑病为主。荒漠以白刺（*Nitraria tangutorum*）叶斑病为主。

1. 醉马草黑粉病

醉马草黑粉病平均发病率为 73.5%，病情严重度为 26，是多个地区分布较广的一种真菌性病害（图 5.20）。

图 5.20　醉马草黑粉病

2. 白刺叶斑病

作为典型荒漠植物，白刺叶斑病平均发病率为 40.7%，病情严重度为 21，白刺叶片上生出叶斑并导致叶片枯黄脱落（图 5.21）。

图 5.21　白刺叶斑病

3. 芦苇锈病

各地区芦苇锈病发生情况差异较大，发病率为 16% ～ 82%，病情严重度为 3.5 ～ 15.6。

4. 芨芨草属麦角病

调查途中醉马草、芨芨草等超过 35% 的植株出现麦角病，并有典型麦角病（图 5.22）。

5. 人工草地病害

主要调查了苜蓿地，永昌地区苜蓿主要病害为根腐病、病毒病、匍柄霉叶斑病；民乐 – 张掖地区苜蓿主要病害为苜蓿黄萎病（图 5.23）。

图 5.22　芨芨草麦角病

图 5.23　苜蓿根腐病、病毒病、匍柄霉叶斑病及黄萎病

6. 植物内生真菌发生情况调查

醉马草是禾本科芨芨草属多年生草本植物，在内蒙古、新疆、西藏、青海、甘肃等省（自治区）均有分布，是我国北方天然草原主要烈性毒草之一。由于其毒性颇强、不为家畜采食，且具有抗寒、耐旱等抗逆优势，因此其在草原群落种间竞争中具有较大的优势，在退化草原茂盛生长，严重降低了草原的生产力，特别是在干旱、退化的草原中蔓延日益严重，某些地区醉马草已成为优势种群。在青海海南藏族自治州、甘肃河西走廊和宁夏海原县的某些地区，醉马草也已发展为优势种群，成为草业生产及生态环境建设的主要限制因素之一。毒草的迅速繁衍造成草原退化，可食牧草产量下降，载畜能力降低，控制其蔓延已成为草原畜牧业生产亟待解决的问题。

醉马草在以下地点分布较多：天祝县抓喜秀龙镇附近，在牧民活动较频繁的公路两旁及羊圈裸露地分布较多，皇城水库（37°54′25″N，101°51′41″E；海拔 2561 m）旁边草场分布较多，局部盖度达 20%～30%，危害较为严重；从新城子、马营口沿县级公路经山丹军马一场到民乐，马营口附近草原、田地、路旁弃荒地醉马草分布比较集中，其中山丹军马一场（38°16′29″N，101°23′02″E；海拔 2496 m）附近分布多，局部盖度达 35% 左右，危害较严重（图 5.24）。

图 5.24 醉马草在鼠兔洞口、公路边、过牧地分布图及醉马草麦角病

醉马草在祁连山范围内分布很广，近乎 100%；醉马草分布地可以近似地认为是草原的"薄弱点"，这个"薄弱点"的特点是草原的优势牧草分布极少或优势牧草的栖息地被其他行为破坏。

5.6.2　草原虫害

近 10 年来我国草原虫害年均发生面积为 1727 万 hm²，直接经济损失为 23 亿元，严重影响畜牧业生产和农牧民生活[①]。草原害虫种类多、分布广、危害大，是造成草原退化、沙化的重要原因。例如，青藏高原特有昆虫、高寒草甸的重大害虫草原毛虫（*Gynaephora* spp.），不仅分布范围广（超过 200 万 hm²）、发生密度高（通常 200～500 头 /m²，最高虫口密度达 3000 头 /m²（杨爱莲，2002），而且会导致家畜中毒（张勤文等，2011），严重阻碍青藏高原畜牧业的健康发展。草原害虫的长期存在使得草原植被退化速度日趋加快，而退化草原更有利于害虫的生存和繁衍。因此，控制、消除草原害虫，对保护生态环境、发展牧区经济、稳定边疆民族团结及实现草原资源的可持续利用，具有非常重要的现实意义。

1. 有益节肢动物名录

本次科考共采集到各类昆虫、蜘蛛等节肢动物标本 1046 件，隶属于 8 目 27 科 44 种。其中有益节肢动物 22 种，隶属于 7 目 13 科。捕食性天敌对草原害虫有很好的控制作用。本次科考采集到的姬蝽科（Nabidae）、姬蜂科（Ichneumonoidea）、食蚜蝇科（Syrphidae）、步甲科（Carabidae）、瓢虫科（Coccinellidae）、蜘蛛目（Araneida）和蜈蚣科（Scolopendridae）等昆虫类群是草原生态系统中的重要捕食性天敌。粉蝶科（Pieridae）和蛱蝶科（Nymphalidae）等昆虫类群是草原开花植物传粉的重要昆虫类群。

2. 白刺夜蛾

白刺、红砂是荒漠的优势固沙植物，对河西走廊荒漠地区风沙防控有着非常重要的作用。有研究比较了河西走廊常用防风固沙植物白刺、梭梭、红砂、膜果麻黄的防风效果。结果显示，白刺的单株防风功能和固沙功能均高于其他三种，在单面积防风固沙功能上白刺也同样优于其他三种植物（常兆丰等，2012）。

白刺夜蛾，又名白刺毛虫，僧夜蛾，隶属于鳞翅目、夜蛾科。民勤地区一年发生三代，德令哈地区一年发生二代，以蛹在土中越冬，是荒漠专食白刺的爆发性害虫。自 1996 年河西走廊北部民勤白刺夜蛾大爆发以来，每年均有发生，仅民勤每年发生面积为 20 万 hm²；最高达 2516 头 /m² 以上。严重时平均虫口密度为 189 头 /m²。该虫的幼虫主要暴食白刺的叶及嫩枝，危害严重地段牧草产量下降 70%～100%。被取食的白刺类牧草丧失生育能力，最后枯萎死亡（陈善科等，2000；王俊梅等，2000；胡发成和白晶晶，2011）。

之前关于白刺夜蛾的文献研究主要有 8 篇，大多集中在民勤、金昌等地区。而未见文献等对临泽等沙化地区白刺夜蛾的研究报道。本次科考调查发现，临泽沙化土地保护区白刺夜蛾危害异常严重，正处于第三代爆发时期。经常数十头聚集于一株白刺

[①] 农业部 . 2017. 2016 年全国草原监测报告 .

上啃食白刺叶片,啃食后的白刺只剩下叶脉部分。严重影响白刺光合作用,进而影响其生长发育,从而降低白刺防风固沙能力。

3. 草原毛虫

草原毛虫在国外没有危害和防治的报道,仅将其作为一种对极端生态环境适应的模式物种进行研究。而在我国,草原毛虫会对青藏高原高寒草原造成严重危害,不仅取食优良牧草,造成家畜食物短缺,破坏草原植物群落结构,加剧草原退化和草原生态环境恶化,而且会导致家畜中毒,严重阻碍了青藏高原畜牧业的健康发展。

草原毛虫不仅分布范围广(超过 200 万 hm²)、发生密度高(通常 200 ~ 500 头 /m²,最高虫口密度达 3000 头 /m²)(杨爱莲,2002)。2003 年,仅青海省草原毛虫发生危害的面积就超过 100 万 hm²,直接经济损失达 9500 万元之多。

草原毛虫每年发生的面积都有变化,总体趋势表现为总面积逐渐减小,但是局部地区仍有危害加重的趋势。草原毛虫化学防治以 3 龄盛期最为适宜,因各地发生情况不同,一般在 5 月下旬进行灭虫准备工作,6 月初开始进行灭虫。草原毛虫的防治除了在幼虫期进行药物化学防治外,还应当在其成虫结茧、越冬期进行防控。从越冬方面进行草原毛虫的防控还少有相关文献进行研究报道。

本次科考调查发现,祁连山默勒镇地区草原毛虫结茧主要集中在风毛菊、阔叶杂草、牧场散落石块、牛粪等下面,以及石块周围的草丛中(图 5.25)。

图 5.25 草原毛虫越冬场所

(a) 牛粪下;(b) 石块下;(c) 杂草中结茧;(d) 在石头堆周围草丛

4. 文献情况

国内对于草原毛虫的研究报道最早见于 1957 年,但在之后的 60 余年里,CNKI 中收录的草原毛虫文献共计仅 138 篇，其中期刊论文 135 篇，学位论文 3 篇（张棋麟和袁明龙，2013；马培杰等，2016），且大部分文献发表在近 10 年；国内学者共发表 SCI 论文 11 篇，其中由兰州大学袁明龙课题组发表的 7 篇 SCI 论文集中探讨了青藏高原草原毛虫的系统进化关系（Yuan et al.，2018）和高海拔适应的遗传基础（Yuan et al.，2015；Zhang et al.，2017），另外 4 篇研究了门源草原毛虫幼虫的生长发育特性（严林等，2005）、金黄草原毛虫与蝗虫的偏利关系（Xi et al.，2013）、放牧对门源草原毛虫生长发育的影响（陈珂璐等，2016）和 N 添加对金黄草原毛虫幼虫生长发育的影响（Yang et al.，2017）。总体而言，目前国内有关草原毛虫的研究绝大多数集中在防治方面（82 篇），占所有文献的 60%；其次为生物生态学特性研究（37 篇）。草原毛虫文献发表情况如图 5.26 所示。

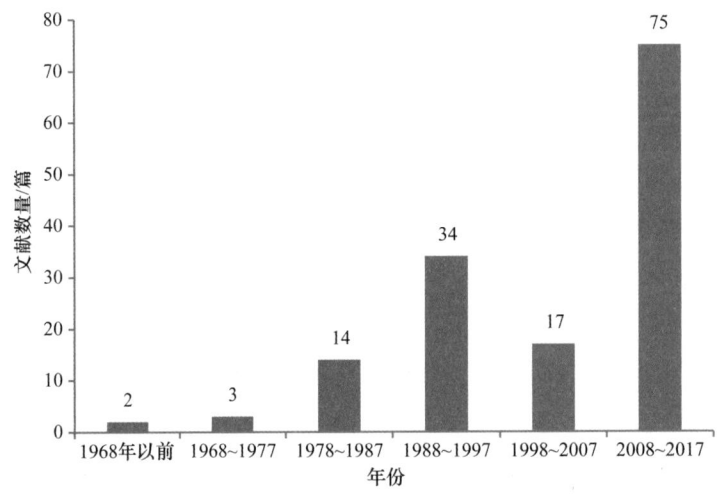

图 5.26　草原毛虫文献发表情况

5.6.3　草原鼠害

天然草原鼠害指栖息于草原的鼠类因种群密度超过环境承载力而对草原健康和畜牧业生产造成的危害，其主要通过掘土和采食牧草使天然草原逆向演变（Davidson and Lightfoot，2008）。20 世纪 80 年代以来，天然草原鼠害发生频率趋向频繁，规模逐渐扩大，灾害损失逐渐增加。2011 年全国天然草原鼠害危害面积占全国天然草原总面积的 10% 左右，其中西部地区的青海、内蒙古、西藏、甘肃、新疆和四川 6 省（自治区）危害面积占危害总面积的 89.9%[①]。鼠害不仅降低天然草原初级生产力（Brown et al.，2007），而且破坏草原景观和结构（Chung and Corlett，2006），弱化草原的生态服务功能（Lai and Smith，2003）。为此，国家每年投入大量经费防治鼠害，局部地区的天然草原鼠害得到了有效遏制，然而我国天然草原鼠害日趋严峻的现实仍然没有得到根本性改变，说明我国天然草原鼠害防控策略存在诸多问题。因此，深入分析我国天然草

———————
① 草原生物灾害 . 中国畜牧业，2012，（9）：29.

原鼠害防控策略中存在的问题，明确我国天然草原鼠害防控的目标，明晰全国的战略布局，对推进我国天然草原鼠害防控具有重要的现实意义。

1. 祁连山区鼠类分布情况

根据调查结果，在祁连山区调查区域内，农田多年撂荒地内出没的鼠类为达乌尔黄鼠（*Spermophilus dauricus*），鼠洞多分布于田埂上，密度较低；在荒漠内分布的鼠类主要为大沙鼠（*Rhombomys opimus*）、长爪沙鼠（*Meriones unguiculatus*）和子午沙鼠（*Meriones meridianus*）；温性草原内分布的鼠类为高原鼠兔（*Ochotona curzoniae*）、高原鼢鼠（*Myospalax baileyi*）、大沙鼠、长爪沙鼠和旱獭（*Marmota bobak*）；在小苏干湖的湿地地区分布的鼠类为高原鼠兔；在高寒草甸地区主要分布的鼠类为高原鼠兔和旱獭。

根据 1988 年农业部《草原治虫灭鼠实施规定》规定的高原鼠兔洞口密度 150 个 /hm^2 的防治阈值，刚察县高寒草甸内高原鼠兔鼠洞密度达 1680 ～ 2100 个 /hm^2，该地区高原鼠兔洞穴密度已经远超标准，达到重度致灾水平。甘肃省张掖市肃南县大柏树沟的山地丘陵温性草原内，高原鼢鼠鼠丘密度最高，达 832 个 /hm^2，因未查到相关标准或规范，做出是否致灾的判断较难，但目测单位面积内鼠丘密度较大，造成了一定的损害。

大沙鼠、长爪沙鼠和子午沙鼠多为营家族群居，鼠洞呈带状分布，而不同分布带之间距离很远。虽然洞群带内的鼠洞数量多、密度大，但一个洞群带内居住的沙鼠家族一般为 4 ～ 5 只，一个沙鼠家族占据的领地面积约为 500 m^2。当采用调查样地 10 m×10 m 换算时，表现为沙鼠鼠洞密度很大，但实际上沙鼠密度并不大，均未致灾。因此，调查大沙鼠、长爪沙鼠和子午沙鼠时，应该增加样地面积，这样才能真实地反映三种鼠类是否致灾。

2. 祁连山区山地 – 荒漠 – 绿洲系统子系统鼠类分布情况

调查结果显示在山地 – 荒漠 – 绿洲 3 个系统中鼠类分布存在明显的差异，其中达乌尔黄鼠主要生存在绿洲生态系统外，其他 6 种鼠类交叉分布于山地和荒漠生态系统中（表 5.12）。大沙鼠、子午沙鼠和长爪沙鼠分布在山地和荒漠，在绿洲生态系统中未发现它们生活的迹象；高原鼠兔和旱獭主要分布在绿洲和山地生态系统中，高原鼢鼠只在山地生态系统中出现，在荒漠生态系统中未发现其生活迹象。但对于一个鼠种，其在两个生态系统中对草原的影响存在差异。例如，高原鼠兔在绿洲生态系统和山地生态系统中均有分布，但在绿洲生态系统内密度较小，在山地生态系统中不仅分布广，而且密度较大。同一鼠种在一个生态系统中的不同草原类型中对草原的影响也存在差异。高原鼠兔在肃南地区山地系统的丘陵温性草原中与高原鼢鼠共存，处于入侵结束后的断崖式退出期，鼠洞密度小，多为废弃洞穴，但在海北地区刚察县山地系统的高寒草甸内，仅有高原鼠兔，且鼠洞密度最高，达 2400 个 /hm^2，鼠洞密度大且分布范围广。在山地系统高寒灌丛草甸内，高原鼢鼠鼠丘密度较小，仅零散分布在灌丛区金露梅植物近旁，但在山地丘陵温性草原，高原鼢鼠鼠丘分布面积广，密度较大，一定程度上影响了草原的放牧质量。因此，一种鼠类因其所处的生态系统和草原类型不同，分布状态和密度也存在差异，应该根据其分布的生态系统和草原类型的不同，判断鼠类在所处生境中的地位是生态系统的组分，还是影响草原生产功能的害鼠。

表 5.12　祁连山区山地－荒漠－绿洲草地农业生态系统子系统鼠类分布情况

山地	荒漠	绿洲
—	—	达乌尔黄鼠
大沙鼠	大沙鼠	—
子午沙鼠	子午沙鼠	—
长爪沙鼠	长爪沙鼠	—
高原鼢鼠	—	—
高原鼠兔	—	高原鼠兔
旱獭	—	旱獭

3. 不同草原类型植被盖度与鼠洞数分析

祁连山关键区不同生态系统类型植被盖度差异较大，民勤荒漠植被盖度平均值仅为 11%［图 5.27(a)］。皇城、大河、刚察和阿克塞草原植被盖度平均值均在 60% 以上［图 5.27(a)］，表明植被状况较好。调查发现小型啮齿动物在高寒草原分布广泛，刚察高原鼠兔洞口密度为 36.08 个 / 亩［图 5.27(b)］。在民勤荒漠和大河高山草原未观测到小型啮齿动物，在皇城高山草原只观测到一个废弃的高原鼠兔洞口，阿克塞高原鼠兔洞口密度为 4.15 个 / 亩［图 5.27(b)］。从高原鼠兔洞口密度和植被盖度的相关性可以看出，高原鼠兔洞口密度随植被盖度变化呈单峰曲线形式，在植被盖度为 75% 时达到最大，而后随着植被盖度的增加，鼠兔洞口数开始下降（图 5.28）。前期样方尺度的研

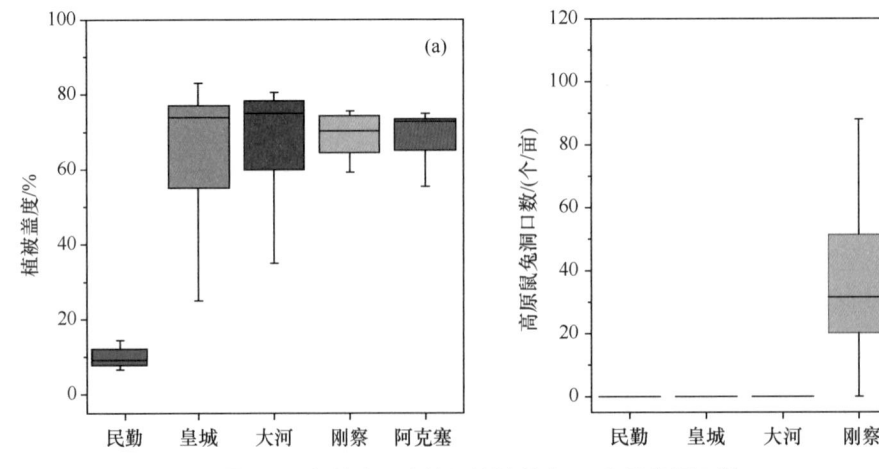

图 5.27　祁连山 5 个地区植被盖度 (a) 和鼠兔洞口数 (b)
水平黑色实线为中位数，上垂直黑色实线为最大值，下垂直黑色实线为最小值

究表明当高原鼠兔密度大于 34 只 / 亩时，高寒草原杂类草数量显著增加、物种多样性和生物量显著下降（周雪荣，2010)，当高原鼠兔密度达到 136 只 / 亩时，对草原的危害损失率为 30% ～ 53%（唐川江等，2007)。由此可以推断，刚察高原鼠兔密度高于危害阈值，可能会对草原造成一定程度的危害。

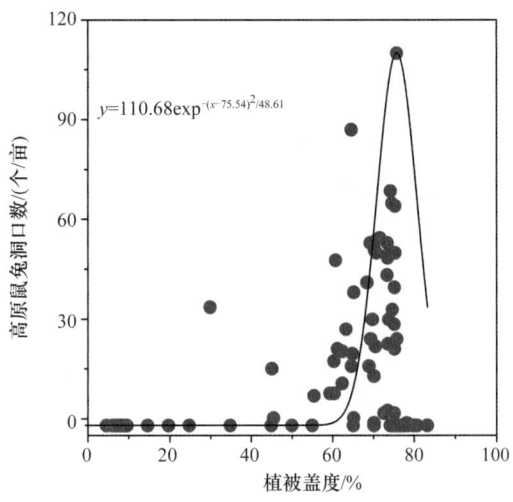

$$y=110.68\exp^{-(x-75.54)^2/48.61}$$

图 5.28　高原鼠兔洞口数与植被盖度的关系

目前重度、极重度和猖獗鼠害发生区主要分布在有冰川融水补给和疏勒河沿岸的高植被覆盖区 [图 5.29 (a)]，分别占疏勒河源区面积的 11.86%、3.60% 和 4.54%，但是未来可能会增加至 27.53%、13.67% 和 18.71% [表 5.13 和图 5.29 (b)]；轻度和中度鼠害可能会减少至 2.81% 和 37.28% [表 5.13 和图 5.29 (b)]。由此可见，未来祁连山疏勒河源区高寒草原鼠害还会加剧，需要综合评估高原鼠兔的影响以提供应对措施。

表 5.13　祁连山疏勒河源区潜在最大和平均高原鼠害发生面积及占比

危害等级	最大		平均	
	发生面积 /hm²	百分比 /%	发生面积 /hm²	百分比 /%
轻度	27319.23	2.81	274286.61	28.18
中度	362865.96	37.28	504360.00	51.82
重度	267931.17	27.53	115420.86	11.86
极重度	133038.99	13.67	34998.93	3.60
猖獗	182131.38	18.71	44220.33	4.54

5.6.4　农牧户社会经济调查

此次科考农牧户入户调研采用结构式访谈的形式，调查祁连山区域农牧户的基本情况，主要包括牲畜年末存栏量、牧场规模、各类政策补贴总额、牧户特征、户主的个人特征等方面的内容。探究祁连山国家级自然保护区的设立对于周边牧民的生产生计和祁

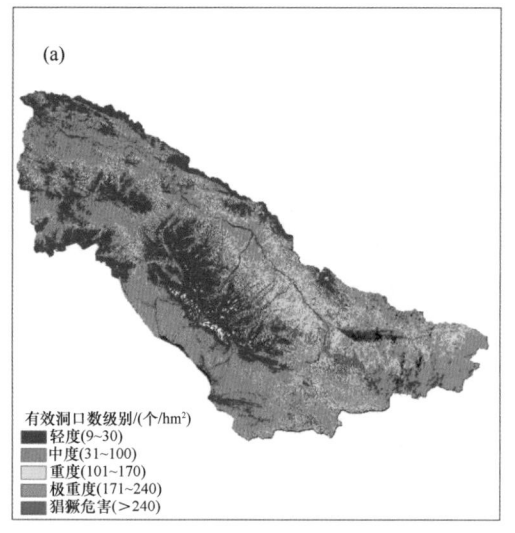
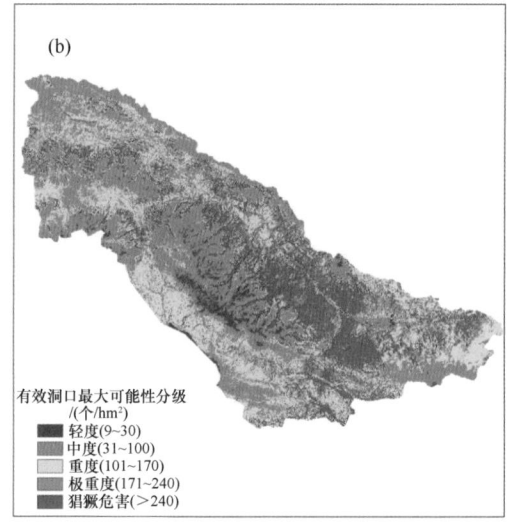

图 5.29　疏勒河源区高寒草原鼠害分布

连山区域生态可持续发展的影响，归纳与总结该区域的草原生态现状和各项措施实施过程中存在的问题，并提出对策建议，以期为我国草原可持续利用提供决策和参考依据。

1. 样本分布情况

样本分布情况汇总见表 5.14。

表 5.14　样本分布情况汇总

项目	肃南县	阿克塞县			山丹县			合计
	大河乡	红柳湾镇	阿勒腾乡	阿克旗乡	大马营镇	位奇镇	霍城镇	
样本村 / 个	2	2	2	2	2	2	2	14
样本牧户 / 户	12	12	12	12	12	12	12	84

2. 调研基本情况

自 2017 年以来，保护区核心区 95.5 万亩草原实施禁牧制度，牲畜全部出售或转移到保护区外舍饲养殖。祁连山国家级自然保护区已基本完成矿山地质环境恢复治理。对草原生态补奖政策的调研结果进行分析，整体草原生态补奖政策覆盖比例大，执行力度高，但是区域性补贴标准差异大，如山丹县的户均补奖收入为 280 元左右，补奖收入不足村民年收入的 1%，对村民的影响甚微，草场由村民集体使用，并未承包到户，村民的草原产权意识较差。而肃南县的禁牧标准为 9.6 元 / 亩（表 5.15），相对较高，牧民对政策的认知程度也高，补奖资金发放时，除对草原面积过小的牧户按人数和草原面积相结合的方式进行发放外，其余牧户均按草原面积进行发放，对于有违规行为的牧户将扣除其补奖资金，草场承包到户，新一轮草原确权登记颁证落实情况较好，多于 2017 年或 2016 年完成。建议继续加强宣传补奖政策，扩大政策覆盖比例，适当提高补贴标准。

表 5.15 农牧户调研基本情况

区域	种植业	种植业特点	畜牧业	畜牧业特点	草原生态补奖政策
山丹县（大马营镇、霍城镇、位奇镇）	大麦、小麦、玉米、马铃薯	大马营镇效益一般、农地流转不频繁；霍城镇效益较好、农地流转不频繁；位奇镇效益较好、农地流转频繁	本地绵羊	养殖方式以散养为主，养殖规模不大，养殖效益不高，户均 15～30 羊单位	虽然草原生态补奖政策覆盖比例大，户均禁牧面积为 60～70 亩，禁牧补贴标准为 3.84 元/亩；户均草畜平衡面积为 15.2 亩，草畜平衡补奖标准为 2.17 元/亩，补奖收入对村民的影响和作用甚微
肃南县（大河乡）			牛、羊	养殖规模大，多有畜牧合作社，合作社以养殖高山细毛羊为主。牧民户均养殖量为 200 羊单位左右	草原生态补奖政策全面落实且执行力度高，牧民对政策认知程度高，禁牧补助标准为 9.6 元/亩，草畜平衡补贴标准为 2.09 元/亩
阿克塞县（红柳湾镇、阿勒腾乡、阿克旗乡）			本地绵羊、本地山羊为主，养马为辅	基本没有畜牧合作社。大多数牧户将牲畜承包给其他人，按最初承包数量计算，一只羊一年承包价平均为 100 元	全面落实草原生态补奖政策，实行封顶底政策，牧民对政策认知度高，草场保护意识强，禁牧区面积为 480 万亩，禁牧补助为 3.87 元/亩，草畜平衡区面积为 999.29 万亩，草畜平衡补贴为 2.17 元/亩

5.7 小结与展望

5.7.1 草原健康状况

祁连山地区草原变化 34.76% 由气候主导，人类活动贡献了草原变化的 12.65%，气候变化和人类活动共同主导草原变化的 52.59%。气候的影响主要集中在祁连山中西部地区，而人类活动的影响主要集中在祁连山东部地区。

近几十年祁连山草原地上生物量的变化分析结果显示（图 5.30），每平方千米地上生物量年际变化率在 10 kg 以内的草原占比为 89.78%，属于祁连山草原稳定区，除西南部裸地分布面积较大外，中东部分布相对均匀；轻度变化区的年际变化率在 10～50 kg，占总面积的 10.19%，其中轻度恢复区占比为 7.27%，主要集中在青海湖附近区域，以及中东部的祁连山边界，主要受气候因素的影响（图 5.31），轻度退化区占比为 2.92%，主要分布在祁连山东部的祁连山腹地，受人类活动影响较大（图 5.31），中度变化区仅有 0.03%。祁连山草原生态系统在我国草原生态文明建设的大背景下，总体向好，但是部分地区尚有一定程度退化。

5.7.2 草原适宜载畜量

根据祁连山高山草原放牧系统在过去半个多世纪的生产力动态（图 5.32），目前该区域家畜数量较多，草原存在潜在的压力，但是放牧系统已开始向放牧与补饲、舍饲相结合的现代化生产方式转变。1975 年以前，祁连山高山草原的家畜承载量以 0.024 羊单位/a 增加，草原于 1970 年越入 0.59 羊单位/km² 红线，进入过度放牧时期。1975 年以后家畜承载量每年以 0.002 羊单位下降，目前已在合理放牧率范围内，放牧系统载

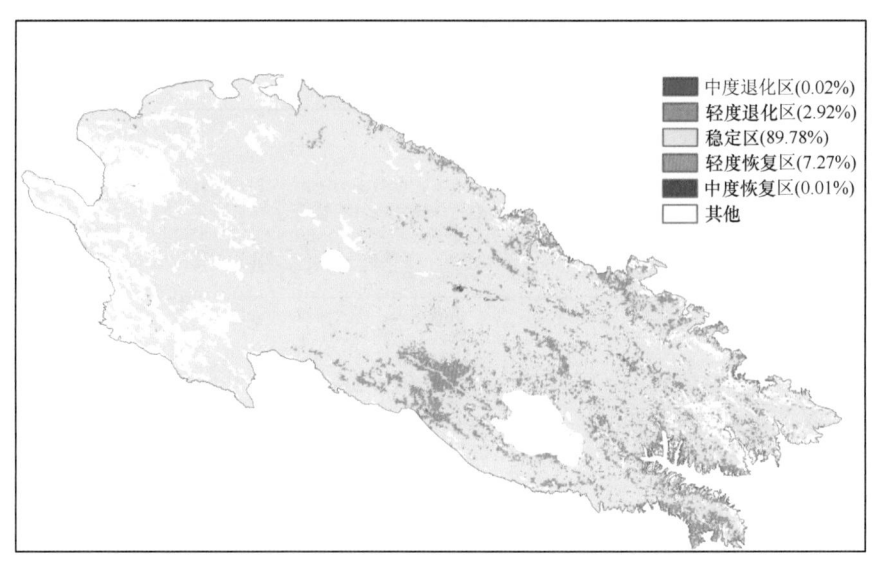

图 5.30　祁连山草原健康状况

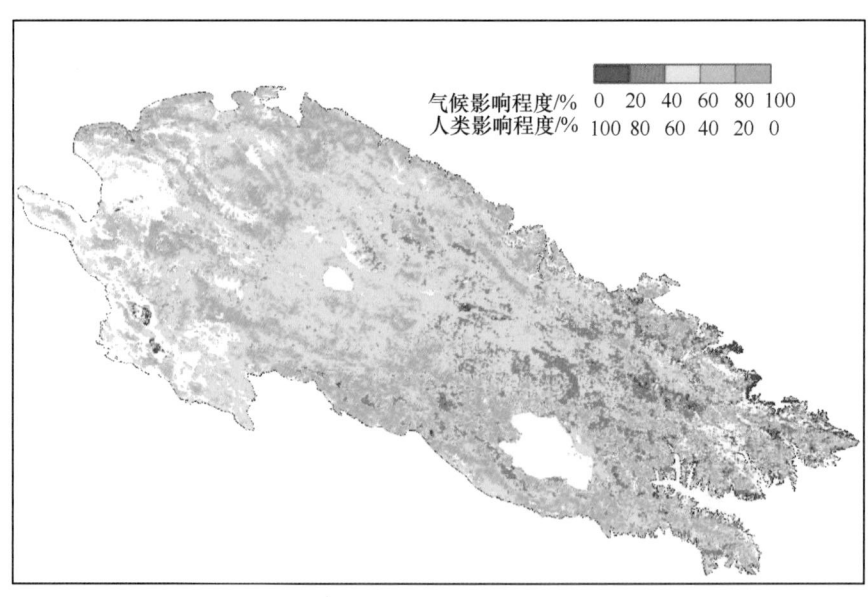

图 5.31　气候和人类对祁连山草原的影响

畜量日趋合理，与国家一系列草原重大生态工程的实施有关。

祁连山地区草原面积是各生态系统中最高的，呈向好趋势（图 5.1，图 5.2，图 5.33）。总体来看，祁连山西部大部分地区的草原承载力 <50 羊单位 /km²；中东部和中部地区承载力在 50 ~ 150 羊单位 /km²。东部地区和青海湖周边相对较好，承载力 >100 羊单位 /km²。区域草原承载力变化相对复杂，应因地制宜，根据量化结果对农牧民的生产生活进行科学指导。

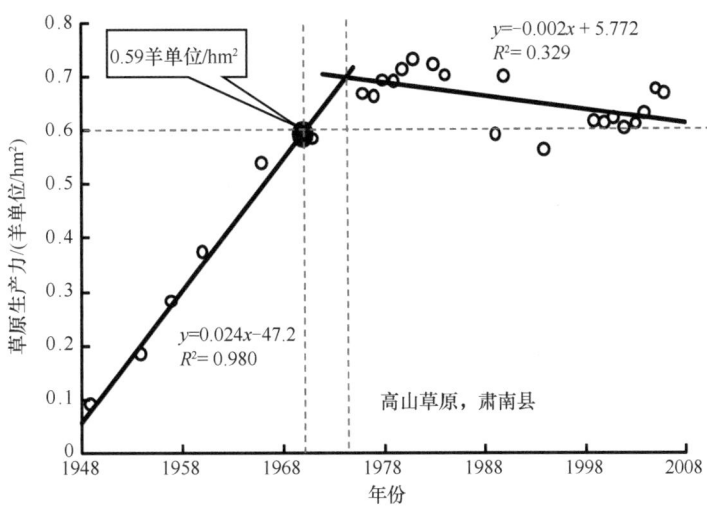

图 5.32　祁连山高山草原放牧家畜生产力动态 (侯扶江等，2016)

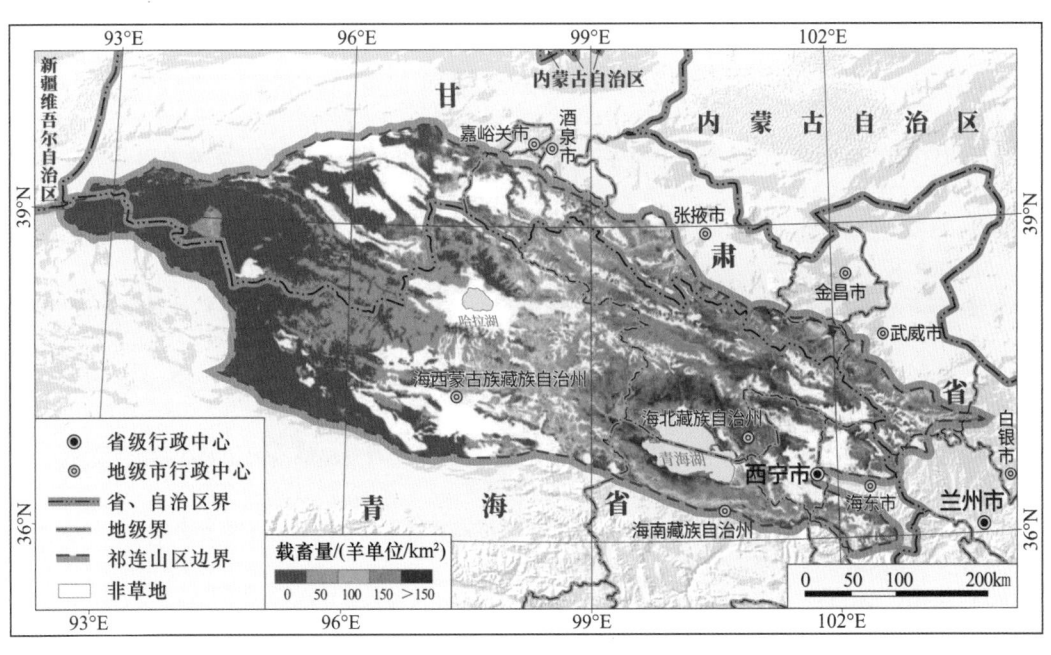

图 5.33　祁连山草原载畜量示意图

5.7.3　草原总面积略有上升，总体向好

祁连山草原面积占区域总面积的 77.4% 左右，加上荒漠，放牧管理的土地面积超过祁连山地区的 88.0%。国家实施一系列草原生态建设重大工程以来，尤其是生态文明建设进入"快车道"以来，草原面积呈现逐年递增的趋势，2015 年约比 1992 年增加 3.3%。

从面积上说，祁连山草原总体稳定，部分区域向好，与近年降水增加的趋势一致。但是，局部地区，尤其是一些江河源区和水源补给区等生态关键区域，退化草原尚处于逆转过程中。

5.7.4 草原分区放牧管理标准

祁连山草原有 74.1% 的区域载畜量标准应低于 0.5 羊单位 /hm²。为了草原生态系统的可持续健康发展，建议将祁连山草原载畜量标准控制在 0.85 羊单位 /t 干草（图 5.33）。

参考文献

常兆丰, 李易珺, 张剑挥, 等. 2012. 民勤荒漠区4种植物的防风固沙功能对比分析. 草业科学, 29(3): 358-363.

陈珂璐, 余欣超, 姚步青, 等. 2016. 不同放牧强度下门源草原毛虫在高寒草甸上的空间分布. 草地学报, 24(1): 191-197.

陈善科, 保平, 杨惠民. 2000. 阿拉善荒漠几种主要害虫对草地的危害及其防治. 草业科学, (3): 44-46, 50.

陈生云, 赵林, 秦大河, 等. 2010. 青藏高原多年冻土区高寒草地生物量与环境因子关系的初步分析. 冰川冻土, 32(2): 405-413.

陈遐林, 马钦彦, 康峰峰, 等. 2002. 山西太岳山典型灌木林生物量及生产力研究. 林业科学研究, (3): 304-309.

陈效逑, 郑婷. 2008. 内蒙古典型草原地上生物量的空间格局及其气候成因分析. 地理科学, (3): 369-374.

戴声佩, 张勃, 王海军, 等. 2010a. 基于SPOT NDVI的祁连山草地植被覆盖时空变化趋势分析. 地理科学进展, 29(9): 1075-1080.

戴声佩, 张勃, 王强, 等. 2010b. 祁连山草地植被NDVI变化及其对气温降水的旬响应特征. 资源科学, 32(9): 1769-1776.

杜峰, 梁宗锁, 徐学选, 等. 2007. 陕北黄土丘陵区撂荒草地群落生物量及植被土壤养分效应. 生态学报, (5): 1673-1683.

官惠玲, 樊江文, 李愈哲. 2019. 不同人工草地对青藏高原温性草原群落生物量组成及物种多样性的影响. 草业学报, 28(9): 192-201.

何美悦, 王迎新, 彭泽晨, 等. 2020. 祁连山草原地上生物量和物种丰富度的空间格局. 草业科学, 37(10): 2012-2021.

侯扶江, 宁娇, 冯琦胜. 2016. 草原放牧系统的类型与生产力. 草业科学, 33(3): 353-367.

胡发成, 白晶晶. 2011. 河西走廊荒漠草原白刺夜蛾生活习性及防治研究. 畜牧兽医杂志, 30(6): 40-42.

李凯辉, 胡玉昆, 王鑫, 等. 2007. 不同海拔梯度高寒草地上生物量与环境因子关系. 应用生态学报, (9): 2019-2024.

李晓东, 李凤霞, 周秉荣, 等. 2012. 青藏高原典型高寒草地水热条件及地上生物量变化研究. 高原气象, 31(4): 1053-1058.

刘立, 胡飞龙, 闫妍, 等. 2020. 高寒草原不同植物群落地上-地下生物量碳分布格局. 生态学杂志, 39(5): 1409-1416.

刘文清, 河生德, 尼玛. 2011. 不同条件下草原毛虫引起放牧家畜口膜炎的危害性调查. 黑龙江畜牧兽医, (8): 80-81.

柳妍妍, 胡玉昆, 王鑫, 等. 2013. 天山南坡中段高寒草地物种多样性与生物量的垂直分异特征. 生态学杂志, 32(2): 311-318.

马培杰, 潘多锋, 陈本建, 等. 2016. 草原毛虫对小嵩草草地植被群落的影响. 草原与草坪, 36(5): 111-114, 120.

尼玛, 河生德, 李长云. 2011. 草原毛虫引起牦牛口膜炎的防治效果观察. 草业与畜牧, (4): 47-48.

任继周. 2004. 西北第一次草原调查遇险记. 草业科学, (3): 57-58.

唐川江, 周俗, 张新跃, 等. 2007. 四川省草原鼠荒地调查报告. 草业科学, (7): 58-61.

田宏, 张德罡. 2003. 影响牧草植物量形成的因素. 草原与草坪, (3): 15-18, 21.

王金兰, 曹文侠, 张德罡, 等. 2019. 东祁连山高寒杜鹃灌丛群落结构和物种多样性对海拔梯度的响应. 草原与草坪, 39(5): 1-9.

王俊梅, 史青茂, 李建廷, 等. 2000. 白刺夜蛾防治指标的研究. 草地学报, 8(1): 46-48.

王向涛, 张世虎, 陈懂懂, 等. 2010. 不同放牧强度下高寒草甸植被特征和土壤养分变化研究. 草地学报, 18(4): 510-516.

吴栋国, 王俊梅, 李温. 2002. 草地白刺夜蛾生物学及发生规律的研究. 草业科学, (6): 39-42.

吴红宝, 水宏伟, 胡国铮, 等. 2019. 海拔对藏北高寒草地物种多样性和生物量的影响. 生态环境学报, 28(6): 1071-1079.

严林, 江小蕾, 王刚. 2005. 门源草原毛虫幼虫发育特性的研究. 草业学报, 14(2): 116-120.

杨爱莲. 2002. 西藏青海部分地区草原毛虫为害严重. 草业科学, 19(5): 69-73.

张棋麟, 袁明龙. 2013. 草原毛虫研究现状与展望. 草业科学, 30(4): 638-646.

张勤文, 莫重辉, 沈明华, 等. 2011. 食入草原毛虫导致放牧羊口腔黏膜溃烂的病理学诊断. 动物医学进展, 32(12): 126-129.

周雪荣. 2010. 青藏高原高寒草甸群落和土壤对高原鼠兔密度变化的响应. 兰州: 兰州大学.

朱桂丽, 李杰, 魏学红, 等. 2017. 青藏高寒草地植被生产力与生物多样性的经度格局. 自然资源学报, 32(2): 210-222.

Ashraf M Y, Khan A, Ashraf M, et al. 2006. Studies on the transfer of mineral nutrients from feed, water, soil and plants to buffaloes under arid environments. Journal of Arid Environments, 65(4): 632-643.

Brown P R, Huth N I, Banks P B, et al. 2007. Relationship between abundance of rodents and damage to agricultural crops. Agriculture Ecosystems & Environment, 120(2-4): 405-415.

Chung K P S, Corlett R T. 2006. Rodent diversity in a highly degraded tropical landscape: Hong Kong, South China. Biodiversity and Conservation, 15(14): 4521-4532.

Davidson A D, Lightfoot D C. 2008. Burrowing rodents increase landscape heterogeneity in a desert grassland. Journal of Arid Environments, 72(7): 1133-1145.

Desjardins D, Brereton N J B, Marchand L, et al. 2018. Complementarity of three distinctive phytoremediation crops for multiple-trace element contaminated soil. Science of the Total Environment, 610-611: 1428-1438.

Du C, Geng Z C, Wang Q, et al. 2017. Variations in bacterial and fungal communities through soil depth profiles in a Betula albosinensis forest. Journal of Microbiology, 55(9): 684-693.

Eaton W, Mcdonald S, Roed M, et al. 2011. A comparison of nutrient dynamics and microbial community characteristics across seasons and soil types in two different old growth forests in Costa Rica. Tropical Ecology, 52(1): 35-48.

Eilers K G, Debenport S, Anderson S, et al. 2012. Digging deeper to find unique microbial communities: the strong effect of depth on the structure of bacterial and archaeal communities in soil. Soil Biology & Biochemistry, 50: 58-65.

Fierer N, Jackson R B. 2006. The diversity and biogeography of soil bacterial communities. Proceedings of the National Academy of Sciences of the United States of America, 103(3): 626-631.

Fierer N, Schimel J P, Holden P A. 2003. Variations in microbial community composition through two soil depth profiles. Soil Biology & Biochemistry, 35(1): 167-176.

Freer M, Dove H, Nolan J V. 2007. Nutrient Requirements of Domesticated Ruminants. Melbourne: CSIRO Publishing.

Hanson C A, Fuhrman J A, Horner-Devine M C, et al. 2012. Beyond biogeographic patterns: processes shaping the microbial landscape. Nature Reviews Microbiology, 10(7): 497-506.

Jumpponen A, Jones K L, Blair J. 2010. Vertical distribution of fungal communities in tallgrass prairie soil. Mycologia, 102(5): 1027-1041.

Ko D, Yoo G, Yun S T, et al. 2017. Bacterial and fungal community composition across the soil depth profiles in a fallow field. Journal of Ecology and Environment, 41(1): 34-44.

Kumaresan A, Bujarbaruah K M, Pathak K A, et al. 2010. Soil-plant-animal continuum in relation to macro and micro mineral status of dairy cattle in subtropical hill agro ecosystem. Tropical Animal Health & Production, 42(4): 569-577.

Lai C H, Smith A T. 2003. Keystone status of plateau pikas (*Ochotona curzoniae*): effect of control on biodiversity of native birds. Biodiversity & Conservation, 12(9): 1901-1912.

Lauber C L, Hamady M, Knight R, et al. 2009. Pyrosequencing-based assessment of soil pH as a predictor of soil bacterial community structure at the continental scale. Applied and Environmental Microbiology, 75(15): 5111-5120.

Lauber C L, Stickland M S, Bradford M A, et al. 2008. The influence of soil properties on the structure of bacterial and fungal communities across land-use types. Soil Biology & Biochemistry, 40(9): 2407-2415.

Liu B, Zhao W Z, Liu Z L, et al. 2015. Changes in species diversity, aboveground biomass, and vegetation cover along an afforestation successional gradient in a semiarid desert steppe of China. Ecological Engineering, 81: 301-311.

Lombard N, Prestat E, Elsas J D V, et al. 2011. Soil-specific limitations for access and analysis of soil microbial communities by metagenomics. FEMS Microbiology Ecology, 78(1): 31-49.

Long R J, Zhang D G, Wang X, et al. 1999. Effect of strategic feed supplementation on productive and reproductive performance in yak cows. Preventive Veterinary Medicine, 38(2-3): 195-206.

Masters D G, Purser D B, Yu S X, et al. 1993. Mineral nutrition of grazing sheep in northern China. I. Macro-minerals in pasture, feed supplements and sheep. Asian Australasian Journal of Animal Sciences, 6(1): 99-105.

Mcdowell L R. 1996. Feeding minerals to cattle on pasture. Animal Feed Science and Technology, 60(3-4): 247-271.

NRC(National Research Council Committee). 1985. Nutrient Requirements of Sheep. 6th ed. Washington, DC: National Academy of Science.

Rhue R D, Kidder G. 1983. Analytical Procedures Used by the IFAS Extension Soil Laboratory and the Interpretation of Results. Gainesville: Soil Science Department, University of Florida.

Rodrigues S M, Pereira E, Duarte A C, et al. 2012. Derivation of soil to plant transfer functions for metals and metalloids: impact of contaminant's availability. Plant and Soil, 361(1-2): 329-341.

Romero-Olivares A L, Allison S D, Treseder K K. 2017. Soil microbes and their response to experimental warming over time: a meta-analysis of field studies. Soil Biology & Biochemistry, 107: 32-40.

Sharma M C, Joshi C, Gupta S. 2003. Prevalence of mineral deficiency in soils, plants and cattle of certain districts of Uttarpredesh. Indian Journal of Veterinary Science, 23: 4-8.

Silva M S, Sales A N, Magalhães-Guedes K T, et al. 2013. Brazilian Cerrado soil Actinobacteria ecology. BioMed Research International, 2013(1-2): 503805.

Soder K J, Stout W L. 2003. Effect of soil type and fertilization level on mineral concentration of pasture: potential relationships to ruminant performance and health. Journal of Animal Science, 81(6): 1603-1610.

Underwood E J, Suttle N F. 1999. The mineral nutrition of livestock. 3rd ed. Wallingford, UK: CABI Publishing.

Viets F G, Lindsay W L. 1973. Testing soils for zinc, copper, manganese and iron//Walsh L M, Beaton J. Soil Testing and Plant Analysis. Madison: Soil Science Society of America: 153-172.

Will C, Andrea T, Wollherr A, et al. 2010. Horizon-specific bacterial community composition of German grassland soils, as revealed by pyrosequencing-based analysis of 16S rRNA genes. Applied and Environmental Microbiology, 76 (20): 6751-6759.

Wink J, Mohammadipanah F, Panahi H K S. 2017. Practical aspects of working with Actinobacteria//Wink J, Mohammadipanah F, Panahi H K S. Biology and Biotechnology of Actinobacteria. New York: Springer: 329-376.

Xi X Q, Griffin J N, Sun S C. 2013. Grasshoppers amensalistically suppress caterpillar performance and enhance plant biomass in an alpine meadow. Oikos, 122(7): 1049-1057.

Xin G S, Long R J, Guo X S, et al. 2011. Blood mineral status of grazing Tibetan sheep in the northeast of the Qinghai-Tibetan Plateau. Livestock Science, 136(2-3): 102-107.

Yang T, Adams J M, Shi Y, et al. 2017. Soil fungal diversity in natural grasslands of the Tibetan Plateau: associations with plant diversity and productivity. New Phytologist, 215(2): 756-765.

Yang Y, Dou Y X, An S S. 2018. Testing association between soil bacterial diversity and soil carbon storage on the Loess Plateau. Science of the Total Environment, 626: 48-58.

Yang Y H S, Xi X Q, Zhong X T, et al. 2017. N addition suppresses the performance of grassland caterpillars (*Gynaephora alpherak*) by decreasing ground temperature. Ecosphere, 8(3): e01755.

Yayneshet T, Treydte A C. 2015. A meta-analysis of the effects of communal livestock grazing on vegetation and soils in sub-Saharan Africa. Journal of Arid Environments, 116: 18-24.

Yuan M L, Zhang Q L, Wang Z F, et al. 2015. Molecular phylogeny of grassland caterpillars (Lepidoptera: Lymantriinae: *Gynaephora*) endemic to the Qinghai-Tibetan Plateau. PLoS One, 10(6): e0127257.

Yuan M L, Zhang Q L, Zhang L, et al. 2018. Mitochondrial phylogeny, divergence history and high-altitude adaptation of grassland caterpillars (Lepidoptera: Lymantriinae: *Gynaephora*) inhabiting the Tibetan Plateau. Molecular Phylogenetics and Evolution, 122: 116-124.

Zhang L, Zhang Q L, Wang X T, et al. 2017. Selection of reference genes for qRT-PCR and expression analysis of high-altitude-related genes in grassland caterpillars (Lepidoptera: Erebidae: *Gynaephora*) along an altitude gradient. Ecology and Evolution, 7(21): 9054-9065.

第 6 章

祁连山湖泊生态系统变化

湖泊是在一定的地质、地理背景下形成的。作为陆地水圈的组成部分，湖泊与大气圈、生物圈和岩石圈有着不可分割的密切联系，是各圈层相互作用的连接点之一。湖泊的发展变化受构造、气候、人类活动等诸多因素的影响，表现为地质过程、物理过程、化学过程、生物过程及其相互作用，这些过程随着湖泊演化被忠实地记录于湖泊沉积中。由于湖泊具有极其宽广的地理分布并经历较长的地质演化历史，其连续的沉积地层和沉积物中保存的丰富信息可提供区域环境、气候和事件的高分辨率连续记录，从而成为研究全球气候环境变化的重要信息载体。另外，湖泊以其充足的淡水资源、丰富的物产及适宜的气候吸引人们环湖而居，湖泊沉积还赋存着人与自然相互作用的丰富信息（沈吉，2012）。

湖泊以其比较清楚的流域边界构成了相对独立的自然综合体，流域是湖泊物质的源，湖泊是流域物质的汇，具体表现为流域–湖泊的水量平衡（流域降水、湖泊水位）、沙量平衡（流域侵蚀强度、湖泊沉积速率）、生态平衡（流域植被、湖泊生产力）和化学平衡（流域可溶盐成分、湖水离子浓度），它们都可以通过湖泊沉积被记录下来。湖泊在形成过程中受外界物理、化学和生物过程影响而具有明显的地带性，表现出明显的区域特色。例如，我国青藏高原和西北干旱区湖泊，以封闭、半封闭的咸水和微咸水湖为特征，区域蒸发和降水比影响了湖泊的水量和盐量平衡，并最终导致湖泊盐度的变化和水生生物群落的演替；而东部地区多为外流的淡水湖泊，湖泊及其流域生物量较高，最明显的环境特征是湖泊的营养水平；云贵高原湖泊的生物多样性显著，流域内植被丰富且具有明显的垂直梯度分布。选择不同海拔的湖泊，在沉积记录中将反映流域植被演替的生态指标与指示湖泊水环境的生物指标相结合，有助于获得该区域湖泊环境演变的过程（沈吉，2012）。

祁连山作为我国西部重要的生态安全屏障，湖泊及周边湿地大部分以封闭、半封闭的咸水和微咸水湖为特征，是气候环境变化的敏感指示体。随着全球变暖与人类活动的增强，湖泊生态系统如何响应与适应区域与全球环境变化是重要的科学问题。尤其是在气候变化不确定的背景下，湖泊生态系统的响应速率、变化幅度、转型方向仍不明确。之前关于祁连山湖泊生态系统变化的研究中，多以单一湖泊为研究对象，仅考虑湖泊局部环境而忽视区域整体研究，也缺乏对该区域湖泊的系统性考察、长期监测和综合研究。

基于前期开展的相关研究，本次科考针对祁连山地区湖泊生态系统的"变化—影响—应对"链中的基本特征、变化过程、驱动机制与科学对策，以湖泊生态环境调查为基础，分析祁连山中部高山–冰川–降水补给的哈拉湖、祁连山西段高山地下水补给的天鹅湖、共和盆地内部地下水补给的更尕海、柴达木盆地北缘冰雪融水补给的苏干湖等湖泊生态系统变化的地域分异特征，结合关键带以无人机和高分卫星为主的多源遥感等监测方式，对湖泊营养状态、生态系统特征及其变化进行系统深入考察。

6.1　典型湖泊生态系统现状

6.1.1　哈拉湖、苏干湖、更尕海和天鹅湖流域概况

　　哈拉湖（38°12′～38°25′N，97°24′～97°47′E；海拔 4078 m）为高山封闭湖泊，位于青藏高原东北部的疏勒南山以南，青海湖西北处约 100 km，离德令哈市区约 90 km，为青海省第二大湖泊（图 6.1）。根据海西蒙古族藏族自治州（简称海西州）气象台 1981 年在哈拉湖湖畔观察站的短期观察，哈拉湖流域年降水量为 250～300 mm（同期德令哈降水量为 194.4 mm），主要来自冬季降雪，9 月底或 10 月初即开始降雪，Wünnemann 等（2012）估算的哈拉湖年平均降水量为 228 mm。流域内大部分土壤裸露，植被覆盖度小，流域内的植被群落主要为高寒荒漠草原及高寒草甸。哈拉湖为贫营养湖泊，水生植物贫乏，25～32 m 水深带处存在以刚毛藻为主的绿藻（Zhang et al.，2009）。

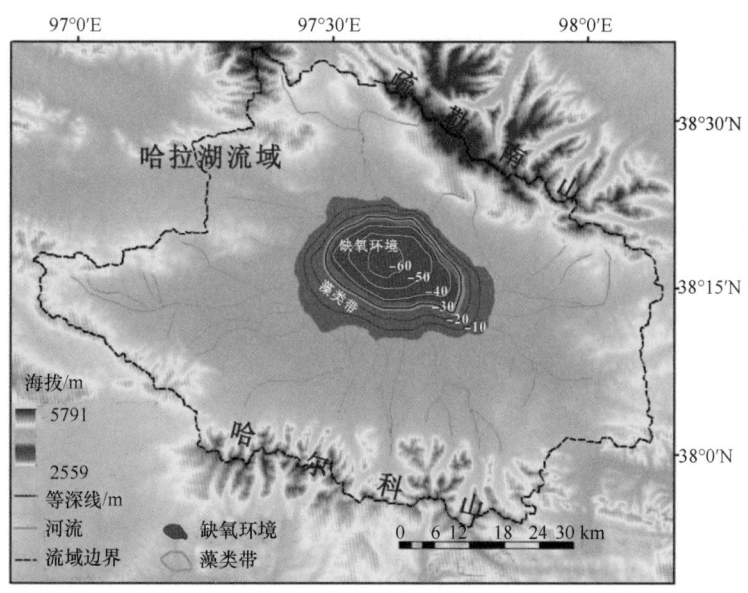

图 6.1　哈拉湖流域等深线、缺氧环境和藻类带 (Wünnemann et al.，2012)

　　哈拉湖流域面积为 4690 km²，2016 年夏季湖面积约为 616 km²，平均水深为 27.16 m，最大水深为 65 m。哈拉湖由南北面的冰川（雪）融水河流补给，没有明显的外流河，所以降水、冰川（雪）融水与蒸发量之间的水文平衡控制着湖泊水体体积及水位。湖泊以北疏勒南山的现代冰川发育，常年积雪带分布在 4900～5000 m 的山顶洼部，冰川末端距离哈拉湖直线距离约为 10 km。湖泊以南哈尔科山北坡零星分布着较小的冰川，其末端位于山顶高度 4700～5000 m 处。流域内的河流为冰川（雪）融水补给，多达 20 条，形成一个独立的内陆向心状水系。2014 年 7 月和 2015 年 9 月考察测量显示，哈拉湖湖水的盐度分别为 8.6～10.2 g/L（平均值为 9.6 g/L）和 5.6～6.6 g/L（平均值为 6.4

g/L），pH 分别为 9.36～9.78（平均值为 9.7）和 7.67～7.99（平均值为 7.9），属于微咸水湖。水体中阳离子含量由高至低依次为 $Na^+ > Mg^{2+} > K^+ > Ca^{2+}$，阴离子含量由高至低依次为 $Cl^- > SO_4^{2-} > CO_3^{2-} > HCO_3^- > NO_3^-$。2010 年夏季测量得到湖滨湖水透明度为 2～4 m，湖中心最大透明度为 16 m。

苏干湖（38°51′N，93°54′E）盆地是嵌套在柴达木盆地中的一个封闭盆地，地势东高西低，海拔变化为 2800～3200 m（图 6.2）。苏干湖所在的盆地西部年平均气温为 2.75 ℃，多年平均降水量为 18.7 mm，蒸发量达 2967.2 mm，属于极端干旱气候（陈建徽等，2008）。盆地内降水量小，不足以产生较大的入湖径流。盆地补给水主要来自东部的大哈勒腾河和小哈勒腾河。这两条河流在盆地东部山区为常年性河流。河流到达山前平原戈壁带之后，在 8～15 km 的地段内即全部渗入地下，湖泊东部细土平原带以泉水出露，进而汇集成河流补给苏干湖。盆地植被稀少，地下水出露的湖泊东部等地分布有草地，其余均为戈壁、沙砾地和沙地等荒漠景观。研究区人类活动较少，少许哈萨克族牧民在此放牧。苏干湖为封闭湖泊，面积为 103.68 km²，平均水深为 2.5 m，沉积中心水深约 5 m（Chen et al.，2009；强明瑞等，2002，2005；周爱锋等，2007，2008）。

共和盆地位于青藏高原东北部，盆地大体上呈西北—东南方向展布，西窄东宽，总面积约为 13800 km²，平均海拔约为 3000 m。更尕海（36°11′N，100°06′E）是共和盆

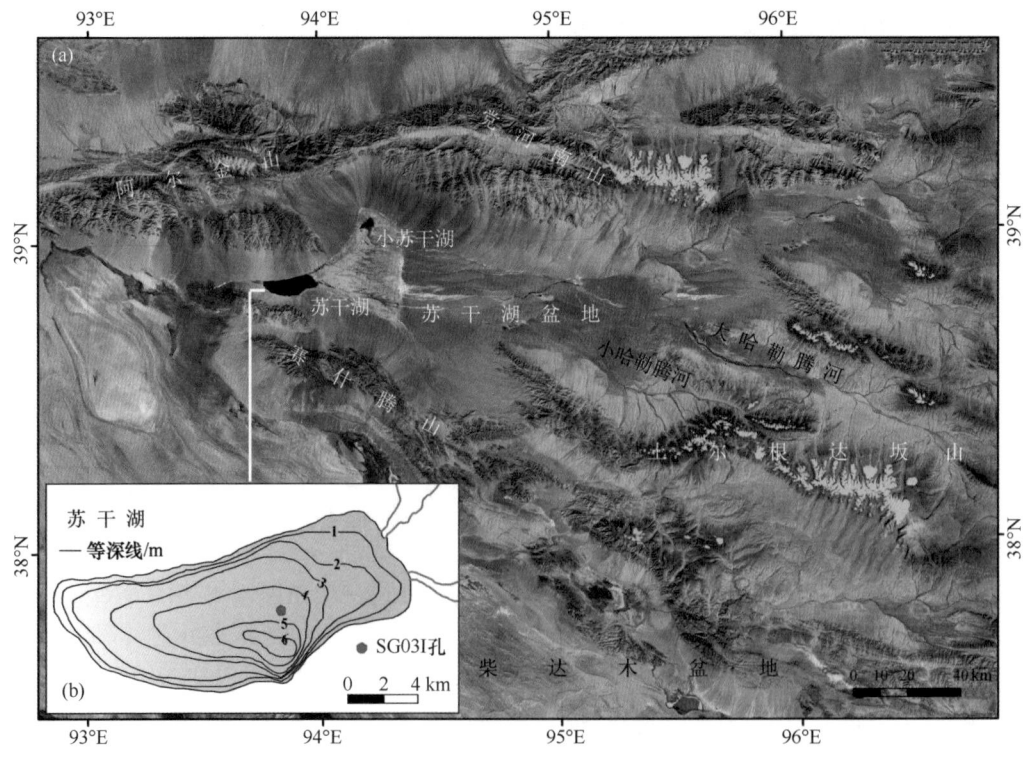

图 6.2　苏干湖地理位置、卫星影像和等深线图

(a) 研究区 Landsat ETM 卫星影像；(b) 苏干湖等深线图

地中部的一个半封闭湖泊，可分为上更尕海和下更尕海，下更尕海现今基本干涸，湖面海拔为 2860 m，最大水深约为 1.8 m，水域面积约为 2 km²，矿化度为 1.2 g/L，pH 为 9.1，为微咸水湖泊，地下水是湖泊的主要补给水源（图 6.3）。更尕海中龙须眼子菜、穗状狐尾藻及轮藻等沉水植物生长茂盛，且伴生有腹足类软体动物。湖泊边缘分布有面积较小的湿地，流动性沙丘与古河湖相松散沉积物在更尕海流域广泛分布（Qiang et al.，2013）。

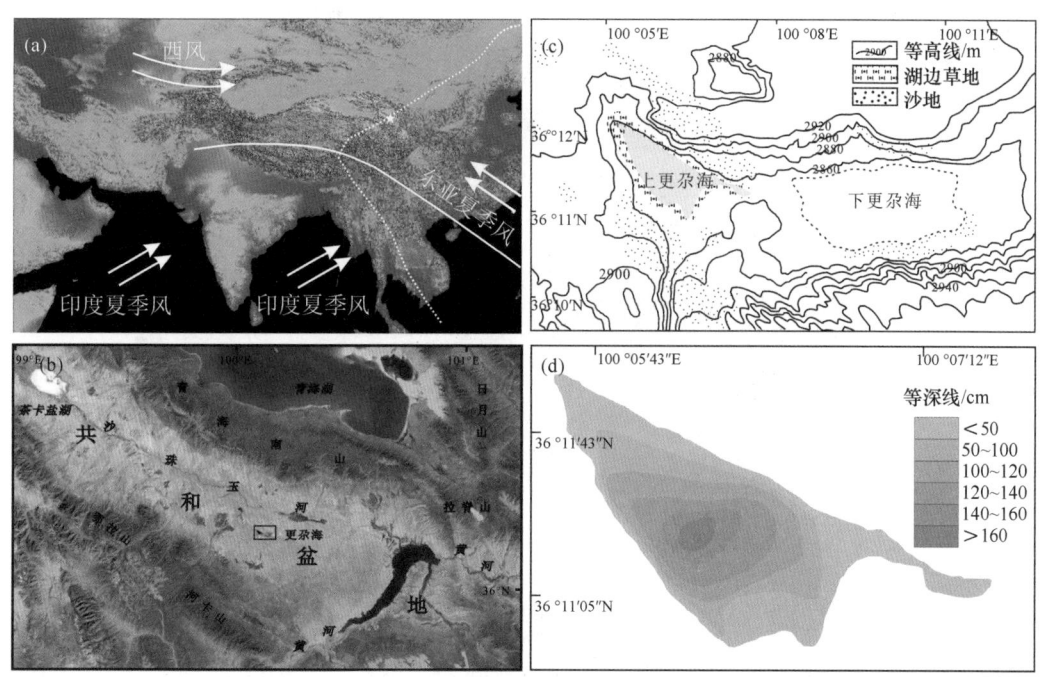

图 6.3　研究区概况

（a）区域大气环流格局；（b）共和盆地自然地理概况；（c）更尕海流域概况；（d）更尕海湖泊等深线分布

天鹅湖（39°14′20″N，97°55′26″E）位于祁连山中段加里东褶皱带上，同时地处元古字镜铁山群之上，由石炭纪灰岩和白垩纪砂质砾岩互层形成了天鹅湖的湖盆基地。天鹅湖所在的山间盆地西侧是七一冰川主峰，北侧紧邻著名的镜铁山矿区（图 6.4）。天鹅湖由 1 号、2 号、3 号湖泊组成，3 个湖泊由大到小自西南向东北展布，湖面海拔为 3012 m，水域面积为 0.12 km²，流域面积约为 0.28 km²，流域内没有冰川和积雪分布，该流域年平均降水量约为 300 mm，蒸发量约为 2200 mm。天鹅湖没有河流补给，湖盆内无明显的冲沟，自然降雨主要以地表径流和坡面漫流方式对湖泊进行补给。现阶段该湖主要由地下泉水补给，是典型的高山全封闭湖泊。浅层分析仪声呐扫描结果显示，天鹅湖 1 号湖泊最大水深为 14.5 m，水面以下湖盆四壁呈断崖式近垂直状展布。围绕湖盆存在三条断裂带且呈"△"形状发育，初步推断湖盆可能由柱状节理长期演化而成。天鹅湖湖盆植被主要为芨芨草、扁穗冰草、碱草，掺杂一些如风铃草和柴胡等干旱区植被；近水与浅水区域大量发育芦苇、蒲草等挺水植物及各种藻类植物。湖泊没有鱼类，浅水区偶见虾类活动。天鹅湖水及泉水化学性质经离子色谱和酸标准溶液滴定法分析的结果表明，湖水的 Ca^{2+} 含量小于泉水，而湖水的 HCO_3^- 大于泉水。湖水 pH 为 8.19，属于弱碱性水，总固体溶解物（total dissolved solids，TDS）为 441 mg/L，电导率为 900 μs/cm，湖水十分清澈（Zhang et al.，2018；闫天龙等，2018）。

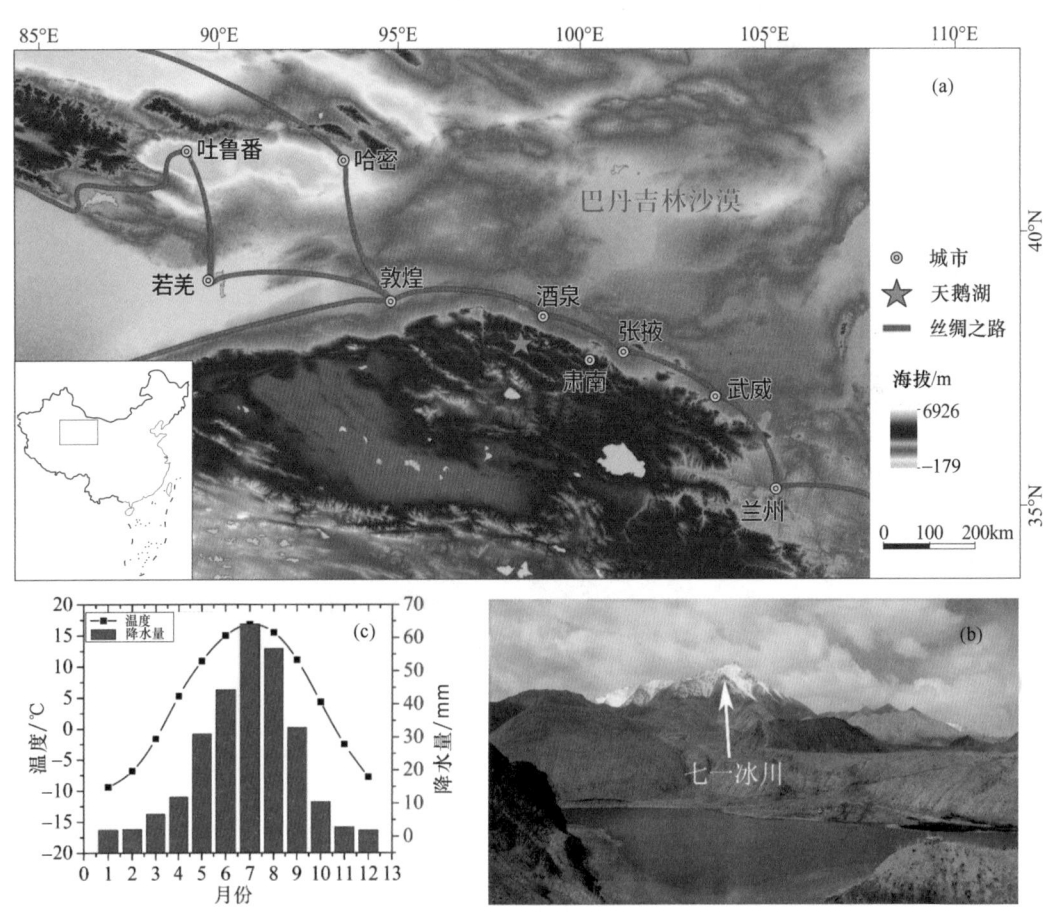

图 6.4 天鹅湖区域概况

(a) 天鹅湖区域位置；(b) 七一冰川和天鹅湖；(c) 肃南气象站月平均降水量 (1981 ～ 2010 年)

6.1.2 浮游藻类组成

本次科考共检测到浮游藻类 23 属，分属于 5 门。其中，硅藻门 12 属，绿藻门 6 属，蓝藻门 3 属，裸藻门和金藻门各 1 属。采样点间浮游藻类组成差异较大，最低的为 6 属，最高的为 19 属（表 6.1）。然而，硅藻门种类占绝对优势（图 6.5）。硅藻门的脆杆藻属（*Fragilaria*）、针杆藻属（*Synedra*）和舟形藻属（*Navicula*）在 4 个湖泊中均能被检测到。其中，脆杆藻属和舟形藻属为优势属（表 6.2）。各采样点的浮游藻类丰度差异也较大，更尕海为 6379 cells/L，哈拉湖为 4168 cells/L，苏干湖为 2826 cells/ L，天鹅湖为 499 cells/L。

表 6.1　浮游植物种属

门	属	采样点			
		更尕海	哈拉湖	苏干湖	天鹅湖
硅藻门 (Bacillariophyta)	脆杆藻属 (*Fragilaria*)	+	+	+	+
	卵形藻属 (*Cocconeis*)	+	+	+	
	桥弯藻属 (*Cymbella*)	+	+	+	
	双菱藻属 (*Suirella*)	+			
	双眉藻属 (*Amphora*)	+			
	小环藻属 (*Cyclotella*)	+			
	针杆藻属 (*Synedra*)	+	+	+	+
	直链藻属 (*Melosira*)	+		+	+
	舟形藻属 (*Navicula*)	+	+	+	
	平板藻属 (*Tabellaria*)		+	+	+
	星杆藻属 (*Asterionella*)		+	+	
	异极藻属 (*Gomphonema*)			+	
绿藻门 (Chlorophyta)	并联藻属 (*Quadrigula*)	+			
	鼓藻属 (*Cosmarium*)	+		+	
	集星藻属 (*Actinasrum*)	+			
	卵囊藻属 (*Oocystis*)	+	+		
	四角藻属 (*Tetraedron*)	+			
	栅藻属 (*Scenedesmus*)	+			
蓝藻门 (Cyanophyta)	平裂藻属 (*Merismopedia*)	+		+	
	微囊藻属 (*Microystis*)	+	+	+	+
	色球藻属 (*Chroococcus*)			+	
裸藻门 (Euglenophyta)	囊裸藻属 (*Trachelomonas*)	+	+	+	
金藻门 (Chrysophyta)	锥囊藻属 (*Dinobryon*)	+			

注："+" 为检出。

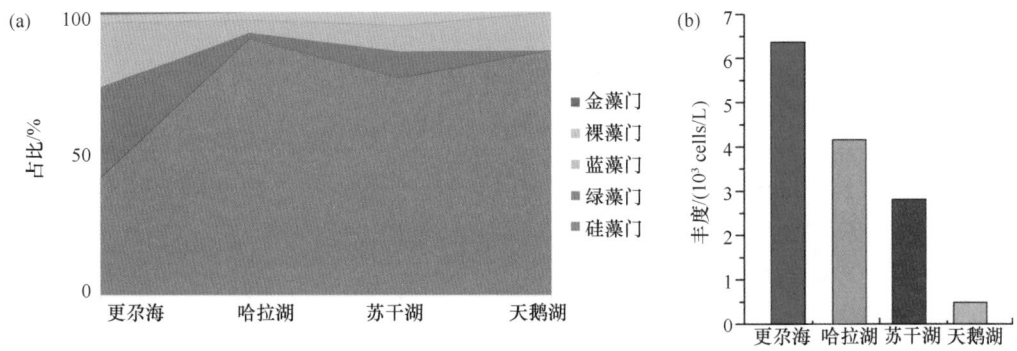

图 6.5　4 个湖泊浮游藻类组成和丰度

表 6.2　优势属

门	属	采样点			
		更尕海	哈拉湖	苏干湖	天鹅湖
硅藻门 (Bacillariophyta)	脆杆藻属（*Fragilaria*）	+(0.077)	+(0.529)	+(0.226)	+(0.341)
	卵形藻属（*Cocconeis*）		+(0.028)	+(0.094)	
	桥弯藻属（*Cymbella*）	+(0.070)	+(0.031)	+(0.040)	
	针杆藻属（*Synedra*）		+(0.024)		+(0.150)
	直链藻属（*Melosira*）	+(0.040)			+(0.125)
	舟形藻属（*Navicula*）	+(0.120)	+(0.231)	+(0.263)	+(0.095)
	平板藻属（*Tabellaria*）		+(0.037)	+(0.021)	+(0.084)
绿藻门 (Chlorophyta)	鼓藻属（*Cosmarium*）	+(0.034)		+(0.048)	
	卵囊藻属（*Oocystis*）	+(0.031)			
	栅藻属（*Scenedesmus*）	+(0.028)			
蓝藻门 (Cyanophyta)	平裂藻属（*Merismopedia*）	+(0.100)			
	微囊藻属（*Microystis*）		+(0.032)	+(0.034)	
	色球藻属（*Chroococcus*）				+(0.067)
裸藻门 (Euglenophyta)	囊裸藻属（*Trachelomonas*）	+(0.022)	+(0.021)	+(0.035)	

注：可根据污染指示种直接对水体水质进行评价，通常将水质分为 5 级（黄玉瑶，2001）：α- 多污带、β- 多污带、α-中污带、β- 中污带和寡污带。对各湖泊浮游藻类污染指示种进行检测，各采样点均未发现 α- 多污带和 β- 多污带的种类存在，而 α- 中污带、β- 中污带和寡污带的种类均被发现（表 6.3）。

　　对浮游藻类进行香农 – 维纳多样性指数（H'）和皮勒物种均匀度（J）计算后，结果如图 6.6 所示。H' 和 J 显示更尕海水体清洁，哈拉湖和苏干湖污染较轻，而天鹅湖多样性指数最低。

　　浮游藻类在维持水生态系统平衡中起着十分重要的作用，其群落结构反映了水体所处的营养状态。另外，污染指示种的种类和数量则可以在一定程度上直接反映出环境条件的改变和水体的营养状况。浮游藻类污染指示种分布情况见表 6.3。一般来说，贫营养型湖泊中的浮游藻类以金藻门、黄藻门种类为主，中营养型湖泊常以甲藻门、隐藻门、硅藻门种类占优势，富营养型湖泊常以绿藻门、蓝藻门种类占优势。本研究发现，4 个湖泊中均以硅藻门种类占绝对优势，表明这些水体均处于中营养状态。根据污染指示种对水质状况的指示，所测水样水质状况均为中污带。哈拉湖和苏干湖中微囊藻属均为优势属，表明这两个湖泊已经受到一定程度的污染。

表 6.3　浮游藻类污染指示种分布情况

采样点	指示生物属数及细胞数						总属数
	α- 中污带		β- 中污带		寡污带		
	属数	细胞数	属数	细胞数	属数	细胞数	
更尕海	5	1807	3	1199	5	1543	13
哈拉湖	4	1294	3	467	2	1133	9
苏干湖	4	1060	5	510	1	150	10
天鹅湖	1	48	1	75	1	83	3

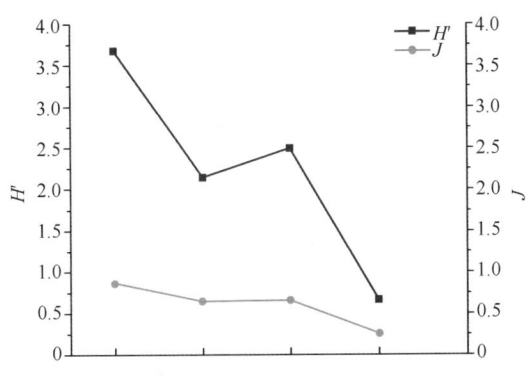

图 6.6　各采样点浮游藻类 H' 和 J

浮游藻类的 H' 和 J 可以在一定程度上反映出环境的变化。水质状况较好的水体，浮游藻类种类较多，H' 和 J 较大，则反映出水体水质状况较好，而浮游藻类种类较少，则 H' 和 J 较小，反映出水体受到了一定的污染。依据 H' 和 J 评价，显示更尕海、哈拉湖和苏干湖均未受到明显污染。对于天鹅湖 H' 和 J 均较低的情况，可能是因为天鹅湖的补水主要来自地下泉水，所含营养盐较少，不利于浮游生物的生存与繁衍。

6.1.3　浮游动物组成

本次科考仅检测出桡足类的中镖水蚤种（*Sinodiaptomus sarsi*）和剑水蚤目（Cyclopoida）、枝角类的裸腹溞科（Moinidae）和六枝幼虫（表 6.4）。其中，更尕海桡足类剑水蚤最多，苏干湖和天鹅湖桡足类中镖水蚤最多，而哈拉湖溞类数量最少。这些浮游动物的分布和数量与湖泊的盐度无关。然而，海拔最高的哈拉湖枝角类和桡足类数量均很少，表明它们的分布可能与海拔或温度有关。

表 6.4　浮游动物种类及数量　　　　　　　　　　　（单位：个 /L）

采样点	六枝幼虫	中镖水蚤	剑水蚤	裸腹溞
更尕海	4	7	26	
哈拉湖		1		1
苏干湖		14		2
天鹅湖		16		1

6.2　过去 30 年来湖泊面积变化

本次调查首次利用 1986 ~ 2016 年的 Landsat 影像分析了青海湖、哈拉湖、苏干湖、托素湖、可鲁克湖和更尕海面积变化（图 6.7），遥感资料从美国地质调查局（United States Geological Survey，USGS）网站下载。结果显示，近 30 年来更尕海的面积呈波动下降的趋势，2012 年湖泊短暂扩张后又快速萎缩；1986 ~ 2000 年，青海湖、哈拉湖、

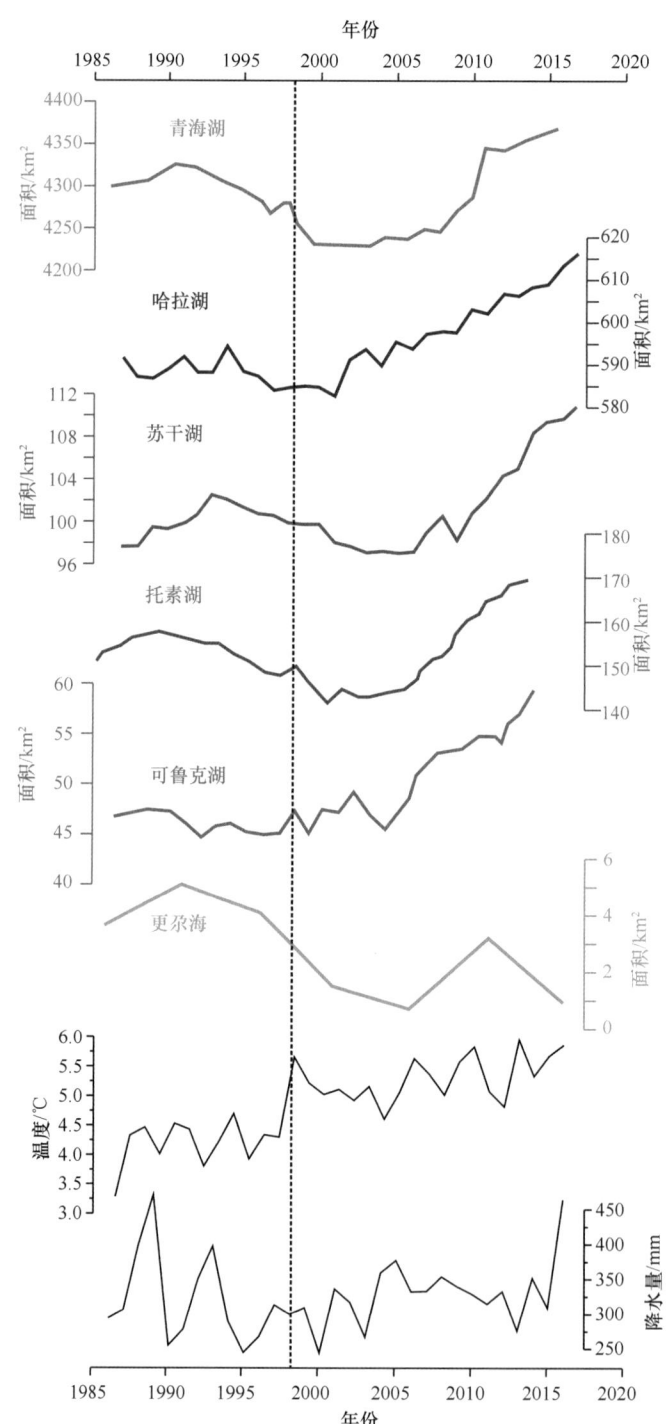

图 6.7　1986 ～ 2016 年青海湖、哈拉湖、苏干湖、托素湖、可鲁克湖和更尕海面积变化

苏干湖、托素湖、可鲁克湖等湖泊面积整体上呈现微弱下降趋势，2000 年以来，这些湖泊面积均显著增加，与更尕海湖泊面积表现出相反的变化趋势。现场调查也发现，哈拉湖水位明显上涨，湖水已淹没原湖边石碑（图 6.8），与遥感资料揭示湖泊面积变化一致（图 6.9）。

图 6.8　摄于哈拉湖

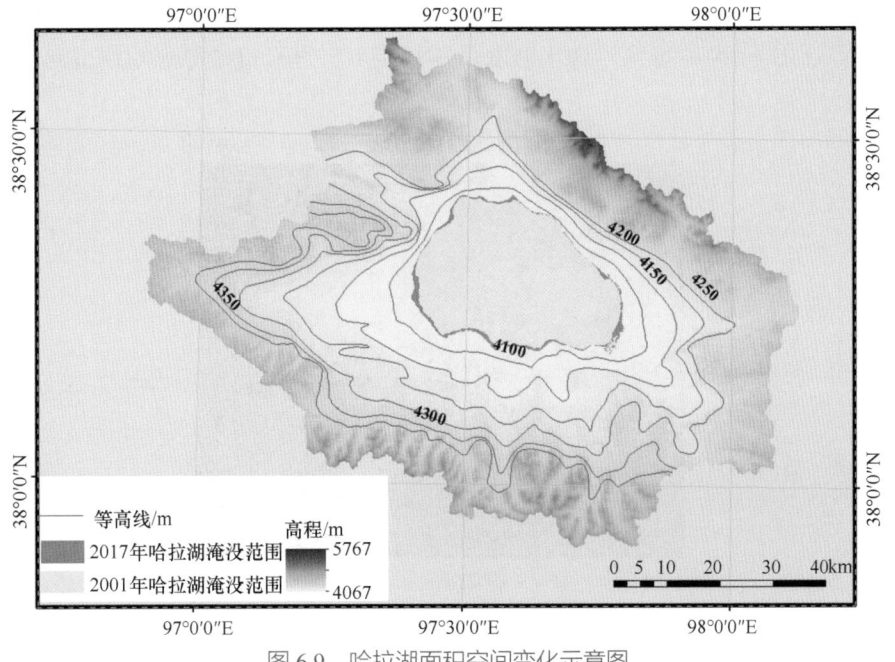

图 6.9　哈拉湖面积空间变化示意图

过去几十年青海湖、哈拉湖、苏干湖、托素湖、可鲁克湖等湖泊主要靠冰雪融水补给，湖泊面积均在 2000 年后快速增加，与青藏高原纳木错等主要靠冰雪融水补给的湖泊面积变化趋势较为一致（Zhang et al.，2018）。器测资料显示，近 40 年祁连山区域与青藏高原气候暖湿化程度明显，降水量增加显著，降水量增加是湖泊面积扩张的主要原因之一。此外，增温直接引起了青藏高原冰川的快速消融，也是湖泊面积扩张的原因之一。

共和盆地更尕海湖泊水位变化与上述湖泊表现出显著的差异，可能主要与更尕海湖水来源及人类活动的干扰有关。共和盆地水资源分为地表水和地下水两类。地表水水系由黄河和沙珠玉河及二者的支流组成，黄河的支流有恰卜恰河、茫拉河和沙沟河等，沙珠玉河的支流则主要包括瓦洪河、大水河和切吉河（董光荣等，1993）。此外，盆地内部还存在英德海、达连海、上更尕海与下更尕海等面积较小、水位较低的湖泊，其中英德海、达连海与下更尕海均已经干涸，仅上更尕海有部分水域残存。地下水系统主要由冻结层水、基岩裂隙水、古近系—新近系碎屑岩类孔隙裂隙水和第四系松散岩类孔隙水组成（董光荣等，1993）。盆地水资源的时空分布存在不均匀性。在空间上，盆地周围山区地下水与地表水广泛分布，而盆地内部水资源则相对短缺。共和盆地周围山体上并未有常年冰川分布，冰雪融水对盆地内湖泊补给量较小，湖泊主要靠降水及地下水补给。

过去几十年共和盆地内部英德海、达连海、更尕海等湖泊面积均逐渐减少。器测资料表明更尕海所在的共和盆地在最近 30 年来降水呈逐渐上升趋势。因此，盆地湖泊面积的收缩不可能是由降水量变化引起的。沙珠玉河河水和盆地湖水及地下水存在显著的水文关系。20 世纪以来，国家在沙珠玉河上修建了多座水利工程设施，堵堰开渠，引水灌溉农田，调查显示，沙珠玉河上游共修建了 14 座水库和 15 条引水渠，主要用于农耕灌溉（图 6.10），导致沙珠玉河水量逐年减少，进而直接导致沙珠玉河尾闾湖——

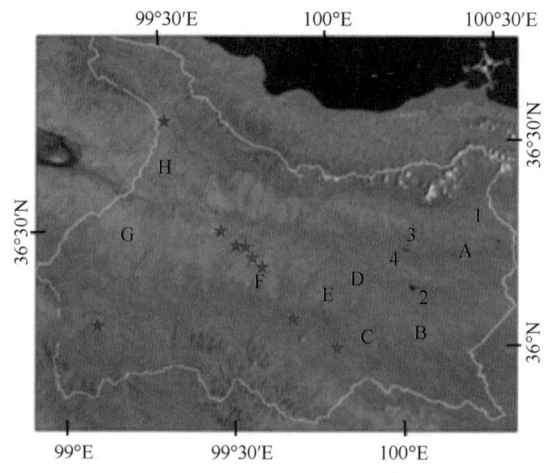

图 6.10　共和盆地湖泊、农耕区与水库分布
1～4：达连海、更尕海、新湖、英德海；A～H：农耕区；红色五角星：水库

达连海干涸，成为农田。农耕灌溉对地下水的超采使得地下水位快速下降，区域靠地下水补给的湖泊逐渐收缩。因此，需要加强区域水资源开发利用控制红线管理，合理利用区域水资源。

6.3　全新世气候与湖泊生态环境变化历史

祁连山地区分布大量湖泊。20 世纪 80 年代以来，国内外学者利用祁连山地区青海湖（An et al.，2012；Hou et al.，2016）、希门错（Mischke and Zhang，2010）、茶卡盐湖（Liu et al.，2008）、寇察湖（Herzschuh et al.，2009）、冬给措纳湖（Aichner et al.，2012）、苦海（Mischke et al.，2010）、达连海（Cheng et al.，2013）、更尕海（Qiang et al.，2013）等湖泊开展了大量晚冰期与全新世气候变化重建工作（图 6.11 和图 6.12）。这些记录大体上指示了祁连山地区早中全新世暖湿、中晚全新世冷干的气候特征。然而，祁连山地区全新世气候变化研究仍存在诸多争议，具体体现在：

（1）全新世气候适宜期的起止时间。尽管祁连山地区湖泊沉积大体上记录了区域早中全新世气候较为暖湿，然而不同重建结果揭示的气候适宜期的起止时间存在差异。青海湖、冬给措纳湖与寇察湖等湖泊沉积氧同位素记录显示早中全新世气候最为适宜，起

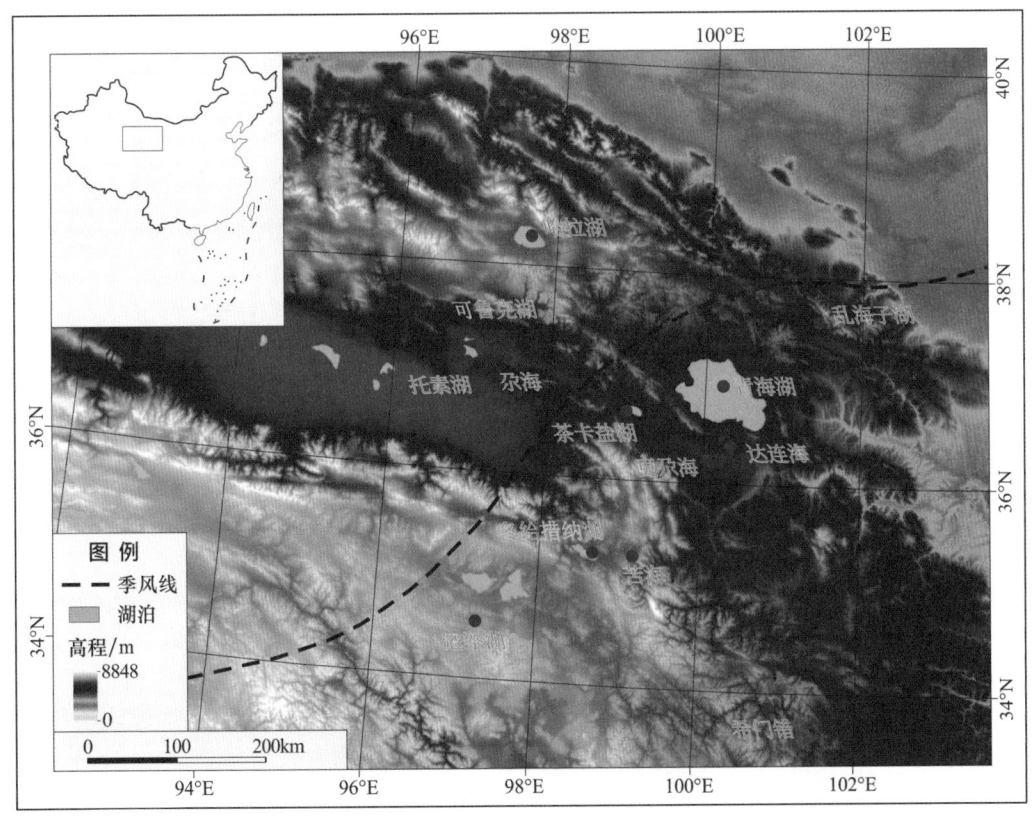

图 6.11　青藏高原东北部湖泊沉积记录（高由禧，1962）

黑色虚线代表现代亚洲夏季风波及的西北边缘

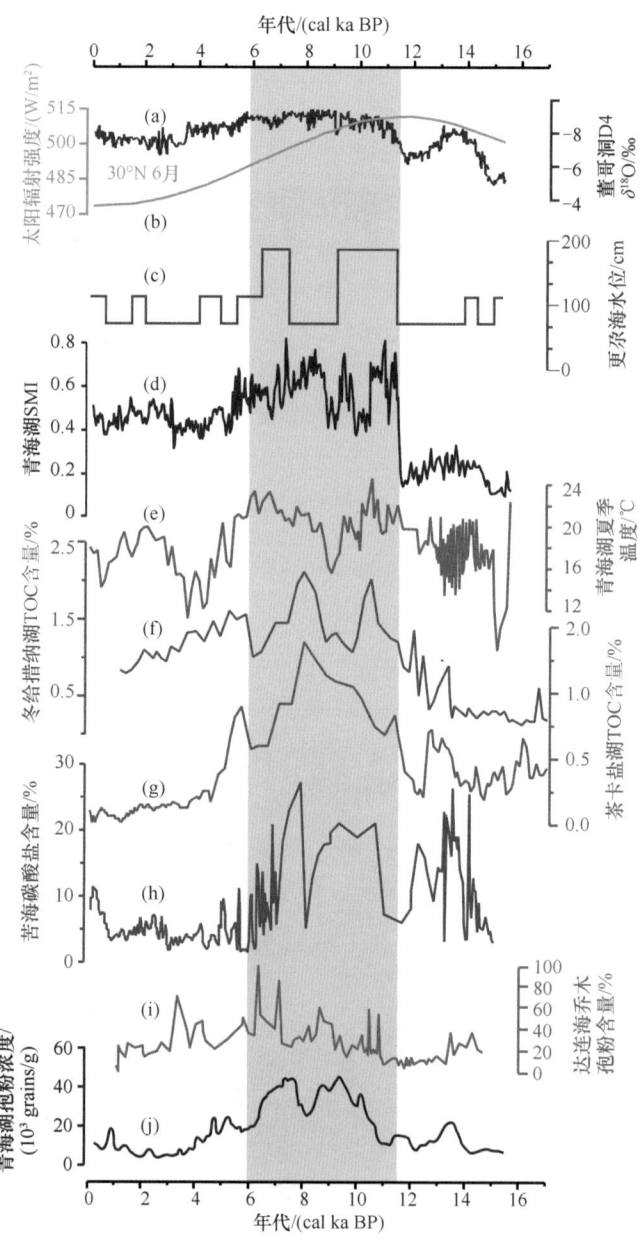

图 6.12　祁连山全新世气候记录与其他气候记录的对比

(a) 董哥洞石笋氧同位素值 (Dykoski et al., 2005)；(b) 30°N 夏季太阳辐射强度 (Berger and Loutre, 1991)；(c) 更尕海湖泊水位 (Qiang et al., 2013)；(d) 青海湖夏季风指数 (An et al., 2012)；(e) 青海湖夏季温度 (Hou et al., 2016)；(f) 冬给措纳湖 TOC 含量 (Aichner et al., 2012)；(g) 茶卡盐湖 TOC 含量 (Liu et al., 2008)；(h) 苦海碳酸盐含量 (Mischke et al., 2010)；(i) 达连海乔木孢粉含量 (Cheng et al., 2013)；(j) 青海湖孢粉浓度 (Shen et al., 2005)

止时间为 11～6 cal ka BP，与更尕海湖泊水位、茶卡盐湖总有机碳（total organic carbon，TOC）含量等气候记录较为一致。然而，达连海乔木孢粉含量与希门错 TOC 含量等指标显示区域早全新世有效湿度逐渐递增，中全新世气候最为湿润，具体时间为 8～6

cal ka BP。此外，即使在同一湖泊中，不同岩心或者同一岩心的不同代用指标获得的气候重建结果也并不完全一致。1985 年以来，国内外学者相继在青海湖不同位置钻取了 QH85-14B、QH-2000、QH-2005、1Fs、QH07 及 QH-2011 等多组沉积岩心（Lister et al.，1991；Shen et al.，2005；Liu et al.，2007；An et al.，2012；Liu et al.，2013；Li and Liu，2014；Wang et al.，2014；Thomas et al.，2016），并利用不同岩心沉积物粒度、元素、同位素等地球化学指标，以及孢粉、介形虫种属等生物学指标开展了全新世气候变化重建工作。岩心 QH85-14B、QH-2000、QH-2005 与 1Fs 沉积物中介形虫壳体氧同位素记录显示，流域早全新世气候湿润，有效湿度较高。Liu 等（2014，2016）综合分析了岩心 QH07 与 1Fs 沉积物粒度组成、碳酸盐、TOC 及元素含量也认为，大约在 11.5 cal ka BP，亚洲季风突然暴发，季风带来的降水也开始深入到青藏高原，导致青藏高原东北部早全新世（11.5～9 cal ka BP）气候最为适宜。然而 Liu 等（2013）和 Wang 等（2014）分别利用岩心 1Fs 沉积物有机碳同位素组成与岩心 QH-2011 沉积物中古菌（Thaum）浓度重建了全新世以来青海湖湖泊水位与湖水盐度变化历史，认为早全新世（11～7 cal ka BP）强烈的蒸发作用导致了青海湖湖水盐度较高，水位处于全新世最低阶段（<10 m），流域有效湿度也相对较低。值得注意的是，强烈的蒸发作用很难解释青海湖沉积介形虫壳体氧同位素值（$\delta^{18}O$）的显著偏负。

（2）全新世千年尺度的气候变率。祁连山地区不同湖泊沉积记录的全新世千年尺度的气候突变事件的结构特征（频率、持续时间、幅度）存在显著的差异。Mischke 和 Zhang（2010）通过对希门错沉积物粒度与有机碳同位素组成及 TOC 含量等的研究，发现流域全新世共发生了 6 次冷干事件，发生时段分别为 10.3～10.0 cal ka BP、7.9～7.4 cal ka BP、5.9～5.5 cal ka BP、4.2～2.8 cal ka BP、1.7～1.3 cal ka BP 与 0.6～0.1 cal ka BP；并将重建结果与青藏高原冰芯、泥炭及其他湖泊沉积记录对比，发现全新世千年尺度冷干事件的频率、持续时间及幅度在青藏高原不同地区并不一致。此外，青海湖沉积物记录（Liu et al.，2014，2016）显示，祁连山地区千年尺度的冷干事件在全新世不同时段内均有发生；而更尕海沉积记录显示流域早中全新世较为稳定，千年尺度的冷干事件主要发生在晚全新世（Qiang et al.，2013）。

事实上，祁连山区全新世气候变化的空间差异可能主要与季风环流与西风环流在这一区域的相互作用过程有关（An et al.，2012）。基于之前的研究，将石羊河流域分为祁连山东段区域，疏勒河流域为祁连山西段区域。根据降水机制和过程的记录可以发现，现代亚洲夏季风对青藏高原东北缘祁连山东段的气候变化和水汽输送有至关重要的作用，然而其影响范围难以到达祁连山西段。因此，对比分析祁连山东段与西段不同气候记录有助于进一步揭示区域全新世气候差异及其控制因子。河西走廊东段的石羊河流域和西段的疏勒河流域不同古湖相地层剖面沉积物的年代、沉积相、堆积及侵蚀速率、粒径指标、地球化学指标和孢粉指标等特征显示（王岳，2016），位于河西走廊西段的疏勒河流域早中全新世时期河水流量较大，水动力条件强，其中游的河道湖古冥泽具有湖相沉积物，晚全新世时期为 2 ka BP 左右（Wang et al.，2016），河水流量减少且从截山子以南改道至以北流向西，因水流量少且没有盆状地形，没有形成尾闾湖泊。

李育等（2013）对河西走廊中段盐池的沉积序列研究显示，盐池古湖泊在早全新世时期面积扩张，在中全新世时期开始退缩，至中全新世后期退缩明显，而晚全新世时期湖泊发育基本停滞。位于河西走廊东段的石羊河流域在早中全新世时期河水流量大、水动力条件强，下游猪野泽湖盆地形成了稳定的终端湖，至晚全新世 3 ka BP 左右（Wang et al.，2016），河水流量减少甚至产生断流，水动力条件变弱，湖泊水位逐渐下降直至完全干涸，此外，已有猪野泽表层沉积物的粒径、地球化学指标和孢粉指标研究结果（王岳等，2014）也证明，猪野泽湖盆地内部沉积物具有在中部地势较低处粒径细且元素和孢粉沉积较多，边缘海拔高处粒径粗且沉积物少的规律，符合湖泊表层沉积物的特征（孙千里等，2001）。综上，河西走廊几大典型内陆河流域在全新世期间的演化模式与典型季风区和青藏高原区古气候记录高度相似，而与中亚干旱区湖泊在全新世时期的演化过程差异明显，因此可以推测，亚洲夏季风北界在千年尺度上较有可能推移至了河西走廊西段。而至晚全新世时期，疏勒河流域的侵蚀作用开始于 2 ka BP 左右，而石羊河流域各剖面的侵蚀作用开始于 3 ka BP 左右，因而疏勒河流域河水流量减少和干旱化较石羊河流域开始得更晚，并且侵蚀情况较石羊河流域更不明显，由此可以推测，疏勒河流域在晚全新世主要受更湿润的西风带控制（王岳，2016）。

孢粉作为指示环境变化的重要指标应用较广。通过重建花粉与植被关系可以半定量区域生态环境的变化。达连海周围山地在 9.4 ~ 3.9 cal ka BP 时段曾发育森林，气候较湿润，达连海附近盆地发育的荒漠草原盖度增加或演化为草原；在 12.9 ~ 9.4 cal ka BP 和 3.9 ~ 1.4 cal ka BP 时段该地气候比较干旱，依据干旱程度周围山地森林退化或消失，盆地内发育盖度较低的荒漠草原或草原化荒漠（Cheng et al.，2013）。将达连海的孢粉记录与附近青海湖的孢粉结果对比，发现两地植被发育基本一致。Shen 等（2005）对新的青海湖钻孔进行了近 18000 年的高分辨率孢粉分析，结果表明，10.8 ~ 3.9 ka BP 时段青海湖盆地森林扩张，反映季风增强，鼎盛期出现在 6.5 cal ka BP，而达连海周围山地全新世森林扩张在 9.4 ~ 3.9 cal ka BP 时期，与青海湖大体相同。4 cal ka BP 之后，两地的乔木花粉含量都越来越少，森林萎缩。

与孢粉记录一样，矿物指标同样也是全新世气候变化研究的重要材料。盐池与猪野泽盐类矿物分析显示，全新世早期季风边界在这一时期向北扩张，推进到了祁连山中段地区；中全新世猪野泽碳酸盐类矿物含量到达峰值，湖泊退缩，盐池则出现极端干旱气候，此时夏季风西北部水汽输送边界位于石羊河流域和盐池流域之间；晚全新世盐池和猪野泽表现为风尘沉积，碳酸盐类矿物难以保存，硫酸盐和氯化物矿物含量出现高值，说明夏季风西北边界进一步向南迁移（李育等，2015）。李卓仑等（2013）对花海古湖泊 10.47 ~ 5.5 cal ka BP 湖水盐度变化的研究也表明，花海早全新世气候由干向湿转变，中全新世最为适宜，晚全新世气候干旱。

千年尺度上，祁连山地区气候逐渐干旱，不仅会导致湖泊面积萎缩，也会使得湖泊及其流域生态系统群落结构与生物量发生显著的变化。已经开展的研究显示，全新世区域降水量的减少使得共和盆地更尕海中适宜在深水区生长的眼子菜与狐尾藻逐渐被适宜在浅水区生长的轮藻取代（Qiang et al.，2013）；哈拉湖中介形类淡水种逐渐消失，咸水种大量发育，茶卡盐湖湖水逐渐咸化，卤化物大量沉积。此外，由于区域气候干旱，草地主要分布在湖泊外围。因此，湖泊面积的减少也导致草地面积收缩，全新世哈拉湖、青海湖、茶卡盐湖等湖泊流域初级生产力也逐渐降低。

综上所述，位于祁连山东段的石羊河流域在整个全新世时期具有明显的亚洲夏季风控制特征，而西段的疏勒河流域在早中全新世时期也体现出了亚洲夏季风控制下的演化特征，晚全新世时期疏勒河流域的干旱化较石羊河流域开始得更晚，由此可知在晚全新世疏勒河流域主要受更湿润的西风带控制，因而亚洲夏季风在这一时期的影响范围退缩至了河西走廊东段，即亚洲夏季风在全新世期间不仅强度有所变化，其影响范围也有所变化。

6.4　湖泊生态系统变化趋势预测与对策

IPCC 第五次气候评估报告指出全球气候将在未来持续变暖，西北暖湿化问题也逐渐引起了国家和社会的关注，祁连山作为我国西部重要的生态屏障，对保护我国生物多样性和维护青藏高原生态平衡具有至关重要的意义。通过 CMIP5 模型对祁连山区域未来夏季风场、温度、降水量及西风带位置的模拟（图 6.13），发现在将来近 80 年里，祁连山地区呈现增温增湿的变化趋势，并且西风带在 200 hPa 和 500 hPa 的位势高度场表现出增强趋势且不断南移，这与之前的研究结果一致。在 RCP4.5 和 RCP8.5 情境下，模拟预测祁连山地区的年均气温在 2006 ~ 2050 年分别上升 1.2℃和 1.5℃，年降水量分别将增加 4.87% 和 5.43%。相比于气候基准期，CanESM2 模式的结果显示参考蒸发呈上升趋势，尤其是在中部高山区。未来在增温增湿和蒸散发增大共同气候因素的影响下，以及在人类活动对其的干扰下，祁连山区域的湖泊面积短期可能会因为冰川融水和降水的增多而扩大，但同时由于湖水蒸发量的加大及人类对湖水的开采、使用影响着湖泊生态系统的演化，因此湖泊演化变得具有复杂性，同时也让其面临着严峻的考验。

Hobbs 等（1996，2001）的研究结果表明，首先，目前祁连山湖泊生态系统是否进行修复及采用什么措施进行修复取决于其湖泊生态退化的程度及其生态系统功能受影响的程度。祁连山保护区统筹自然生态各要素，立足"山水林田湖草是生命共同体"的理念，按照以水源涵养和生物多样性保护为核心的祁连山生态功能定位要求，对冰川、湿地、森林、草原等进行整体保护、系统修复，着力提升水源涵养和生物多样性保护服务功能。如果祁连山湖泊生态系统严重退化，则需要使用工程措施加以治理和恢复；如果是轻度退化或没有退化，则需要从管理的角度加以保护；如果介于二者之间，则应考虑使用生物措施更加有利于恢复和功能的维持（马蓉蓉等，2019）。

其次，通过对祁连山保护区范围内的重点流域水生态环境调查评估，摸清主要水生态环境现状及主要污染构成，建立完整的本底值体系，为未来环境演变预测和风险评估提供基础，理清主要水生态环境问题和潜在风险源，形成以问题为导向的生态环境保护措施和工程决策系统；通过疏浚河道、土地平整、护坡建设、植被恢复等措施，

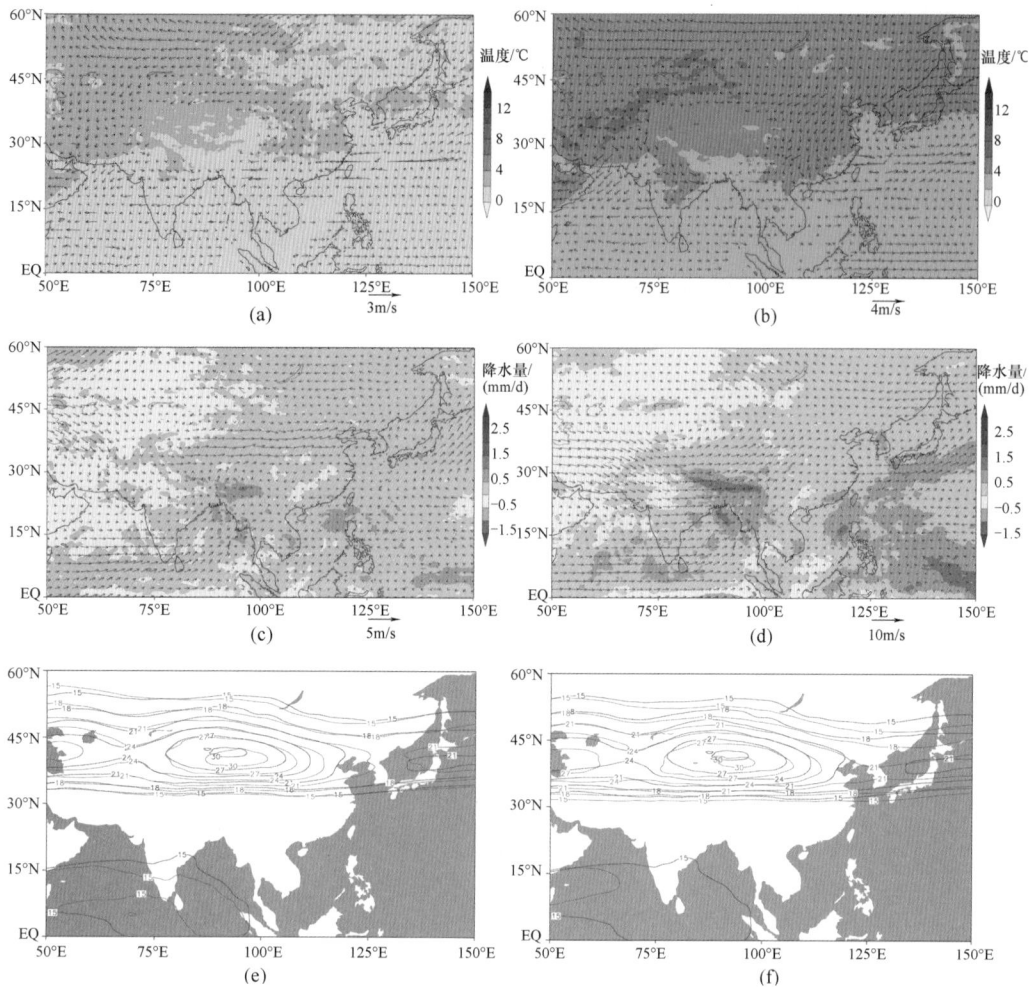

图 6.13　21 世纪 10 年代～ 90 年代祁连山区域夏季风场、温度、降水量和西风带位置模拟
(a) 21 世纪 50 年代与 10 年代夏季风场 (500 hPa) 和温度的差异；(b) 21 世纪 90 年代与 10 年代夏季风场 (500 hPa) 和温度的差异；(c) 21 世纪 50 年代与 10 年代夏季风场 (200 hPa) 和降水量的差异；(d) 21 世纪 90 年代与 10 年代夏季风场 (200 hPa) 和降水量的差异；(e) 21 世纪 10 年代夏季西风急流的位置；(f) 21 世纪 90 年代夏季西风急流的位置

对黑河、山丹河、东大河、西大河等河流水环境生态进行保护和修复，并加强地下水开发利用与保护，优化水资源调配，划定地下水禁采区、过渡区和实验区，实行水量、水位双控制，建设地下水污染防治体系，逐步修复被污染的地下水；通过生物措施和工程措施对东柳沟、隆畅河、摆浪河、冰沟河、洪水河、马营河等黑河支流进行小流域综合治理；此外，在人口相对集中的典型乡镇开展生活源垃圾及污水资源化和减量化应用示范，建立生活固废规模化的再生资源分拣集散中心，建立固废资源化综合利用项目，开展农村生活污水分散式处理试点。通过采取工程与生物措施相结合、人工治理与自然修复相结合的方式，以拟自然理念为指引，全面提升河流生态系统服务功能，实现人水和谐共生（马蓉蓉等，2019）。

最后，对湿地生态环境保持较好、人为干扰不严重的湿地，以保护为主，以避免生态进一步恶化。减畜禁牧，减少或停止对沼泽化草甸资源的过度利用，封泽育草，保持其自然植被的稳定性，在人畜进出活动区附近建立网围栏实施封育；对恶劣、人为干扰严重、破坏较重的环境，通过各种工程措施进行恢复；对因矿产资源露天和无序开采遭到破坏的沼泽草甸、天然林灌、冻土等实施生态恢复，制定切实可行的生态修复方案（马蓉蓉等，2019）。通过新建防护林草带、设立保护围栏、进行湿地污染控制、围堰蓄水、实施清淤疏浚、水生植被恢复、修建引洪拦水坝、建设生态防护林带、修建宣传牌、修建界标等措施，逐步扩大湿地面积，加强水生植被恢复。同时，严格监控水源环境，控制湿地污染，控制地下水的不合理开采利用，以及对湿地过度地进行农业开发、放牧等人为干扰和破坏（李云成等，2017）。有关政府部门需要通过宣传教育并制定必要的保护条例，提高人们对保护冰川重要性的认识，促使其生产经营活动尽量远离冰川外围的沼泽湿地和林草植被。

6.5　小结与展望

祁连山区湖泊水生生物种类较为单一、生态系统结构简单，抵抗力稳定性较低，人类活动或者气候变化容易对湖泊生态系统产生影响，从而使得湖泊生态系统发生灾变的可能性增加；哈拉湖和苏干湖中容易形成蓝藻水华的微囊藻属在这两个湖泊中均为优势属，水体存在富营养化的潜在风险；近几十年来，降水量增加及全球增温引起的冰雪融水量增加导致祁连山地区湖泊整体上呈扩张趋势，然而，农耕灌溉对地下水的超采导致共和盆地地下水位下降；通过对祁连山全新世古气候与湖泊生态演化的历史研究发现，位于祁连山东段的石羊河流域在整个全新世时期具有明显的亚洲夏季风控制特征，而西段的疏勒河流域在早中全新世时期也体现出了亚洲夏季风控制下的演化特征，晚全新世时期疏勒河流域的干旱化较石羊河流域开始得更晚，由此可知在晚全新世疏勒河流域主要受更湿润的西风带控制，因而亚洲夏季风在这一时期的影响范围退缩至河西走廊东段，即亚洲夏季风在全新世期间不仅强度有所变化，其影响范围也有所变化。在未来近 80 年里，祁连山地区将呈现增温增湿和蒸散发量增大的变化趋势，在这些气候因素的共同影响下及在人类活动干扰下，祁连山湖泊生态系统是否需要进行修复，以及采用什么措施进行修复，取决于其湖泊生态退化的程度及其生态系统功能受影响的程度。

祁连山是我国西部重要的生态安全屏障，是国家重点生态功能区，其生态保护与治理一直受到国家、地方政府和当地居民的高度关注。理解气候变化的关键之一就是充分地掌握过去气候演化规律，对祁连山区域过去气候变化的研究将有助于在现有监测结果的基础上，评估未来祁连山气候可能演变的方向。未来祁连山湖泊生态保护与修复工作还有很多需要努力的地方，将从以下几个方面进行探索：

（1）加强实地调研，坚持科技创新。目前有关祁连山湖泊生态系统的研究资料和数据相对陈旧，不利于精准识别和诊断其主要生态环境问题。在未来的祁连山科考工作中，将继续开展基础调查和监测，详细了解湖泊生态系统的变化，精准研判生态系统现状与变化趋势，为生态保护修复和管理打下坚实的基础（李开明，2019），为区域湖泊生态修复治理技术、湖泊生态环境监测技术及湖泊水资源合理利用技术等做好关键性的科技攻关、集成和示范。

（2）建立以自然恢复为主、人工修复为辅的生态修复理念。生态系统修复包括工程治理和自然恢复，在未来西北暖湿化的气候背景下，应逐步减轻人为干扰，顺应自然、保护自然，积极引导湖泊生态系统朝着健康有序的方向演替（蔡运龙，2016）。在湖泊生态系统修复功能稳定提升后，应逐步引导其生态系统向自我修复的方向发展，由以治理为主向保护为主转变。

（3）研究制定湖泊生态效益补偿政策，建立长期湖泊生态效益补偿机制。由国家财政、下游受益区地方财政和湿地开发利用单位出资，对因限制开发利用湖泊、湿地造成财政损失的地方政府和收入降低的农牧民群众给予合理的经济补偿，对负责湖泊保护与建设的保护管理部门给予事业经费补助，通过进一步完善祁连山湖泊生态效益补偿机制，尽量减少人为因素对湖泊生态系统恢复产生的影响。

参考文献

蔡运龙.2016.生态修复必须跳出"改造自然"的老路.光明日报,2016-02-19(11).

陈建徽,陈发虎,张恩楼,等.2008.摇蚊亚化石记录的苏干湖近千年来盐度变化研究.第四纪研究,28(2):7.

董光荣,高尚玉,金炯.1993.青海共和盆地土地沙漠化与防治途径.北京:科学出版社.

高由禧.1962.东亚季风的若干问题.北京:科学出版社.

黄玉瑶.2001.内陆水域污染生态学:原理与应用.北京:科学出版社.

李开明.2019.寻根究底量体裁衣推陈出新——山水林田湖草生态保护修复的三个重要环节.中国生态文明,(1):64-65.

李育,王乃昂,李卓仑,等.2013.河西走廊盐池晚冰期以来沉积地层变化综合分析——来自夏季风西北缘一个关键位置的古气候证据.地理学报,68(7):933-944.

李育,张成琦,周雪花,等.2015.我国西北夏季风边界千年尺度变化的证据——来自盐池和猪野泽盐类矿物分析结果.沉积学报,33(3):524-536.

李云成,王瑞玲,娄广艳.2017.湟水河流域水生态保护与修复研究.水生态学杂志,38(6):11-18.

李卓仑,王乃昂,李育,等.2013.河西走廊花海古湖泊早、中全新世湖水盐度变化及其环境意义.冰川冻土,35(6):1481-1489.

马蓉蓉,黄雨晗,周伟,等.2019.祁连山山水林田湖草生态保护与修复的探索与实践.生态学报,39(23):8990-8997.

强明瑞.2002.青藏高原北缘苏干湖湖芯记录的全新世气候变化研究.兰州:兰州大学.

强明瑞,陈发虎,张家武,等.2005.2ka来苏干湖沉积碳酸盐稳定同位素记录的气候变化.科学通报,(13):1385-1393.

沈吉.2012.末次盛冰期以来中国湖泊时空演变及驱动机制研究综述:来自湖泊沉积的证据.科学通报,57(34):3228-3242.

孙千里,周杰,肖举乐.2001.岱海沉积物粒度特征及其古环境意义.海洋地质与第四纪地质,(1):93-95.

王岳. 2016. 河西走廊东西段全新世古湖泊演化对比研究. 兰州: 兰州大学.

王岳, 李育, 张成琦, 等. 2014. 干旱区湖泊沉积物代用指标意义——猪野泽表层沉积物样品为例. 兰州大学学报 (自然科学版), 50 (6): 816-823.

闫天龙, 王振亭, 贺建桥, 等. 2018. 3500年来祁连山中段天鹅湖岩芯记录的沉积环境变化. 沉积学报, 36 (3): 521-530.

周爱锋, 陈发虎, 强明瑞, 等. 2007. 内陆干旱区柴达木盆地苏干湖年纹层的发现及其意义. 中国科学 (D 辑: 地球科学), (7): 941-948.

周爱锋, 强明瑞, 张家武, 等. 2008. 苏干湖沉积物纹层计年和^{210}Pb, ^{137}Cs测年对比. 兰州大学学报 (自然科学版), 44 (6): 15-18, 24.

Aichner B, Herzschuh U, Wilkes H, et al. 2012. Ecological development of Lake Donggi Cona, northeastern Tibetan Plateau, since the late glacial on basis of organic geochemical proxies and non-pollen palynomorphs. Palaeogeography, Palaeoclimatology, Palaeoecology, 313-314: 140-149.

An Z S, Colman S M, Zhou W J, et al. 2012. Interplay between the Westerlies and Asian monsoon recorded in Lake Qinghai sediments since 32 ka. Scientific Reports, 2 (8): 619-625.

Berger A, Loutre M F. 1991. Insolation values for the climate of the last 10 million years. Quaternary Science Reviews, 10 (4): 297-317.

Chen J H, Chen F H, Zhang E L, et al. 2009. A 1000-year chironomid-based salinity reconstruction from varved sediments of Sugan Lake, Qaidam Basin, arid Northwest China, and its palaeoclimatic significance. Chinese Science Bulletin, 54: 3749-3759.

Cheng B, Chen F H, Zhang J W. 2013. Palaeovegetational and palaeoenvironmental changes since the last deglacial in Gonghe Basin, northeast Tibetan Plateau. Journal of Geographical Sciences, 23 (1): 136-146.

Dykoski C A, Edwards R L, Cheng H, et al. 2005. A high-resolution, absolute-dated Holocene and deglacial Asian monsoon record from Dongge Cave, China. Earth and Planetary Science Letters, 233 (1-2): 71-86.

Herzschuh U, Kramer A, Mischke S, et al. 2009. Quantitative climate and vegetation trends since the late glacial on the northeastern Tibetan Plateau deduced from Koucha Lake pollen spectra. Quaternary Research, 71 (2): 162-171.

Hobbs R J, Harris J A. 2001. Restoration ecology: repairing the Earth's ecosystems in the new millennium. Restoration Ecology, 9 (2): 239-246.

Hobbs R J, Norton D A. 1996. Towards a conceptual framework for restoration ecology. Restoration Ecology, 4 (2): 93-110.

Hou J Z, Huang Y S, Zhao J T, et al. 2016. Large Holocene summer temperature oscillations and impact on the peopling of the northeastern Tibetan Plateau. Geophysical Research Letters, 43 (3): 1323-1330.

Li X Z, Liu W G. 2014. Water salinity and productivity recorded by ostracod assemblages and their carbon isotopes since the early Holocene at lake Qinghai on the northeastern Qinghai-Tibet Plateau, China. Palaeogeography, Palaeoclimatology, Palaeoecology, 407: 25-33.

Lister G S, Kelts K, Zao C K, et al. 1991. Lake Qinghai China: closed-basin lake levels and the oxygen isotope record for ostracoda since the latest pleistocene. Palaeogeography Palaeoclimatology Palaeoecology, 84 (1-4): 141-162.

Liu W G, Li X Z, An Z S, et al. 2013. Total organic carbon isotopes: a novel proxy of lake level from Lake Qinghai in the Qinghai-Tibet Plateau, China. Chemical Geology, 347: 153-160.

Liu X J, Colman S M, Brown E T, et al. 2014. Abrupt deglaciation on the northeastern Tibetan Plateau: evidence from lake Qinghai. Journal of Paleolimnology, 51 (2): 223-240.

Liu X Q, Dong H L, Rech J A, et al. 2008. Evolution of Chaka Salt Lake in NW China in response to climatic change during the Latest Pleistocene-Holocene. Quaternary Science Reviews, 27(7-8): 867-879.

Liu X Q, Shen J, Wang S M, et al. 2007. Southwest monsoon changes indicated by oxygen isotope of ostracode shells from sediments in Qinghai Lake since the late Glacial. Chinese Science Bulletin, 52(4): 539-544.

Liu X X, Vandenberghe J, An Z S, et al. 2016. Grain size of Lake Qinghai sediments: implications for riverine input and Holocene monsoon variability. Palaeogeography, Palaeoclimatology, Palaeoecology, 449: 41-51.

Mischke S, Zhang C J. 2010. Holocene cold events on the Tibetan Plateau. Global and Planetary Change, 72(3): 155-163.

Mischke S, Zhang C J, Börner A, et al. 2010. Late glacial and Holocene variation in aeolian sediment flux over the northeastern Tibetan Plateau recorded by laminated sediments of a saline meromictic lake. Journal of Quaternary Science, 25(2): 162-177.

Qiang M R, Song L, Chen F H, et al. 2013. A 16-ka lake-level record inferred from macrofossils in a sediment core from Genggahai Lake, northeastern Qinghai-Tibetan Plateau(China). Journal of Paleolimnology, 49(4): 575-590.

Shen J, Liu X Q, Wang S M, et al. 2005. Palaeoclimatic changes in the Qinghai Lake area during the last 18,000 years. Quaternary International, 136(1): 131-140.

Thomas E K, Huang Y S, Clemens S C, et al. 2016. Changes in dominant moisture sources and the consequences for hydroclimate on the northeastern Tibetan Plateau during the past 32 kyr. Quaternary Science Reviews, 131: 157-167.

Wang H Y, Dong H L, Zhang C L, et al. 2014. Water depth affecting thaumarchaeol production in Lake Qinghai, northeastern Qinghai-Tibetan Plateau: implications for paleo lake levels and paleoclimate. Chemical Geology, 368: 76-84.

Wang Y, Li Y, Zhang C Q. 2016. Holocene millennial-scale erosion and deposition processes in the middle reaches of inland drainage basins, arid China. Environmental Earth Sciences, 75(6): 454.

Wünnemann B, Wagner J, Zhang Y Z, et al. 2012. Implications of diverse sedimentation patterns in Hala Lake, Qinghai Province, China for reconstructing late Quaternary climate. Journal of Paleolimnology, 48(4): 725-749.

Yan D D, Wünnemann B. 2014. Late Quaternary water depth changes in Hala Lake, northeastern Tibetan Plateau, derived from ostracod assemblages and sediment properties in multiple sediment records. Quaternary Science Reviews, 95: 95-114.

Zhang J, Huang X Z, Wang Z L, et al. 2018. A late-Holocene pollen record from the western Qilian Mountains and its implications for climate change and human activity along the Silk Road, Northwestern China. The Holocene, 28(7): 1141-1150.

Zhang J W, Holmes J A, Chen F H, et al. 2009. An 850-year ostracod-shell trace-element record from Sugan Lake, northern Tibetan Plateau, China: implications for interpreting the shell chemistry in high-Mg/Ca waters. Quaternary International, 194(1-2): 119-133.

Zhang Z X, Chang J, Xu C Y, et al. 2018. The response of lake area and vegetation cover variations to climate change over the Qinghai-Tibetan Plateau during the past 30 years. Science of the Total Environment, 635: 443-451.

第 7 章

祁连山生物多样性变化

祁连山作为"丝绸之路经济带"和"泛第三极"地区的核心区，是"山水林田湖草"系统复杂耦合的典型区域，是我国生物多样性保护的优先区和西部重要的生态安全屏障。祁连山也是黑河、石羊河、疏勒河等内陆河及黄河支流大通河的重要水源补给区和发源地，对西部地区经济社会可持续发展具有非常重要的意义。近年来，全球气候变化与人类活动的强烈干扰严重影响着祁连山生物多样性。

随着祁连山国家公园体制的建立，保护祁连山区自然生态系统的完整性和原真性成为建立国家公园的首要目标。摸清祁连山生物多样性现状，结合已有历史与文献资料，探讨生物多样性变化的特征及其影响因素，仍然是我们面临的重大课题。生物多样性监测研究是国家公园内大面积自然生态系统保护的重要基础（米湘成，2019）。开展生物多样性变化综合科学考察有助于加深对祁连山典型生态系统的认识，优化和更新国家公园保护的目标和策略。因此，围绕祁连山生物多样性变化的综合科学考察，对受损生态系统修复和生物多样性保育具有重要的指导作用。

7.1　生态系统多样性

7.1.1　生态系统类型

通过踏查和结合已有文献资料，按照全国生态系统分类体系确定祁连山区具有如下生态系统类型：森林（阔叶林、针叶林、针阔混交林、稀疏林）、灌丛（阔叶灌丛、针叶灌丛、稀疏灌丛）、草地（草甸、草原、草丛、稀疏草地）、湿地（沼泽、湖泊、河流）、农田、荒漠和其他（冰川/永久积雪、裸地）。高山流石滩和高山垫状植被分布在海拔 3900 m 以上的高山流石滩或冻原带；高寒草甸分布在海拔 3700～3900 m；亚高山灌丛分布在海拔 3300～3700 m；森林及多种灌丛分布在海拔 2600～3300 m；海拔 2600 m 以下分布着温性草原、荒漠草原等多种草原类型及砾质荒漠。沿海拔由高至低，结合本次科考调查结果，祁连山主要生态系统概况如下。

高山流石滩的土层薄，植被稀少，多为裸露且容易发生移动的砾石，常见的植物有多年生蓼科大黄属（*Rheum*）和菊科风毛菊属（*Saussurea*）植物及甘肃雪灵芝（*Arenaria kansuensis*）等。高山垫状植被匍匐于地面，盖度低，植株矮小，叶片短小，但根系发达，伴生着多种地衣和生物结皮，常见植物有垫状点地梅（*Androsace tapete*）、垫状驼绒藜（*Krascheninnikovia compacta*）、甘肃雪灵芝，还包括多种虎耳草属（*Saxifraga*）和菊科火绒草属（*Leontopodium*）植物。本次科考调查显示高山流石滩和高山垫状植被分布在海拔 3823～4107 m（图 7.1）。

高寒草甸土层较薄，为 10～50 cm，有少量砾石，土壤含水量高，有机质含量高，土壤颜色为黑褐色，植物根系多而密，植被盖度在 95% 以上，偶见一些小灌木，常见的物种有龙胆属（*Gentiana*）、莎草科、禾本科、菊科蒿属（*Artemisia*）和火绒草属植物等。本次科考调查显示高寒草甸分布在海拔 3290～3903 m（图 7.2）。

灌丛分布的海拔下线几乎与森林相同，上线高于林线。灌丛随海拔升高，株高和

图 7.1　高山流石滩与高山垫状植被

(a) 高山流石滩，坐标（39.37°N，97.63°E），海拔为 4004 m；(b) 高山垫状植被，坐标（39.26°N，97.75°E），海拔为
4087 m

图 7.2　高寒草甸

坐标（37.30°N，102.43°E），海拔为 3724 m

盖度逐渐减小，呈斑块状分布，常见的灌木有山生柳、金露梅、银露梅，还有杜鹃花属、
锦鸡儿属（*Caragana*）等灌木物种。本次科考调查显示灌丛分布在海拔 2430 ~ 3550 m
（图 7.3）。

　　森林主要以青海云杉、祁连圆柏和杨属（*Populus*）植物为优势建群种。其中，青
海云杉林分布面积较大，多呈片状分布在阴坡，林分密度较高，群落结构复杂，林下
有灌木层、草本层和苔藓层，凋落物及腐殖质层厚 5 ~ 20 cm，群落总盖度几乎达到
100%；祁连圆柏林呈斑块状分布在阳坡，林分密度相对低，山体陡峭，土壤水分含量

图 7.3　灌丛（山生柳、金露梅与鬼箭锦鸡儿）
坐标（38.87°N，99.19°E），海拔为 3543m

低，林下灌木和草本稀少，地表凋落物层薄或无，存在一定的裸露地表；杨树林有天然次生林和人工林，位于河谷地带和山脉下坡位，林下灌木和草本相对丰富，草本植物禾本科占绝对优势。本次科考调查显示森林分布在海拔 2470～3078 m（图 7.4）。

　　草原分布广泛，物种较其他生态类型丰富，其受海拔、坡位、坡向、土壤水分等环境因素的影响较大，主要有高山草原、温性草原、干草原等类型，不同类型草原的物种组成、群落特征、土壤状况等差异较大。本次科考调查显示草原分布在海拔 1953～3023 m（图 7.5）。

　　荒漠分布在海拔 2000m 以下，降水稀少，土壤水分含量低，环境恶劣，植被稀疏，人类活动也相对较少。主要由旱生的低矮木本植物组成，如白刺（*Nitraria tangutorum*）、梭梭（*Haloxylon ammodendron*）、红砂（*Reaumuria soongarica*）、霸王（*Zygophyllum xanthoxylon*）、沙拐枣（*Calligonum mongolicum*）等，植被覆盖度在 0%～30%，地表裸露，极少量的凋落物位于植株冠幅下方，形成"沃岛"。土壤质地砂粒含量较高，粉粒和黏粒占比不足 20%，养分含量低，存在盐渍化现象（图 7.6）。

　　祁连山湿地生态系统类型多样，有沼泽、河流、湖泊（湖泊、水库）等多种，其中河流的面积最广。利用遥感影像资料分析发现，2000～2016 年祁连山湿地面积处于增加的趋势（宋伟宏和程慧波，2018）。自祁连山向南出山的河流有湟水河、大通河、

图 7.4　森林

(a) 祁连圆柏林，坐标（37.37°N，102.44°E），海拔为 2821 m；(b) 小叶杨林，坐标（38.21°N，100.19°E），海拔为 2591 m；(c) 青海云杉林，坐标（38.38°N，100.64°E），海拔为 2611 m

庄浪河等，向北出山的河流有石羊河、黑河、疏勒河等（表 7.1 和图 7.7）。祁连山共有冰川 2683 条，面积约为 1597 km²，冰储量约为 844 亿 m³，是祁连山各河流的径流补给水源之一，自东向西比重逐渐减小。祁连山山间盆地和宽谷的存在使得地下水补给在各河流的径流总量中占有较大比重（汤奇成等，1981）。祁连山河流距离源头越远，其水域面积、河面宽度、水深、水体浑浊度逐渐增大，流速受河流蜿蜒程度的影响，水体浑浊度受降水强度、植被、土壤、人为干扰等因素的影响。

7.1.2　生态系统特征

本次科考重点选取石羊河流域典型的森林、灌丛、草地（高寒草甸和草原）、荒漠、湿地 5 种陆地生态系统（图 7.8），详细调查并对比分析除湿地以外 4 种生态系统在种子植物多样性、单位面积地上生物量、土壤化学性质和水力指标等特征上的差异，以揭示不同生态系统特征的空间变化规律。

图 7.5　草原

（a）杂草草甸，坐标（37.27°N，102.61°E），海拔为 3023 m；（b）温性草原（马蔺为优势建群种），坐标（37.66°N，102.38°E），海拔为 2606 m；（c）温性草原（多种禾草），坐标（37.04°N，103.43°E），海拔为 2635 m；（d）温性荒漠化草原（丛生矮禾草、蒿属与旱生小灌木），坐标（37.92°N，102.23°E），海拔为 2074 m

图 7.6　荒漠

（a）温性荒漠（红砂、珍珠猪毛菜、毛刺锦鸡儿等为优势建群种），坐标（39.33°N，99.04°E），海拔为 1696 m；（b）腾格里沙漠边缘荒漠（膜果麻黄为优势建群种），坐标（38.57°N，102.86°E），海拔为 1343 m

表 7.1　祁连山河流生态系统概况

流域	发源地	长度 /km	流域面积 / 万 km²	平均年径流量 / 亿 m³	注入
疏勒河	祁连山西段	670	4.13	10.31	哈拉奇湖
黑河	祁连山中段	821	14.29	16.42	居延海
石羊河	冷龙岭北侧	316	4.16	15.60	青土湖、金川峡水库、红崖山水库
大通河	托勒山与大通山	560.7	1.51	27.7	黄河
湟水河	包呼图山	336	3.29	21.0	黄河
庄浪河	冷龙岭东端	184.8	0.40	0.99	黄河

　　注：数据来源于甘肃省水利厅、《2018 年甘肃省水资源公报》《2018 年青海省水资源公报》和历史文献资料。大通河和湟水河为湟水水系。疏勒河年平均径流量为疏勒河干流年平均径流量；黑河、大通河、庄浪河的年平均径流量分别是莺落峡、连城、天祝水文站多年监测数据平均值；疏勒河、石羊河、湟水河的年平均径流量为每个流域的总年平均径流量。

图 7.7　河流

(a) 石羊河；(b) 疏勒河；(c) 黑河

　　石羊河流域不同生态系统种子植物物种多样性指数特征存在一定差异（图 7.9）。草甸的物种丰富度最高，显著高于荒漠。灌丛和森林的物种丰富度差异最小，这两者均高于草原。从草甸到荒漠，生态系统的物种丰富度呈现逐渐递减的趋势。耐旱、耐

图 7.8　陆地生态系统

（a）森林（青海云杉），坐标（37.38°N，102.46°E），海拔为 2784 m；（b）灌丛（金露梅与鬼箭锦鸡儿为优势建群种），坐标（37.87°N，101.28°E），海拔为 3391 m；（c）草地（多种禾草），坐标（38.04°N，101.35°E），海拔为 2896 m；（d）荒漠（梭梭），坐标（39.14°N，103.64°E），海拔为 1261 m

盐等适应性强的物种分布在生境恶劣的荒漠，物种少，盖度低。此次调查到的森林均为纯林，分别是青海云杉林、祁连圆柏林、小叶杨林和青杨林。高寒草甸样地内未发现矮灌木。草甸草本层的辛普森多样性指数最大，其次是灌丛、森林和草原，荒漠最小，且草甸与荒漠草本层辛普森多样性指数的差异达到显著水平。森林林下灌木层的辛普森多样性指数高于灌丛、草原和荒漠，荒漠的辛普森多样性指数最小。森林灌木层的香农 – 维纳多样性指数最高，其次是草原和灌丛，荒漠最低；但是这四种生态系统灌木层的香农 – 维纳多样性指数之间没有显著差异。就草本层而言，草甸的香农 – 维纳多样性指数最高，其次是灌丛，均显著高于荒漠。草原的香农 – 维纳多样性指数小于森林，除荒漠外，草甸、灌丛、森林和草原的香农 – 维纳多样性指数均未达到显著水平，这说明石羊河流域灌丛和森林生态系统的林下草本物种种类丰富。皮勒均匀度指数反映不同物种在数量上的相似程度或差异，具有相同丰富度的群落或生态系统，它们的均匀度可能差异很大。草本层和灌木层的皮勒均匀度指数的差异变化与上述两种物种多样性指数不同。就草本层来说，五种生态系统种子植物的皮勒均匀度指数无显著差异，荒漠的皮勒均匀度指数相对低于其他类型。森林生态系统灌木层皮勒均匀度指

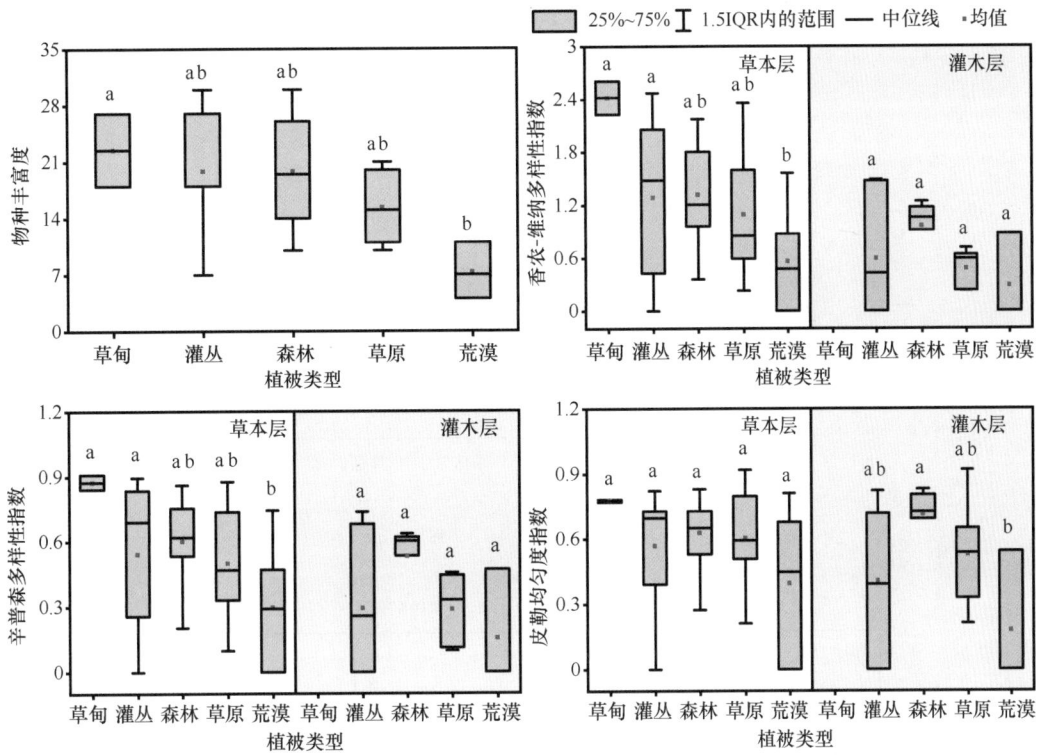

图 7.9　不同陆地生态系统种子植物物种多样性指数特征分析

不同的小写字母表示不同陆地生态系统之间多样性指数特征存在显著差异 ($P<0.05$)

数显著大于荒漠，但与灌丛、草原相比，它们无显著差异。在野外调查中，荒漠生态系统灌木物种种类少，通常是单一灌木为调查样地的优势物种，如红砂、白刺、膜果麻黄（*Ephedra przewalskii*）等；在灌丛生态系统中，通常也是以一种或两种灌木为优势物种，如金露梅、鬼箭锦鸡儿；而在森林生态系统中灌木层优势物种种类多，且株丛数少。但是森林中草本层每一种物种的数量差异较大，禾本科和莎草科物种的数量较多，菊科、豆科等物种的数量较少。

石羊河流域不同陆地生态系统植被单位面积地上生物量（根据样方生物量测算）特征存在显著差异，主要体现在森林生态系统中。乔木的株高和冠幅远超过灌木和草本个体，其单位面积地上生物量的积累量最大（15818.13 g/m²）；其次是灌丛，地上生物量为 954.57 g/m²；草原、荒漠和草甸的单位面积地上生物量分别是 298.15 g/m²、187.41 g/m² 和 123.35 g/m²（图 7.10）。森林单位面积地上生物量大约是其他生态系统总生物量的 1.6 倍。虽然荒漠的植被盖度较小，但荒漠的单位面积地上生物量比高寒草甸多 64.06 g，这是由荒漠中灌木的单株生物量较大导致的。

石羊河流域不同生态系统表层土壤有机碳含量不同，草甸 0 ～ 30 cm 土层土壤有机碳含量最高，森林和灌丛次之，草原的土壤有机碳含量最低（图 7.11）。随土壤深度的增加，森林的土壤有机碳含量降低，这与其他研究的结果一致（马文瑛等，2014）。

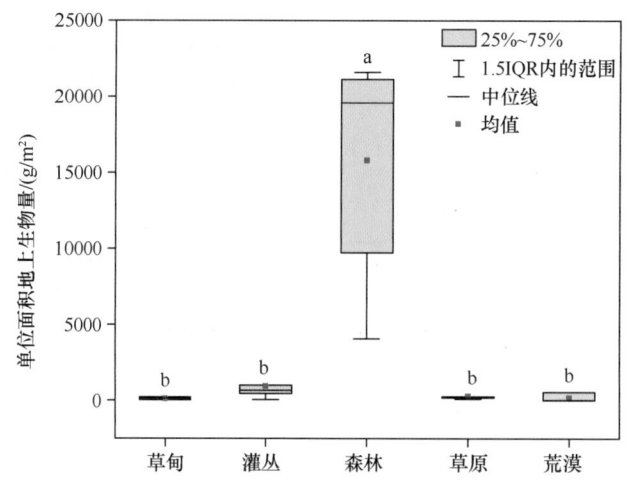

图 7.10　不同陆地生态系统单位面积地上生物量特征分析
不同的小写字母表示不同陆地生态系统地上生物量间的显著差异（P<0.05）

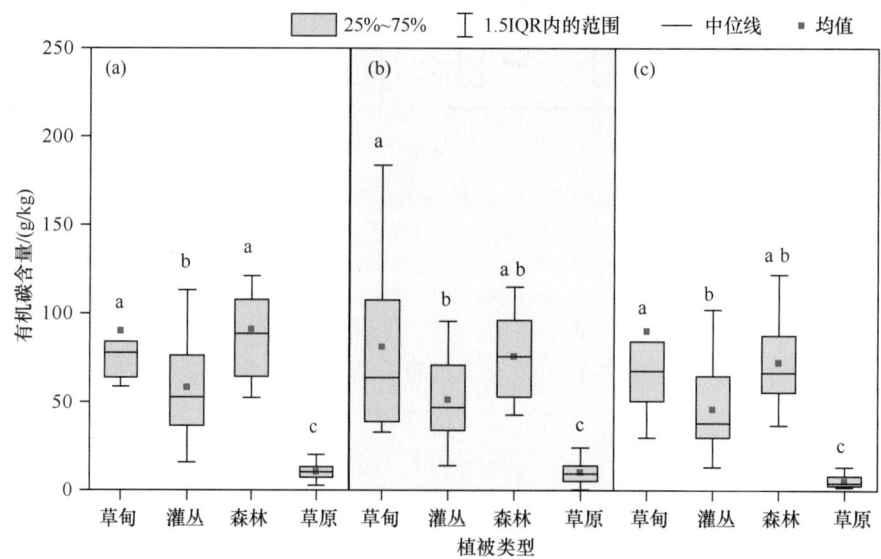

图 7.11　不同陆地生态系统表层土壤有机碳含量特征分析
（a）0～10 cm；（b）10～20 cm；（c）20～30 cm。不同的小写字母表示不同陆地生态系统同一土壤层之间土壤特征的差异
显著（P<0.05）

草甸表层土壤根系密布，土壤颜色较深，有机质含量高，0～10 cm、10～20 cm 和 20～30 cm 土层的有机碳含量均较高，差异小。灌丛的表层土壤有机碳含量随土壤深度增加而降低。草原土壤有机碳含量异常低。常宗强等（2008）对不同生态系统 0～60 cm 表层土壤有机碳含量的研究结果为：天然林、高山灌丛、草地大概范围分别是 20～105 g/kg、20～110 g/kg、20～85 g/kg；该研究中高山灌丛的土壤有机碳含量最高，森林与草地无差异。马文瑛等（2014）研究得出，祁连山天老池小流域的表层土壤有机碳含量分别是 105.08 g/kg（0～10 cm）、81.46 g/kg（10～20 cm）、62.62 g/kg（20～30 cm）。

本研究结果表明，青海云杉林 0 ～ 10 cm 土层土壤有机碳含量大于灌丛、草甸，草原最小（43.94 g/kg）。此外，灌丛和草原的土壤有机碳含量与前人研究结果不一致，可能是由于土壤类型、土壤砾石等不同。此外，草原类型不同也会导致土壤有机碳含量显著不同，如温性草原和荒漠草原土壤有机碳含量显著不同。

石羊河流域不同陆地生态系统表层土壤养分氮元素的特征如下（图 7.12）：随土壤深度增加，表层土壤全氮、硝态氮、铵态氮的变化规律均不同。草甸表层土壤全氮含量随土壤深度增加先降低后升高，灌丛与之相反；森林和草原的土壤全氮含量随深度增加而降低。草甸 0 ～ 30 cm 表层土壤全氮含量最高（6.26 g/kg），其次是森林（4.70 g/kg）

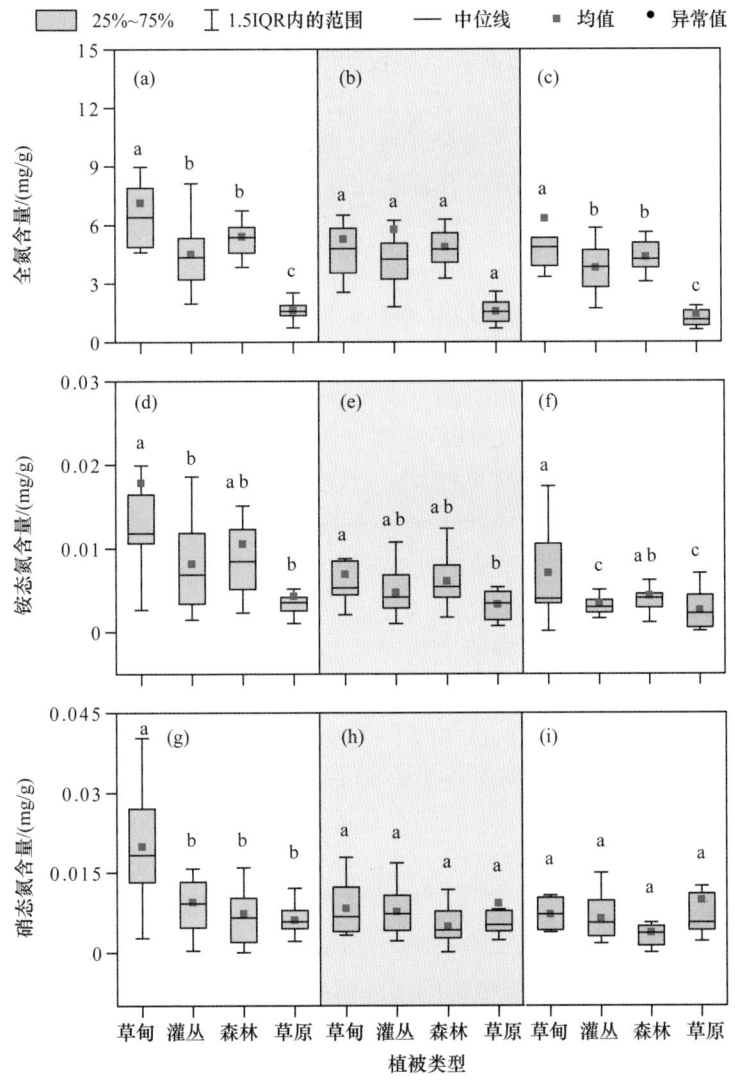

图 7.12　不同陆地生态系统表层土壤氮元素特征分析

(a) (d) (g) 为 0 ～ 10 cm 土层；(b) (e) (h) 为 10 ～ 20 cm 土层；(c) (f) (i) 为 20 ～ 30 cm 土层。不同的小写字母表示不同陆地生态系统同一土壤层之间土壤特征的差异显著（$P<0.05$）

和灌丛（3.90 g/kg），草原最低（2.53 g/kg）。本研究的森林表层土壤平均全氮含量与其他研究的变化范围吻合。例如，张学龙等（2013）研究发现，祁连山东段、西段青海云杉林 0 ～ 40 cm 表层土壤全氮含量变化范围是 1.78 ～ 7.89 g/kg。随土壤深度增加，草甸、灌丛和森林的土壤硝态氮含量逐渐降低，而草原则呈逐渐增加的变化趋势。不同生态系统 0 ～ 30 cm 表层土壤硝态氮含量的大小依次为：草甸 > 草原 > 灌丛 > 森林，草甸的土壤硝态氮含量约是森林的 2 倍。草甸 0 ～ 10 cm 土层土壤铵态氮含量是 10 ～ 20 cm 和 20 ～ 30 cm 土层的 2 倍，草原灌丛和森林的土壤铵态氮含量随土壤深度增加而逐渐降低。草甸 0 ～ 30 cm 土层土壤铵态氮含量大于森林，其次是灌丛，草原土壤铵态氮含量最低（0.004 g/kg）。将铵态氮和硝态氮进行加法计算后，草甸的铵态氮和硝态氮的和最大，灌丛、森林和草原的两个指标的和差异不大。吴建国等（2007）研究表明高寒草甸和森林的氮矿化量较高，草原较低。

石羊河流域不同陆地生态系统表层土壤养分磷元素的特征如下（图 7.13）：随土壤深度增加，表层土壤全磷与速效磷的变化规律不一致；灌丛土壤全磷含量随深度逐渐降低，草甸和草原的土壤全磷含量随深度呈"V"形变化，森林则相反；草甸表层土壤速效磷含量随深度呈"V"形变化，草原则相反，灌丛和森林表层土壤速效磷含量呈递减趋势变化。草甸 0 ～ 30 cm 表层土壤全磷含量最高（1.99 g/kg），其次是灌丛（1.52 g/kg）和草原（1.50 g/kg）、森林最低（1.43 g/kg）；但是 0 ～ 30 cm 表层土壤速效磷含量与全磷含量不同，其大小顺序为：森林 > 灌丛 > 草甸 > 草原。草甸的磷库最大，但速效磷供给能力相对弱，这可能因为受温度限制，微生物分解活动弱。森林生态系统存在速效磷需求大但补充能力弱的问题，未来可能会面临磷供应不足的风险。草原生态系统存在磷缺乏现象，这在其他研究中已经得到证实（赵芸君等，2018）。

石羊河流域不同陆地生态系统之间 0 ～ 30 cm 表层土壤含水量存在差异，灌丛的土壤含水量为 28.30%(m³/m³)，森林为 19.64%(m³/m³)，草原为 15.68%(m³/m³)，荒漠为 4.04%(m³/m³)（图 7.14）。随着土壤深度的增加，灌丛土壤含水量先增加后降低，森林与之相反；草原和荒漠的土壤含水量随土壤深度的变化一致，0 ～ 10 cm 土壤含水量均高于其他两层，10 ～ 20 cm 和 20 ～ 30 cm 土层土壤含水量基本相等。牛云等（2002）研究认为，青海云杉林和灌丛 0 ～ 80 cm 土壤含水量随土壤深度增加逐渐降低，草地土壤含水量先增加后降低。本次调查发现灌丛、森林和草原的表层土壤含水量无显著差异，这可能是每个生态系统中土壤水分含量差异较大导致的。青海云杉林下苔藓层在水源涵养功能方面发挥着重要作用，不仅可以截留降水，还可以保持土壤水分，减少土壤蒸发。需要说明的是，野外测定的土壤含水量指标受测定时刻、与水源的距离、坡向、坡位、降水、土壤类型等因素的影响，因此本研究中表层土壤含水量指标仅作为比较不同生态系统特征时的参考。

不同陆地生态系统表层土壤田间持水量特征不同。森林 0 ～ 30 cm 表层土壤田间持水量最大，其值为 95.73%；草甸和灌丛相近，分别为 65.57%、62.49%，草原为 45.04%，荒漠最小，为 35.20%（图 7.15）。随着土壤深度的增加，草甸、森林的田间持

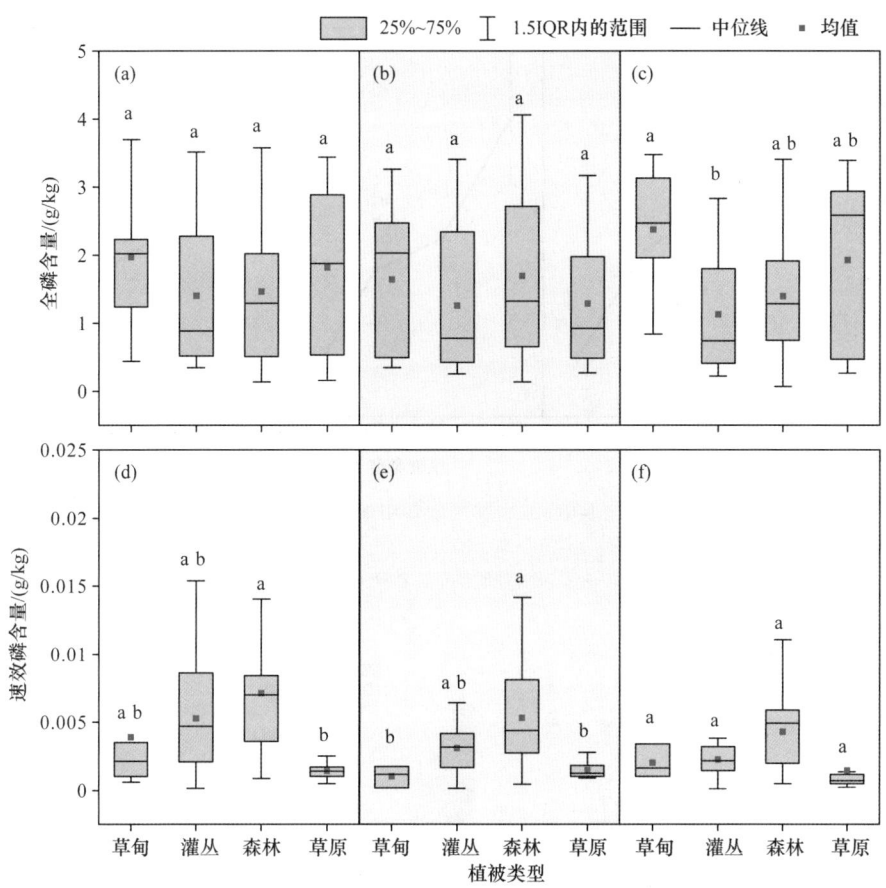

图 7.13　不同陆地生态系统表层土壤磷元素特征分析

(a) 和 (d) 为 0 ~ 10 cm 土层；(b) 和 (e) 为 10 ~ 20 cm 土层；(c) 和 (f) 为 20 ~ 30 cm 土层。不同的小写字母表示不同陆地生态系统同一土壤层之间土壤特征的差异显著 (P<0.05)

水量呈线性降低；灌丛的田间持水量先降低后升高；荒漠的田间持水量与灌丛变化趋势相反；草原 0 ~ 10 cm 土层土壤的田间持水量大于 10 ~ 20 cm 土层土壤和 20 ~ 30 cm 土层土壤，后两层间无显著差异。

　　不同陆地生态系统表层土壤容重特征不同（图 7.16），草甸、灌丛和森林的土壤容重小于 1 g/cm³，分别是 0.85 g/cm³、0.92 g/cm³、0.62 g/cm³；草原和荒漠的土壤容重大于 1 g/cm³，分别是 1.17 g/cm³、1.48 g/cm³；森林的土壤容重最小，荒漠最大。这与其他研究结果一致，森林的表层土壤容重远小于草地（党宏忠等，2006；胡健等，2016）。随着土壤深度增加，草甸、森林和草原的土壤容重呈逐渐增大趋势，荒漠则呈逐渐减小的趋势，灌丛的土壤容重先升高后降低。相关研究表明，森林土壤容重上层小于下层（薛立等，2008），荒漠土壤容重随土壤深度增加呈显著的增大趋势（曹国栋等，2013）。不同生态系统土壤容重随土壤深度的变化趋势主要受植被类型和植被根系分布特征的影响。

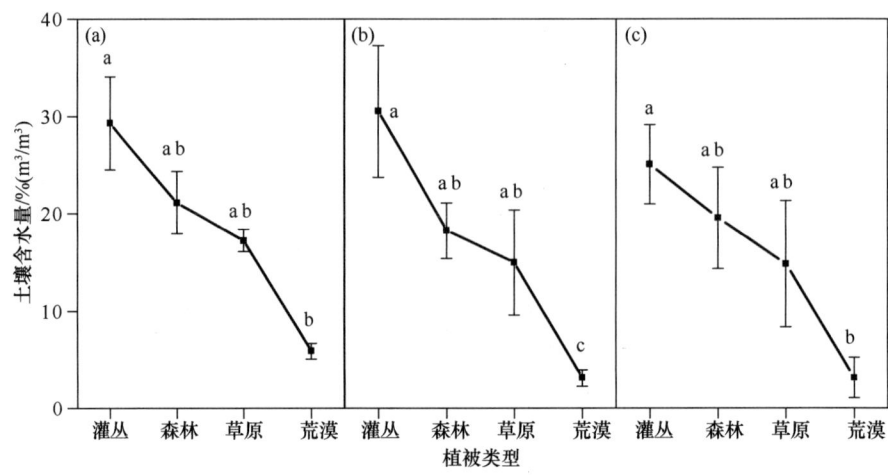

图 7.14　不同陆地生态系统表层土壤含水量特征分析

(a)0～10 cm 土层；(b)10～20 cm 土层；(c)20～30 cm 土层。不同的小写字母表示不同陆地生态系统同一土壤层之间
土壤特征的差异显著（*P*<0.05）

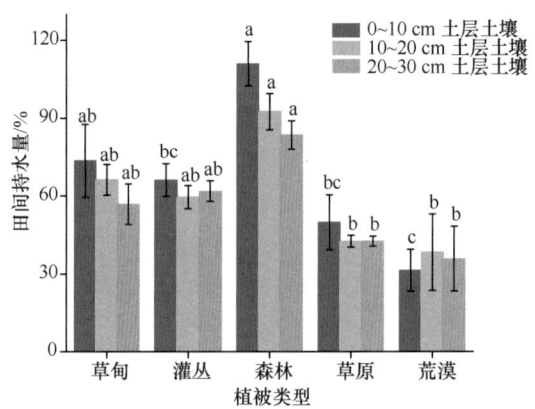

图 7.15　不同陆地生态系统表层土壤田间持水量特征分析

不同的小写字母表示不同陆地生态系统同一土壤层之间土壤特征的差异显著（*P*<0.05）

　　祁连山湿地生态系统中，本次科考选取了石羊河（图 7.17）、疏勒河、黑河和湟水河 4 个河流生态系统，调查后获取水体样品，分析水体的毒理指标、氮元素和 pH，结合祁连山的文献资料进行对比，以表征祁连山不同河流水体特征的时空变化。

　　疏勒河、黑河、石羊河和湟水河的水体毒理指标差异如图 7.18 所示。除镉元素外，疏勒河的铁、锰和铅含量均显著高于黑河、石羊河和湟水河。疏勒河、黑河、石羊河和湟水河水体镉含量之间无显著差异，但石羊河镉含量较高（0.91 μg/L），其次是湟水河（0.67 μg/L）和黑河（0.58 μg/L），疏勒河最低，为 0.50 μg/L；疏勒河水体铁含量为 76.23 μg/L，其他三条河流水体铁含量范围是 23.45～27.56 μg/L；疏勒河水体锰含量为 150.49 μg/L，黑河、石羊河和湟水河水体锰含量差异较低，分别是 35.27 μg/L、30.89 μg/L 和 23.50 μg/L；疏勒河水体铅含量为 7.28 μg/L，大约是其他三条河流的 4.3～

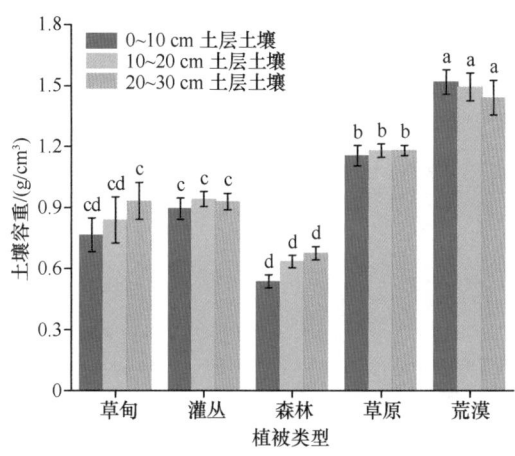

图 7.16　不同陆地生态系统表层土壤容重特征分析

不同的小写字母表示不同陆地生态系统同一土壤层之间土壤特征的差异显著（$P<0.05$）

图 7.17　石羊河

坐标（37.86°N，102.04°E），海拔为 2265 m

5.5 倍。周长进等（2004）的研究结果显示，疏勒河流域水体铁、锰、铅微量元素的含量范围分别是 5.4 ～ 87.4 μg/L、0.7 ～ 28.8 μg/L、11.4 ～ 36.8 μg/L。孙涛等（2017）的研究结果为，疏勒河水体镉平均含量为 7 μg/L，铅平均含量为 52 μg/L。黑河干流张掖段水体铁、锰、铅含量分别是 30.2 μg/L、0.2 μg/L、2.8 μg/L（周长进和董锁成，2002）。镉、铁、锰、铅等金属元素在人体中积累，当浓度超过阈值后，会对人体具有毒害作用，中毒、致癌或致死等。国家规定饮用水中镉、铁、锰和铅的含量分别不得超过 0.05 mg/L、0.3 mg/L、0.1 mg/L 和 0.01 mg/L。与已有研究结果对比发现，此次调查中水体镉含量和铅含量较低，铁含量正常，锰含量偏高，其中疏勒河水体锰含量超过了生活饮用水水质控制阈值（0.1 mg/L）。

疏勒河、黑河、石羊河和湟水河的水体氮元素和 pH 均无显著差异（图 7.19）。四条河流水体全氮含量为 5.65 ～ 6.32 mg/L，湟水河水体铵态氮含量最高（0.24 mg/L），明显大于其他三条河，疏勒河铵态氮含量最低（0.15 mg/L）。黑河（1.38 mg/L）和湟水

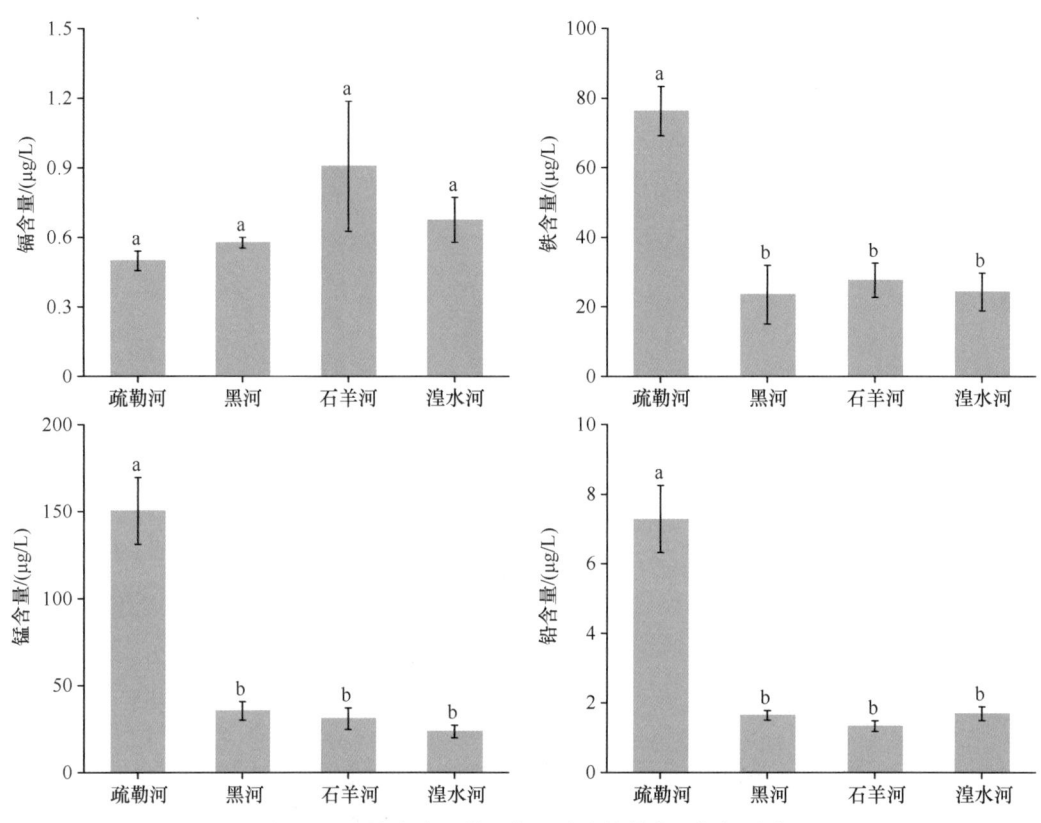

图 7.18　河流生态系统四条河流水体的毒理指标对比

不同小写字母表示不同河流水体指标的差异显著（$P<0.05$）

河（1.41 mg/L）的水体硝态氮含量大于石羊河（1.20 mg/L）、疏勒河（1.08 mg/L）。祁连山四条河流的水体 pH 差异较小，pH 为 8.3 ～ 8.5。王昱等（2019）测定的黑河流域水体全氮含量为 0.27 ～ 2.77 mg/L，铵态氮含量为 0.05 ～ 1.45 mg/L，硝态氮含量为 0 ～ 0.47 mg/L，pH 为 8.06 ～ 9.43。邱珺等（2017）的研究显示湟水河流域平均总氮含量为 4.16 mg/L，平均铵态氮含量为 1.442 mg/L，平均 pH 为 8.30。与本次考察结果对比发现，祁连山河流生态系统中总氮和硝态氮含量偏高，铵态氮含量较低，pH 变化不大。可能受温度、微生物等的影响，铵态氮更多地转化为硝态氮。

7.2　物种多样性

7.2.1　种子植物

祁连山受到青藏高原气候和蒙新荒漠气候的双重影响，具有明显的垂直梯度和水平差异，形成了独具特色的物种多样性特征。搜集到的相关资料显示，祁连山已经调查记录到种子植物 2080 种（含变种与变型），分属于 93 科 470 属，占祁连山植物种数

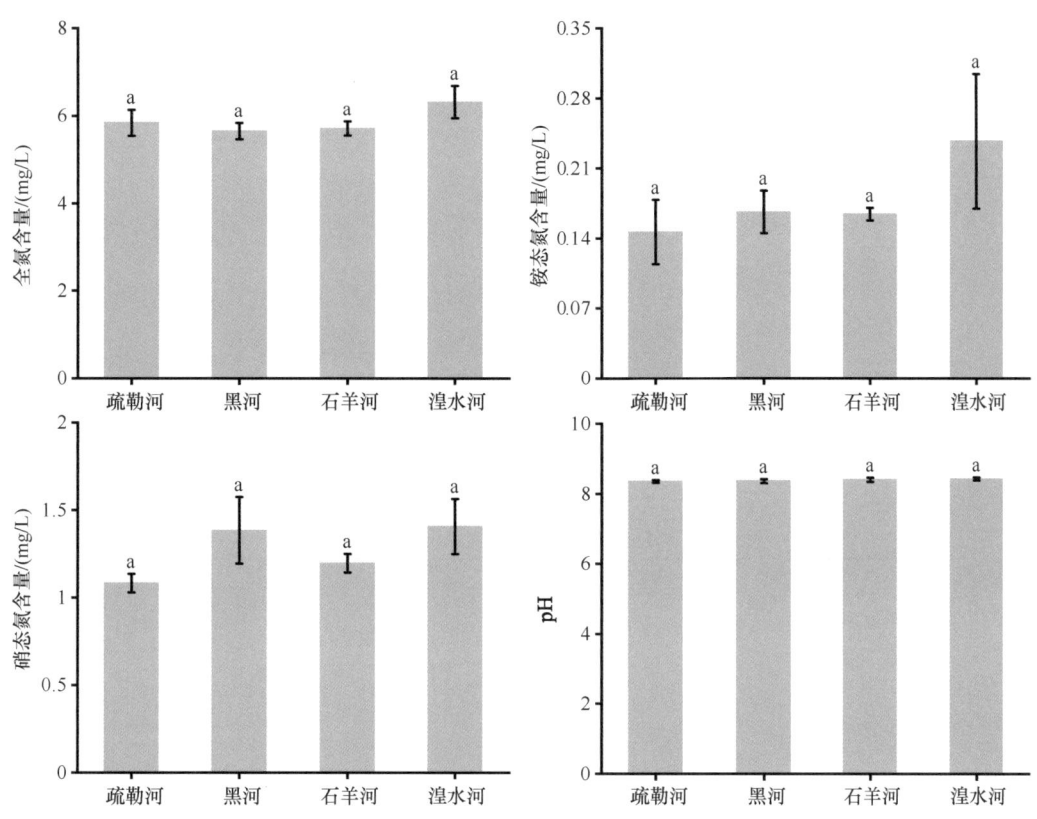

图 7.19　河流生态系统四条河流水体氮元素和酸碱特征

不同小写字母表示不同河流水体指标的差异显著 ($P<0.05$)

的 96%，草本物种最多，其次是灌木和乔木，藤本最少（9 种）。蕨类植物与苔藓植物种类较少，蕨类植物有 11 科 19 属 43 种，苔藓植物有 18 科 27 属 37 种。祁连山植物物种数最多的科为菊科（268 种），其次为禾本科（203 种）。超过 40 种（包括 40 种，下同）植物的优势科有 14 科，分别为菊科、禾本科、毛茛科、蔷薇科、豆科、十字花科、石竹科、伞形科、莎草科、唇形科、苋科、龙胆科、列当科与蓼科（图 7.20）。

　　祁连山物种分布不均，东多西少，东西差异大。以祁连山甘肃省内的甘肃连城国家级自然保护区（简称连城保护区）、甘肃祁连山国家级自然保护区（简称甘肃祁连山保护区）和甘肃盐池湾国家级自然保护区（简称盐池湾保护区）为例进行对比分析，发现在物种分布上，盐池湾保护区物种数最少，种子植物仅 265 种，大于 40 种植物的优势科仅为菊科与禾本科。盐池湾保护区位于祁连山西段，木本植物较少，松科、柏科、桦木科无记录植物。东段连城保护区与甘肃祁连山保护区植物物种数较为接近，种子植物均记录有 80 余科，连城保护区超过 40 种植物的优势科有 6 科，而甘肃祁连山保护区有 10 科（表 7.2）。青海祁连山自然保护区（简称青海祁连山保护区）位于青藏高原，其海拔跨度较小，相比于北坡的几个保护区，其植物种类较少，优势科有 4 科。

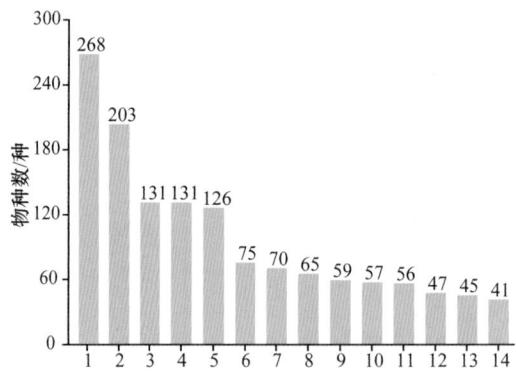

图 7.20　祁连山种子植物优势科的物种数

1. 菊科；2. 禾本科；3. 毛茛科；4. 蔷薇科；5. 豆科；6. 十字花科；7. 石竹科；8. 伞形科；9. 莎草科；10. 唇形科；11. 苋科；
12. 龙胆科；13. 列当科；14. 蓼科

表 7.2　祁连山主要保护区优势科植物物种数　　　　（单位：种）

优势科	连城保护区	甘肃祁连山保护区	盐池湾保护区	青海祁连山保护区
菊科	166	156	40	64
禾本科	92	118	51	68
毛茛科	80	83	13	50
豆科	79	80	18	37
蔷薇科	79	80	14	44
伞形科	49	26	2	8
唇形科	39	40	2	11
龙胆科	32	31	2	24
十字花科	31	47	17	21
蓼科	30	25	8	17
石竹科	30	42	5	25
苋科	26	44	20	10
莎草科	25	43	10	10
列当科	24	31	5	19

注：表中数据来自连城保护区、甘肃祁连山保护区、盐池湾保护区和青海祁连山保护区的植物志或植物图鉴等资料。

　　本次在石羊河、疏勒河、黑河等流域及其他区域合计调查到 235 种种子植物（具体名录见附表 1），分属于 56 科 167 属，记录到的草本植物最多，其次是灌木和乔木，未记录到藤本植物。在石羊河流域进行了详细调查，有 202 种种子植物在石羊河流域被调查记录到，分属于 53 科 141 属，菊科、禾本科、豆科、蔷薇科和毛茛科植物占比超过 5%，分别是 15.6%、10%、8.3%、8.3% 和 5.2%（图 7.21）。

7.2.2　哺乳动物

　　根据相关资料汇总可知，祁连山哺乳动物记录到 69 种，分属于 7 目 17 科。本次记录到 39 种哺乳动物，分属于 15 科 31 属，分别是仓鼠科（11 种）、跳鼠科（4 种）、鼬科（4 种）、鹿科（3 种）、猫科（3 种）、鼠科（3 种）、兔科（2 种）、犬科（2 种）、鼠兔科（1 种）、松鼠科（1 种）、鼩鼱科（1 种）、蝙蝠科（1 种）、牛科（1 种）、猬科

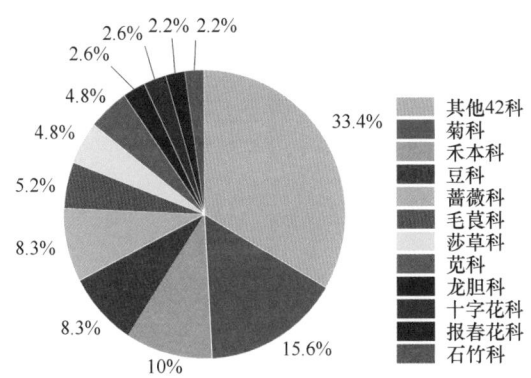

图 7.21　祁连山石羊河流域种子植物在科分类水平上的比例

（1 种）、麝科（1 种），仓鼠科、跳鼠科和鼬科物种的比例较高，大于 10%（图 7.22）。
哺乳动物物种名录见附表 2。根据国家林业和草原局、农业农村部公布的新调整的
《国家重点保护野生动物名录》（2021 年版），本次记录到的 39 种哺乳动物中，国家一
级保护野生动物有雪豹、荒漠猫（*Felis bieti*）和白唇鹿（*Cervus albirostris*）3 种；国家二
级保护野生动物有马鹿（*Cervus elaphus*）、赤狐（*Vulpes vulpes*）、狼（*Canis lupus*）、岩
羊（*Pseudois nayaur*）、猞猁（*Lynx lynx*）、黄喉貂（*Martes flavigula*）6 种。

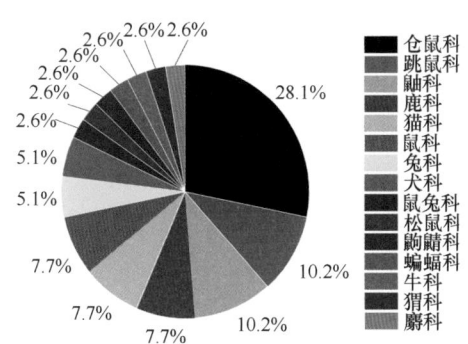

图 7.22　哺乳动物在科分类水平上的组成比例

　　在石羊河流域共发现哺乳动物 14 科 26 属 31 种，仓鼠科物种比例最高（35.47%），
其次是跳鼠科（12.89%）、鼠科（9.67%）、鹿科和犬科（6.45%），其余 9 科的比例相同，
均为 3.23%（图 7.23）。
　　石羊河流域共捕获哺乳类啮齿动物 66 只，分属于 3 科 6 属 6 种，分别是：鼠科 1 属
1 种，小家鼠（*Mus musculus*）；仓鼠科 3 属 3 种：长尾仓鼠（*Cricetulus longicaudatus*）、
子午沙鼠（*Meriones meridianus*）、大沙鼠（*Rhombomys opimus*）；跳鼠科 2 属 2 种：
三趾跳鼠（*Dipus sagitta*）、三趾心颅跳鼠（*Salpingotus kozlovi*）。对比 6 个样地
（表 7.3），铧尖样地长尾仓鼠的密度最高；青土湖 1 号和 2 号样地共调查到 4 种鼠类，
子午沙鼠的密度最高，其密度为 2.25 只 /hm²；铧尖样地长尾仓鼠的密度高于小家鼠；
金塔乡样地和祁连乡 1 号样地未调查到鼠类；祁连乡 2 号样地仅调查到长尾仓鼠。各
种鼠类动物的分布与生境类型显著相关，子午沙鼠、三趾跳鼠、三趾心颅跳鼠和大沙鼠

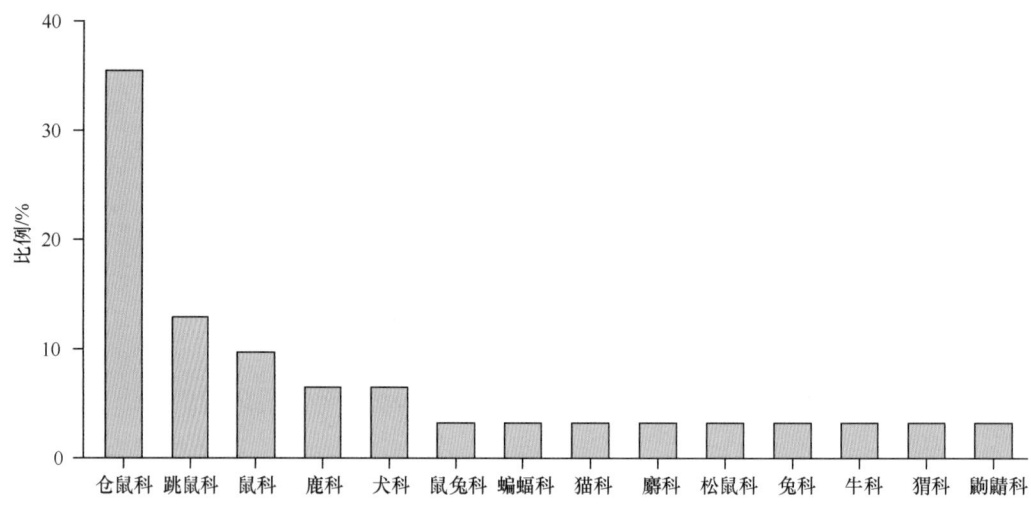

图7.23 石羊河流域哺乳动物在科分类水平上的组成比例

属于典型的荒漠物种，捕获地点在石羊河下游的荒漠地带，在其他生境中没有捕获。而长尾仓鼠、小家鼠也只分布在山边草地、高山草地。此次调查在农田内未捕获啮齿动物。

表7.3 石羊河流域部分地区啮齿动物调查结果

样地	生境类型	夹捕率 (%)/密度（只/hm²）					
		子午沙鼠	三趾跳鼠	三趾心颅跳鼠	大沙鼠	长尾仓鼠	小家鼠
青土湖1	梭梭林	4.50/2.25	—	—	—	—	—
青土湖2	白刺灌丛	—	1.50/0.75	0.50/0.25	0.50/0.25	—	—
金塔乡	农田	—	—	—	—	—	—
祁连乡1	河边灌丛	—	—	—	—	—	—
祁连乡2	山边草地	—	—	—	—	6.50/3.12	—
铧尖	高山草地	—	—	—	—	8.25/4.13	1.50/0.75

7.2.3 鸟类

由历史资料可知，祁连山已经记录到鸟类206种，分属于17目39科，国家一级保护野生鸟类8种，国家二级保护野生鸟类26种。本次祁连山调查仅记录到33种鸟类，分属于5目13科，分别是雉科、鹑科、鸦科、鸫科、鹰科、鹡鸰科、燕雀科、鸫科、噪鹛科、雀科、岩鹨科、隼科、鸠鸽科（图7.24）。雉科、鹑科和鸦科的鸟类占比超过50%，鸫科、噪鹛科、雀科、岩鹨科、隼科和鸠鸽科的鸟类均记录到1种，占比为3%。根据《国家重点保护野生动物名录》（2021年版），本次记录到的33种鸟类中，国家一级保护野生鸟类有红喉雉鹑（*Tetraophasis obscurus*）、斑尾榛鸡（*Tetrastes sewerzowi*）和金雕（*Aquila chrysaetos*）3种；国家二级保护野生鸟类有蓝马鸡（*Crossoptilon auritum*）、血雉（*Ithaginis cruentus*）、藏雪鸡（*Tetraogallus tibetanus*）、橙翅噪鹛（*Trochalopteron elliotii*）、苍鹰（*Accipiter gentilis*）、红隼（*Falco tinnunculus*）、大鵟（*Buteo hemilasius*）7种。

根据中国物种红色名录将调查到的 33 种鸟类进行等级分类（汪松和解焱，2004），结果如下：无危鸟类物种占比最大（75.7%），近危和易危鸟类物种占比均为 9.1%，濒危鸟类物种（金雕、大鵟）占比为 6.1%，未调查记录到极危鸟类物种（图 7.25）。根据鸟类的居留型进行分类，此次调查到 4 种：留鸟占比最大（67.6%），夏候鸟占比次之，为 16.2%，旅鸟占比为 10.8%，冬候鸟占比为 5.4%（图 7.26）。祁连山的环境适合留鸟生存，以留鸟为主。由于祁连山四季或昼夜的温差较大，具有夏候鸟和冬候鸟适宜生存的季节；还有少量的旅鸟在祁连山区做短暂的停留，祁连山区作为鸟类迁徙路线的途经地，说明祁连山在鸟类迁徙方面的区域重要性。虽然夏候鸟、冬候鸟和留鸟在时间尺度上，仅在祁连山生存一段时间，但是对于祁连山物种多样性来说十分重要。同时，这些居留型鸟类的存在也表明祁连山高的环境异质性是生物多样性保护的"热点"。

在石羊河流域，2000 年前共记录到鸟类 15 目 33 科 102 种，2015 年之后调查记录到鸟类 116 种，分属于 18 目 40 科 81 属 116 种（见附表 3）。经过将近 15 年的时间，2015 年之后未调查记录到 2000 年前记录到的 23 个物种，2015 年之后新调查记录到 37 个物种，以湿地鸟类为主。从数值上说，2015 年之后石羊河流域鸟类物种增加了 14 种。根据《国家重点保护野生动物名录》（2021 年版），上述两次记录到的 139 种鸟类中，国家一级保护野生鸟类有黑鹳（*Ciconia nigra*）、金雕（*Aquila chrysaetos*）和猎隼（*Falco cherrug*）3 种；国家二级保护野生动物有大天鹅（*Cygnus cygnus*）、鸳鸯（*Aix galericulata*）、灰鹤（*Grus grus*）、小杓鹬（*Numenius minutus*）、大杓

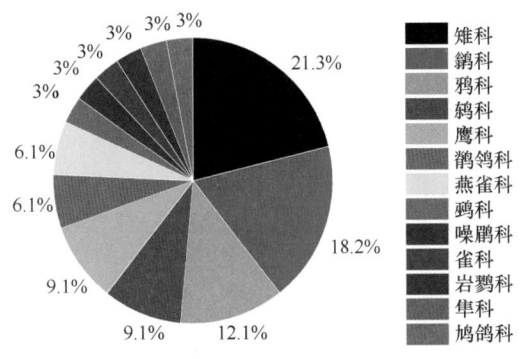

图 7.24　祁连山鸟类在科分类水平上的组成比例

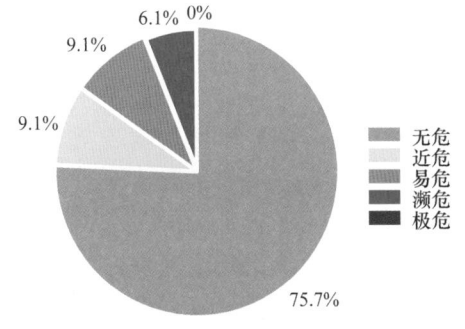

图 7.25　祁连山鸟类保护级别组成比例

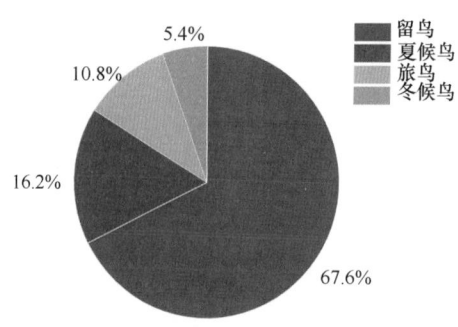

图 7.26　祁连山鸟类居留型组成比例

鹬（*Numenius madagascariensis*）、白琵鹭（*Platalea leucorodia*）、鹗（*Pandion haliaetus*）、雀鹰（*Accipiter nisus*）、苍鹰（*Accipiter gentilis*）、黑鸢（*Milvus migrans*）、大𫛭（*Buteo hemilasius*）、普通𫛭（*Buteo japonicus*）、兀鹫（*Gyps fulvus*）、纵纹腹小鸮（*Athene poikila*）、长耳鸮（*Asio otus*）、雕鸮（*Bubo bubo*）、红隼（*Falco tinnunculus*）、燕隼（*Falco subbuteo*）、红脚隼（*Faclo amurensis*）、黑尾地鸦（*Podoces hendersoni*）、云雀（*Alauda arvensis*）21 种。

石羊河流域鸟类居留型的比例由大到小依次是夏候鸟、留鸟、旅鸟、冬候鸟。与2000 年前对比发现，2015 年之后调查的鸟类居留型中旅鸟、夏候鸟、冬候鸟的比例增加，留鸟的比例降低了 11.54%（表 7.4）。

表 7.4　2000 年前与 2015 年之后石羊河下游鸟类居留型对比

居留型	2000 年前		2015 年之后	
	物种数 / 种	比例 /%	物种数 / 种	比例 /%
旅鸟	10	9.80	22	18.97
留鸟	32	31.37	23	19.83
夏候鸟	57	55.88	65	56.03
冬候鸟	3	2.95	6	5.17
合计	102	100.00	116	100.00

7.2.4　鱼类

汇总祁连山相关的政府资料和已发表文献，已经记录到 23 种鱼类，分属于 4 科 11 属（表 7-5），其中条鳅科高原鳅属鱼类最多，有 12 种，其次是鲤科、花鳅科、沙塘鳢科。祁连裸鲤（*Gymnocypris eckloni chilianensis*）、酒泉高原鳅（*Triplophysa hsutschouensis*）和武威高原鳅（*Triplophysa wuweiensis*）为祁连山特有种，青海湖裸鲤（*Gymnocypris przewalskii przewalskii*）为国家二级保护鱼类。本次在祁连山石羊河、黑河、疏勒河和青海湖中共鉴定到鱼类 12 种，分别是棒花鱼（*Abbottina rivularis*）、麦穗鱼（*Pseudorasbora parva*）、黄河裸裂尻鱼（*Schizopygopsis pylzovi*）、鲫（*Carassius auratus*）、中华鳑鲏（*Rhodeus sinensis*）、大鳞副泥鳅（*Paramisgurnus dabryanus*）、泥鳅（*Misgurnus anguillicaudatus*）、东方高原鳅（*Triplophysa orientalis*）、酒泉高原鳅、武威高原鳅、祁连裸鲤、青海湖裸鲤（图 7.27）。

表 7.5　祁连山鱼类

科	属	种（中文名）	种（学名）
鲤科 Cyprinidae	棒花鱼属 Abbottina	棒花鱼	*Abbottina rivularis*
	鲫属 Carassius	鲫	*Carassius auratus*
	裸鲤属 Gymnocypris	祁连裸鲤	*Gymnocypris eckloni chilianensis*
		青海湖裸鲤	*Gymnocypris przewalskii przewalskii*
	裸裂尻鱼属 Schizopygopsis	黄河裸裂尻鱼	*Schizopygopsis pylzovi*
	麦穗鱼属 Pseudorasbora	麦穗鱼	*Pseudorasbora parva*
	鳑鲏属 Rhodeus	中华鳑鲏	*Rhodeus sinensis*
条鳅科 Nemacheilidae	高原鳅属 Triplophysa	东方高原鳅	*Triplophysa orientalis*
		短尾高原鳅	*Trilophysa brevviuda*
		黑体高原鳅	*Triplophysa obscura*
		黄河高原鳅	*Triplophysa pappenheimi*
		酒泉高原鳅	*Triplophysa hsutschouensis*
		拟硬刺高原鳅	*Triplophysa pseudoscleroptera*
		拟鲇高原鳅	*Triplophysa siluroides*
		斯氏高原鳅	*Triplophysa stoliczkae*
		棱形高原鳅①	*Triplophysa leptosoma*
		武威高原鳅	*Triplophysa wuweiensis*
		修长高原鳅①	*Triplophysa leptosoma*
		硬刺高原鳅	*Triplophysa scleroptera*
		河西叶尔羌高原鳅	*Triplophysa macroptera*
花鳅科 Cobitidae	花鳅属 Cobitis	中华花鳅	*Cobitis sinensis*
	泥鳅属 Misgurnus	泥鳅	*Misgurnus anguillicaudatus*
	副泥鳅属 Paramisgurnus	大鳞副泥鳅	*Paramisgurnus dabryanus*
沙塘鳢科 Odontobutidae	黄黝鱼属 Hypseleotris	黄黝鱼②	*Hypseleotris swinhonis*
	小黄黝鱼属 Micropercops	小黄黝鱼②	*Micropercops swinhonis*

①棱形高原鳅、梭形高原鳅与修长高原鳅为同一物种；②黄黝鱼分类学地位变更，与小黄黝鱼为同一物种。
注：部分鱼类物种分类学信息变动较大。

图 7.27　祁连山鱼类（部分）
(a) 棒花鱼；(b) 麦穗鱼；(c) 黄河裸裂尻鱼；(d) 东方高原鳅

7.2.5　土壤微生物

土壤微生物在土壤有机质分解和养分循环等一系列关键的生态系统功能和过程中起主导作用，进而影响植物群落物种多样性和土壤结构的形成（刘安榕等，2018）。本次科考结合前期工作，重点对根际土放线菌、丛枝菌根真菌和土壤细菌多样性展开调查研究，具体结果如下。

通过对祁连山西段老虎沟荒漠化草原、高山草原、高山灌丛、高山草甸和高山寒漠五种植被类型（海拔为 2200 ～ 4200 m）的 15 种植物根际土样的分离培养，共获得 87 株特异表型放线菌（马爱爱等，2014）。鉴定结果表明，分离菌株分属于链霉菌属（*Streptomyces* spp.）（73 株）、诺卡氏菌属（*Nocardia* spp.）（4 株），另有 1 株与 GenBank 中同源性最高的菌株 *Micromonospora saelicesensis* 相似性达 92%，为一潜在新种。链霉菌属为主要类群，占分离菌株的 94.3%，该属菌株在 5 个海拔位点的 15 种植物根际土中均有分布；其次是诺卡氏菌属（4.6%），该属菌株仅见于海拔 2200 m 处的猪毛菜（*Salsola collina*）、海拔 2800 m 处的钉柱萎陵菜（*Potentilla saundersiana*）和 3800 m 处的甘肃雪灵芝根际土中；一潜在新种分离自海拔 2200 m 处的沙生针茅（*Stipa glareosa*）根际土。从药用植物甘肃黄耆（*Astragalus licentianus*）和四裂红景天（*Rhodiola quadrifida*）根际土中分离到的抗性菌株占拮抗性放线菌总数的 60%。本研究表明，高山地区植物根际土放线菌资源丰富，是新放线菌种和生物活性物质的重要资源库（马爱爱等，2014）。

从石羊河流域 30 个草甸样点中采集土壤样品，通过测序鉴定出 34 个丛枝菌根种（含虚拟分子种），其中 *Rhizophagus intraradices* 在 25 个样点中检出，分布最为广泛。除 new VT 2（疑似新种 1）占所有的检出菌根数目的 20.8% 外，其他种含量较低，草甸带菌根呈现出物种多但优势种少的状态（图 7.28）。

通过对石羊河流域 14 个样地的调查发现，各样地中的优势微生物类群一致，主要是放线菌门（Actinobacteria）、变形菌门（Proteobacteria）和酸杆菌门（Acidobacteria）细菌，其次是拟杆菌门（Bacterioidetes）、绿弯菌门（Chloroflexi）和芽单胞菌门（Gemmatimonadetes）细菌。其中荒漠中酸杆菌丰度显著低于放线菌和变形菌。在森林和草甸中，变形菌和酸杆菌丰度高于放线菌。草原中三种微生物类群丰度占比相对均匀。荒漠土壤样品中存在较低含量的极端环境微生物：广古菌门（Euryarchaeota）和异常球菌 - 栖热菌门（Deinococcus-Thermus）。在森林和高寒草甸的土壤中，疣微菌门（Verrucomicrobia）和硝化螺旋菌门（Nitrospirae）含量较高，表明土壤有机质含量高。草原中的微生物群落结构随着与荒漠和森林的距离远近而改变：①靠近荒漠的西营河草地样地土壤中含有森林土壤中所没有的广古菌和异常球菌栖热菌，而疣微菌和硝化螺旋菌的丰度则高于荒漠，放线菌、变形菌和酸杆菌比例较均衡；②靠近森林的软条沟草地样地土壤中则未发现广古菌和异常球菌栖热菌，其他菌群结构则与西营水库草地类似。高寒草甸的菌群结构更接近森林，表现出变形菌和酸杆菌丰度高于放线菌，并有较高的疣微菌和硝化螺旋菌。石羊河流域微生物种类和多样性呈森林 > 草甸 > 草地 > 荒漠的趋势（表 7.6）。

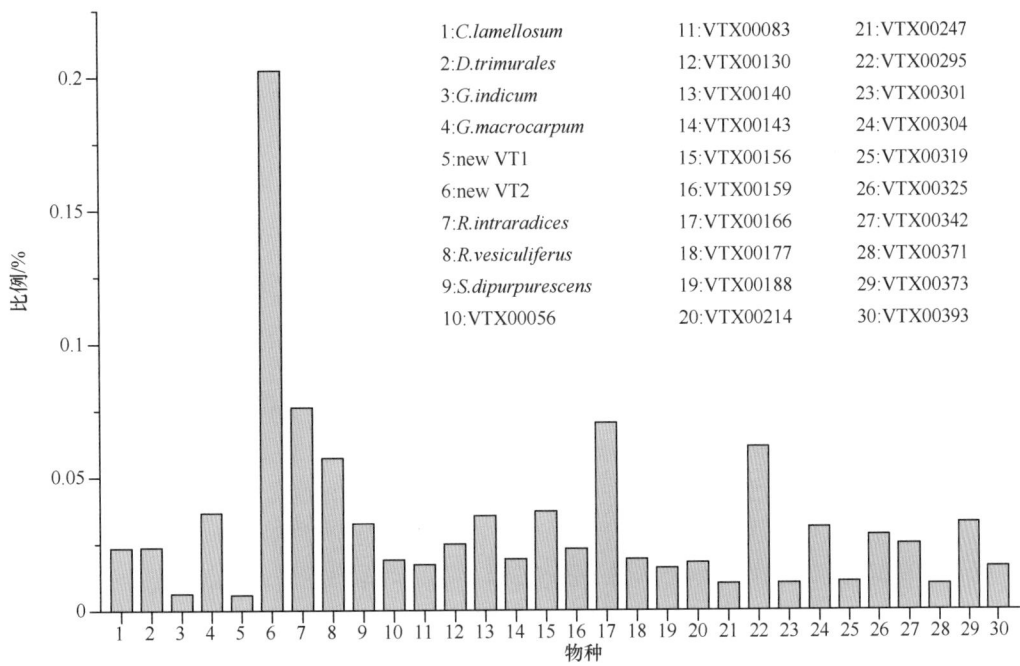

图 7.28　草甸土壤丛枝菌根物种组成

物种名包含基于 http://www.maarjam.botany.ut.ee/ 网站给出分子虚拟种的名称（VTX00083），其中 new VT1 和 new VT2 为疑似新种

表 7.6　石羊河流域土壤微生物物种多样性

地点	生境	Chao 指数	香农指数	辛普森指数
冷龙岭	流石滩	12848±473	11.0±0.1	0.998±0.000
冷龙岭	草甸	14110±498	11.2±0.0	0.998±0.000
乌鞘岭	草甸	13062±602	10.6±0.1	0.996±0.000
宁昌峡口	草甸	15490±462	11.3±0.1	0.998±0.000
皇城撒玛尔宁尕	草甸	12950±284	10.7±0.1	0.997±0.000
门源仙米	森林	15265±751	11.1±0.0	0.998±0.000
青土湾	森林	13745±814	11.2±0.2	0.998±0.001
铧尖	森林	13242±1345	10.9±0.3	0.998±0.000
西营水库 1	草原	9076±535	10.3±0.3	0.997±0.002
西营水库 2	草原	10609±337	10.4±0.1	0.995±0.000
软条沟	草原	10254±414	10.6±0.1	0.997±0.000
六闸口	荒漠	9320±525	10.2±0.4	0.995±0.002
红崖山水库	荒漠	7535±188	9.9±0.2	0.989±0.002
青土湖	荒漠	9912±127	10.8±0.1	0.997±0.000

　　柴达木盆地高寒荒漠共鉴定出细菌 35 个门，以变形菌门、放线菌门、厚壁菌门（Phylum Firmicutes）及拟杆菌门为优势类群。优势菌属为乳球菌属（*Lactococcus*）、*Escherichia-Shigella*、*Salinimicrobium*、*Gracilimonas*、节杆菌属（*Arthrobacter*）、鞘氨

醇单胞菌属（*Sphingomonas*）、微球菌属（*Micrococcaceae*）和 *Solimonadaceae* 的未鉴定菌属。

7.2.6 浮游生物

已有文献资料显示，黑河流域鉴定出浮游植物 242 种（包括亚种、变种和变型），隶属于 8 门 11 纲 25 目 45 科 94 属（郝媛媛等，2014）。其中，硅藻门（Bacillariophyta）最多，有 93 种，占总数的 38.43%；绿藻门（Chlorophyta）次之，有 62 种，占 25.62%；蓝藻门（Cyanophyta）48 种，占 19.83%；黄藻门（Xanthophyta）、甲藻门（Dinophyta）、裸藻门（Euglenophyta）和金藻门（Chrysophyta）分别有 9 种、8 种、14 种和 5 种，分别占 3.72%、3.31%、5.79% 和 2.07%；而隐藻门（Cryptophyta）种数最少，只有 3 种，仅占物种总数的 1.23%。83.88% 的物种属于硅藻门、绿藻门和蓝藻门三大类群。

本次调查对石羊河流域 29 个水样进行镜检和鉴定，共鉴定出浮游植物 98 种，隶属于 7 门 10 纲 23 目 32 科 54 属（图 7.29）（物种名录见附表 4）。其中，硅藻门最多，有 49 种，占总数的 50.00%；绿藻门次之，占 22.45%；蓝藻门占 13.27%；裸藻门、黄藻门、金藻门和甲藻门分别仅占总数的 8.16%、3.06%、2.04% 和 1.02%。约 86% 的物种属于硅藻门、绿藻门和蓝藻门三大类群（表 7.7）。在石羊河流域共鉴定出浮游动物 26 种，隶属于 3 门 4 纲 8 目 12 科 22 属（物种名录见附表 4）。以肉足虫纲和纤毛虫纲为主的原生动物门占比最大，为 88.46%；担轮动物门轮虫纲仅鉴定到两种，占 7.69%；节肢动物门甲壳纲鉴定到 1 种，占 3.85%（表 7.8）。

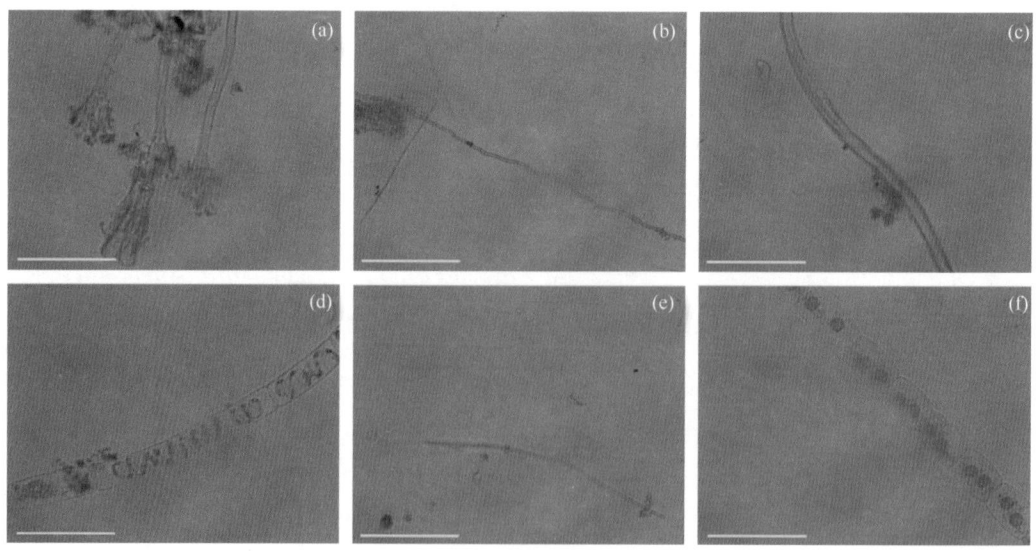

图 7.29 浮游植物（部分）

（a）缢缩异极藻（*Gomphonema constrictum*）群体；（b）弯形小尖头藻（*Raphidiopsis curvata*）；（c）泥生颤藻（*Oscillatoria limosa*）；（d）链形水绵（*Spirogyra catenaeformis*）；（e）沼泽颤藻（*Oscillatoria limnetica*）；（f）星状双星藻（*Zygnema Stellinum*）。（a）～（f）标尺为 200 μm

表 7.7　石羊河流域浮游植物群落结构（2018 年）

门	纲	目	科	属	种	所占百分比 /%
硅藻门	羽纹纲	双壳缝目	3	7	24	50.00
		无壳缝目	1	2	6	
		管壳缝目	3	3	8	
		单壳缝目	1	1	3	
	中心纲	圆筛藻目	2	4	5	
		根管藻目	1	2	2	
					1①	
绿藻门	双星藻纲	双星藻目	2	3	3	22.45
		鼓藻目	1	3	4	
	绿藻纲	刚毛藻目	1	1	1	
		石莼目	1	1	1	
		绿球藻目	3	6	6	
		团藻目	1	1	2	
		丝藻目	1	2	3	
					2②	
蓝藻门	蓝藻纲	颤藻目	1	3	7	13.27
		四孢藻目	1	1	1	
		真枝藻目	1	1	1	
		色球藻目	1	1	1	
		念珠藻目	1	3	3	
裸藻门	裸藻纲	裸藻目	2	5	8	8.16
黄藻门	黄藻纲	黄丝藻目	1	1	3	3.06
金藻门	金藻纲	金囊藻目	1	1	1	2.04
	黄群藻纲	黄群藻目	1	1	1	
甲藻门	甲藻纲	多甲藻目	1	1	1	1.02
总计	10	23	32	54	98	100.00

①物种属于硅藻门，无其他详细分类信息；②物种属于绿藻门，无其他详细分类信息。

表 7.8　石羊河流域浮游动物群落结构（2018 年）

门	纲	目	科	属	种	所占百分比 /%
原生动物门	肉足虫纲	变形目	2	10	14	88.46
		刺钩目	1	1	1	
		表壳虫目	1	1	1	
	纤毛虫纲	刺钩目	1	2	2	
		缘毛目	3	4	4	
		侧口目	1	1	1	
担轮动物门	轮虫纲	单巢目	2	2	2	7.69
节肢动物门	甲壳纲	猛水蚤目	1	1	1	3.85
总计	4	8	12	22	26	100.00

石羊河各支流浮游生物种类差异较大，物种分布不均（图7.30）。古浪河共检出浮游生物26种，分属于硅藻门、蓝藻门、绿藻门、裸藻门和原生动物门，原生动物门物种种类最多。杂木河检出33种浮游生物，分属于硅藻门、蓝藻门、绿藻门、裸藻门、黄藻门、原生动物门和担轮动物门，原生动物门物种种类最多。金塔河检出浮游生物17种，分属于硅藻门、蓝藻门、绿藻门和原生动物门。石羊河检出浮游生物16种，分属于硅藻门、蓝藻门、绿藻门、甲藻门、原生动物门和节肢动物门，原生动物门物种种类最多。西大河检出浮游生物22种，分属于硅藻门、蓝藻门、绿藻门和黄藻门。西营河检出浮游生物8种，分属于硅藻门、蓝藻门、绿藻门和金藻门。东大河检出浮游生物36种，分属于硅藻门、蓝藻门、绿藻门、裸藻门和黄藻门。在石羊河各支流中，硅藻门、蓝藻门、绿藻门和原生动物门的物种分布较广；浮游生物优势物种可能也不同，这需要通过浮游生物的定量分析得出结论；从物种数分析，东大河的浮游生物物种丰富度最高，西营河最低；甲藻门和节肢动物门物种仅分布在石羊河，金藻门物种仅分布在西营河，担轮动物门物种仅分布在杂木河。石羊河流域各支流浮游生物的差异可能与水体化学指标、河流流速和流量、水源来源、河流附近植被及人类干扰活动等因素有关，还需进一步探讨各支流浮游生物的差异来源。

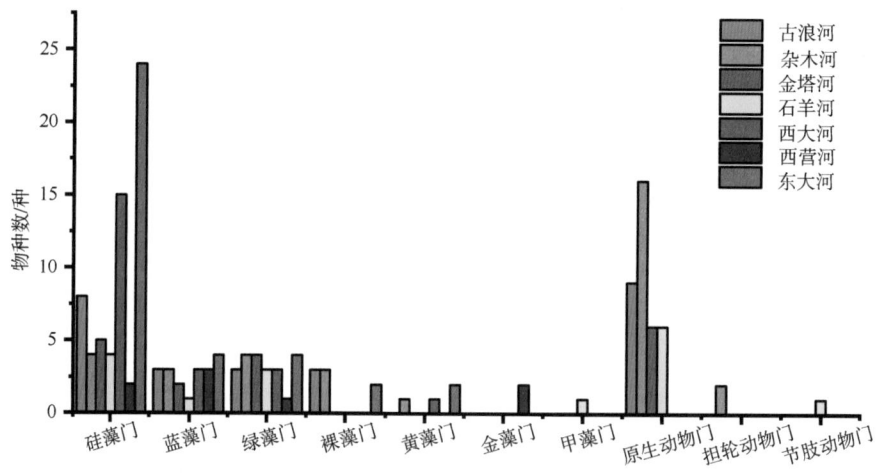

图7.30　石羊河流域各支流浮游生物组成

7.3　重点保护物种

7.3.1　雪豹

雪豹是欧亚高山上的标志性物种，也是西部高山环境变化的指示物种，经常在永久冰雪高山裸岩及寒漠环境中活动，偏好在隐蔽性好、不易被人发现的山坡、山谷、灌丛中活动，会避开平坦的草地、山坡，冬季会随着猎物的活动变化而迁徙（图7.31）。

图 7.31　雪豹及其在流石滩活动时的监测照片

受到人类活动的影响，雪豹数目与分布减少，2003 年全球雪豹种群数目估计为 4080～6590 只（Li et al.，2016）。雪豹是伞护物种，其生境需求能涵盖其他物种的生境需求，对雪豹种群的保护能有效保护同一生态需求的其他种群、处于较低营养级的物种、生态系统的关键组分等。

根据"祁连山地－甘肃地理单元陆生野生动物资源调查"项目与 1976 年《张掖地区珍稀野生动物调查报告》，以及北京林业大学和甘肃祁连山国家级自然保护区管理局在保护区祁丰保护站的研究结果（2017 年），结合 2018 年兰州大学布设的红外相机监测数据，初步判断：祁连山雪豹主要分布在保护区祁丰、隆畅河、寺大隆、康乐、西水、马蹄、大河口、军马场、东大河、西营河、祁连、哈溪、华隆、古城等保护站（图 7.32）。近几年，在夏玛、乌鞘岭、东大山、大黄山、龙首山、昌岭山等人为干扰强度较大的保护站，未发现其活动踪迹。

综合上述数据初步分析，祁连山雪豹种群数量变化分为 4 个阶段：在 1960 年之前，自然植被状况较好，雪豹数目较多；1960～1980 年祁连山雪豹种群数量明显下降，狩猎和放牧是主要影响因素；1980～2000 年随着甘肃祁连山保护区的建立和保护力度的加大，雪豹种群数量缓慢回升；2000 年以来，甘肃祁连山保护区相继实施了天然保护林、国家级公益林、退耕还林、禁牧等国家生态保护工程，雪豹栖息地质量不断提高，种群数量明显增加，雪豹种群大小为 300～500 只（图 7.33）。

红外相机技术应用于祁连山雪豹监测后，雪豹种群动态研究从定性转向定量。

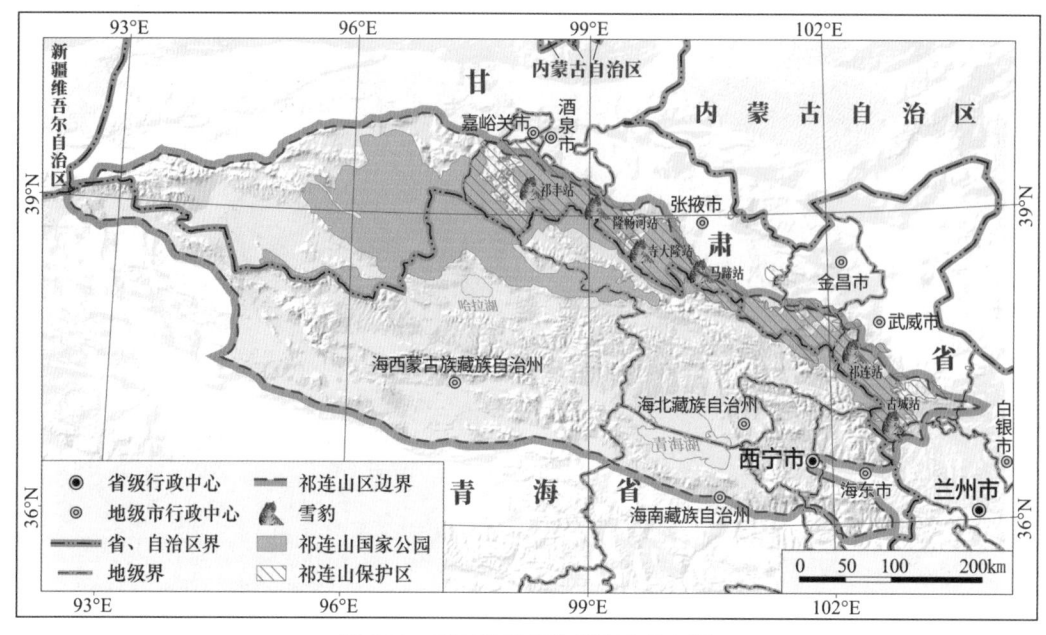

图 7.32　珍稀物种雪豹祁连山分布图

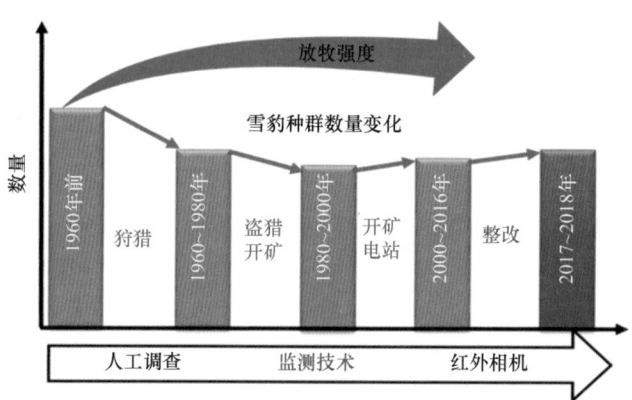

图 7.33　雪豹种群数量变化趋势图

2018 年秋季，黑河流域针叶林中的红外相机记录到雪豹的活动踪迹（图 7.34）。秋季雪豹在祁连山森林中活动的原因，仍需进一步深入研究。

7.3.2　黑颈鹤

黑颈鹤是一种大型涉禽（图 7.35），隶属于鹤形目（Gruiformes）鹤科（Gruidae）鹤属（*Grus*），无亚种分化，国家一级重点保护野生动物，被世界自然保护联盟（International Union for Conservation of Nature，IUCN）列为全球性易危物种。在全球 15 种鹤中，黑颈鹤是唯一一种在高原湿地生长繁殖的鹤类，主要分布在中国。全球总数量为 10000 ～ 10200 只（蒋政权，2014），黑颈鹤只在高海拔淡水湿地进行繁殖，由

图 7.34　雪豹在针叶林中活动时的监测照片

图 7.35　黑颈鹤监测照片

于气候变化和人为干扰，黑颈鹤繁殖地的水资源和湿地面积正逐渐减少，黑颈鹤种群数量面临严重威胁（窦亮等，2013）。

　　祁连山是黑颈鹤最北繁殖种群的分布区（图 7.36）。党河湿地是黑颈鹤繁殖的主要栖息地，湿地内水资源丰富，形成了面积较大的河流湿地、湖泊湿地、沼泽。莎草科植物是湿地内的优势物种，也是黑颈鹤在繁殖期的主要植物性食物。黑颈鹤 3 月下旬至 4 月中旬到达盐池湾，4 月中下旬开始选择和建立繁殖领地，5 月上旬和中旬产卵。

　　根据历史资料和本团队近几年的工作积累绘制了盐池湾 2013 ～ 2018 年黑颈鹤种群数量变化图，缺乏 2016 年的相关数据（图 7.37）。2018 年与其他年份对比，黑颈鹤种群数量有小幅度的增加趋势，这种增加趋势或变化在未来是否稳定受到降水量的影响。甘肃省 2013 年、2015 年和 2018 年全年降水量分别是 480.7 mm、251.0 mm 和 514.9 mm，与其他年份相比，2015 年降水量偏低，而 2018 年降水量比其他年份平均多 25% 以上。因此，2015 年黑颈鹤种群数量减少的主要原因可能是该年降水量较低，水

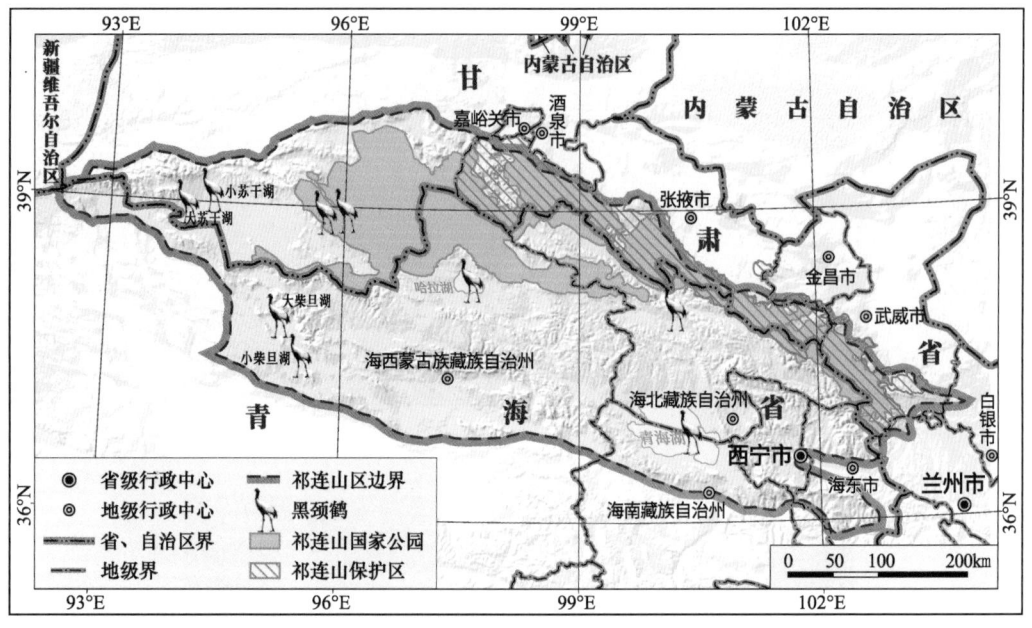

图 7.36　黑颈鹤祁连山分布图

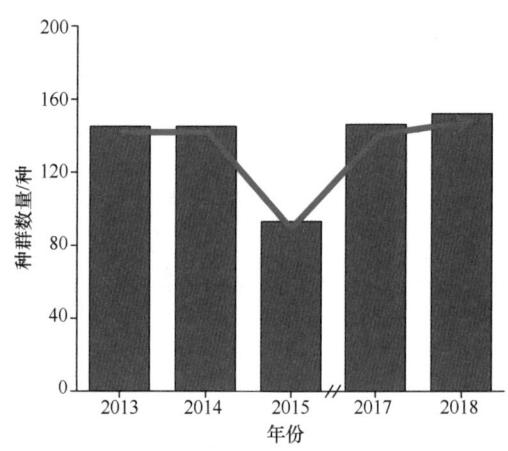

图 7.37　2013～2018 年盐池湾黑颈鹤的种群数量变化

域面积小，黑颈鹤栖息地面积锐减。此外，野外调查发现存在物理围栏、牲畜侵扰导致繁殖个体死亡的现象（图 7.38），这可能会影响其种群数量。因此，降水量波动与人为干扰对黑颈鹤营巢的影响可能是造成黑颈鹤种群数量动态变化的主要因素。

7.3.3　裸果木

　　裸果木隶属于石竹科（Caryophyllaceae）裸果木属（*Gymnocarpos*），多年生落叶灌木，生于沙地、砾石质戈壁荒漠地带，主要分布在内蒙古、甘肃、青海和新疆。裸果木是起源于地中海旱生植物区系的古老孑遗种，是中亚荒漠的特有植物，国家一级重点保护植物,被《中国植物红皮书》所收录(傅立国,1991)。裸果木是亚洲中部的子遗种,也是祁连山荒漠区的典型植物(图 7.39),对研究我国西北地区荒漠的发生、发展、气候变化及旱生植物区系成分的起源有着非常重要的科学价值(柴永青等,2010)。

图 7.38　黑颈鹤营巢及其受放牧的干扰

图 7.39　裸果木个体及样地调查图

　　根据样地调查结果绘制了裸果木在祁连山的分布图（图7.40）和安西自然保护区分布图（图7.41）。在祁连山区，裸果木主要分布在海拔1450～2800 m的山前洪积扇平原、沙砾质戈壁和干枯河床，裸果木样地中还有蒺藜科、柽柳科、藜科、麻黄科、菊科、豆科等旱生植物与其伴生，群落结构简单，不稳定。裸果木的生长分布不仅与水分、人类活动等有关，还具有结籽率低的特征，导致其种群数量较小（汪之波和马

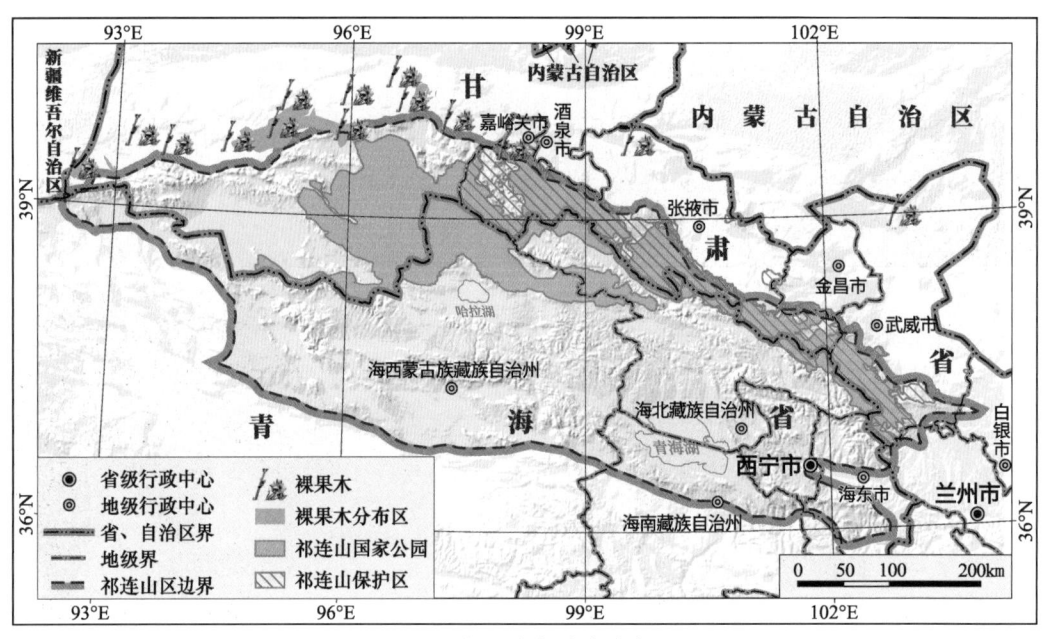

图 7.40　裸果木祁连山分布图

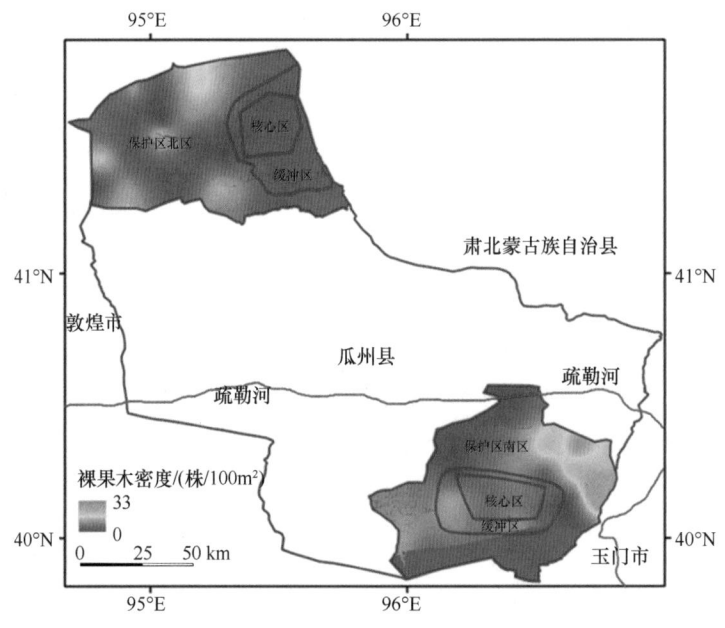

图 7.41　安西自然保护区裸果木分布图

金林，2007）。由图 7.41 可以看出，安西自然保护区南区裸果木分布面积更大，密度也相对更高，最高密度为 >13 株 /100 m²；北区裸果木主要呈斑块状分布，靠近北部边界为北区裸果木分布密度最大的区域。对南北两区样方内的裸果木数量进行统计，裸果木的平均密度为 0.038 株 /m²，平均高度为 0.41 m，植被的平均盖度为 12.51%。裸果木分布与水分状况密切相关，尤其是年平均降水量和最湿季降水量（徐振朋等，2017）。汪之波（2007）指出目前裸果木群落中低幼龄植株较少，其种群处于衰退阶段。

7.4　小结与展望

祁连山作为"丝绸之路经济带"与"泛第三极"核心区、"山水林田湖草"系统复杂耦合典型区、生物多样性保护优先区、西部生态安全屏障、重要水源地等发挥多层面作用的关键区域，就经济社会可持续发展、欧亚联通、荒漠化遏制等方面而言，其在中国西部地区具有不可替代的地位和作用，因此，维持和保护其高度的生态系统和物种多样性具有深远意义。通过本次科考，并结合前期的工作，祁连山生态系统和物种多样性的变化考察研究主要结论如下：

（1）生态系统多样性。按照生态系统一级分类划分，祁连山生态系统共有 7 类，分别是森林、灌丛、草地、湿地、农田、荒漠和其他；按照生态系统二级分类划分，祁连山生态系统共有 18 类。本次科考详细调查了祁连山森林、灌丛、草地、荒漠、河流 5 类典型生态系统，森林、灌丛和草地在海拔 2400 ~ 3200 m 呈镶嵌分布。祁连山湿地类型多样，有沼泽、河流、湖泊、水库等，其中河流面积最大；自 2000 年以来，祁连山湿地面积处于增加趋势。

（2）典型生态系统特征。森林、灌丛、草甸、草原和荒漠生态系统在种子植物多样性指数、地上生物量、表层土壤化学性质、表层土壤水力性质等特征方面均存在一定差异；疏勒河、黑河、石羊河和湟水河 4 个流域在水体毒理指标、氮元素和 pH 等特征方面具有一定的变化。其中：①草甸的物种丰富度、辛普森多样性指数、香农 – 维纳多样性指数和皮勒均匀度指数最大，灌丛、森林和草原草本层差异较小，森林灌木层辛普森指数、香农 – 维纳多样性指数和皮勒均匀度指数大于灌丛和草原；荒漠植被稀疏，盖度低，其多样性最低。②森林单位面积地上生物量显著高于草甸、草原和灌丛，森林大约是其他生态系统单位面积总地上生物量的 1.6 倍。③草甸 0 ~ 30 cm 表层土壤有机碳和氮元素含量最高，森林和灌丛次之，草原最低；草甸的全磷含量最高，森林最低。④灌丛 0 ~ 30 cm 表层土壤含水量最高 [28.30%（m³/m³）]，其次是森林和草原，荒漠最低 [4.04%（m³/m³）]；森林表层土壤田间持水量最高（95.73%），显著高于草原和荒漠，而草甸、灌丛和草原之间无显著差异；草甸、灌丛和森林 0 ~ 30 cm 表层土壤容重小于 1 g/cm³，草原和荒漠大于 1 g/cm³，且荒漠显著高于其他生态系统。⑤除镉元素外，疏勒河水体中铁、锰和铅含量均显著高于黑河、石羊河和湟水河；石羊河水体镉含量最高（0.91 μg/L），疏勒河最低；本次调查与已有研究对比显示，祁连山河流水体镉、铅和铵态氮含量降低，铁含量和 pH 正常，锰、总氮和硝态氮含量增高。

(3) 物种多样性。祁连山受地形和气候的双重影响，其植被的垂直梯度和水平差异明显，物种丰富。实地调查和资料汇总结果显示：①种子植物总计记录到 2080 种，分属于 93 科 470 属；蕨类植物 43 种，苔藓植物 37 种。其中，本次科考调查记录到种子植物 235 种，分属于 56 科 167 属。②哺乳动物记录到 69 种，分属于 17 科。本次调查到哺乳动物 39 种，分属于 15 科，记录到国家一级保护野生动物 3 种，国家二级保护野生动物 6 种；其中，石羊河流域记录到哺乳动物 31 种，哺乳纲啮齿类动物 6 种，啮齿类分布密度不均。③鸟类记录到 206 种，分属于 39 科；石羊河流域 2000 年前记录到鸟类 102 种，2015 年之后记录到 116 种，其中新调查记录到 37 个鸟类，且以湿地鸟类为主。本次祁连山调查记录到鸟类 33 种，分属于 13 科，国家一级保护野生鸟类 3 种，国家二级保护野生鸟类 7 种；在 4 种鸟类居留型中，留鸟比例最大。④鱼类 23 种。本次调查记录到鱼类 12 种，分属于 3 科 10 属，鲤科鱼类最多。⑤土壤微生物方面，在老虎沟植物根际土壤中分离鉴定到 87 株放线菌菌株，在石羊河流域草甸土壤中鉴定出 34 种丛枝菌根种，在柴达木盆地高寒荒漠土壤中鉴定出 35 个细菌门；在石羊河流域不同植被土壤中优势微生物门一致，主要是放线菌门、变形菌门、酸杆菌门等。⑥在黑河流域鉴定出浮游植物 242 种，分属于 45 科 94 属。本次在石羊河流域水样中鉴定出浮游植物 98 种，分属于 32 科 54 属；浮游动物 26 种，分属于 12 科 22 属。石羊河流域各支流浮游生物种类差异较大，东大河浮游生物物种最丰富，西营河最低。

(4) 重点保护物种。结合历史资料和本次科考数据分析雪豹、黑颈鹤和裸果木的变化，发现：①雪豹栖息地质量不断提高，种群数量明显增加，雪豹种群大小为 300 ～ 500 只；2018 年秋季傍晚在针叶林中记录到雪豹活动，并获得影像资料。② 2013 ～ 2018 年，黑颈鹤种群数量有小幅度的增加趋势，降水量波动和人为干扰活动影响黑颈鹤种群动态。③裸果木种群结构简单，不稳定，幼龄植株少，可能处于衰退阶段，水分、人为扰动、结籽率低等因素影响其种群动态。

祁连山由于海拔差异和水平跨度大，形成了高度异质的环境，孕育了多样的生态系统类型，这为不同的动物、植物、微生物提供了适宜的栖息地和生存空间。综合上述研究发现，部分区域物种多样性增加，具有新调查记录到的物种，如鸟类、鱼类，表明近年来随着对祁连山生态环境保护和恢复工程逐步实施，水资源合理调配力度的加大，以及对放牧、偷猎、开采等人为破坏性扰动的有效控制等方面工作的持续开展，已经产生了明显效果和整体向好趋势。

随着全球变暖和水资源短缺问题的日益突出，未来对祁连山的生态保护工作仍不能放松，尤其在控制放牧的强度、禁止污染物排放、植物生长季和动物繁殖期减少人为扰动等方面。同时，为进一步评估祁连山生物多样性时空变化特征及其驱动因素，需要在生物多样性关键区域建立一系列长期固定样地，结合红外相机技术、近地面遥感技术、卫星追踪技术、视频与声音监测技术、非损伤性 DNA 监测技术等新技术新手段，多维度全覆盖系统构建生物多样性长期监测网络体系。此外，本次科考结合前期研究工作初步了解了祁连山浮游生物和微生物多样性现状，将来急需对祁连山浮游生物和微生物资源进行全面考察，以摸清祁连山地区生物多样性资源状况，并为进一步保护利用提供科技支撑。

参考文献

曹国栋, 陈接华, 夏军, 等. 2013. 玛纳斯河流域扇缘带不同植被类型下土壤物理性质. 生态学报, 33(1): 195-204.

柴永青, 曹致中, 蔡卓山, 等. 2010. 肃北地区稀有植物裸果木种群的空间分布格局. 草业学报, 19(5): 239-249.

常宗强, 冯起, 司建华, 等. 2008. 祁连山不同植被类型土壤碳贮量和碳通量. 生态学杂志, (5): 681-688.

党宏忠, 周泽福, 赵雨森, 等. 2006. 祁连山水源涵养林土壤水文特征研究. 林业科学研究, (1): 39-44.

窦亮, 李华, 李凤山, 等. 2013. 四川若尔盖湿地国家级自然保护区繁殖期黑颈鹤调查. 四川动物, 32(5): 770-773.

窦勇, 霍达, 姜智飞, 等. 2016. 海河入海口表层水体浮游生物群落特征及与环境因子的相关性研究. 生态环境学报, 25(4): 647-655.

傅立国. 1991. 中国植物红皮书. 北京: 科学出版社.

桂建华. 2010. 祁连山自然保护区大型真菌资源调查研究. 兰州: 甘肃农业大学.

郝媛媛, 孙国钧, 张立勋, 等. 2014. 黑河流域浮游植物群落特征与环境因子的关系. 湖泊科学, 26(1): 121-130.

胡健, 吕一河, 张琨, 等. 2016. 祁连山排露沟流域典型植被类型的水源涵养功能差异. 生态学报, 36(11): 3338-3349.

蒋政权, 李凤山, 冉江洪, 等. 2014. 四川若尔盖湿地国家级自然保护区黑颈鹤种群数量及繁殖. 动物学研究, 35(S1): 128-133.

刘安榕, 杨腾, 徐炜, 等. 2018. 青藏高原高寒草地地下生物多样性: 进展、问题与展望. 生物多样性, 26(9): 972-987.

刘龙. 2014. 青海黄土丘陵区2种灌丛生物量及碳储量研究. 西安: 陕西科技大学.

刘晓彤. 2011. 夏、秋季黄河口及邻近海域浮游植物群落结构和粒级结构的研究. 青岛: 中国海洋大学.

刘欣, 陆家宝, 杨力军, 等. 1995. 荒漠草地四种灌木单株生物量估测方法. 青海畜牧兽医杂志, (3): 28-29.

刘陟, 周延林, 黄奇, 等. 2015. 毛乌素沙地中间锦鸡儿生物量估测模型. 干旱区资源与环境, 29(7): 128-133.

卢云黎, 王琪, 袁静, 等. 2018. 长江武汉段和汉江武汉段浮游藻类群落比较研究. 水利水电快报, 39(2): 45-48, 52.

栾青杉, 孙军, 宋书群, 等. 2007. 长江口夏季浮游植物群落与环境因子的典范对应分析. 植物生态学报, (3): 445-450.

吕一河, 胡健, 孙飞翔, 等. 2015. 水源涵养与水文调节: 和而不同的陆地生态系统水文服务. 生态学报, 35(15): 5191-5196.

马爱爱, 徐世健, 敏玉霞, 等. 2014. 祁连山高山植物根际土放线菌生物多样性. 生态学报, 34(11): 2916-2928.

马剑, 刘贤德, 金铭, 等. 2019. 祁连山青海云杉林土壤理化性质和酶活性海拔分布特征. 水土保持学报, 33(2): 207-213.

马剑, 刘贤德, 李广, 等. 2019. 祁连山中段青海云杉林土壤肥力质量评价研究. 干旱区地理, 42(6): 1368-

1377.

马文瑛, 赵传燕, 王超, 等. 2014. 祁连山天老池小流域土壤有机碳空间异质性及其影响因素. 土壤, 46(3): 426-432.

马永欢, 樊胜岳, 姜德娟, 等. 2003. 我国北方土地荒漠化成因与草业发展研究. 干旱区研究, (3): 217-220.

米湘成. 2019. 生物多样性监测与研究是国家公园保护的基础. 生物多样性, 27(1): 1-4.

牛云, 张宏斌, 刘贤德, 等. 2002. 祁连山主要植被下土壤水的时空动态变化特征. 山地学报, 20(6): 723-726.

彭燕侠. 2015. 保定府河浮游生物群落结构及多样性研究. 保定: 河北农业大学.

秦嘉海, 金自学, 王进, 等. 2007. 祁连山不同林地类型对土壤理化性质和水源涵养功能的影响. 水土保持学报, (1): 92-94, 139.

邱瑀, 卢诚, 徐泽, 等. 2017. 湟水河河流域水质时空变化特征及其污染源解析. 环境科学学报, 37(8): 2829-2837.

宋伟宏, 程慧波. 2018. 2000—2016年甘肃祁连山自然保护区土地覆被时空变化分析. 安徽农业科学, 46(30): 80-85.

孙保平. 2000. 荒漠化防治工程学. 北京: 中国林业出版社.

孙昌平, 刘贤德, 雷蕾, 等. 2010. 祁连山不同林地类型土壤特性及其水源涵养功能. 水土保持通报, 30(4): 68-72, 77.

孙涛, 刘世增, 纪永福, 等. 2017. 甘肃河西戈壁水文水质现状评价. 兰州大学学报(自然科学版), 53(4): 494-500.

汤奇成, 程天文, 赵楚年, 等. 1981. 祁连山地区的水文规律. 水文, (4): 41-45.

陶冶, 张元明. 2013. 荒漠灌木生物量多尺度估测——以梭梭为例. 草业学报, 22(6): 1-10.

田旺. 2017. 湖泊浮游生物群落对环境和生物多样性的响应机制. 北京: 华北电力大学.

汪松, 解焱. 2004. 中国物种红色名录. 北京: 高等教育出版社.

汪之波, 马金林. 2007. 珍稀濒危植物裸果木群落物种多样性及濒危原因初探. 天水师范学院学报, 27(2): 55-57.

王彬, 于澎涛, 王顺利, 等. 2016. 祁连山区林地的土壤贮水量坡位响应. 中国水土保持科学, 14(3): 101-108.

王娟, 汤军, 郭月峰, 等. 2015. 内蒙古敖汉旗北部风沙土区两种灌木地上生物量估算模型. 农业工程, 5(6): 44-47, 51.

王俊峰, 欧光龙, 唐军荣, 等. 2012. 临沧膏桐种植区灌木群落生物量估测模型研究. 西部林业科学, 41(6): 53-57.

王昱, 卢世国, 冯起, 等. 2019. 黑河上中游水质时空分异特征及污染源解析. 中国环境科学, 39(10): 4194-4204.

王震洪, 段昌群, 侯永平, 等. 2006. 植物多样性与生态系统土壤保持功能关系及其生态学意义. 植物生态学报, (3): 392-403.

王志强, 刘宝元, 海春兴. 2007. 土壤厚度对天然草地植被盖度和生物量的影响. 水土保持学报, (4): 164-167.

魏辅文, 聂永刚, 苗海霞, 等. 2014. 生物多样性丧失机制研究进展. 科学通报, 59(6): 430-437.

吴建国, 苌伟, 艾丽, 等. 2007. 祁连山中部四种典型生态系统土壤氮矿化的研究. 生态环境学报, 16(3): 1000-1006.

吴建国, 张小全, 徐德应. 2003. 土地利用变化对生态系统碳汇功能影响的综合评价. 中国工程科学, (9):

65-71, 77.

徐炜, 马志远, 井新, 等. 2016. 生物多样性与生态系统多功能性: 进展与展望. 生物多样性, 24(1): 55-71.

徐振朋, 张佳琦, 宛涛, 等. 2017. 孑遗植物裸果木历史分布格局模拟及避难区研究. 西北植物学报, 37(10): 2074-2081.

薛立, 梁丽丽, 任向荣, 等. 2008. 华南典型人工林的土壤物理性质及其水源涵养功能. 土壤通报, (5): 986-989.

杨敏, 杨飞, 杨仁敏, 等. 2017. 祁连山中段土壤有机碳剖面垂直分布特征及其影响因素. 土壤, 49(2): 386-392.

叶静芸, 吴波, 刘明虎, 等. 2018. 乌兰布和沙漠东北缘荒漠–绿洲过渡带植被地上生物量估算. 生态学报, 38(4): 1216 -1225.

岳天祥. 2001. 生物多样性研究及其问题. 生态学报, (3): 462-467.

张德罡. 2002. 祁连山区高寒草原土壤肥力特征及肥力因子间的关系(简报). 草业学报, (3): 76-79.

张芬. 2017. 祁连山地区高原鳅属系统发育关系及生物地理学研究. 兰州: 兰州大学.

张久盘. 2015. 基于mtDNA Cyt b基因和D-loop区的祁连山裸鲤遗传多样性及分类地位分析. 兰州: 甘肃农业大学.

张学龙, 赵维俊, 车宗玺. 2013. 祁连山青海云杉林土壤氮的含量特征. 土壤, 45(4): 616-622.

张中华, 周华坤, 赵新全, 等. 2018. 青藏高原高寒草地生物多样性与生态系统功能的关系. 生物多样性, 26(2): 111-129.

赵芸君, 哈尔·阿力, 雒诚龙, 等. 2018. 阿勒泰富蕴县春秋牧场生产能力的研究. 草地学报, 26(4): 1020-1025.

郑光美. 2017. 中国鸟类分类与分布名录. 3版. 北京: 科学出版社.

周长进, 董锁成. 2002. 黑河水资源特征及水环境保护. 自然资源学报, (6): 721-728.

周长进, 董锁成, 李岱. 2004. 疏勒河流域水化学特征及其保护. 水利水电科技进展, (2): 16-18, 69-70.

朱凌宇, 潘剑君, 张威. 2013. 祁连山不同海拔土壤有机碳库及分解特征研究. 环境科学, 34(2): 668-675.

朱猛, 冯起, 张梦旭, 等. 2018. 祁连山中段草地土壤有机碳分布特征及其影响因素. 草地学报, 26(6): 1322-1329.

朱喜, 何志斌, 杜军, 等. 2015. 间伐对祁连山青海云杉人工林土壤水分的影响. 林业科学研究, 28(1): 55-60.

Awal S, Svozil D. 2010. Macro-invertebrate species diversity as a potential universal measure of wetland ecosystem integrity in constructed wetlands in South East Melbourne. Aquatic Ecosystem Health and Management, 13(4): 472-479.

Buckland S M, Grime J P. 2000. The effects of trophic structure and soil fertility on the assembly of plant communities: a microcosm experiment. OIKOS, 91(2): 336-352.

Cardinale B J, Srivastava D S, Duffy J E, et al. 2006. Effects of biodiversity on the functioning of trophic groups and ecosystems. Nature, 443(7114): 989-992.

Dang P, Vu N H, Shen Z, et al. 2018. Changes in soil fungal communities and vegetation following afforestation with Pinus tabulaeformis on the Loess Plateau. Ecosphere, 9(8): 1-17.

Gong J, Chen L, Fu B, et al. 2006. Effect of land use on soil nutrients in the loess hilly area of the Loess Plateau, China. Land Degradation and Development, 17(5): 453-465.

Gross K, Cardinale B J, Fox J W, et al. 2014. Species richness and the temporal stability of biomass production: a new analysis of recent biodiversity experiments. American Naturalist, 183(1): 1-12.

He Z B, Zhao W Z, Liu H, et al. 2012. Effect of forest on annual water yield in the mountains of an arid inland river basin: a case study in the Pailugou catchment on northwestern China's Qilian Mountains. Hydrological Processes, 26(4): 613-621.

He Z B, Zhao W Z, Zhang L J, et al. 2011. Response of tree-ring growth to climate at treeline ecotones in the Qilian Mountains, northwestern China. Sciences in Cold and Arid Regions, 3(2): 103-109.

Hector A, Bagchi R. 2007. Biodiversity and ecosystem multifunctionality. Nature, 448(7150): 188-190.

Jiao F, Wen Z M, An S S, et al. 2011. Changes in soil properties across a chronosequence of vegetation restoration on the Loess Plateau of China. Catena, 86(2): 110-116.

Jones R L, Reybolds C S. 1985. Ecology on freshwayer phytoplankton. Journal of Ecology, 73(2): 722.

Lal R. 2011. Soil degradation by erosion. Land Degradation and Development, 12(6): 519-539.

Lal R. 2016. Soil health and carbon management. Food and Energy Security, 5(4): 212-222.

Li J, Yin H, Lu Z. 2016. Tibetan-buddhist monastery-based snow leopard conservation//McCarthy T, Mallon D. Snow Leopards. New York: Elsevier: 200-204.

Liu H, Zhao W Z, He Z B. 2013. Self-organized vegetation patterning effects on surface soil hydraulic conductivity: a case study in the Qilian Mountains, China. Geoderma, 192: 362-367.

Núñez D, Nahuelhual L, Oyarzún C. 2006. Forests and water: the value of native temperate forests in supplying water for human consumption. Ecological Economics, 58(3): 606-616.

Ortega-Mayagoitia E, Rojo C, Rodrigo M A. 2003. Controlling factors of phytoplankton assemblages in wetlands: an experimental approach. Hydrobiologic, 502: 177-186.

Perkins D M, Bailey R A, Dossena M, et al. 2015. Higher biodiversity is required to sustain multiple ecosystem processes across temperature regimes. Global Change Biology, 21(1): 396-406.

Sanderson M A, Goslee S C, Soder K J, et al. 2007. Plant species diversity, ecosystem function, and pasture management-A perspective. Canadian Journal of Plant Science, 87: 479-487.

Sun F X, Lü Y H, Wang J L, et al. 2015. Soil moisture dynamics of typical ecosystems in response to precipitation: a monitoring-based analysis of hydrological service in the Qilian Mountains. Catena, 129: 63-75.

Tilman D. 1999. The ecological consequences of changes in biodiversity: a search for general principles. Ecology, 80(5): 1455-1474.

Wang B, Xue S, Liu G B, et al. 2012. Changes in soil nutrient and enzyme activities under different vegetations in the Loess Plateau area, Northwest China. Catena, 92: 186-195.

第 8 章
祁连山生态系统恢复与保护建议

依据祁连山生态系统变化及考察结论，在森林、灌丛、草地、湖泊和生物多样性保护等方面提出祁连山自然保护优先、不宜过多人为干预的总体政策与建议。提出了效仿自然，开展森林灌丛人工建植，维持良好的自然演替更新进程，提高森林灌丛水源涵养能力；制定草原生态保护红线、放牧标准、生态补偿动态标准；加大对湖泊的保护力度，避免高原湖泊富营养化；保护雪豹栖息地的完整性和连通性，构建全域监测网络等具体措施。以上政策建议对祁连山生态环境保护与管理具有重要意义，对新时代生态体制建设与国土空间管制具有重要借鉴价值，为"丝绸之路经济带"绿色生态基础设施的建设提供了科学依据。

8.1 森林灌丛生态系统保护建议

祁连山位于我国西部半干旱区，气候干旱寒冷，生态系统脆弱，一旦遭到破坏，植被恢复的难度很大、成本很高，因此建议充分利用目前有利气候条件，加大对生态环境的保护力度，特别是对于过去受到人类活动扰动较大的森林下线灌丛的保护非常重要。对局部受到破坏的区域植被，以自然恢复为主，人工干预为辅，充分考虑原有植被特征和气候条件，避免急于求成，事倍功半。在浅山带造林要充分考虑其地形条件能否成林，造林树种在相应区域能否存活；同时还需考虑造林的综合生态效应，避免不合理造林消耗过多水资源。

1. 因地制宜，效仿自然，开展森林灌丛人工建植

从祁连山森林分布来看，青海云杉占绝对优势，多呈斑块状分布，主要分布坡向为北坡（N）、东北坡（NE）和西北坡（NW），坡度 15°~45° 和海拔 2700~3200 m 范围。人工林建植也多选择青海云杉为主要造林树种。根据青海云杉的分布格局和演替特征，建议在青海云杉林建植时，坡面面积布设 64% 左右的斑块即可，尽量避免规划大面积连片的人工林，造成人力财力的浪费。在人工林近自然化改造过程中，应采取择伐等方式形成林窗或林隙，并适当补造幼林，逐渐形成一定比例的异龄结构，以尽量达到近自然林的特征。同时，祁连山有大面积适宜灌木生长的林地有待恢复，建议采用抗旱造林技术与树种配置技术进行植被恢复，同时在林缘区严格禁牧，避免家畜啃食幼苗，维持良好的森林灌丛自然演替更新，以恢复祁连山植被。

2. 人工设计调控植被类型配置，提高祁连山森林灌丛水源涵养能力

青海云杉林作为祁连山的顶级群落和最优群落，是否是涵养水源的最优群落有待进一步确定。针对森林灌丛生态系统，加强青海云杉林与灌木林涵养水源能力的对比研究。根据单位面积青海云杉林和灌木林涵养水源能力差异化进行植被类型调控：①如果单位面积青海云杉林的水源涵养能力优于灌木林，则建议在适宜青海云杉林分布的地域，积极营造青海云杉林种群扩散、定居的微生态环境，避免林缘灌木的破坏与干扰，为青海云杉种子萌发提供湿润、遮阴的微生境，适当增加人工对青海云杉林

幼苗的辅育、移栽，促进自然演替过程的进程。②如果单位面积的青海云杉林与灌木林涵养水源能力相似，建议人工促进祁连山区域植被的自然演替进程，增强以青海云杉林为主的固碳能力，促进区域碳达峰和碳中和。③如果单位面积青海云杉林的水源涵养能力低于灌木林，建议限制青海云杉林种群的扩散，以达到最佳生态效应。

　　总体原则是在近自然生境恢复的思路上，深入开展不同区域森林灌丛植被生态系统的自然状态演替分析，通过减少人为干扰与优化植被配置模式等方式，强化祁连山森林灌丛植被生态系统的固碳、生态屏障与水源涵养等生态功能，巩固祁连山在国家生态安全屏障与水源涵养方面的生态功能。

8.2　草地生态系统保护建议

1. 制定草原生态保护红线、放牧标准，科学制定放牧管理制度

　　建议根据草原载畜能力开展生态承载力评估，科学设定载畜上限，界定生态保护红线。充分运用各县草原站草地监测数据，科学划定禁牧区和草畜平衡区。禁牧区严格实施禁牧或季节性禁牧，同时强化禁牧区和草畜平衡区动态转换。对于完全不适合放牧的区域，严格禁牧；对于可以季节性放牧、少量放牧的区域，严格规定放牧时间和载畜量；对于可利用的草原，根据草场生态功能和生产功能变化情况动态转换放牧场地，真正实现草地资源的合理利用和生态保护。祁连山 74.1% 的区域载畜量标准低于 0.5 羊单位 /hm²，10.5% 的区域载畜量标准高于 1.5 羊单位 /hm²［见亮点 (4)］。为了维持祁连山草原生态功能的完整性，祁连山草原载畜量标准控制在 0.85 羊单位 /t 干草，高寒草原载畜量约 0.8 羊单位 /hm²，维持家畜适宜生产水平、草原较高生产力和物种多样性。

2. 制定祁连山草地病虫害综合生态防控技术体系

　　白刺夜蛾是河西走廊地区沙化草地主要防风固沙植物白刺上的重要害虫，在民勤一带一年发生三代，在青海德令哈地区一年发生两代。其危害时间长，且危害程度大，严重暴发时会对白刺造成巨大危害，严重影响白刺防风、固沙的生态效益，从而影响甘肃祁连山保护区的生态平衡。从目前的调查结果来看，白刺夜蛾幼虫对河西走廊大多数荒漠的白刺均有危害，并且临泽沙化土地保护区的夜蛾幼虫发生面积较其他地方大。因此有必要对白刺夜蛾主要发生区的虫情进行监测，加大防控力度，提高白刺的防风固沙效率，促进祁连山地区的生态文明建设。

8.3　湖泊生态系统保护建议

　　加大宣传力度，尽量减少直接将所涉湖泊水体作为人或者牲畜的直接饮用水；投入更多精力找到污染的种类和来源，尽可能减少或截断其进入水体中；设置环境监测

点，对水体进行动态监测；探寻有效污染治理手段，减少水体重金属含量；加大对进入库区人员的教育，增强环境保护意识，遏制人为因素导致的污染；需要加强区域水资源开发利用控制红线管理，合理利用区域水资源；千年尺度上，祁连山地区气候逐渐干旱，建议在该区域生态修复过程中遵循自然背景下千年尺度干旱化的事实。

8.4 生物多样性保护建议

祁连山涵盖森林、灌丛、草地、湿地、荒漠等多种不同类型生态系统，是我国西部重要的生态安全屏障和生物多样性保护的优先区。首先，应因地制宜地开展生态保护修复工作，加大对野生动植物的保护力度，尤其加强对该地区典型物种雪豹的保护，尽可能减少人类活动对其栖息地的干扰和破坏。其次，加强生态保护宣传，提高当地居民的生态保护意识。最后，健全以雪豹为主的祁连山珍稀濒危动物全域监测网络，提升雪豹种群动态和栖息地保护研究水平与支撑能力，促进祁连山雪豹种群调查制度化和常态化，提高保护地巡护监测管理能力和智慧化水平，为祁连山国家公园建设提供科学支撑和技术保障。

8.4.1 保护雪豹栖息地的完整性和连通性

雪豹不仅是祁连山的旗舰物种和国家一级保护野生动物，也是健康山地生态系统的指示器和青藏高原及欧亚高山地区的标志性物种。雪豹处于高山生态系统食物网中的顶级捕食者地位，被誉为"雪山之王"。其属于夜行性动物，隐蔽性高且种群密度低，主要分布在高山裸岩等高海拔人类难以抵达的区域，其对人类活动和气候变化敏感，研究工作极其困难。虽然通过本次科学考察和整理已有资料信息对雪豹形成了一些初步的认识，但对其在祁连山地区的分布范围、种群数量和动态、栖息地特征和保护性策略等认知尚属于起步阶段。因此，建议健全以雪豹为主的祁连山珍稀濒危动物全域监测网络，提升雪豹种群动态和栖息地保护研究水平与支撑能力。

首先，以雪豹为主的祁连山珍稀濒危动物全域监测网络建设是加深雪豹认识的基础，重点覆盖甘肃祁连山保护区范围，加强以雪豹为顶级捕食者的食物网动态监测，对雪豹展开长期监测，掌握祁连山地区雪豹的种群数量状况与分布范围，摸清雪豹分布的核心区域。

其次，系统梳理祁连山雪豹历史数据与影像资料，集成野外监测网络数据，打破雪豹数据资料壁垒，实现数据共享，形成统一规范的祁连山雪豹专题数据库，建设祁连山雪豹保护专题网络，节约研究资源和提升雪豹研究成果综合集成能力。

再次，虽在针叶林下记录到雪豹的活动踪迹和珍贵影像，推测雪豹栖息地具有扩大的迹象，但原因不明，故需加强对雪豹分布范围、种群动态、栖息地特征、保护性策略等科学研究。目前，发现甘肃祁连山保护区建立后，雪豹的种群数量得到一定的恢复，但雪豹栖息地完整性保护仍需继续加强，减少人类活动和牧场围栏，打破种群隔离，形成雪豹迁徙廊道。

最后，综合集成以上研究成果，提出以雪豹为核心的祁连山国家公园生物多样性保护优先区，为祁连山国家公园建设提供科学支撑和技术保障。

8.4.2　保护生态系统和物种的多样性，减少人为干扰

本次科学考察监测到了多种重点保护物种，尤其是极危、濒危的哺乳动物，记录到多种鸟类，留鸟的比例最大。一定程度上表明多年来对祁连山的生态环境治理和保护初见成效，也说明祁连山生态系统具有高度多样性，能够为不同的动植物提供适宜的栖息地和生长环境。通过在祁连山重点动物分布的热点区域布设监测网络，摸清祁连山区重点动物的物种种类和种群数量，结合植被、地形和气候等方面的资料，对祁连山全域进行动物栖息地适宜性评估，通过空间叠加分析食物链上一级和下一级消费者栖息地的重叠面积和比例，在保护重点动物的同时，还需要保护其主要食用的生产者和猎物，保证食物供给充足，保持食物链的完整性，将有利于维护祁连山生态系统的物种维持功能和生态系统的稳定性。此外，人类干扰活动影响动物的活动节律，建议加强放牧管理，在动物活动的高峰期应尽量减少进入祁连山的人员数量。

在鸟类多样性方面，与 2000 年以前的调查相比，近期调查新记录到 37 种鸟类，这 37 种是以前调查中未发现的。新发现的鸟类主要为湿地鸟类，表明石羊河下游生态环境在不断改善。近年来向石羊河下游调水使得原本干涸的青土湖逐渐恢复了一定面积的水面，形成了芦苇沼泽等湿地生态系统，从而使得本地夏季繁殖鸟类的种类增加。未来在流域生态系统管理与可持续发展利用中，人为调节水资源在中游和下游的比例，不仅要保证当地居民的生活和生产用水，还应该保持河流湖泊具有一定面积的水域，保障鸟类及其他动物栖息和生存。

持续重视高寒草甸生态系统的健康和可持续利用性。高寒草甸植被覆盖率在95%以上，几乎无裸露的地表，表层根系庞大，能够很好地减少风蚀和水蚀，固持土壤，补充土壤养分，这不仅有利于阻碍高寒流石滩的扩大，还可以保护亚高山灌丛及森林生态系统健康稳定。此外，祁连山区仍有部分原著牧民将高寒草甸作为夏季牧场，相关部门应加大牧民生态保护意识宣传教育，严格控制高寒草甸的放牧强度，对于已退化和孕育珍稀物种的高寒草甸进行合理禁牧和保护。

附 录

祁连山主要生物物种名录

附表 1　祁连山样方内种子植物调查物种名录（生物多样性考察队）

植被类型	种（中文名）	科	属	种（学名）
垫状植被	缬草	败酱科	缬草属	*Valeriana officinalis*
	西藏点地梅	报春花科	点地梅属	*Androsace mariae*
	海乳草	报春花科	海乳草属	*Glaux maritima*
	垫状点地梅	报春花科	点地梅属	*Androsace tapete*
	甘肃大戟	大戟科	大戟属	*Euphorbia kansuensis*
	甘肃棘豆	豆科	棘豆属	*Oxytropis kansuensis*
	高山棘豆	豆科	棘豆属	*Oxytropis alpina*
	糙叶黄耆	豆科	黄耆属	*Astragalus scaberrimus*
	急弯棘豆	豆科	棘豆属	*Oxytropis deflexa*
	茵垫黄耆	豆科	黄耆属	*Astragalus mattam*
	穗发草	禾本科	发草属	*Deschampsia koelerioides*
	赖草	禾本科	赖草属	*Leymus secalinus*
	针茅	禾本科	针茅属	*Stipa capillata*
	细叉梅花草	虎耳草科	梅花草属	*Parnassia oreophila*
	如意草	堇菜科	堇菜属	*Viola arcuata*
	唐古红景天	景天科	红景天属	*Rhodiola tangutica*
	雪兔子	菊科	风毛菊属	*Saussurea gossypiphora*
	火绒草	菊科	火绒草属	*Leontopodium leontopodioides*
	苣荬菜	菊科	苦苣菜属	*Sonchus wightianus*
	软毛紫菀	菊科	紫菀属	*Aster molliusculus*
	达乌里秦艽	龙胆科	龙胆属	*Gentiana dahurica*
	叠裂银莲花	毛茛科	银莲花属	*Anemone imbricata*
	钝裂银莲花	毛茛科	银莲花属	*Anemone obtusiloba*
	西山委陵菜	蔷薇科	委陵菜属	*Potentilla sischanensis*
	四蕊山莓草	蔷薇科	山莓草属	*Sibbaldia tetrandra*
	丛生钉柱委陵菜	蔷薇科	委陵菜属	*Potentilla saundersiana* var. *caespitosa*
	矮生嵩草	莎草科	嵩草属	*Kobresia humilis*
	高山嵩草	莎草科	嵩草属	*Kobresia pygmaea*
	卷耳	石竹科	卷耳属	*Cerastium arvense*
	角茴香	罂粟科	角茴香属	*Hypecoum erectum*
	齿瓣延胡索	罂粟科	紫堇属	*Corydalis turtschaninovii*
	多刺绿绒蒿	罂粟科	绿绒蒿属	*Meconopsis horridula*
草甸	墓头回	败酱科	败酱属	*Patrinia heterophylla*
	缬草	败酱科	缬草属	*Valeriana officinalis*
	车前	车前科	车前属	*Plantago asiatica*
	地锦草	大戟科	大戟属	*Euphorbia humifusa*
	狼毒	瑞香科	狼毒属	*Stellera chamaejasme*
	灯心草	灯心草科	灯心草属	*Juncus effusus*
	多枝黄耆	豆科	黄耆属	*Astragalus polycladus*

续表

植被类型	种（中文名）	科	属	种（学名）
	甘肃棘豆	豆科	棘豆属	*Oxytropis kansuensis*
	高山棘豆	豆科	棘豆属	*Oxytropis alpina*
	糙叶黄耆	豆科	黄耆属	*Astragalus scaberrimus*
	急弯棘豆	豆科	棘豆属	*Oxytropis deflexa*
	洽草	禾本科	洽草属	*Koeleria macrantha*
	芨芨草	禾本科	芨芨草属	*Achnatherum splendens*
	垂穗披碱草	禾本科	披碱草属	*Elymus nutans*
	三刺草	禾本科	三芒草属	*Aristida triseta*
	羊茅	禾本科	羊茅属	*Festuca ovina*
	早熟禾	禾本科	早熟禾属	*Poa faberi* var. *longifolia*
	针茅	禾本科	针茅属	*Stipa capillata*
	西北针茅	禾本科	针茅属	*Stipa sareptana*
	芒颖披碱草	禾本科	披碱草属	*Elymus aristiglumis*
	葱岭羊茅	禾本科	羊茅属	*Festuca amblyodes*
	紫花针茅	禾本科	针茅属	*Stipa purpurea*
	大针茅	禾本科	针茅属	*Stipa grandis*
	毛颖早熟禾	禾本科	早熟禾属	*Poa faberi* var. *longifolia*
	细叉梅花草	虎耳草科	梅花草属	*Parnassia oreophila*
	长茎飞蓬	菊科	飞蓬属	*Erigeron acris* subsp. *politus*
草甸	星状雪兔子	菊科	风毛菊属	*Saussurea stella*
	冷蒿	菊科	蒿属	*Artemisia frigida*
	火绒草	菊科	火绒草属	*Leontopodium leontopodioides*
	日本毛连菜	菊科	毛连菜属	*Picris japonica*
	蒲公英	菊科	蒲公英属	*Taraxacum mongolicum*
	弱小火绒草	菊科	火绒草属	*Leontopodium pusillum*
	小大黄	蓼科	大黄属	*Rheum pumilum*
	西伯利亚蓼	蓼科	蓼属	*Polygonum sibiricum*
	珠芽蓼	蓼科	蓼属	*Polygonum viviparum*
	达乌里秦艽	龙胆科	龙胆属	*Gentiana dahurica*
	龙胆	龙胆科	龙胆属	*Gentiana scabra*
	线叶龙胆	龙胆科	龙胆属	*Gentiana lawrencei* var. *farreri*
	喉毛花	龙胆科	喉毛花属	*Comastoma pulmonarium*
	驴蹄草	毛茛科	驴蹄草属	*Caltha palustris*
	甘藏毛茛	毛茛科	毛茛属	*Ranunculus glabricaulis*
	乳突拟楼斗菜	毛茛科	拟楼斗菜属	*Paraquilegia anemonoides*
	乌头	毛茛科	乌头属	*Aconitum carmichaelii*
	钝裂银莲花	毛茛科	银莲花属	*Anemone obtusiloba*
	近羽裂银莲花	毛茛科	银莲花属	*Anemone subpinnata*
	高山唐松草	毛茛科	唐松草属	*Thalictrum alpinum*

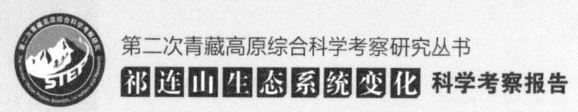
续表

植被类型	种（中文名）	科	属	种（学名）
草甸	二裂委陵菜	蔷薇科	委陵菜属	*Potentilla bifurca*
	莓叶委陵菜	蔷薇科	委陵菜属	*Potentilla fragarioides*
	雪白委陵菜	蔷薇科	委陵菜属	*Potentilla nivea*
	丛生钉柱委陵菜	蔷薇科	委陵菜属	*Potentilla saundersiana* var. *caespitosa*
	矮生嵩草	莎草科	嵩草属	*Kobresia humilis*
	高山嵩草	莎草科	嵩草属	*Kobresia pygmaea*
	西藏嵩草	莎草科	嵩草属	*Kobresia tibetica*
	线叶嵩草	莎草科	嵩草属	*Kobresia capillifolia*
	青藏薹草	莎草科	薹草属	*Carex moorcroftii*
	扁囊薹草	莎草科	薹草属	*Carex coriophora*
	干生薹草	莎草科	薹草属	*Carex aridula*
	黑褐穗薹草	莎草科	薹草属	*Carex atrofusca* subsp. *minor*
	荠	十字花科	荠属	*Capsella bursa-pastoris*
	伞花繁缕	石竹科	繁缕属	*Stellaria umbellata.*
	卷耳	石竹科	卷耳属	*Cerastium arvense*
	齿瓣延胡索	罂粟科	紫堇属	*Corydalis turtschaninovii*
	黄花角蒿	紫葳科	角蒿属	*Incarvillea sinensis* var. *przewalskii*
	青海苜蓿	豆科	苜蓿属	*Medicago archiducis-nicolai*
	赖草	禾本科	赖草属	*Leymus secalinus*
	冰草	禾本科	冰草属	*Agropyron cristatum*
	风毛菊	菊科	风毛菊属	*Saussurea japonica*
	珠芽蓼	蓼科	蓼属	*Polygonum viviparum*
	叠裂银莲花	毛茛科	银莲花属	*Anemone imbricata*
	高山薹草	莎草科	薹草属	*Carex pseudosupina*
	紫花碎米荠	十字花科	碎米荠属	*Cardamine purpurascens*
	毛叶老牛筋	石竹科	无心菜属	*Arenaria capillaris*
	白花甘肃马先蒿	玄参科	马先蒿属	*Pedicularis kansuensis* subsp. *kansuensis* f. *albiflora*
	五脉绿绒蒿	罂粟科	绿绒蒿属	*Meconopsis quintuplinervia*
	鬼箭锦鸡儿	豆科	锦鸡儿属	*Caragana jubata*
	陇蜀杜鹃	杜鹃花科	杜鹃属	*Rhododendron przewalskii*
	头花杜鹃	杜鹃花科	杜鹃属	*Rhododendron capitatum*
	金露梅	蔷薇科	委陵菜属	*Potentilla fruticosa*
	细枝枸子	蔷薇科	枸子属	*Cotoneaster tenuipes*
	刚毛忍冬	忍冬科	忍冬属	*Lonicera hispida*
	无患子	无患子科	无患子属	*Sapindus saponaria*
	山生柳	杨柳科	柳属	*Salix oritrepha*
森林	蓝花韭	百合科	葱属	*Allium beesianum*
	青甘韭	百合科	葱属	*Allium przewalskianum*

续表

植被类型	种（中文名）	科	属	种（学名）
	天门冬	百合科	天门冬属	*Asparagus cochinchinensis*
	小点地梅	报春花科	点地梅属	*Androsace gmelinii*
	车前	车前科	车前属	*Plantago asiatica*
	夏至草	唇形科	夏至草属	*Lagopsis supina*
	甘肃大戟	大戟科	大戟属	*Euphorbia kansuensis*
	多枝黄耆	豆科	黄耆属	*Astragalus polycladus*
	蒙古黄耆	豆科	黄耆属	*Astragalus mongholicus*
	紫苜蓿	豆科	苜蓿属	*Medicago sativa*
	草木犀	豆科	草木犀属	*Melilotus officinalis*
	柯孟披碱草	禾本科	披碱草属	*Elymus kamoji*
	虎尾草	禾本科	虎尾草属	*Chloris virgata*
	赖草	禾本科	赖草属	*Leymus secalinus*
	芦苇	禾本科	芦苇属	*Phragmites australis*
	披碱草	禾本科	披碱草属	*Elymus dahuricus*
	细叉梅花草	虎耳草科	梅花草属	*Parnassia oreophila*
	白刺	蒺藜科	白刺属	*Nitraria tangutorum*
	大翅驼蹄瓣	蒺藜科	驼蹄瓣属	*Zygophyllum macropterum*
	如意草	堇菜科	堇菜属	*Viola arcuata*
	双花堇菜	堇菜科	堇菜属	*Viola biflora*
森林	野葵	锦葵科	锦葵属	*Malva verticillata*
	钻裂风铃草	桔梗科	风铃草属	*Campanula aristata*
	大丁草	菊科	大丁草属	*Leibnitzia anandria*
	钝苞雪莲	菊科	风毛菊属	*Saussurea nigrescens*
	小花风毛菊	菊科	风毛菊属	*Saussurea parviflora*
	臭蒿	菊科	蒿属	*Artemisia hedinii*
	野菊	菊科	菊属	*Chrysanthemum indicum*
	苣荬菜	菊科	苦苣菜属	*Sonchus wightianus*
	苦苣菜	菊科	苦苣菜属	*Sonchus oleraceus*
	毛连菜	菊科	毛连菜属	*Picris hieracioides*
	蒲公英	菊科	蒲公英属	*Taraxacum mongolicum*
	铃铃香青	菊科	香青属	*Anaphalis hancockii*
	香青	菊科	香青属	*Anaphalis sinica*
	蟹甲草	菊科	蟹甲草属	*Parasenecio forrestii*
	软毛紫菀	菊科	紫菀属	*Aster molliusculus*
	紫菀	菊科	紫菀属	*Aster tataricus*
	大籽蒿	菊科	蒿属	*Artemisia sieversiana*
	刺毛碱蓬	藜科	碱蓬属	*Suaeda acuminata*
	雾冰藜	藜科	雾冰藜属	*Bassia dasyphylla*
	白茎盐生草	藜科	盐生草属	*Halogeton arachnoideus*

植被类型	种（中文名）	科	属	种（学名）
	小大黄	蓼科	大黄属	*Rheum pumilum*
	珠芽蓼	蓼科	蓼属	*Polygonum viviparum*
	龙胆	龙胆科	龙胆属	*Gentiana scabra*
	麻花艽	龙胆科	龙胆属	*Gentiana straminea*
	牻牛儿苗	牻牛儿苗科	牻牛儿苗属	*Erodium stephanianum*
	升麻	毛茛科	升麻属	*Cimicifuga foetida*
	铁线莲	毛茛科	铁线莲属	*Clematis florida*
	钝裂银莲花	毛茛科	银莲花属	*Anemone obtusiloba*
	小花草玉梅	毛茛科	银莲花属	*Anemone rivularis* var. *flore-minore*
	高山唐松草	毛茛科	唐松草属	*Thalictrum alpinum*
	车轴草	茜草科	拉拉藤属	*Galium odoratum*
	猪殃殃	茜草科	拉拉藤属	*Galium spurium*
	茜草	茜草科	茜草属	*Rubia cordifolia*
	草莓	蔷薇科	草莓属	*Fragaria ananassa*
	莓叶委陵菜	蔷薇科	委陵菜属	*Potentilla fragarioides*
	荚蒾	忍冬科	荚蒾属	*Viburnum dilatatum*
	忍冬	忍冬科	忍冬属	*Lonicera japonica*
	野胡萝卜	伞形科	胡萝卜属	*Daucus carota*
	变豆菜	伞形科	变豆菜属	*Sanicula chinensis*
森林	矮生嵩草	莎草科	嵩草属	*Kobresia humilis*
	大花嵩草	莎草科	嵩草属	*Kobresia macrantha*
	高山嵩草	莎草科	嵩草属	*Kobresia pygmaea*
	青藏薹草	莎草科	薹草属	*Carex moorcroftii*
	紫花碎米荠	十字花科	碎米荠属	*Cardamine purpurascens*
	孩儿参	石竹科	孩儿参属	*Pseudostellaria heterophylla*
	甘肃小檗	小檗科	小檗属	*Berberis kansuensis*
	甘肃马先蒿	玄参科	马先蒿属	*Pedicularis kansuensis*
	肉果草	玄参科	肉果草属	*Lancea tibetica*
	小米草	玄参科	小米草属	*Euphrasia pectinata*
	荨麻	荨麻科	荨麻属	*Urtica fissa*
	马蔺	鸢尾科	鸢尾属	*Iris lactea*
	短蕊车前紫草	紫草科	车前紫草属	*Sinojohnstonia moupinensis*
	黄花角蒿	紫葳科	角蒿属	*Incarvillea sinensis* var. *przewalskii*
	多枝柽柳	柽柳科	柽柳属	*Tamarix ramosissima*
	红砂	柽柳科	红砂属	*Reaumuria soongarica*
	狭叶锦鸡儿	豆科	锦鸡儿属	*Caragana stenophylla*
	红花山竹子	豆科	羊柴属	*Corethrodendron multijugum*
	杜鹃	杜鹃花科	杜鹃属	*Rhododendron simsii*
	天山茶藨子	虎耳草科	茶藨子属	*Ribes meyeri*

续表

植被类型	种（中文名）	科	属	种（学名）
森林	黑沙蒿	菊科	蒿属	*Artemisia ordosica*
	金露梅	蔷薇科	委陵菜属	*Potentilla fruticosa*
	银露梅	蔷薇科	委陵菜属	*Potentilla glabra*
	鲜卑花	蔷薇科	鲜卑花属	*Sibiraea laevigata*
	山莓	蔷薇科	悬钩子属	*Rubus corchorifolius*
	华北珍珠梅	蔷薇科	珍珠梅属	*Sorbaria kirilowii*
	刚毛忍冬	忍冬科	忍冬属	*Lonicera hispida*
	鲜黄小檗	小檗科	小檗属	*Berberis diaphana*
	祁连圆柏	柏科	刺柏属	*Juniperus przewalskii*
	青海云杉	松科	云杉属	*Picea crassifolia*
	小叶杨	杨柳科	杨属	*Populus simonii*
草原	蓝花韭	百合科	葱属	*Allium beesianum*
	青甘韭	百合科	葱属	*Allium przewalskianum*
	白花枝子花	唇形科	青兰属	*Dracocephalum heterophyllum*
	鼠尾草	唇形科	鼠尾草属	*Salvia japonica*
	狼毒	瑞香科	狼毒属	*Stellera chamaejasme*
	蒙古黄耆	豆科	黄耆属	*Astragalus mongholicus*
	甘肃棘豆	豆科	棘豆属	*Oxytropis kansuensis*
	野苜蓿	豆科	苜蓿属	*Medicago falcata*
	洽草	禾本科	洽草属	*Koeleria macrantha*
	柯孟披碱草	禾本科	披碱草属	*Elymus kamoji*
	狗尾草	禾本科	狗尾草属	*Setaria viridis*
	芨芨草	禾本科	芨芨草属	*Achnatherum splendens*
	赖草	禾本科	赖草属	*Leymus secalinus*
	垂穗披碱草	禾本科	披碱草属	*Elymus nutans*
	披碱草	禾本科	披碱草属	*Elymus dahuricus*
	羊茅	禾本科	羊茅属	*Festuca ovina*
	早熟禾	禾本科	早熟禾属	*Poa annua*
	针茅	禾本科	针茅属	*Stipa capillata*
	冰草	禾本科	冰草属	*Agropyron cristatum*
	双花堇菜	堇菜科	堇菜属	*Viola biflora*
	长柱沙参	桔梗科	沙参属	*Adenophora stenanthina*
	紫苞风毛菊	菊科	风毛菊属	*Saussurea purpurascens*
	狗娃花	菊科	紫菀属	*Aster hispidus*
	臭蒿	菊科	蒿属	*Artemisia hedinii*
	冷蒿	菊科	蒿属	*Artemisia frigida*
	沙蒿	菊科	蒿属	*Artemisia desertorum*
	火绒草	菊科	火绒草属	*Leontopodium hayachinense*
	毛连菜	菊科	毛连菜属	*Picris hieracioides*

植被类型	种（中文名）	科	属	种（学名）
	蒲公英	菊科	蒲公英属	*Taraxacum mongolicum*
	黄帚橐吾	菊科	橐吾属	*Ligularia virgaurea*
	中华苦荬菜	菊科	苦荬菜属	*Ixeris chinensis*
	细叶亚菊	菊科	亚菊属	*Ajania tenuifolia*
	大籽蒿	菊科	蒿属	*Artemisia sieversiana*
	狭裂白蒿	菊科	蒿属	*Artemisia kanashiroi*
	驼绒藜	藜科	驼绒藜属	*Krascheninnikovia ceratoides*
	珠芽蓼	蓼科	蓼属	*Polygonum viviparum*
	鳞叶龙胆	龙胆科	龙胆属	*Gentiana squarrosa*
	龙胆	龙胆科	龙胆属	*Gentiana scabra*
	麻花艽	龙胆科	龙胆属	*Gentiana straminea*
	牻牛儿苗	牻牛儿苗科	牻牛儿苗属	*Erodium stephanianum*
	小花草玉梅	毛茛科	银莲花属	*Anemone rivularis* var. *flore-minore*
	瓣蕊唐松草	毛茛科	唐松草属	*Thalictrum petaloideum*
	野草莓	蔷薇科	草莓属	*Fragaria vesca*
	等齿委陵菜	蔷薇科	委陵菜属	*Potentilla simulatrix*
	多裂委陵菜	蔷薇科	委陵菜属	*Potentilla multifida*
	莓叶委陵菜	蔷薇科	委陵菜属	*Potentilla fragarioides*
	忍冬	忍冬科	忍冬属	*Lonicera japonica*
草原	北柴胡	伞形科	柴胡属	*Bupleurum chinense*
	矮生嵩草	莎草科	嵩草属	*Kobresia humilis*
	大花嵩草	莎草科	嵩草属	*Kobresia macrantha*
	高山嵩草	莎草科	嵩草属	*Kobresia pygmaea*
	青藏薹草	莎草科	薹草属	*Carex moorcroftii*
	独行菜	十字花科	独行菜属	*Lepidium apetalum*
	蚓果芥	十字花科	念珠芥属	*Neotorularia humilis*
	葶苈	十字花科	葶苈属	*Draba nemorosa*
	甘肃小檗	小檗科	小檗属	*Berberis kansuensis*
	长果婆婆纳	玄参科	婆婆纳属	*Veronica ciliate*
	马蔺	鸢尾科	鸢尾属	*Iris lactea*
	短蕊车前紫草	紫草科	车前紫草属	*Sinojohnstonia moupinensis*
	鬼箭锦鸡儿	豆科	锦鸡儿属	*Caragana jubata*
	柠条锦鸡儿	豆科	锦鸡儿属	*Caragana korshinskii*
	白莲蒿	菊科	蒿属	*Artemisia stechmanniana*
	金露梅	蔷薇科	委陵菜属	*Potentilla fruticosa*
	山生柳	杨柳科	柳属	*Salix oritrepha*
	黄花补血草	白花丹科	补血草属	*Limonium aureum*
	阿尔泰葱	百合科	葱属	*Allium altaicum*
	青海苜蓿	豆科	苜蓿属	*Medicago archiducis-nicolai*

植被类型	种（中文名）	科	属	种（学名）
	西藏点地梅	报春花科	点地梅属	*Androsace mariae*
	直立点地梅	报春花科	点地梅属	*Androsace erecta*
	锦鸡儿	豆科	锦鸡儿属	*Caragana sinica*
	披针叶野决明	豆科	野决明属	*Thermopsis lanceolata*
	糙叶黄耆	豆科	黄耆属	*Astragalus scaberrimus*
	白花草木犀	豆科	草木犀属	*Melilotus albus*
	虎耳草	虎耳草科	虎耳草属	*Saxifraga stolonifera*
	骆驼蓬	蒺藜科	骆驼蓬属	*Peganum harmala*
	骆驼蒿	蒺藜科	骆驼蓬属	*Peganum nigellastrum*
	大翅驼蹄瓣	蒺藜科	驼蹄瓣属	*Zygophyllum macropterum*
	瓦松	景天科	瓦松属	*Orostachys fimbriata*
	阿尔泰狗娃花	菊科	紫菀属	*Aster altaicus*
	苣荬菜	菊科	苦苣菜属	*Sonchus wightianus*
	苦荬菜	菊科	苦荬菜属	*Ixeris polycephala*
	香青	菊科	香青属	*Anaphalis sinica*
	细叶亚菊	菊科	亚菊属	*Ajania tenuifolia*
	刺毛碱蓬	藜科	碱蓬属	*Suaeda acuminata*
	雾冰藜	藜科	雾冰藜属	*Bassia dasyphylla*
	轴藜	藜科	轴藜属	*Axyris amaranthoides*
草原	茜草	茜草科	茜草属	*Rubia cordifolia*
	伏毛山莓草	蔷薇科	山莓草属	*Sibbaldia adpressa*
	山莓草	蔷薇科	山莓草属	*Sibbaldia procumbens*
	二裂委陵菜	蔷薇科	委陵菜属	*Potentilla bifurca*
	西山委陵菜	蔷薇科	委陵菜属	*Potentilla sischanensis*
	野胡萝卜	伞形科	胡萝卜属	*Daucus carota*
	囊果薹草	莎草科	薹草属	*Carex physodes*
	柱毛独行菜	十字花科	独行菜属	*Lepidium ruderale*
	蚓果芥	十字花科	念珠芥属	*Neotorularia humilis*
	刺参	五加科	刺参属	*Oplopanax elatus*
	宿根亚麻	亚麻科	亚麻属	*Linum perenne*
	鹤虱	紫草科	鹤虱属	*Lappula myosotis*
	红砂	柽柳科	红砂属	*Reaumuria soongarica*
	鬼箭锦鸡儿	豆科	锦鸡儿属	*Caragana jubata*
	毛刺锦鸡儿	豆科	锦鸡儿属	*Caragana tibetica*
	狭叶锦鸡儿	豆科	锦鸡儿属	*Caragana stenophylla*
	盐蒿	菊科	蒿属	*Artemisia halodendron*
	紫菀木	菊科	紫菀木属	*Asterothamnus alyssoides*
	合头草	藜科	合头草属	*Sympegma regelii*
	珍珠猪毛菜	藜科	猪毛菜属	*Salsola passerina*

续表

植被类型	种（中文名）	科	属	种（学名）
草原	黄蔷薇	蔷薇科	蔷薇属	*Rosa hugonis*
	窄叶鲜卑花	蔷薇科	鲜卑花属	*Sibiraea angustata*
	裸果木	石竹科	裸果木属	*Gymnocarpos przewalskii*
	银灰旋花	旋花科	旋花属	*Convolvulus ammannii*
荒漠	甘肃棘豆	豆科	棘豆属	*Oxytropis kansuensis*
	假苇拂子茅	禾本科	拂子茅属	*Calamagrostis pseudophragmites*
	狗尾草	禾本科	狗尾草属	*Setaria viridis*
	芦苇	禾本科	芦苇属	*Phragmites australis*
	羊茅	禾本科	羊茅属	*Festuca ovina*
	无芒隐子草	禾本科	隐子草属	*Cleistogenes songorica*
	针茅	禾本科	针茅属	*Stipa capillata*
	白刺	蒺藜科	白刺属	*Nitraria tangutorum*
	骆驼蒿	蒺藜科	骆驼蓬属	*Peganum nigellastrum*
	驼蹄瓣	蒺藜科	驼蹄瓣属	*Zygophyllum fabago*
	狗娃花	菊科	紫菀属	*Aster hispidus*
	火绒草	菊科	火绒草属	*Leontopodium hayachinense*
	狭裂白蒿	菊科	蒿属	*Artemisia kanashiroi*
	对节刺	藜科	对节刺属	*Horaninowia ulicina*
	刺毛碱蓬	藜科	碱蓬属	*Suaeda acuminata*
	碱蓬	藜科	碱蓬属	*Suaeda glauca*
	沙蓬	藜科	沙蓬属	*Agriophyllum squarrosum*
	雾冰藜	藜科	雾冰藜属	*Bassia dasyphylla*
	白茎盐生草	藜科	盐生草属	*Halogeton arachnoideus*
	戟叶鹅绒藤	萝藦科	鹅绒藤属	*Cynanchum acutum* subsp. *sibiricum*
	蓬子菜	茜草科	拉拉藤属	*Galium verum*
	柱毛独行菜	十字花科	独行菜属	*Lepidium ruderale*
	鹤虱	紫草科	鹤虱属	*Lappula myosotis*
	泡泡刺	蒺藜科	白刺属	*Nitraria sphaerocarpa*
	黑沙蒿	菊科	蒿属	*Artemisia ordosica*
	梭梭	藜科	梭梭属	*Haloxylon ammodendron*
	沙拐枣	蓼科	沙拐枣属	*Calligonum mongolicum*
	膜果麻黄	麻黄科	麻黄属	*Ephedra przewalskii*
	胡杨	杨柳科	杨属	*Populus euphratica*

附表 2　祁连山哺乳动物物种名录（生物多样性考察队）

科	属	种（中文名）	种（学名）	保护级别
猫科	豹属	雪豹	*Panthera uncia*	Ⅰ
猫科	猞猁属	猞猁	*Lynx lynx*	Ⅱ
猫科	猫属	荒漠猫	*Felis bieti*	Ⅰ
鹿科	鹿属	白唇鹿	*Cervus albirostris*	Ⅰ
鹿科	鹿属	马鹿	*Cervus elaphus*	Ⅱ
鹿科	狍属	狍	*Capreolus capreolus*	
犬科	狐属	赤狐	*Vulpes vulpes*	Ⅱ
犬科	犬属	狼	*Canis lupus*	Ⅱ
牛科	岩羊属	岩羊	*Pseudois nayaur*	Ⅱ
鼬科	貂属	黄喉貂	*Martes flavigula*	Ⅱ
鼬科	鼬属	黄鼬	*Mustela sibirica*	
鼬科	鼬属	香鼬	*Mustela altaica*	
鼬科	狗獾属	狗獾	*Meles lecurus*	
麝科	麝属	马麝	*Moschus chrysogaster*	
松鼠科	旱獭属	喜马拉雅旱獭	*Marmota himalayana*	
蝙蝠科	大耳蝠属	大耳蝠	*Plecotus auritus*	
鼠科	鼠属	小家鼠	*Mus musculus*	
鼠科	姬鼠属	小林姬鼠	*Apodemus sylvaticus*	
鼠科	家鼠属	褐家鼠	*Rattus norvegicus*	
仓鼠科	仓鼠属	藏仓鼠	*Cricetulus kamensis*	
仓鼠科	仓鼠属	灰仓鼠	*Cricetulus migratorius*	
仓鼠科	仓鼠属	长尾仓鼠	*Cricetulus longicaudatus*	
仓鼠科	仓鼠属	黑线仓鼠	*Cricetulus barabensis*	
仓鼠科	田鼠属	根田鼠	*Microtus oeconomus*	
仓鼠科	仓鼠属	短尾仓鼠	*Cricetulus eversmanni*	
仓鼠科	大沙鼠属	大沙鼠	*Rhombomys opimus*	
仓鼠科	短耳沙鼠属	短耳沙鼠	*Brachiones przewalskii*	
仓鼠科	毛足鼠属	小毛足鼠	*Phodopus roborovskii*	
仓鼠科	沙鼠属	柽柳沙鼠	*Meriones tamariscinus*	
仓鼠科	沙鼠属	子午沙鼠	*Meriones meridianus*	
跳鼠科	五趾跳鼠属	五趾跳鼠	*Allactaga sibirica*	
跳鼠科	三趾跳鼠属	三趾跳鼠	*Dipus sagitta*	
跳鼠科	三趾心颅跳鼠属	三趾心颅跳鼠	*Salpingotus kozlovi*	
跳鼠科	长耳跳鼠属	长耳跳鼠	*Euchoreutes naso*	
兔科	兔属	灰尾兔	*Lepus oiostolus*	
兔科	兔属	草兔	*Lepus capensis*	
鼠兔科	鼠兔属	黑唇鼠兔	*Ochotona curzoniae*	
猬科	大耳猬属	大耳猬	*Hemiechinus auritus*	
鼩鼱科	鼩鼱属	小鼩鼱	*Sorex minutus*	

注：保护级别按照国家林业和草原局、农业农村部公布的《国家重点保护野生动物名录》（2021 年版）划分。

附表3 祁连山石羊河流域鸟类物种名录（生物多样性考察队）

目	科	种（中文名/学名）	调查时间		居留型	保护级别
			2000年前	2015年后		
鸡形目	雉科	斑翅山鹑 *Perdix dauuricae*	+	+	R	
		环颈雉 *Phasianus colchicus*	+	+	R	
雁形目	鸭科	豆雁 *Anser fabalis*		+	W	
		灰雁 *Anser anser*	+	+	S	
		大天鹅 *Cygnus cygnus*		+	S	II
		翘鼻麻鸭 *Tadorna tadorna*		+	S	
		赤麻鸭 *Tadorna ferruginea*		+	S	
		鸳鸯 *Aix galericulata*	+	+	S	II
		赤膀鸭 *Mareca strepera*	+	+	P	
		赤颈鸭 *Mareca penelope*	+	+	P	
		绿头鸭 *Anas platyrhynchos*	+	+	S	
		斑嘴鸭 *Anas zonorhyncha*	+	+	S	
		针尾鸭 *Anas acuta*		+	P	
		绿翅鸭 *Anas crecca*		+	P	
		琵嘴鸭 *Anas clypeata*	+	+	S	
		白眉鸭 *Anas querquedula*	+	+	P	
		赤嘴潜鸭 *Netta rufina*	+	+	S	
		红头潜鸭 *Aythya ferina*	+	+	P	
		白眼潜鸭 *Aythya nyroca*	+	+	S	
		鹊鸭 *Bucephala clangula*		+	S	
		普通秋沙鸭 *Mergus merganser*		+	S	
䴙䴘目	䴙䴘科	小䴙䴘 *Tachybaptus ruficollis*	+	+	R	
		凤头䴙䴘 *Podiceps cristatus*	+	+	S	
鸽形目	鸠鸽科	岩鸽 *Columba rupestris*	+	+	R	
		山斑鸠 *Streptopelia orientalis*	+	+	R	
		灰斑鸠 *Streptopelia decaocto*	+	+	R	
沙鸡目	沙鸡科	毛腿沙鸡 *Syrrhaptes paradoxus*	+		R	
夜鹰目	雨燕科	普通雨燕 *Apus apus*	+		S	
		白腰雨燕 *Apus pacificus*	+		S	
鹃形目	杜鹃科	大杜鹃 *Cuculus canorus*	+	+	S	
鹤形目	鹤科	灰鹤 *Grus grus*	+		S	II
	秧鸡科	黑水鸡 *Gallinula chloropus*	+	+	S	
		白骨顶 *Fulica atra*	+	+	S	
鸻形目	反嘴鹬科	黑翅长脚鹬 *Himantopus himantopus*	+	+	**S**	
	鸻科	凤头麦鸡 *Vanellus vanellus*	+	+	S	
		灰头麦鸡 *Vanellus duvaucelii*	+	+	S	
		金眶鸻 *Charadrius dubius*	+	+	S	
		环颈鸻 *Charadrius alexandrinus*		+	S	
		铁嘴沙鸻 *Charadrius leschenaultii*	+		S	

续表

目	科	种（中文名/学名）	调查时间		居留型	保护级别
			2000 年前	2015 年后		
鸻形目	鹬科	黑尾塍鹬 *Limosa limosa*		+	S	
		小杓鹬 *Numenius minutus*		+	P	II
		大杓鹬 *Numenius madagascariensis*		+	P	II
		红脚鹬 *Tringa totanus*		+	P	
		青脚鹬 *Tringa nebularia*		+	P	
		白腰草鹬 *Tringa ochropus*		+	S	
		林鹬 *Tringa glareola*	+	+	P	
		矶鹬 *Actitis hypoleucos*	+	+	S	
		弯嘴滨鹬 *Calidris ferruginea*	+	+	P	
	鸥科	棕头鸥 *Chroicocephalus brunnicephalus*	+	+	S	
		红嘴鸥 *Chroicocephalus ridibundus*		+	S	
		渔鸥 *Larus ichthyaetus*	+	+	S	
		普通燕鸥 *Sterna hirundo*	+	+	S	
		灰翅浮鸥 *Chlidonias hybrida*		+	P	
鹳形目	鹳科	黑鹳 *Ciconia nigra*		+	S	I
鲣鸟目	鸬鹚科	普通鸬鹚 *Phalacrocorax carbo*	+	+	S	
鹈形目	鹮科	白琵鹭 *Platalea leucorodia*		+	S	II
	鹭科	黄斑苇鳽 *Lxobrychus sinensis*	+	+	S	
		夜鹭 *Nycticorax nycticorax*		+	S	
		池鹭 *Ardeola bacchus*	+	+	S	
		牛背鹭 *Bubulcus ibis*		+	P	
		苍鹭 *Ardea cinerea*	+	+	S	
		大白鹭 *Ardea alba*		+	P	
		中白鹭 *Ardea intermedia*		+	S	
		白鹭 *Egretta garzetta*	+	+	S	
鹰形目	鹗科	鹗 *Pandion haliaetus*		+	S	II
	鹰科	金雕 *Aquila chrysaetos*	+	+	R	I
		雀鹰 *Accipiter nisus*	+	+	R	II
		苍鹰 *Accipiter gentilis*		+	P	II
		黑鸢 *Milvus migrans*	+	+	R	II
		大鵟 *Buteo hemilasius*	+	+	W	II
		普通鵟 *Buteo japonicus*	+	+	P	II
		兀鹫 *Gyps fulvus*	+		R	II
鸮形目	鸱鸮科	纵纹腹小鸮 *Athene noctua*	+	+	R	II
		长耳鸮 *Asio otus*	+	+	W	II
		雕鸮 *Bubo bubo*	+		R	II
犀鸟目	戴胜科	戴胜 *Upupa epops*	+	+	S	
佛法僧目	翠鸟科	普通翠鸟 *Alcedo atthis*	+	+	S	
啄木鸟目	啄木鸟科	大斑啄木鸟 *Dendrocopos major*	+	+	R	

续表

目	科	种（中文名/学名）	调查时间		居留型	保护级别
			2000 年前	2015 年后		
隼形目	隼科	红隼 *Falco tinnunculus*	+	+	R	II
		燕隼 *Falco subbuteo*	+	+	S	II
		猎隼 *Falco cherrug*	+	+	S	I
		红脚隼 *Faclo amurensis*	+		S	II
雀形目	黄鹂科	黑枕黄鹂 *Oriolus chinensis*	+	+	S	
	伯劳科	红尾伯劳 *Lanius cristatus*	+	+	P	
		荒漠伯劳 *Lanius isabellinus*	+	+	S	
		棕尾伯劳 *Lanius phoenicuroides*	+	+	S	
		棕背伯劳 *Lanius schach*	+	+	S	
		灰背伯劳 *Lanius tephronotus*	+	+	S	
		灰伯劳 *Lanius excubitor*	+	+	W	
	鸦科	喜鹊 *Pica pica*	+	+	R	
		灰喜鹊 *Cyanopica cyanus*	+		R	
		黑尾地鸦 *Podoces hendersoni*	+		R	II
		红嘴山鸦 *Pyrrhocorax pyrrhocorax*	+		R	
		秃鼻乌鸦 *Corvus frugilegus*	+		R	
		大嘴乌鸦 *Corvus macrorhynchos*	+		R	
	山雀科	大山雀 *Parus major*	+	+	R	
		煤山雀 *Periparus ater*	+		R	
		地山雀 *Pseudopodoces humilli*	+		R	
	百灵科	凤头百灵 *Galerida cristata*	+	+	R	
		云雀 *Alauda arvensis*	+	+	P	II
		小云雀 *Alauda gulgula*	+	+	S	
		角百灵 *Eremophila alpestris*	+	+	S	
	文须雀科	文须雀 *Panurus biarmicus*		+	S	
	苇莺科	东方大苇莺 *Acrocephalus orientalis*	+	+	S	
	燕科	崖沙燕 *Riparia riparia*	+	+	S	
		家燕 *Hirundo rustica*	+	+	S	
	柳莺科	暗绿柳莺 *Phylloscopus trochiloides*	+		S	
	长尾山雀科	银喉长尾山雀 *Aegithalos glaucogularis*		+	R	
	莺鹛科	白喉林莺 *Sylvia curruca*	+	+	P	
		漠白喉林莺 *Sylvia minula*	+	+	S	
	噪鹛科	山噪鹛 *Garrulax davidi*	+		R	
	椋鸟科	灰椋鸟 *Spodiopsar cineraceus*	+	+	S	
		北椋鸟 *Agropsar sturninus*	+	+	S	
		紫翅椋鸟 *Sturnus vulgaris*		+	S	
	鸫科	赤颈鸫 *Turdus ruficollis*		+	W	
		乌鸫 *Turdus mandarinus*	+		R	

续表

目	科	种（中文名/学名）	2000年前	2015年后	居留型	保护级别
雀形目	鹟科	沙鵖 Oenanthe isabellina	+	+	S	
		白顶鵖 Oenanthe pleschanka	+	+	R	
		漠鵖 Oenanthe deserti	+	+	R	
		赭红尾鸲 Phoenicurus ochruros	+		S	
		北红尾鸲 Phoenicurus auroreus	+		S	
	太平鸟科	太平鸟 Bombycilla garrulus		+	W	
	雀科	黑顶麻雀 Passer ammodendri	+	+	R	
		麻雀 Passer montanus	+	+	R	
	鹡鸰科	黄鹡鸰 Motacilla tschutschensis	+	+	S	
		黄头鹡鸰 Motacilla citreola		+	S	
		灰鹡鸰 Motacilla cinerea	+	+	S	
		白鹡鸰 Motacilla alba	+	+	S	
		粉红胸鹨 Anthus roseatus		+	S	
		水鹨 Anthus spinoletta		+	R	
		田鹨 Anthus richardi	+		S	
		平原鹨 Anthus campestris	+		S	
	燕雀科	锡嘴雀 Coccothraustes coccothraustes		+	P	
		普通朱雀 Carpodacus erythrinus	+		S	
		金翅雀 Chloris sinica	+	+	R	
	鹀科	三道眉草鹀 Emberiza cioides		+	R	
		灰头鹀 Emberiza spodocephala	+	+	S	
		白头鹀 Emberiza leucocephalos	+		S	
		芦鹀 Emberiza schoeniclus		+	P	

注：保护级别按照国家林业和草原局、农业农村部公布的《国家重点保护野生动物名录》（2021年版）划分。

附表4　石羊河流域浮游生物物种名录（生物多样性考察队）

浮游生物	种（中文名）	科	属	种（学名）
浮游植物	奥地利桥弯藻	桥弯藻科	桥弯藻属	Cymbella austriaca
	极小桥弯藻	桥弯藻科	桥弯藻属	Cymbella perpusilla
	膨胀桥弯藻	桥弯藻科	桥弯藻属	Cymbella tumida
	披针形桥弯藻	桥弯藻科	桥弯藻属	Cymbella lanceolata
	新月形桥弯藻	桥弯藻科	桥弯藻属	Cymbella cymbiformis
	细小桥弯藻	桥弯藻科	桥弯藻属	Cymbella pusilla
	纤细桥弯藻	桥弯藻科	桥弯藻属	Cymbella gracillis
	箱形桥弯藻	桥弯藻科	桥弯藻属	Cymbella cistula
	近缘桥弯藻	桥弯藻科	桥弯藻属	Cymbella affinis
	小箱桥弯藻	桥弯藻科	桥弯藻属	Cymbella gibbosa
	肿大桥弯藻	桥弯藻科	桥弯藻属	Cymbella turgidula
	小形异极藻	异极藻科	异极藻属	Gomphonema parvulum

续表

浮游生物	种（中文名）	科	属	种（学名）
	缢缩异极藻头状变种	异极藻科	异极藻属	*Gomphonema constrictum* var. *capitatum*
	缢缩异极藻	异极藻科	异极藻属	*Gomphonema constrictum*
	双生双楔藻	异极藻科	双楔藻属	*Didymosphenia geminate*
	同族羽纹藻	舟形藻科	羽纹藻属	*Pinnularia gentilis*
	小辐节羽纹藻	舟形藻科	羽纹藻属	*Pinnularia microstalbron*
	弯羽纹藻	舟形藻科	羽纹藻属	*Pinnularia gibba*
	弯羽纹藻线形变种	舟形藻科	羽纹藻属	*Pinnularia gibba* var. *linearis*
	短小舟形藻	舟形藻科	舟形藻属	*Navicula exigua*
	小头舟形藻	舟形藻科	舟形藻属	*Navicula capitate*
	系带舟形藻细头变种	舟形藻科	舟形藻属	*Navicula cincta* var. *leptocephala*
	尖辐节藻	舟形藻科	辐节藻属	*Stauroneis acuta*
	短小辐节藻	舟形藻科	辐节藻属	*Stauroneis pygmaea*
	双头辐节藻	舟形藻科	辐节藻属	*Stauroneis anceps*
	偏突针杆藻小头变种	脆杆藻科	针杆藻属	*Synedra vaucheriae* var. *capitellaia*
	克洛脆杆藻	脆杆藻科	脆杆藻属	*Fragilaria crotomensis*
	中型脆杆藻	脆杆藻科	脆杆藻属	*Fragilaria intermedia*
	钝脆杆藻	脆杆藻科	脆杆藻属	*Fragilaria capucina*
	短线脆杆藻	脆杆藻科	脆杆藻属	*Fragilaria brevistriata*
浮游植物	羽纹脆杆藻披针形变种	脆杆藻科	脆杆藻属	*Fragilaria pinnata* var. *lanceolata*
	披针菱形藻	菱形藻科	菱形藻属	*Nitzschia lanceolata*
	中缝菱形藻	菱形藻科	菱形藻属	*Nitzschia dissipata*
	奇异菱形藻	菱形藻科	菱形藻属	*Nitzschia paradoxa*
	卵形双菱藻	双菱藻科	双菱藻属	*Surirella ovata*
	具脉柔弱双菱藻	双菱藻科	双菱藻属	*Surirella tenera* var. *nervosa*
	加氏双菱藻	双菱藻科	双菱藻属	*Surirella capronii*
	草鞋波缘藻	双菱藻科	波缘藻属	*Cymatopleura solea*
	比索曲壳藻	曲壳藻科	曲壳藻属	*Achnanthes biasolettiana*
	小头曲壳藻	曲壳藻科	曲壳藻属	*Achnanthes microcephala*
	短小曲壳藻	曲壳藻科	曲壳藻属	*Achnanthes exigua*
	同心扭曲小环藻	圆筛藻科	小环藻属	*Cyclotella comta*
	条纹小环藻	圆筛藻科	小环藻属	*Cyclotella striata*
	模糊直链藻	圆筛藻科	直链藻属	*Melosira ambigua*
	极小直链藻	圆筛藻科	直链藻属	*Melosira minmum*
	湖沼圆筛藻	圆筛藻科	圆筛藻属	*Coscinodiscus lacustris*
	泥生颤藻	颤藻科	颤藻属	*Oscillatoria limosa*
	钻形颤藻	颤藻科	颤藻属	*Oscillatoria terebriformis*
	包氏颤藻	颤藻科	颤藻属	*Oscillatoria boryana*
	沼泽颤藻	颤藻科	颤藻属	*Oscillatoria limnetica*

续表

浮游生物	种（中文名）	科	属	种（学名）
	似镰头颤藻	颤藻科	颤藻属	*Oscillatoria subbrevis*
	弯形尖头颤藻	颤藻科	尖头颤藻属	*Raphidiopsis curvata*
	大螺旋藻	颤藻科	螺旋藻属	*Spirulina major*
	眼状真枝藻	真枝藻科	真枝藻属	*Stigonema ocellatum*
	最小胶球藻	胶球藻科	胶球藻属	*Gloeocapsa minima*
	微小平裂藻	平裂藻科	平裂藻属	*Merismopedia tenuissima*
	嫩柔微毛藻	微毛藻科	微毛藻属	*Microchaete tenera*
	小形色球藻	色球藻科	色球藻属	*Chroococcus minor*
	星状双星藻	双星藻科	双星藻属	*Zygnema stellinum*
	梯接转板藻	双星藻科	转板藻属	*Mougeotia scalaris*
	普通水绵	双星藻科	水绵属	*Spirogyra communis*
	棒形鼓藻	鼓藻科	棒形鼓藻属	*Gonatozygon monotaenium*
	中华柱形鼓藻	鼓藻科	柱形鼓藻属	*Penium sinense*
	迪格梭形鼓藻	鼓藻科	梭形鼓藻属	*Netrium digitus*
	小球藻	小球藻科	小球藻属	*Chlorella vulgaris*
	绉刚毛藻	刚毛藻科	刚毛藻属	*Cladophora crispata*
	二形栅藻	栅藻科	栅藻属	*Scenedesmus dimorphus*
	异刺四星藻	栅藻科	四星藻属	*Tetrastrum heterocanthum*
	环丝藻	丝藻科	丝藻属	*Ulothrix zonata*
浮游植物	小双胞藻	丝藻科	双胞藻属	*Geminella minor*
	链丝藻	丝藻科	丝藻属	*Hormidium Ktzing*
	浮球藻	卵囊藻科	浮球藻属	*Planktosphaeria gelatinosa*
	单球卵囊藻	卵囊藻科	卵囊藻属	*Oocystis solitaria*
	锥形胶囊藻	卵囊藻科	胶囊藻属	*Gloeocystis planctonica*
	艾氏衣藻	衣藻科	衣藻属	*Chlamydomonas ehrenbergii*
	奥氏衣藻	衣藻科	衣藻属	*Chlamydomnas Olifanii*
	绉溪菜	溪菜科	溪菜属	*Prasiola crispa*
	圆柱扁裸藻	裸藻科	扁裸藻属	*Phacus cylindrus*
	芒刺囊裸藻	裸藻科	囊裸藻属	*Trachelomonas spinulosa*
	棘刺囊裸藻粗点变种	裸藻科	囊裸藻属	*Trachelomonas hispida* var.
	近似囊裸藻	裸藻科	囊裸藻属	*Trachelomonas granulosa*
	中型裸藻	裸藻科	裸藻属	*Euglena intermedia*
	梭形裸藻	裸藻科	裸藻属	*Euglena acus*
	具瘤陀螺藻	裸藻科	陀螺藻属	*Strombomonas verrucosa*
	弦月藻	杆胞藻科	弦月藻属	*Menoidium pellucidium*
	漏选裸甲藻	裸甲藻科	裸甲藻属	*Gymnodinium aerucyinosum*
	近缘黄丝藻	黄丝藻科	黄丝藻属	*Tribonema affine*
	小黄丝藻	黄丝藻科	黄丝藻属	*Tribonema minus*
	囊状黄丝藻	黄丝藻科	黄丝藻属	*Tribonema utriculosum*

续表

浮游生物	种（中文名）	科	属	种（学名）
浮游植物	具尾鱼鳞藻	鱼鳞藻科	鱼鳞藻属	*Mallomonas caudate*
	浮游金囊藻	金囊藻科	金囊藻属	*Chrysocapsa planctonica*
	鞘居虫①	钟形科	鞘居虫属	*Vaginicola* sp.
	裂口虫①	裂口虫科	裂口虫属	*Amphileptidae* sp.
	骨条藻①	骨条藻科	骨条藻属	*Skeletonema* sp.
	侧扁根管藻①	管形藻科	根管藻属	*Rhizosolenia* sp.
	细星杆藻①	—	星杆藻属	*Asterionella gracillima*
	美丽星杆藻①	—	星杆藻属	*Asterionella formosa*
	隐丝水鞘藻①	—	水鞘藻属	*Hydrocoleus homoeotrichus*
	美丽胶网藻①	—	胶网藻属	*Dictyosphaerium pulchellum*
	狭双缝藻①	—	—	*Gyrosigma* sp.
	朱氏伏氏藻①	—	—	*Franceia* sp.
浮游动物	沟渠异足猛水蚤	异足猛水蚤科	异足猛水蚤属	*Canthocamptus staphylinus*
	爱德里亚狭甲轮虫	狭甲轮虫科	狭甲轮虫属	*Colurella adriatica*
	矩形臂尾轮虫	臂尾轮虫科	臂尾轮虫属	*Brachionus leydigi*
	拟小胸虫	薄咽科	拟小胸虫属	*Pseudomicrothorax agilis*
	剑钻变形虫	变形虫科	剑钻变形虫属	*Subulamoeba saphirina*
	微小后卓变虫	变形虫科	后卓变虫属	*Metachaos diminutive*
	盘状后卓变虫	变形虫科	后卓变虫属	*Metachaos discoides*
	囊毛变形虫	变形虫科	毛变形虫属	*Trichamoeba osseosaccus*
	绒毛变形虫	变形虫科	毛变形虫属	*Trichamoeba villosa*
	大变形虫	变形虫科	变形虫属	*Amoeba proteus*
	光无恒多卓变虫	变形虫科	多卓变虫属	*Polychaos nitidubium*
	束多卓变虫	变形虫科	多卓变虫属	*Polychaos fasciculatum*
	无恒多卓变虫	变形虫科	多卓变虫属	*Polychaos dubium*
	明亮囊变形虫	变形虫科	囊变形虫属	*Saccamoeba lucens*
	泥生甲变虫	变形虫科	甲变形属	*Thecamoeba terricola*
	扇形马氏虫	马氏科	马氏虫属	*Mayorella penardi*
	颈梨壳虫	盘变形科	梨壳虫属	*Nebela collaris*
	褐砂壳虫	砂壳科	砂壳虫属	*Difflugia avellana*
	圆胴纤虫	尖毛科	胴纤虫属	*Pithothorax rotundus*
	褶累枝虫	累枝科	累枝虫属	*Epistylis plicatilis*
	螅状独缩虫	钟形科	独缩虫属	*Carchesium polypinum*
	片状漫游虫	裂口虫科	漫游虫属	*Litonotus fasciola*
	圆柱单柄虫	裂口虫科	单柄虫属	*Haplocaulus dipneumon*

①未查阅到该浮游生物物种的分类学信息。

注：浮游生物物种鉴定与分类参考胡鸿钧和魏印心（2006）；周凤霞和陈剑虹（2011）；贾慧娟等（2019）。

参考文献

胡鸿钧, 魏印心. 2006. 中国淡水藻类: 系统、分类及生态. 北京: 科学出版社.

贾慧娟, 赖子尼, 王超. 2019. 珠三角河网浮游植物物种丰富度时空特征. 生态学报, 39(11): 3816-3827.

周凤霞, 陈剑虹. 2011. 淡水微型生物与底栖动物图谱. 北京: 化学工业出版社.